관광법규

강익준 편저

머리말

　우리나라의 관광 관계 법규는 관광사업의 발아기 상태에서 제정, 공포된 관광사업진흥법이 그 효시가 되었습니다.

　그 후 50여 년이 지나면서 경제 성장, 여가의 증대, 교통수단의 발달 등에 힘입어 관광의 대중화 현상과 함께 관광 형태가 질적·양적으로 변화되면서 관광산업도 장족의 발전을 거듭하게 되었고 따라서 관련법규도 많은 개정과 변화를 거쳐 오늘에 이르렀습니다.

　현재 시행되고 있는 관광법규는 관광종사원 자격시험 과목으로서 관광종사원 시험에 응시하고자 하는 수험생은 반드시 다루어야 할 내용입니다. 관광법규 공부는 어렵게 느껴질 수 있지만 법규의 핵심을 파악하고 이해하면 그 어느 과목보다도 득점하기가 쉽다고 생각합니다. 이 책은 관광종사원 자격시험에 대비해서 2019년에 개정된 관광법규, 시행령, 시행규칙을 독학할 수 있도록 일목요연하게 대사식으로 정리한 것이 특징이며, 기출문제 및 예상문제 등을 다년간의 현장 강의 경험을 바탕으로 구성하였습니다.

　끝으로 본 교재가 출간되기까지 물심양면으로 도와주신 학생 여러분과 삼영서관 사장님께 깊은 감사를 드립니다.

편저자 강 익 준

차례

제1편

■ 관광기본법

관광기본법

제정 1975. 12. 31 법률 제2877호
개정 2017. 12. 29 법률 제15056호
개정 2018. 12. 24 법률 제16049호

제1조(목적) 이 법은 관광진흥의 방향과 시책에 관한 사항을 규정함으로써 국제친선을 증진하고 국민경제와 국민복지를 향상시키며 건전한 국민관광의 발전을 도모하는 것을 목적으로 한다. <개정 2007. 12. 21>

제2조(정부의 시책) 정부는 이 법의 목적을 달성하기 위하여 관광진흥에 관한 기본적이고 종합적인 시책을 강구하여야 한다.

제3조(관광진흥계획의 수립) ① 정부는 관광진흥의 기반을 조성하고 관광산업의 경쟁력을 강화하기 위하여 관광진흥에 관한 기본계획(이하 "기본계획"이라 한다)을 5년마다 수립·시행하여야 한다.
② 기본계획에는 다음 각 호의 사항이 포함되어야 한다.
　　1. 관광진흥을 위한 정책의 기본방향
　　2. 국내외 관광여건과 관광 동향에 관한 사항
　　3. 관광진흥을 위한 기반 조성에 관한 사항
　　4. 관광진흥을 위한 관광사업의 부문별 정책에 관한 사항
　　5. 관광진흥을 위한 재원 확보 및 배분에 관한 사항
　　6. 관광진흥을 위한 제도 개선에 관한 사항
　　7. 관광진흥과 관련된 중앙행정기관의 역할 분담에 관한 사항
　　8. 그 밖에 관광진흥을 위하여 필요한 사항
③ 기본계획은 제16조제1항에 따른 국가관광전략회의의 심의를 거쳐 확정한다.
④ 정부는 기본계획에 따라 매년 시행계획을 수립·시행하고 그 추진실적을 평가하여 기본계획에 반영하여야 한다.

제4조(연차보고) 정부는 매년 관광진흥에 관한 시책과 동향에 대한 보고서를 정기국회가 시작하기 전까지 국회에 제출하여야 한다.

제5조(법제상의 조치) 국가는 제2조에 따른 시책을 실시하기 위하여 법제상·재정상의 조치와 그 밖에 필요한 행정상의 조치를 강구하여야 한다.

제6조(지방자치단체의 협조) 지방자치단체는 관광에 관한 국가시책에 필요한 시책을 강구하여야 한다.

제7조(외국 관광객의 유치) 정부는 외국 관광객의 유치를 촉진하기 위하여 해외 홍보를 강화하고 출입국 절차를 개선하며 그 밖에 필요한 시책을 강구하여야 한다.

제8조(관광 여건의 조성) 정부는 관광 여건 조성을 위하여 관광객이 이용할 숙박·교통·휴식시설 등의 개선 및 확충, 휴일·휴가에 대한 제도개선 등에 필요한 시책을 마련하여야 한다.

제9조(관광자원의 보호 등) 정부는 관광자원을 보호하고 개발하는데에 필요한 시책을 강구하여야 한다.

제10조(관광사업의 지도·육성) 정부는 관광사업을 육성하기 위하여 관광사업을 지도·감독하고 그 밖에 필요한 시책을 강구하여야 한다.

제11조(관광 종사자의 자질 향상) 정부는 관광에 종사하는자의 자질을 향상시키기 위하여 교육훈련과 그 밖에 필요한 시책을 강구하여야 한다.

제12조(관광지의 지정 및 개발) 정부는 관광에 적합한 지역을 관광지로 지정하여 필요한 개발을 하여야 한다.

제13조(국민관광의 발전) 정부는 관광에 대한 국민의 이해를 촉구하여 건전한 국민관광을 발전시키는 데에 필요한 시책을 강구하여야 한다.

제14조(관광진흥개발기금) 정부는 관광진흥을 위하여 관광진흥개발기금을 설치하여야 한다.

제15조(관광정책심의위원회)
    <삭제, 2000. 1. 12>

제16조(국가관광전략회의) ① 관광진흥의 방향 및 주요 시책에 대한 수립·조정, 관광진흥계획의 수립 등에 관한 사항을 심의·조정하기 위하여 국무총리 소속으로 국가관광전략회의를 둔다.
    ② 국가관광전략회의의 구성 및 운영 등에 필요한 사항은 대통령령으로 정한다.

부 칙(2018. 12. 24)

이 법은 공포한 날로부터 시행한다.

국가관광전략회의의 구성 및 운영에 관한 규정

[대통령령 제28480호, 2017. 12. 19, 제정]

제1조 (목적)

이 영은 「관광기본법」 제16조에 따른 국가관광전략회의의 구성 및 운영에 필요한 사항을 규정함을 목적으로 한다. 다음 각 호의 사항이 포함되어야 한다.

제2조 (기능)

「관광기본법」 제16조에 따른 국가관광전략회의(이하 "전략회의"라 한다)는 다음 각 호의 사항을 심의·조정한다.

1. 관광진흥의 방향 및 주요 시책의 수립·조정
2. 「관광기본법」 제3조제1항에 따른 관광진흥에 관한 기본계획의 수립
3. 관광 분야에 관한 관련 부처 간의 쟁점 사항
4. 그 밖에 전략회의의 의장이 필요하다고 인정하여 회의에 부치는 사항

제3조 (의장)

① 전략회의의 의장(이하 "의장"이라 한다)은 국무총리가 된다.
② 의장은 전략회의에 상정할 안건을 선정하여 회의를 소집하고, 이를 주재한다.
③ 의장이 전략회의에 출석할 수 없을 때에는 전략회의의 구성원 중에서 의장이 미리 지정한 사람이 그 직무를 대행한다.

제4조 (구성원)

① 전략회의는 의장 이외에 기획재정부장관, 교육부장관, 외교부장관, 법무부장관, 행정안전부장관, 문화체육관광부장관, 농림축산식품부장관, 보건복지부장관, 환경부장관, 국토교통부장관, 해양수산부장관 및 국무조정실장으로 구성한다.
② 의장은 전략회의에 상정되는 안건과 관련하여 필요하다고 인정할 때에는 전략회의의 구성원이 아닌 관련 부처의 장을 회의에 출석시켜 발언하게 할 수 있다.
③ 의장은 필요하다고 인정할 때에는 안건과 관련된 부처의 장과 협의하여 전략회의의 구성원이 아닌 사람을 회의에 출석시켜 발언하게 할 수 있다.

제5조 (의사정족수 및 의결정족수)

전략회의는 구성원 과반수의 출석으로 개의(開議)하고, 출석 구성원 과반수의 찬성으로 의결한다.

제6조 (회의의 개최)

전략회의는 연 2회, 반기에 1회씩 개최하는 것을 원칙으로 하되, 의장은 필요에 따라 그 개최 시기를 조정할 수 있다.

제7조 (간사)

① 전략회의의 사무를 처리하기 위하여 간사 1명을 두며, 간사는 문화체육관광부 제1차관이 된다.

② 간사는 회의록을 작성한다.

제8조 (의안 제출)

전략회의에 안건을 상정하려는 부처의 장은 회의 개최 3일 전까지 문화체육관광부장관에게 해당 안건을 제출하여야 한다. 다만, 긴급한 경우에는 그러하지 아니하다.

제9조 (차관조정회의)

① 의장은 전략회의의 효율적 운영을 위하여 전략회의 전에 차관조정회의를 거치도록 할 수 있다.

② 차관조정회의는 다음 각 호의 사항을 협의·조정한다.

   1. 전략회의의 상정 안건과 관련하여 전략회의가 위임한 사항

   2. 그 밖에 의장이 관련 부처 간에 사전 협의가 필요하다고 인정하는 사항

③ 차관조정회의의 의장은 문화체육관광부 제1차관이 되며, 구성원은 해당 안건과 관련되는 부처의 차관급 공무원이 된다.

제10조 (운영세칙)

이 영에 규정된 사항 외에 전략회의의 운영에 필요한 사항은 전략회의의 의결을 거쳐 의장이 정한다.

제2편

- 관광진흥법
- 관광진흥법 시행령
- 관광진흥법 시행규칙
- 관광진흥법 관련 시행령 별표
- 관광진흥법 관련 시행규칙 별표
- 관광진흥법 관련 시행규칙 서식

관광진흥법

관광진흥법

1986. 12. 31
법률 제3910호

개정 2006. 9. 27 법률 제8014호
2013. 3. 23 법률 제11690호
2014. 9. 12 법률 제12406호
2015. 08. 19 법률 제13300호
2016. 03. 23 법률 제13594호
2017. 03. 21 법률 제14623호
2018. 06. 14 법률 제15436호
2018. 07. 13 법률 제15636호
2018. 11. 29 법률 제15058호
2018. 12. 11 법률 제15860호
2019. 6. 25 법률 제16051호

제1장 총 칙

제1조(목적) 이 법은 관광 여건을 조성하고 관광자원을 개발하며 관광사업을 육성하여 관광 진흥에 이바지하는 것을 목적으로 한다.

관광진흥법 시행령

1987. 7. 1
대통령령 제12212호 전문개정

개정 1988. 12. 31 대통령령 제12592호
2016. 1. 1 대통령령 제26683호
2017. 3. 8 대통령령 제27931호
2017. 6. 20 대통령령 제28128호
2018. 6. 14 대통령령 제28935호
2018. 7. 2 대통령령 제29011호
2018. 9. 21 대통령령 제29163호
2018. 11. 29 대통령령 제29291호
2019. 1. 1 대통령령 제29421호
2019. 4. 9 대통령령 제29679호
2019. 6. 11 대통령령 제29820호
2019. 11. 19 대통령령 제30209호

제1조(목적) 이 영은 「관광진흥법」에서 위임된 사항과 그 시행에 필요한 사항을 규정함을 목적으로 한다.

관광진흥법 시행규칙

1987. 7. 7
교통부령 제857호 전문개정

개정 1992. 7. 23 교통부령 제980호
1995. 4. 22 문화체육부령 제20호
2016. 3. 28 문화체육관광부령 제253호
2017. 2. 28 문화체육관광부령 제289호
2017. 7. 8 문화체육관광부령 제296호
2018. 1. 25 문화체육관광부령 제318호
2018. 6. 14 문화체육관광부령 제329호
2018. 11. 29 문화체육관광부령 제340호
2019. 6. 12 문화체육관광부령 제357호
2019. 10. 7 문화체육관광부령 제371호
2019. 10. 16 문화체육관광부령 제373호
2019. 11. 20 문화체육관광부령 제377호

제1조(목적) 이 규칙은 「관광진흥법」 및 같은 법 시행령에서 위임된 사항과 그 시행에 필요한 사항을 규정함을 목적으로 한다.

제2조(정의) 이 법에서 사용하는 용어의 뜻은 다음과 같다.

1. "관광사업"이란 관광객을 위하여 운송·숙박·음식·운동·오락·휴양 또는 용역을 제공하거나 그 밖에 관광에 딸린 시설을 갖추어 이를 이용하게 하는 업(業)을 말한다.

2. "관광사업자"란 관광사업을 경영하기 위하여 등록·허가 또는 지정(이하 "등록등"이라 한다)을 받거나 신고를 한 자를 말한다.

3. "기획여행"이란 여행업을 경영하는 자가 국외여행을 하려는 여행자를 위하여 여행의 목적지·일정, 여행자가 제공받을 운송 또는 숙박 등의 서비스 내용과 그 요금 등에 관한 사항을 미리 정하고 이에 참가하는 여행자를 모집하여 실시하는 여행을 말한다.

4. "회원"이란 관광사업의 시설을 일반 이용자보다 우선적으로 이용하거나 유리한 조건으로 이용하기로 해당 관광사업자(제15조제1항 및 제2항에 따른 사업계획의 승인을 받은 자를 포함한다)와 약정한 자를 말한다.

5. "공유자"란 단독 소유나 공유(共有)의 형식으로 관광사업의 일부 시설을 관광사업자(제15조제1항 및 제2항에 따른 사업계획의 승인을 받은 자를 포함한다)로부터 분양받은 자를 말한다.

6. "관광지"란 자연적 또는 문화적 관광자원을

제2조(관광사업의 등록신청) ① 「관광진흥법 시행령」(이하 "영"이라 한다) 제3조제1항에 따라 관광사업의 등록을 하려는 자는 별지 제1호서식의 관광사업 등록신청서에 다음 각 호의 서류를 첨부하여 특별자치시장·특별자치도지사·시장·군수·구청장(자치구의 구청장을 말한다. 이하 같다)에게 제출하여야 한다.

1. 사업계획서

2. 신청인(법인의 경우에는 대표자 및 임원이 외국인인 경우에는 성명 및 주민등록번호를 기재한 서류

2의2. 신청인(법인의 경우에는 대표자 및 임원이 외국인인 경우에는 「관광진흥법」(이하 "법"이라 한다) 제7조제1항 각 호에 해당하지 아니함을 증명하는 다음 각 목의 어느 하나에 해당하는 서류. 다만, 법 또는 다른 법령에 따라 인·허가 등을 받아 사업자등록을 하고 해당 영업 또는 사업을 영위하고 있는 자(법인인 경우에는 최근 1년 이내에 법인세를 납부한 사업자 및 등록 신청 시점까지의 기간 동안 대표자 및 임

원의 변경이 없는 경우로 한정한다)는 해당 영업 또는 사업을 증명하는 서류와 최근 1년 이내에 소득세(법인의 경우에는 법인세를 말한다)를 납부한 사실을 증명하는 서류를 제출하는 경우에는 그 영위하고 있는 영업 또는 사업의 관련 법령에서 정하는 결격사유와 중복되는 별 제?조제1항의 결격사유에 한하여 다음 각 목의 서류를 제출하지 아니할 수 있다.

가. 해당 국가의 정부나 그 밖의 권한 있는 기관이 발행한 서류 또는 공증인이 공증한 신청인의 진술서로서 「재외공관 공증법」에 따라 해당 국가에 주재하는 대한민국공관의 영사관이 확인한 서류

나. 「외국공문서에 대한 인증의 요구를 폐지하는 협약」을 체결한 국가의 경우에는 해당 국가의 정부나 그 밖의 권한 있는 기관이 발행한 서류 또는 공증인이 공증한 신청인의 진술서로서 해당 국가의 아포스티유(Apostille) 확인서 발급 권한이 있는 기관이 그 확인서를 발급한 서류

3. 부동산의 소유권 또는 사용권을 증명하는 서류(부동산의 등기사항증명서를 통하여 부동산의 소유권 또는 사용권을 확인할 수 없는 경우만 해당한다)

4. 회원을 모집할 계획인 호텔업, 휴양콘도미니엄

갖추고 관광객을 위한 기본적인 편의시설을 설치하는 지역으로서 이 별표에 따라 지정된 곳을 말한다.

7. "관광단지"란 관광객의 다양한 관광 및 휴양을 위하여 각종 관광시설을 종합적으로 개발하는 관광 거점 지역으로서 이 별표에 따라 지정된 곳을 말한다.

8. "민간개발자"란 관광단지를 개발하려는 개인이나 「상법」 또는 「민법」에 따라 설립된 법인을 말한다.

9. "조성계획"이란 관광지나 관광단지의 보호 및 이용을 증진하기 위하여 필요한 관광시설의 조성과 관리에 관한 계획을 말한다.

10. "지원시설"이란 관광지나 관광단지의 관리·운영 및 기능 활성화에 필요한 관광지 및 관광단지 안팎의 시설을 말한다.

11. "관광특구"란 외국인 관광객의 유치 촉진 등을 위하여 관광 활동과 관련된 관계 법령의 적용이 배제되거나 완화되고, 관광 활동과 관련된 서비스·안내 체계 및 홍보 등 관광 여건을 집중적으로 조성할 필요가 있는 지역으로 이 별표에 따라 지정된 곳을 말한다.

11의2. "여행이용권"이란 관광취약계층이 관광활동을 영위할 수 있도록 금액이나 수량이 기재(전자적 또는 자기적 방법에 의한 기록을 포함한다. 이하 같다)된 증표를 말한다.

12. "문화관광해설사"란 관광객의 이해와 감상, 체험 기회를 제고하기 위하여 역사·문화·예술·자연 등 관광자원 전반에 대한 전문적인 해설을 제공하는 자를 말한다.

제2장 관광사업

제1절 통칙

제3조(관광사업의 종류) ① 관광사업의 종류는 다음 각 호와 같다.

1. 여행업 : 여행자 또는 운송시설·숙박시설 그 밖에 여행에 딸리는 시설의 경영자 등을 위하여 그 시설 이용 알선이나 계약 체결의 대리, 여행에 관한 안내, 그 밖의 여행 편의를 제공하는 업

2. 관광숙박업 : 다음 각 목에서 규정하는 업

가. 호텔업 : 관광객의 숙박에 적합한 시설을 갖추어 이를 관광객에게 제공하거나 숙박에 딸리는 음식·운동·오락·휴양·공연 또는 연수에 적합한 시설 등을 함께 갖추어 이를 이용하게 하는 업

나. 휴양 콘도미니엄업 : 관광객의 숙박과 취사에 적합한 시설을 갖추어 이를 그 시설의 회원이나 공유자, 그 밖의 관광객에게 제공하거나 숙박에 딸리는 음식·운동·오락·휴양·공연 또는 연수에 적합한 시설 등을 함께 갖추어 이를 이용하게 하는 업

3. 관광객 이용시설업 : 다음 각 목에서 규정하는 업

제3조(관광사업의 종류) ① 「관광진흥법」(이하 "법"이라 한다) 제3조제2항에 따라 관광사업의 종류를 다음과 같이 세분한다.

1. 여행업의 종류

가. 일반여행업 : 국내외를 여행하는 내국인 및 외국인을 대상으로 하는 여행업(사증(査證)을 받는 절차를 대행하는 행위를 포함한다)

나. 국외여행업 : 국외를 여행하는 내국인을 대상으로 하는 여행업(사증을 받는 절차를 대행하는 행위를 포함한다)

다. 국내여행업 : 국내를 여행하는 내국인을 대상으로 하는 여행업

2. 호텔업의 종류

가. 관광호텔업 : 관광객의 숙박에 적합한 시설을 갖추어 관광객에게 이용하게 하고 숙박에 딸린 음식·운동·오락·휴양·공연 또는 연수에 적합한 시설 등(이하 "부대시설"이라 한다)을 함께 갖추어 관광객에게 이용하게 하는 업(業)

업의 경우로서 각 부동산에 저당권이 설정되어 있는 경우에는 영 제24조제1항제2호 단서에 따른 보증보험가입 증명서류

5. 「외국인투자 촉진법」에 따른 외국인투자기업 중 명하는 서류(외국인투자기업만 해당한다)

② 제1항에 따른 신청서를 제출받은 특별자치시장·특별자치도지사·시장·군수·구청장은 「전자정부법」 제36조제1항에 따른 행정정보의 공동이용을 통하여 다음 각 호의 서류를 확인하여야 한다. 다만, 제3호 및 제4호의 경우 신청인이 확인에 동의하지 않는 경우에는 그 서류(제4호의 경우에는 「액화석유가스의 안전관리 및 사업법 시행규칙」 제73조제10항 단서에 따른 완성검사 합격 확인서로 대신할 수 있다)를 첨부하도록 해야 한다.

1. 법인 등기사항증명서(법인만 해당한다)

2. 부동산의 등기사항증명서

3. 「전기사업법 시행규칙」 제38조제3항에 따른 전기안전점검확인서(호텔업 또는 국제회의 시설업이 등록하는 경우만 해당한다)

4. 「액화석유가스의 안전관리 및 사업법 시행규칙」 제71조제1호에 따른 액화석유가스 사용시설완성검사증명서(야영장업의 경우만 해당한다)

③ 여행업 및 국제회의기획업의 등록을 하려는 업

는 제3항에 따른 서류 외에 공인회계사 또는 세무사가 확인한 등록신청 당시의 대차대조표(개인의 경우에는 영업용 자산명세서 및 그 증명서류)를 첨부하여야 한다.

④ 관광숙박업·관광객이용시설업 및 국제회의시설업의 등록을 하려는 자는 제3항에 따른 서류 외에 다음 각 호의 서류를 첨부하여야 하며, 사업계획승인된 내용에 변경이 없는 사항의 경우에는 제출을 하지 아니한다. 다만, 사업계획승인된 내용에 변경이 없는 경우에는 제출하지 아니한다:

1. 법 제15조에 따라 승인을 받은 사업계획(이하 "사업계획"이라 한다)에 포함된 부대영업을 하기 위하여 다른 법령에 따라 소관관청에 신고를 하였거나 인·허가 등을 받은 경우에는 각각 이를 증명하는 서류(제2호 또는 제3호의 서류에 따라 증명되는 경우에는 제외한다)

2. 법 제18조제1항에 따라 신고를 하였거나 인·허가 등을 받은 것으로 의제되는 경우에는 각각 그 신고서 또는 그 첨부서류

3. 법 제18조제1항 각 호에서 규정된 신고를 하였거나 인·허가 등을 받은 경우에는 각각 이를 증명하는 서류

3의2. 야영장업을 경영하기 위하여 다른 법령에 따른 인·허가 등을 받은 경우 이를 증명하는 서류(야영장업의 등록만 해당한다)

3의3.「전기사업법 시행규칙」제35조제3항에 따

가. 관광객을 위하여 음식·운동·오락·휴양·문화·예술 또는 레저 등에 적합한 시설을 갖추어 이를 관광객에게 이용하게 하는 업

나. 대통령령으로 정하는 2종 이상의 시설과 관광숙박업의 시설(이하 "관광숙박시설"이라 한다) 등을 함께 갖추어 이를 회원이나 그 밖의 관광객에게 이용하게 하는 업

다. 야영장업 : 야영에 적합한 시설 및 설비 등을 갖추고 야영편의를 제공하는 시설(「청소년활동 진흥법」제10조제1호마목에 따른 청소년야영장은 제외한다)을 관광객에게 이용하게 하는 업

4. 국제회의업 : 대규모 관광 수요를 유발하는 국제회의(세미나·토론회·전시회 등을 포함한다. 이하 같다)를 개최할 수 있는 시설을 설치·운영하거나 국제회의의 계획·준비·진행 등의 업무를 위탁받아 대행하는 업

5. 카지노업 : 전문 영업장을 갖추고 주사위·트럼프·슬롯머신 등 특정한 기구 등을 이용하여 우연의 결과에 따라 특정인에게 재산상의 이익을 주고 다른 참가자에게 손실을 주는 행위 등을 하는 업

6. 유원시설업(遊園施設業) : 유기시설(遊技施設)이나 유기기구(遊技機具)를 갖추어 이를 관광객에게 이용하게 하는 업(다른 영업을 경영하면서 관광객의 유치 또는 광고 등을 목적으로 그 영업소에 유기시설이나 유기기구를 설치하여 이를 이용

나. 수상관광호텔업 : 수상에 구조물 또는 선박을 고정하거나 매어 놓고 관광객의 숙박에 적합한 시설을 갖추거나 부대시설을 함께 갖추어 이를 관광객에게 이용하게 하는 업

다. 한국전통호텔업 : 한국전통의 건축물에 관광객의 숙박에 적합한 시설을 갖추거나 부대시설을 함께 갖추어 관광객에게 이용하게 하는 업

라. 가족호텔업 : 가족단위 관광객의 숙박에 적합한 시설 및 취사도구를 갖추어 관광객에게 이용하게 하거나 숙박에 딸린 음식·운동·휴양 또는 관광객에게 이용하게 하는 업

마. 호스텔업 : 배낭여행객 등 개별 관광객의 숙박에 적합한 시설로서 사워장, 취사장 등의 편의시설과 외국인 및 내국인 관광객을 위한 문화·정보 교류시설 등을 함께 갖추어 이용하게 하는 업

바. 소형호텔업 : 관광객의 숙박에 적합한 시설을 소규모로 갖추고 숙박에 딸린 음식·운동·휴양 또는 연수에 적합한 시설을 함께 갖추어 관광객에게 이용하게 하는 업

사. 의료관광호텔업 : 의료관광객의 숙박에 적합한 시설 및 취사도구를 갖추거나 숙박에 딸린 음식·운동 또는 휴양에 적합한 시설을 함께 갖추어 주로 외국인 관광객

20

하게 하는 경우를 포함한다)

7. 관광 편의시설업 : 제1호부터 제6호까지의 규정에 따른 관광사업 외에 관광 진흥에 이바지할 수 있다고 인정되는 사업이나 시설 등을 운영하는 업

② 제1항제1호부터 제4호까지, 제6호 및 제7호에 따른 관광사업은 대통령령으로 정하는 바에 따라 세분할 수 있다.

에게 이용하게 하는 업

3. 관광객 이용시설업의 종류

가. 전문휴양업 : 관광객의 휴양이나 여가 선용을 위하여 숙박업 시설(「공중위생관리법 시행령」 제2조제1항제1호 및 제2호의 시설을 포함하며, 이하 "숙박시설"이라 한다)이나 「식품위생법 시행령」 제21조제8호가목·나목 또는 바목에 따른 휴게음식점영업, 일반음식점영업 또는 제과점영업의 신고에 필요한 시설(이하 "음식점시설"이라 한다)을 갖추고 별표 1 제4호가목(2)(가)부터 (거)까지의 규정에 따른 시설(이하 "전문휴양시설"이라 한다) 중 한 종류의 시설을 갖추어 관광객에게 이용하게 하는 업

나. 종합휴양업

(1) 제1종 종합휴양업 : 관광객의 휴양이나 여가 선용을 위하여 숙박시설 또는 음식점시설을 갖추고 전문휴양시설 중 두 종류 이상의 시설을 갖추어 관광객에게 이용하게 하는 업이나, 숙박시설 또는 음식점시설을 갖추고 전문휴양시설 중 한 종류 이상의 시설과 종합유원시설업의 시설을 갖추어 관광객에게 이용하게 하는 업

(2) 제2종 종합휴양업 : 관광객의 휴양이나 여가 선용을 위하여 관광숙박업의 등록에 필요한 시설과 제1종 종합휴양업의 등록에 필요한

른 사용전점검확인증(야영장업의 등록증에 해당한다)

3의4. 「먹는물관리법」에 따른 먹는물 수질검사기관이 「먹는물 수질기준 및 검사 등에 관한 규칙」 제35조제2항에 따라 발행한 수질검사성적서(야영장에서 수돗물이 아닌 지하수 등을 먹는 물로 사용하는 경우로서 야영장업의 등록만 해당한다)

4. 시설의 평면도 및 배치도

5. 다음 각 목의 구분에 따른 시설별 일람표

가. 관광숙박업: 별지 제2호서식의 시설별 일람표

나. 전문휴양업 및 종합휴양업: 별지 제3호서식의 시설별 일람표

다. 야영장업: 별지 제3호의 2 서식의 시설별 일람표

라. 국제회의시설업: 별지 제4호서식의 시설별 일람표

⑤ 제3항부터 제3항까지의 규정에도 불구하고 「체육시설의 설치·이용에 관한 법률 시행령」 제20조에 따라 등록한 등록체육시설업의 경우에는 등록증 사본으로 첨부서류를 갈음할 수 있다.

⑥ 특별자치시장·특별자치도지사·시장·군수·구청장은 제2항에 따른 확인 결과 「전기사업법」 제66조의2제1항에 따른 전기안전점검 또는 「액화석유가스의 안전관리 및 사업법」 제44조제2항에 따른 액화석유가스 사용시설완

21

성검사를 받지 아니한 경우에는 관계기관 및 신청인에게 그 내용을 통지해야 한다.

⑦ 특별자치시장·특별자치도지사·시장·군수·구청장은 제3항에 따른 관광사업등록을 신청받은 경우 그 신청 내용이 등록기준에 적합하다고 인정되는 경우에는 별지 제5호서식의 관광사업 등록증을 신청인에게 발급하여야 한다.

제3조(관광사업의 변경등록) ① 제2조에 따라 관광사업 등록한 자가 별 제4조제4항에 따라 등록사항을 변경하려는 경우에는 그 변경사유가 발생한 날부터 30일 이내에 별지 제6호서식의 관광사업 변경등록신청서에 변경사항을 증명하는 서류를 첨부하여 특별자치시장·특별자치도지사·시장·군수·구청장에게 제출하여야 한다.

② 제1항에 따라 변경등록신청서를 제출받은 특별자치시장·특별자치도지사·시장·군수·구청장은 「전자정부법」 제36조제1항에 따른 행정정보의 공동이용을 통하여 다음 각 호의 서류를 확인해야 한다. 다만, 제1호 및 제2호의 경우 신청인이 확인에 동의하지 않는 경우에는 그 서류(제2호의 경우에는 「액화석유가스의 안전관리 및 사업법 시행규칙」 제71조제10항 단서에 따른 완성검사 합격 확인서로 대신할 수 있다)를 첨부하도록 해야 한다.

1. 「전기사업법 시행규칙」 제38조제3항에 따른

전문휴양시설 중 두 종류 이상의 시설 또는 전문휴양시설 중 한 종류 이상의 시설 및 종합유원시설업의 시설을 함께 갖추어 관광객에게 이용하게 하는 업

다. 야영장업

(1) 일반야영장업 : 야영장비 등을 설치할 수 있는 공간을 갖추고 야영에 적합한 시설을 함께 갖추어 관광객에게 이용하게 하는 업

(2) 자동차야영장업 : 자동차를 주차하고 그 옆에 야영장비 등을 설치할 수 있는 공간을 갖추고 야영 취사 등에 적합한 시설을 함께 갖추어 자동차를 이용하는 관광객에게 이용하게 하는 업

라. 관광유람선업

(1) 일반관광유람선업 : 「해운법」에 따른 해상여객운송사업의 면허를 받은 자나 「유선 및 도선사업법」에 따른 유선사업의 면허를 받거나 신고한 자가 선박을 이용하여 관광객에게 관광을 할 수 있도록 하는 업

(2) 크루즈업 : 「해운법」에 따른 순항(順航) 여객운송사업이나 복합 해상여객운송사업의 면허를 받은 해상여객운송사업이 해당 숙박시설 등 편의시설을 갖춘 선박을 이용하여 관광객에게 관광을 할 수 있도록 하는 업

마. 관광공연장업 : 관광객을 위하여 적합한 공

전기안전점검확인서(영업소의 소재지 또는 면적의 변경 등으로 「전기사업법」 제66조의2제1항에 따른 전기안전점검을 받아야 하는 경우로서 호텔업 또는 국제회의시설업 변경등록을 신청한 경우만 해당한다)

2. 「액화석유가스의 안전관리 및 사업법」 시행규칙」 제71조제10항제1호에 따른 액화석유가스 사용시설완성검사증명서(야영장 시설의 설치 또는 폐지 등으로 「액화석유가스의 안전관리 및 사업법」 제44조에 따른 액화석유가스 사용시설완성검사를 받아야 하는 경우로서 야영장업의 변경등록을 신청한 경우만 해당한다)

③ 특별자치시장·특별자치도지사·시장·군수·구청장은 제2항에 따른 확인 결과 「전기사업법」 제66조의2제1항에 따른 전기안전점검 또는 「액화석유가스의 안전관리 및 사업법」 제44조제2항에 따른 액화석유가스 사용시설완성검사를 받지 아니한 경우에는 관계기관 및 신청인에게 그 내용을 통지하여야 한다.

④ 제1항에 따른 변경등록을 받으면 별표에 관하여는 제2조제7항을 준용한다.

제4조(관광사업자 등록대장) 영 제4조제3항에 따라 비치하여 관리하는 관광사업자 등록대장에는 관광사업자의 상호 또는 명칭, 대표자의 성명·주소 및 사업장의 소재지와 사업별로 다음

연시설을 갖추고 공연물을 공연하면서 관광객에게 식사와 주류를 판매하는 업

바. 외국인관광 도시민박업 : 「국토의 계획 및 이용에 관한 법률」 제6조제1호에 따른 도시지역(「농어촌정비법」에 따른 농어촌지역 및 준농어촌지역은 제외한다. 이하 이 조에서 같다)의 주민이 자신이 거주하고 있는 다음의 어느 하나에 해당하는 주택을 이용하여 외국인 관광객에게 한국의 가정문화를 체험할 수 있도록 적합한 시설을 갖추고 숙식 등을 제공(도시지역에서 「도시재생 활성화 및 지원에 관한 특별법」 제2조제6호에 따른 도시재생활성화계획에 따라 같은 조 제9호에 따른 마을기업이 외국인 관광객에게 우선하여 숙식 등을 제공하면서, 외국인 관광객이 이용에 지장을 주지 아니하는 범위에서 해당 지역을 방문하는 내국인 관광객에게 그 지역의 특성화된 문화를 체험할 수 있도록 숙식 등을 제공하는 것을 포함한다) 하는 업

1) 「건축법 시행령」 별표 1 제1호가목 또는 다목에 따른 단독주택 또는 다가구주택
2) 「건축법 시행령」 별표 1 제2호가목, 나목 또는 다목에 따른 아파트, 연립주택 또는 다세대주택

4. 국제회의업의 종류
가. 국제회의시설업 : 대규모 관광 수요를 유발하는 국제회의를 개최할 수 있는 시설을 설치하여 운영하는 업
나. 국제회의기획업 : 대규모 관광 수요를 유발하는 국제회의의 계획·준비·진행 등의 업무를 위탁받아 대행하는 업
5. 유원시설업(遊園施設業)의 종류
가. 종합유원시설업 : 유기시설이나 유기기구를 갖추어 관광객에게 이용하게 하는 업으로서 대규모의 대지 또는 실내에서 법 제33조에 따른 안전성검사 대상 유기시설 또는 유기기구 여섯 종류 이상을 설치하여 운영하는 업
나. 일반유원시설업 : 유기시설이나 유기기구를 갖추어 관광객에게 이용하게 하는 업으로서 법 제33조에 따른 안전성검사 대상 유기시설 또는 유기기구 한 종류 이상을 설치하여 운영하는 업
다. 기타유원시설업 : 유기시설이나 유기기구를 갖추어 관광객에게 이용하게 하는 업으로서 법 제33조에 따른 안전성검사 대상이 아닌 유기시설 또는 유기기구를 설치하여 운영하는 업
6. 관광 편의시설업의 종류
가. 관광유흥음식점업 : 식품위생 법령에 따른 유흥주점 영업의 허가를 받은 자가 관광객이

각 호의 사항이 기재되어야 한다.
1. 여행업 및 국제회의기획업 : 자본금
2. 관광숙박업
가. 객실 수
나. 대지면적 및 건축연면적(객선박을 이용하는 수상관광호텔업의 경우에는 폐선박의 총톤수·전체 길이 및 전체 너비)
다. 법 제18조제1항에 따라 신고를 하였거나 인·허가 등을 받은 것으로 의제되는 사항
라. 사업계획에 포함된 부대영업을 하기 위하여 다른 법령에 따라 인·허가 등을 받았거나 신고 등을 한 사항
마. 등급(호텔업만 해당한다)
바. 운영의 형태(분양 또는 회원모집을 하는 후 양도드미니엄업 및 호텔업만 해당한다)
3. 전문휴양업 및 종합휴양업
가. 부지면적 및 건축연면적
나. 시설의 종류
다. 제2호나목 및 라목의 사항
라. 운영의 형태(제2종종합휴양업만 해당한다)
4. 야영장업
가. 부지면적 및 건축연면적
나. 시설의 종류
다. 1일 최대 수용인원
5. 관광유람선업
가. 선박의 척수

나. 선박의 제원
6. 관광공연장업
　가. 관광공연장업이 설치된 관광사업시설의 종류
　나. 무대면적 및 좌석 수
　다. 공연장의 총면적
　라. 일반음식점 영업허가번호, 허가연월일 허가기간
7. 삭제
8. 외국인관광 도시민박업
　가. 객실 수
　나. 주택의 연면적
9. 국제회의시설업
　가. 대지면적 및 건축연면적
　나. 회의실별 동시수용인원
　다. 제2호다목 및 라목의 사항

제5조(등록증의 재발급) 영 제4조제4항에 따라 등록증의 재발급을 받으려는 자는 별지 제7호서식의 등록증등 재발급신청서(등록증이 헐어 못 쓰게 된 경우에는 등록증을 첨부하여야 한다)를 특별자치시장·특별자치도지사·시장·군수·구청장에게 제출하여야 한다.

제5조의2(야영장 시설의 종류) 영 제5조 및 별표 1 제4호다목(1)(사)에 따른 야영장 시설의 종류는 별표 1과 같다.

제6조(카지노업의 허가 등) ① 법 제5조제1항에 따라 카지노업의 허가를 받으려는 자는 별지 제8호서식의 카지노업 허가신청서에 다음 각

이 이용하기 적합한 한국 전통 분위기의 시설을 갖추어 그 시설을 이용하는 자에게 음식을 제공하고 노래와 춤을 감상하게 하거나 춤을 추게 하는 업
나. 관광극장유흥업: 식품위생 법령에 따른 유흥주점 영업의 허가를 받은 자가 관광객이 이용하기 적합한 무도(舞蹈)시설을 갖추어 그 시설을 이용하는 자에게 음식을 제공하고 노래와 춤을 감상하게 하거나 춤을 추게 하는 업
다. 외국인전용 유흥음식점업: 식품위생 법령에 따른 유흥주점영업의 허가를 받은 자가 외국인이 이용하기 적합한 시설을 갖추어 외국인만을 대상으로 주류나 그 밖의 음식을 제공하고 노래와 춤을 감상하게 하거나 춤을 추게 하는 업
라. 관광식당업: 식품위생 법령에 따른 일반음식점 영업의 허가를 받은 자가 관광객이 이용하기 적합한 음식 제공시설을 갖추고 관광객에게 특정 국가의 음식을 전문적으로 제공하는 업
마. 관광순환버스업: 여객자동차 운수사업법에 따른 여객자동차운송사업의 면허를 받거나 등록을 한 자가 버스를 이용하여 관광객에게 그 주변 관광지를 정기적으로 순회하면서 관광할 수 있도록 하는 업
바. 관광사진업: 외국인 관광객과 동행하며 기념사진을 촬영하여 판매하는 업

호의 서류를 첨부하여 문화체육관광부장관에게 제출하여야 한다.

1. 신청인(법인의 경우에는 대표자 및 임원)이 내국인인 경우에는 성명 및 주민등록번호를 기재한 서류

1의2. 신청인(법인의 경우에는 대표자 및 임원이 외국인인 경우에는 법 제7조제1항 각 호 및 법 제22조제1항 각 호에 해당하지 아니함을 증명하는 다음 각 목의 어느 하나에 해당하는 서류. 다만, 법 또는 다른 법령에 따라 인·허가 등을 받아 사업자등록을 하고 해당 영업 또는 사업을 영위하고 있는 자(법인의 경우에는 최근 1년 이내에 법인세를 납부한 자)가 해당 영업 또는 사업을 영위하는 데 필요한 면허증·허가증 등 허가 등을 받았음을 증명하는 서류와 최근 1년 이내에 소득세(법인의 경우에는 법인세를 말한다)를 납부한 사실을 증명하는 서류를 제출하는 경우에는 그 영업 또는 사업을 영위하고 있는 영업 또는 사업의 결격사유 규정과 중복되는 법 제7조제1항 및 제22조제1항의 결격사유에 한하여 다음 각 목의 서류를 제출하지 아니할 수 있다.

가. 해당 국가의 정부나 그 밖의 권한 있는 기관이 발행한 서류 또는 공증인이 공증한 신청인의 진술서로서 「재외공관 공증법」에 따라 해당 국가에 주재하는 대한민국공관의 영사

사. 여객자동차터미널시설업 : 「여객자동차 운수사업법」에 따른 여객자동차터미널사업의 면허를 받은 자가 관광객이 이용하기 적합한 여객자동차터미널시설을 갖추고 이들에게 휴게시설·안내시설 등 편의시설을 제공하는 업

아. 관광펜션업 : 숙박시설을 운영하고 있는 자가 자연·문화 체험관광에 적합한 시설을 갖추어 관광객에게 이용하게 하는 업

자. 관광궤도업 : 「궤도운송법」에 따른 궤도사업의 허가를 받은 자가 주변 관람과 운송에 적합한 시설을 갖추어 관광객에게 이용하게 하는 업

차. 한옥체험업 : 한옥(주요 구조부가 목조구조로서 한식기와 등을 사용한 건축물 중 고유의 전통미를 간직하고 있는 건축물과 그 부속시설을 말한다)에 숙박 체험에 적합한 시설을 갖추어 관광객에게 이용하게 하거나, 숙박체험에 딸린 식사체험 등 그 밖의 전통문화 체험에 적합한 시설을 함께 갖추어 관광객에게 이용하게 하는 업

카. 관광면세업 : 다음의 어느 하나에 해당하는 자가 판매시설을 갖추고 관광객에게 면세물품을 판매하는 업

1) 「관세법」 제196조에 따른 보세판매장의 특허를 받은 자

관이 확인한 서류

나. 「외국공문서에 대한 인증의 요구를 폐지하는 협약」을 체결한 국가의 경우에는 해당 국가의 정부나 그 밖의 권한 있는 기관이 발행한 서류 또는 공증인이 공증한 신청인의 진술서 문서 또는 해당 국가의 아포스티유(Apostille) 확인서 발급 권한이 있는 기관이 그 확인서를 발급한 서류

1. 정관(법인만 해당한다)
2. 사업계획서
3. 사업계획서
4. 타인 소유의 부동산을 사용하는 경우에는 그 사용권을 증명하는 서류
5. 법 제21조제1항 및 영 제27조제2항에 따른 허가요건에 적합함을 증명하는 서류

② 제1항에 따른 신청서를 제출받은 문화체육관광부장관은 「전자정부법」 제36조제1항에 따른 행정정보의 공동이용을 통하여 다음 각 호의 서류를 확인하여야 한다. 다만, 제3호의 경우 신청인이 확인에 동의하지 아니하는 경우에는 그 서류를 첨부하도록 하여야 한다.

1. 법인 등기사항증명서(법인만 해당한다)
2. 건축물대장
3. 「전기사업법 시행규칙」 제38조제3항에 따른 전기안전점검확인서

③ 제1항제3호에 따른 사업계획서에는 다음 각 호의 사항이 포함되어야 한다.

2) 「외국인관광객 등에 대한 부가가치세 및 개별소비세 특례규정」 제5조에 따라 면세판매장의 지정을 받은 자

타. 관광지원서비스업: 주로 관광객 또는 관광 사업자 등을 위하여 사업이나 시설 등을 운영하는 업으로서 문화체육관광부장관이 「통계법」 제22조제2항 단서에 따라 관광 관련 산업으로 분류한 쇼핑업, 운수업, 숙박업, 음식점업, 문화·오락·레저스포츠업, 건설업, 자동차임대업 및 교육서비스업 등. 다만, 법에 따라 등록·허가 또는 지정(이 영 제2조제6호가목부터 가목까지의 규정에 따른 업으로 한정한다)을 받거나 신고를 해야 하는 관광사업은 제외한다.

② 제1항제6호아목은 「제주특별자치도 설치 및 국제자유도시 조성을 위한 특별법」을 적용받는 지역에 대하여는 적용하지 아니한다.

제4조(등록) ① 제3조제1호부터 제4호까지의 규정에 따른 여행업, 관광숙박업, 관광객 이용시설업 및 국제회의업을 경영하려는 자는 특별자치시장·특별자치도지사·시장·군수·구청장(자치구의 구청장을 말한다. 이하 같다)에게 등록하여야 한다.

② 삭제

제3조(등록절차) ① 법 제4조제1항에 따라 등록을 하려는 자는 문화체육관광부령으로 정하는 바에 따라 관광사업 등록신청서를 특별자치시장·특별자치도지사·시장·군수·구청장(자치구의 구청장을 말한다. 이하 같다)에게 제출하여야 한다.

② 특별자치시장·특별자치도지사·시장·군수·구청장은 법 제17조에 따른 관광숙박업 및 관광객 이용시설업 등록심의위원회의 심의를 거쳐야 할 관광사업의 경우에는 그 심의를 거쳐 등록 여부를 결정한다.

제4조(등록증의 발급) ① 제3조에 따라 등록신청을 받은 특별자치시장·특별자치도지사·시장·군수·구청장은 신청한 사항이 제5조에 따른 등록기준에 맞으면 문화체육관광부령으로 정하는 등록증을 신청인에게 발급하여야 한다.

② 특별자치시장·특별자치도지사·시장·군수·구청장은 제1항에 따른 등록증을 발급하려면 법 제18조제1항에 따라 의제되는 인·허가증을 한꺼번에 발급할 수 있도록 해당 인·허가기관의 장에게 인·허가증의 송부를 요청할 수 있다.

③ 특별자치시장·특별자치도지사·시장·군수·구청장은 제1항 및 제2항에 따라 등록증을 발급하면 문화체육관광부령으로 정하는 바에 따라 관광사업자등록대장을 작성하고 관리·보존하여야 한다.

1. 카지노영업소 이용객 유치계획
2. 장기수지 전망
3. 인력수급 및 관리계획
4. 영업시설의 개요(제29조에 따른 시설 및 영업종류별 카지노영업소에 관한 사항이 포함되어야 한다)

④ 문화체육관광부장관은 제2항에 따른 확인 결과 「전기사업법」 제66조의2제1항에 따른 전기안전점검을 받지 아니한 경우에는 관계기관 및 신청인에게 그 내용을 통지하여야 한다.

⑤ 문화체육관광부장관은 카지노업의 허가(제8조제1항에 따른 허가를 포함한다)를 하는 경우에는 별지 제9호서식의 카지노업 허가증을 발급하고 별지 제10호서식의 카지노업 허가대장을 작성하여 관리하여야 한다.

⑥ 카지노업 허가증의 재발급에 관하여는 제도조를 준용한다.

제7조(유원시설업의 시설 및 설비기준과 허가신청 절차 등) ① 법 제5조제2항에 따라 유원시설업을 경영하려는 자가 갖추어야 하는 시설 및 설비의 기준은 별표 1의2와 같다.

② 법 제5조제2항에 따른 유원시설업의 허가를 받으려는 자는 별지 제11호서식의 유원시설업 허가신청서에 다음 각 호의 서류를 첨부하여 특별자치시장·특별자치도지사·시장·군수·구청장(자치구의 구청장을 말한다. 이하 같다)에게 제출하여야 한다. 이 경우 6개월 미만의

단기로 유원시설업의 허가를 받으려는 자는 허가신청서에 해당 기간을 표시하여 제출하여야 한다.

1. 영업시설 및 설비개요서

2. 신청인(법인의 경우에는 대표자 및 임원)이 내국인인 경우에는 성명 및 주민등록번호를 기재한 서류

2의2. 신청인(법인의 경우에는 대표자 및 임원이 외국인인 경우에는 법 제7조제1항 각 호의 어느 하나에 해당하지 아니함을 증명하는 다음 각 목의 어느 하나에 해당하는 서류. 다만, 법 또는 다른 법령에 따라 인·허가 등을 받아 사업자등록을 하고 해당 영업 또는 사업을 영위하고 있는 자(법인의 경우에는 최근 1년 이내에 법인세를 납부한 시점부터 허가 신청 시점까지의 기간 동안 대표자 및 임원의 변경이 없는 경우로 한정한다)는 해당 영업 또는 사업의 인·허가 등 인·허가 등을 받았음을 증명하는 서류와 최근 1년 이내에 소득세(법인의 경우에는 법인세를 말한다)를 납부한 사실을 증명하는 서류를 제출하는 경우에는 그 영업 또는 사업의 결격사유와 중복되는 법 제7조제1항의 결격사유에 한하여 다음 각 목의 서류를 제출하지 아니할 수 있다.

가. 해당 국가의 정부나 그 밖의 권한 있는 기관이 발행한 서류 또는 공증인이 공증한 신청

④ 특별자치시장·특별자치도지사·시장·군수·구청장은 등록한 관광사업자가 제1항에 따라 발급받은 등록증을 잃어버리거나 그 등록증이 헐어 못쓰게 된 경우에는 문화체육관광부령으로 정하는 바에 따라 다시 발급하여야 한다.

③ 제1항에 따른 등록을 하려는 자는 대통령령으로 정하는 자본금·시설 및 설비 등을 갖추어야 한다.

제5조(등록기준) 법 제4조제3항에 따른 관광사업의 등록기준은 별표 1과 같다.

다만, 휴양 콘도미니엄업과 전문휴양업 중 온천장 및 농어촌휴양시설을 2012년 11월 1일부터 2014년 10월 31일까지 제3조제1항에 따라 등록 신청하면 다음 각 호의 기준에 따른다.

1. 휴양 콘도미니엄업의 경우 별표 1 제3호가목(1)에도 불구하고 같은 단지 안에 20실 이상 객실을 갖추어야 한다.

2. 전문휴양업 중 온천장의 경우 별표 1 제4호가목(2)(사)에도 불구하고 다음 각 목의 요건을 갖추어야 한다.
가. 온천수를 이용한 대중목욕시설이 있을 것
나. 정구장·탁구장·볼링장·활터·미니골프장·배드민턴장·롤러스케이트장·보트장 등의 레크리에이션 시설 중 두 종류 이상의 시설을 갖추거나 제2조제5호에 따른 유원시설업 시설이 있을 것

3. 전문휴양업 중 농어촌휴양시설의 경우 별표 1 제4호가목(2)(차)에도 불구하고 다음 각 목의 요건을 갖추어야 한다.
가.「농어촌정비법」에 따른 농어촌 관광휴양단지 또는 관광농원의 시설을 갖추고 있을 것
나. 관광객의 관람이나 휴식에 이용될 수 있는 특용작물·나무 등을 재배하거나 어류·희귀동물 등을 기르고 있을 것

인의 진술서로서「재외공관 공증법」에 따라 해당 국가에 주재하는 대한민국공관의 영사관이 확인한 서류

나.「외국공문서에 대한 인증의 요구를 폐지하는 협약」을 체결한 국가의 경우에는 해당 국가의 정부나 그 밖의 권한 있는 기관이 발행한 서류 또는 공증인이 공증한 신청인의 진술서로서 해당 국가의 아포스티유(Apostille) 확인서 발급 권한이 있는 기관이 그 확인서를 발급한 서류

3. 정관(법인만 해당한다)

4. 유기시설 또는 유기기구의 영업하기 전 검사를 받은 사실을 증명하는 서류(안전성검사의 대상이 아닌 경우에는 이를 증명하는 서류)

5. 법 제9조에 따른 보험가입 등을 증명하는 서류

6. 법 제33조제2항에 따른 안전관리자(이하 "안전관리자"라 한다)에 관한 별지 제12호서식에 따른 인적사항

7. 임대차계약서 사본(대지 또는 건물을 임차한 경우만 해당한다)

8. 다음 각 목의 사항이 포함된 안전관리계획서
가. 안전점검 계획
나. 비상연락체계
다. 비상 시 조치계획
라. 안전요원 배치계획(물놀이형 유기시설 또는 유기기구를 설치하는 경우만 해당한다)

④ 제1항에 따라 등록한 사항 중 대통령령으로 정하는 중요 사항을 변경하려면 변경등록을 하여야 한다.

⑤ 제1항 및 제4항에 따른 등록 또는 변경등록의 절차 등에 필요한 사항은 문화체육관광부령으로 정한다.

제5조(허가와 신고) ① 제3조제1항제5호에 따른 카지노업을 경영하려는 자는 전용영업장 등 문화체육관광부령으로 정하는 시설과 기구를 갖추어 문화체육관광부장관의 허가를 받아야 한다.

② 제3조제1항제6호에 따른 유원시설업 중 대통령령으로 정하는 유원시설업을 경영하려는 자는 문화체육관광부령으로 정하는 시설과 설비를 갖추어 특별자치시장·특별자치도지사·시장·군수·구청장의 허가를 받아야 한다.

③ 제1항과 제2항에 따라 허가받은 사항 중 문화체육관광부령으로 정하는 중요 사항을 변경하려면 변경허가를 받아야 한다. 다만, 경미한 사항을 변경하려면 변경신고를 하여야 한다.

제6조(변경등록) ① 법 제4조제4항에 따른 변경등록사항은 다음 각 호와 같다.

1. 사업계획의 변경승인을 받은 사항(사업계획의 승인을 받은 관광사업만 해당한다)
2. 상호 또는 대표자의 변경
3. 객실 수 및 형태의 변경(휴양 콘도미니엄업만 해당한다)
4. 부대시설의 위치·면적 및 종류의 변경(관광숙박업만 해당한다)
5. 여행업의 경우에는 사무실 소재지의 변경 및 영업소의 신설, 국제회의기획업의 경우에는 사무실 소재지의 변경
6. 부지 면적의 변경, 시설의 설치 또는 폐지(야영장업만 해당한다)

② 제1항에 따른 변경등록을 하려는 자는 그 변경사유가 발생한 날부터 30일 이내에 문화체육관광부령으로 정하는 바에 따라 변경등록신청서를 특별자치시장·특별자치도지사·시장·군수·구청장에게 제출하여야 한다. 다만, 제1항제5호의 변경등록사항 중 소재지를 변경한 경우에는 변경등록신청서를 새로운 소재지의 관할 특별자치시장·특별자치도지사·시장·군수·구청장에게 제출할 수 있다.

제7조(허가대상 유원시설업) 법 제5조제2항에서 "대통령령으로 정하는 유원시설업"이란 종합유원시설업 및 일반유원시설업을 말한다.

마. 유기시설 또는 유기기구 주요 부분의 주기적 교체 계획

③ 제2항에 따른 신청서를 제출받은 특별자치시장·특별자치도지사·시장·군수·구청장은 「전자정부법」 제36조제1항에 따른 행정정보의 공동이용을 통하여 법인 등기사항증명서(법인인 경우만 해당한다)를 확인하여야 한다.

④ 특별자치시장·특별자치도지사·시장·군수·구청장은 유원시설업을 허가하는 경우에는 별지 제13호서식의 유원시설업 허가증을 발급하고 별지 제14호서식의 유원시설업 허가·신고 관리대장을 작성하여 관리하여야 한다.

⑤ 유원시설업 허가증의 재발급에 관하여는 제5조를 준용한다.

제8조(변경허가 및 변경신고 사항 등) ① 카지노업 또는 유원시설업의 허가를 받은 자가 법 제5조제3항 본문에 따라 다음 각 호의 어느 하나에 해당하는 사항을 변경하려는 경우에 변경허가를 받아야 한다.

1. 카지노업의 경우
가. 대표자의 변경
나. 영업소 소재지의 변경
다. 동일구내(같은 건물 또는 같은 울 안의 건물을 말한다)로의 영업장소의 위치 변경 또는 영업장소의 면적 변경
라. 별표 1의3 제5호에서 정한 경우에 해당하는

계임기구의 변경 또는 교체

　마. 법 제23조제1항 및 이 규칙 제29조제1항제4호에 따른 카지노 전산시설 중 주전산기의 변경 또는 교체

　바. 법 제26조에 따른 영업종류의 변경

2. 유원시설업의 경우

　가. 영업소의 소재지 변경(유기시설 또는 유기구의 이전을 수반하는 영업소의 소재지 변경은 제외한다)

　나. 안전성검사대상 유기시설 또는 유기구의 영업장 내에서의 신설·이전·폐기

　다. 영업장 면적의 변경

② 카지노업 또는 유원시설업의 허가를 받은 자가 법 제5조제3항 단서에 따라 다음 각 호의 어느 하나에 해당하는 사항을 변경하려는 경우에는 변경신고를 하여야 한다.

1. 대표자 또는 상호의 변경(유원시설업만 해당한다)

2. 별표 1의3 제2호에서 정한 경우에 해당하는 계임기구의 변경 또는 교체(카지노업만 해당한다)

2의2. 법 제23조제1항 및 이 규칙 제29조제1항제4호에 따른 카지노 전산시설 중 주전산기를 제외한 시설의 변경 또는 교체(카지노업만 해당한다)

3. 안전성검사 대상이 아닌 유기시설 또는 유기구의 신설·폐기·폐기(유원시설업만 해당한다)

4. 안전관리자의 변경(유원시설업만 해당한다)

5. 상호 또는 영업소의 명칭 변경(카지노업만 해

6. 안전성검사 대상 유기시설 또는 유기기구의 3개월 이상의 운행 정지 또는 그 운행의 재개(유원시설업만 해당한다)

7. 안전성검사 대상이 아닌 유기시설 또는 유기기구로서 제40조제4항 단서에 따라 정기확인검사가 필요한 유기시설 또는 유기기구의 3개월 이상의 운행 정지 또는 그 운행의 재개(유원시설업만 해당한다)

제9조(카지노업의 변경허가 및 변경신고) ① 법 제5조제3항에 따라 카지노업의 변경허가를 받거나 변경신고를 하려는 자는 별지 제15호서식의 카지노업 변경허가신청서 또는 변경신고서에 변경계획서를 첨부하여 문화체육관광부장관에게 제출하여야 한다. 다만, 변경허가를 받거나 변경신고를 한 후 문화체육관광부장관이 요구하는 경우에는 변경내역을 증명할 수 있는 서류를 추가로 제출하도록 하여야 한다.

② 제1항에 따른 변경허가신청서 또는 변경신고서를 제출받은 문화체육관광부장관은 「전자정부법」 제36조제1항에 따른 행정정보의 공동이용을 통하여 「전기사업법 시행규칙」 제38조제3항에 따른 전기안전점검확인서(영업소의 소재지 또는 면적의 변경 등으로 「전기사업법」 제66조의2제1항에 따른 전기안전점검을 받아야 하는 경우로서 카지노업 변경허가 또는 변

당한다)

경신고를 신청한 경우만 해당한다)를 확인하여야 한다. 다만, 신청인이 전기안전점검확인서의 확인에 동의하지 아니하는 경우에는 그 서류를 첨부하도록 하여야 한다.

③ 문화체육관광부장관은 제2항에 따른 확인 결과 「전기사업법」 제66조의2제3항에 따른 전기안전점검을 받지 아니한 경우에는 관계기관 및 신청인에게 그 내용을 통지하여야 한다.

제10조(유원시설업의 변경허가 및 변경신고) ① 법 제5조제3항 본문에 따라 유원시설업의 변경허가를 받으려는 자는 그 사유가 발생한 날부터 30일 이내에 별지 제16호서식의 유원시설 변경허가신청서에 다음 각 호의 서류를 첨부하여 특별자치시장·특별자치도지사·시장·군수·구청장에게 제출하여야 한다.

1. 허가증
2. 영업소의 소재지 또는 영업장의 면적을 변경하는 경우에는 그 변경내용을 증명하는 서류
3. 안전성검사 대상 유기시설 또는 유기기구를 신설·이전하는 경우에는 제40조제5항에 따른 검사결과서
4. 안전성검사 대상 유기시설 또는 유기기구를 폐기하는 경우에는 폐기내용을 증명하는 서류

② 법 제5조제3항 단서에 따라 유원시설업의 변경신고를 하려는 자는 그 변경사유가 발생한 날부터 30일 이내에 별지 제16호서식의 유원

④ 제2항에 따라 대통령령으로 정하는 유원시설업 외의 유원시설업을 경영하려는 자는 문화체육관광부령으로 정하는 시설과 설비를 갖추어 특별자치시장·특별자치도지사·시장·군수·구청장에게 신고하여야 한다. 신고한 사항 중 문화체육관광부령으로 정하는 중요 사항을 변경하려는 경우에도 또한 같다.

⑤ 문화체육관광부장관 또는 특별자치시장·특별자치도지사·시장·군수·구청장은 제3항 단서에 따른 변경신고나 제4항에 따른 신고 또는 변경신고를 받은 경우 그 내용을 검토하여 이 법에 적합하면 신고를 수리하여야 한다.

⑥ 제1항부터 제5항까지의 규정에 따른 허가 및 신고의 절차 등에 필요한 사항은 문화체육관광부령으로 정한다.

34

시설업 허가사항 변경신고서에 다음 각 호의 서류를 첨부하여 특별시장·특별자치시장·특별자치도지사·시장·군수·구청장에게 제출하여야 한다.

1. 대표자 또는 상호를 변경하는 경우에는 그 변경내용을 증명하는 서류(대표자가 변경된 경우에는 그 대표자의 성명·주민등록번호를 기재한 서류를 포함한다)

2. 안전성검사 대상이 아닌 유기시설 또는 유기기구를 신설·폐기하는 경우에는 제40조제5항에 따른 검사결과와 그 폐기 내용을 증명하는 서류

3. 안전관리자를 변경하는 경우 그 안전관리자에 관한 별지 제12호서식에 따른 인적사항

4. 제8조제2항제6호 또는 제7호에 해당하는 경우에는 그 내용을 증명하는 서류

③ 제2항에 따른 신고서를 제출받은 특별시장·특별자치시장·특별자치도지사·시장·군수·구청장은 「전자정부법」 제36조제1항에 따른 행정정보의 공동이용을 통하여 법인 등기사항증명서(법인의 상호가 변경된 경우만 해당한다)를 확인하여야 한다.

제11조(유원시설업의 신고 등) ① 법 제5조제4항에 따른 유원시설업의 신고를 하려는 자가 갖추어야 하는 시설 및 설비기준은 별표 1의2와 같다.

② 법 제5조제4항에 따른 유원시설업의 신고를 하려는 자는 별지 제17호서식의 기타유원시설업 신고서에 다음 각 호의 서류를 첨부하여 특

별자치시장·특별자치도지사·시장·군수·구청장에게 제출하여야 한다. 이 경우 6개월 미만의 단기로 기타유원시설업의 신고를 하려는 자는 신고서에 해당 기간을 표시하여 제출하여야 한다.

1. 영업시설 및 설비개요서
2. 유기시설 또는 유기기구가 안전성검사 대상이 아님을 증명하는 서류
3. 법 제9조에 따른 보험가입 등을 증명하는 서류
4. 임대차계약서 사본(대지 또는 건물을 임차한 경우만 해당한다)
5. 다음 각 목의 사항이 포함된 안전관리계획서
   가. 안전점검 계획
   나. 비상연락체계
   다. 비상 시 조치계획
   라. 안전요원 배치계획(물놀이형 유기시설 또는 유기기구를 설치하는 경우만 해당한다)
   마. 유기시설 또는 유기기구 주요 부품의 주기적 교체 계획

③ 제2항에 따른 신고서를 제출받은 특별자치시장·특별자치도지사·시장·군수·구청장은 「전자정부법」 제36조제1항에 따른 행정정보의 공동이용을 통하여 법인 등기사항증명서(법인인 경우만 해당한다)를 확인하여야 한다.

④ 특별자치시장·특별자치도지사·시장·군수·구청장은 제2항에 따른 신고를 받은 경우에는

36

별지 제18호서식의 유원시설업 신고증을 발급
하고, 별지 제14호서식에 따른 유원시설업 허가
·신고 관리대장을 작성하여 관리하여야 한다.
⑤ 유원시설업 신고증의 재발급에 관하여는 제5
조를 준용한다.

제12조(중요사항의 변경신고) 법 제5조제4항 후
단에서 "문화체육관광부령으로 정하는 중요사
항"이란 다음 각 호의 사항을 말한다.
1. 영업소의 소재지 변경(유기시설 또는 유기기구
의 이전을 수반하는 영업소의 소재지 변경은
제외한다)
2. 안전성검사 대상이 아닌 유기시설 또는 유기기
구의 신설·페기 또는 영업장 면적의 변경
3. 대표자 또는 상호의 변경
4. 안전성검사 대상이 아닌 유기시설 또는 유기
기구로서 제40조제4항 단서에 따라 정기 확
인검사가 필요한 유기시설 또는 유기기구의 3
개월 이상의 운행 정지 또는 그 운행의 재개

제13조(신고사항 변경신고) 법 제5조제4항 후단
에 따라 신고사항의 변경신고를 하려는 자는
그 변경사유가 발생한 날부터 30일 이내에 별
지 제19호서식의 기타유원시설업 신고사항 변
경신고서에 다음 각 호의 서류를 첨부하여 특
별자치시장·특별자치도지사·시장·군수·구
청장에게 제출하여야 한다.
1. 신고증

2. 영업소의 소재지 또는 영업장의 면적을 변경하는 경우에는 그 변경내용을 증명하는 서류
3. 안전성검사 대상이 아닌 유기시설 또는 유기기구를 신설하는 경우에는 제40조제5항에 따른 검사결과서
4. 안전성검사 대상이 아닌 유기시설 또는 유기기구를 폐기하는 경우에는 그 폐기내용을 증명하는 서류
5. 대표자 또는 상호를 변경하는 경우에는 그 변경내용을 증명하는 서류
6. 제12조제4호에 해당하는 경우에는 그 내용을 증명하는 서류

제4조(관광 편의시설업의 지정신청) ① 법 제6조제1항 및 영 제65조제1항제1호에 따라 관광 편의시설업의 지정을 받으려는 자는 다음 각 호의 구분에 따라 신청을 하여야 한다.
1. 관광유흥음식점업, 관광극장유흥업, 외국인전용 유흥음식점업, 관광순환버스업, 관광펜션업, 관광궤도업, 한옥체험업, 관광면세업 및 관광지원서비스업: 특별자치시장·특별자치도지사·시장·군수·구청장
2. 관광식당업, 관광사진업 및 여객자동차터미널시설업 : 지역별 관광협회
② 법 제6조제1항에 따라 관광 편의시설업의 지정을 받으려는 자는 별지 제21호서식의 관광 편의시설업 지정신청서에 다음 각 호의 서류

제6조(지정) ① 제3조제1항제7호에 따른 관광 편의시설업을 경영하려는 자는 문화체육관광부령으로 정하는 바에 따라 특별시장·광역시장·특별자치시장·도지사·특별자치도지사(이하 "시·도지사"라 한다) 또는 시장·군수·구청장의 지정을 받아야 한다.
② 제1항에 따른 관광 편의시설업으로 지정을 받으려는 자는 관광객이 이용하기 적합한 시설이나 외국어 안내서비스 등 문화체육관광부령으로 정하는 기준을 갖추어야 한다.

를 첨부하여 제1항에 따라 특별자치시장·특별자치도지사·시장·군수·구청장 또는 지역별 관광협회에 제출하여야 한다. 다만, 제4호의 서류는 관광지원서비스업으로 지정을 받으려는 자만 제출한다.

1. 신청인(법인의 경우에는 대표자 및 임원)이 내국인인 경우에는 성명 및 주민등록번호를 기재한 서류

1의2. 신청인(법인의 경우에는 대표자 및 임원)이 외국인인 경우에는 법 제7조제1항 각 호에 해당하지 아니함을 증명하는 다음 각 목의 어느 하나에 해당하는 서류. 다만, 법 또는 다른 법령에 따라 인·허가 등을 받아 사업자등록을 하고 해당 영업 또는 사업을 영위하고 있는 자(법인의 경우에는 최근 1년 이내에 지정 신청 시점까지의 기간 동안 대표자 및 임원의 변경이 없는 경우로 한정한다)는 해당 영업 또는 사업의 인·허가증 등 인·허가 등을 받았음을 증명하는 서류와 최근 1년 이내에 소득세(법인의 경우에는 법인세를 말한다)를 납부한 사실을 증명하는 서류를 제출하는 경우에는 그 영위하고 있는 영업 또는 사업의 결격사유 규정과 중복되는 법 제3조제1항의 결격사유에 한하여 다음 각 목의 서류를 제출하지 아니할 수 있다.

가. 해당 국가의 정부나 그 밖의 권한 있는 기관

제7조(결격사유) ① 다음 각 호의 어느 하나에 해당하는 자는 관광사업의 등록등을 받거나 신고를 할 수 없고 제15조제1항 및 제2항에 따른 사업계획의 승인을 받을 수 없다. 법인의 경우 그 임원 중에 다음 각 호의 어느 하나에 해당하는 자가 있는 경우에도 또한 같다.

1. 피성년후견인·피한정후견인
2. 파산선고를 받고 복권되지 아니한 자
3. 이 법에 따라 등록등 또는 사업계획의 승인이 취소되거나 제36조제1항에 따라 영업소가 폐쇄된 후 2년이 지나지 아니한 자
4. 이 법을 위반하여 징역 이상의 실형을 선고받고 그 집행이 끝나거나 집행을 받지 아니하기로 확정된 후 2년이 지나지 아니한 자 또는 형의 집행유예 기간 중에 있는 자

② 관광사업의 등록등을 받거나 신고를 한 자 또는 사업계획의 승인을 받은 자가 제1항 각 호의 어느 하나에 해당하면 문화체육관광부장관, 시·도지사 또는 시장·군수·구청장(이하 "등록기관등의 장"이라 한다)은 3개월 이내에 그 등록등 또는 사업계획의 승인을 취소하거나 영업소를 폐쇄하여야 한다. 다만, 법인의 임원 중 그 사유에 해당하는 자가 있는 경우 3개월 이내에 그 임원을 바꾸어 임명한 때에는 그러하지 아니하다.

이 발행한 서류 또는 공증인이 공증한 신청인의 진술서로서 「재외공관 공증법」에 따라 해당 국가에 주재하는 대한민국공관의 영사관이 확인한 서류

나. 「외국공문서에 대한 인증의 요구를 폐지하는 협약」을 체결한 국가의 경우에는 해당 국가의 정부나 그 밖의 권한 있는 기관이 발행한 서류 또는 공증인이 공증한 신청인의 진술서로서 해당 국가의 아포스티유(Apostille) 확인서 발급 권한이 있는 기관이 그 확인서를 발급한 서류

2. 업종별 면허증·허가증·특허장·지정증·인가증·등록증·신고증명서 사본(다른 법령에 따라 면허·허가·특허·지정·인가를 받거나 등록·신고를 해야 하는 사업만 해당한다)

3. 시설의 배치도 또는 평면도

4. 다음 각 목의 어느 하나에 해당하는 서류

가. 평균매출액(「중소기업기본법 시행령」 제7조에 따른 방법으로 산출한 것을 말한다. 이하 같다) 검토의견서(공인회계사, 세무사 또는 「중소기업진흥에 관한 법률」 제46조에 따른 경영지도사가 작성한 것으로 한정한다)

나. 사업장이 법 제52조에 따라 관광지 또는 관광단지로 지정된 지역에 소재하고 있음을 증명하는 서류

다. 법 제48조의10제1항에 따라 한국관광 품

직인증을 받았음을 증명하는 서류

라. 중앙행정기관의 장 또는 지방자치단체의 장이 공모 등의 방법을 통해 우수 관광사업으로 선정한 사업임을 증명하는 서류

③ 제2항에 따른 신청서를 받은 특별자치시장·특별자치도지사·시장·군수·구청장은 「전자정부법」 제36조제1항에 따른 행정정보의 공동이용을 통하여 다음 각 호의 서류를 확인하여야 한다. 다만, 신청인이 확인에 동의하지 아니하는 경우(제2호만 해당한다)와 영 제65조에 따라 관광협회에 위탁된 업종의 경우에는 신청인으로 하여금 해당 서류를 첨부하도록 하여야 한다.

1. 법인 등기사항증명서(법인만 해당한다)
2. 사업자등록증 사본

④ 특별자치시장·특별자치도지사·시장·군수·구청장 또는 지역별 관광협회는 제2항에 따른 신청을 받은 경우 그 신청내용이 별표 2의 지정기준에 적합하다고 인정되는 경우에는 별지 제22호서식의 관광 편의시설업 지정증을 신청인에게 발급하고 관광 편의시설업자 지정대장에 다음 각 호의 사항을 기재하여야 한다.

1. 상호 또는 명칭
2. 대표자 및 임원의 성명·주소
3. 사업장의 소재지

⑤ 관광 편의시설업 지정사항이 변경 및 관광 편의시설업 지정증의 재발급에 관하여는 제3조와

제5조를 각각 준용한다.

제15조(관광 편의시설업의 지정기준) 법 제6조제2항에서 "문화체육관광부령으로 정하는 기준"이란 별표 2와 같다.

제16조(관광사업의 지위승계) ① 법 제8조제2항에서 "문화체육관광부령으로 정하는 주요한 관광사업시설"이란 다음 각 호의 시설을 말한다.
1. 관광사업에 사용되는 토지와 건물
2. 영 제5조에 따른 관광사업의 등록기준에서 정한 시설(등록대상 관광사업만 해당한다)
3. 제15조에 따른 관광 편의시설업의 지정기준에서 정한 시설(지정대상 관광사업만 해당한다)
4. 제29조제1항제2호의 카지노 전용 영업장(가지노업만 해당한다)
5. 제7조제1항에 따른 유원시설업의 시설 및 설비기준에서 정한 시설(유원시설업만 해당한다)
② 법 제8조제4항에 따라 관광사업자의 지위를 승계한 자는 그 사유가 발생한 날부터 1개월 이내에 별지 제23호서식의 관광사업 양수(지위승계) 신고서에 다음 각 호의 서류를 첨부하여 문화체육관광부장관, 특별자치시장·특별자치도지사·시장·군수·구청장 또는 지역별 관광협회장(이하 "등록기관등의 장"이라 한다)에게 제출하여야 한다.
1. 지위를 승계한 자(법인의 경우에는 대표자)가 내국인인 경우에는 성명 및 주민등록번호를

제8조(관광사업의 양수 등) ① 관광사업을 양수(讓受)한 자 또는 관광사업을 경영하는 법인이 합병한 때에는 합병 후 존속하거나 설립되는 법인은 그 관광사업의 등록등 또는 신고에 따른 관광사업자의 권리·의무(제20조제1항에 따라 분양이나 회원 모집을 한 경우에는 그 관광사업자와 공유자 또는 회원 간에 약정한 사항을 포함한다)를 승계한다.
② 다음 각 호의 어느 하나에 해당하는 절차에 따라 문화체육관광부령으로 정하는 주요한 관광사업 시설의 전부를 인수한 자는 그 관광사업자의 지위(제20조제1항에 따라 분양이나 회원 모집을 한 경우에는 그 관광사업자와 공유자 또는 회원 간에 약정한 권리 및 의무 사항을 포함한다)를 승계한다.
1. 「민사집행법」에 따른 경매
2. 「채무자 회생 및 파산에 관한 법률」에 따른 환가(換價)
3. 「국세징수법」, 「관세법」 또는 「지방세징수법」에 따른 압류 재산의 매각
4. 그 밖에 제1호부터 제3호까지의 규정에 준하는 절차
③ 관광사업자가 제35조제1항 및 제2항에 따른 취소·정지처분 또는 개선명령을 받은 경우 그 처분 또는 명령의 효과는 제1항에 따라 관광사업을 승계한 자에게 승계되며, 그 절

기재한 서류

1의2. 지위를 승계한 자(법인의 경우에는 대표자 및 임원)가 외국인인 경우에는 별 제7조제1항 각 호(가지노업의 경우에는 별 제22조제1항 각 호를 포함한다)에 해당하지 아니함을 증명하는 다음 각 목의 어느 하나에 해당하는 서류. 다만, 법 또는 다른 법령에 따라 인·허가 등을 받아 사업자등록을 하고 해당 영업 또는 사업을 영위하고 있는 자(법인의 경우에는 최근 1년 이내에 법인세를 납부한 시점부터 신고 시점까지의 기간 동안 대표자 및 임원의 변경이 없는 경우로 한정한다)는 해당 영업 또는 사업의 인·허가증 등 인·허가 등을 받았음을 증명하는 서류와 최근 1년 이내에 소득세(법인의 경우에는 법인세를 말한다)를 납부한 사실을 증명하는 서류를 제출하는 경우에 그 영위하고 있는 영업 또는 사업의 결격사유 규정과 중복되는 별 제22조제1항(가지노업의 경우에는 별 제7조제1항을 포함한다)의 결격사유에 한하여 다음 각 목의 서류를 제출하지 아니할 수 있다.

가. 해당 국가의 정부나 그 밖의 권한 있는 기관이 발행한 서류 또는 공증인이 공증한 신청인의 진술서로서 「재외공관 공증법」에 따라 해당 국가에 주재하는 대한민국공관의 영사관이 확인한 서류

나. 「외국공문서에 대한 인증의 요구를 폐지하

차가 진행 중인 때에는 새로운 관광사업자에게 그 절차를 계속 진행할 수 있다. 다만, 그 승계한 관광사업자가 양수나 합병 당시 그 처분·명령이나 위반 사실을 알지 못하였음을 증명하면 그러하지 아니하다.

④ 제1항과 제2항에 따라 관광사업의 지위를 승계한 자는 승계한 날부터 1개월 이내에 관할 등록기관등의 장에게 신고하여야 한다.

⑤ 관할 등록기관등의 장은 제4항에 따른 신고를 받은 경우 그 내용을 검토하여 이 법에 적합하면 신고를 수리하여야 한다.

⑥ 제15조제1항 및 제2항에 따른 사업계획의 승인을 받은 자의 지위승계에 관하여는 제1항부터 제5항까지의 규정을 준용한다.

⑦ 제1항과 제2항에 따른 관광사업의 지위를 승계하는 자에 관하여는 제7조를 준용하되, 가지노사업자의 경우에는 제7조 및 제22조를 준용한다.

43

는 협약을 체결한 국가의 경우에는 해당 국가의 정부나 그 밖의 권한 있는 기관이 발행한 서류 또는 공증인의 공증한 신청인의 진술서 또는 해당 국가의 아포스티유(Apostille) 확인서 발급 권한이 있는 기관이 그 확인서를 발급한 서류

2. 양도·양수 등 지위승계를 증명하는 서류(시설 인수 명세를 포함한다)

③ 제2항에 따른 신고서를 제출받은 담당공무원은 「전자정부법」제36조제1항에 따른 행정정보의 공동이용을 통하여 지위를 승계한 자의 법인 등기사항증명서(법인인 경우만 해당한다)를 확인하여야 한다. 다만, 영 제65조에 따라 관광협회에 위탁된 업종의 경우에는 신고인으로 하여금 해당 서류를 첨부하도록 하여야 한다.

제17조(휴업 또는 폐업의 통보) ① 법 제8조제8항 본문에 따라 관광사업의 전부 또는 일부를 휴업하거나 폐업한 자는 휴업 또는 폐업을 한 날부터 30일 이내에 별지 제24호서식의 관광사업 휴업 또는 폐업통보(신고)서를 등록기관등의 장에게 제출하여야 한다. 다만, 6개월 미만의 유원시설업 하가 또는 신고일 경우에는 폐업통보서를 제출하지 아니하여도 해당 기간이 끝나는 때에 폐업한 것으로 본다.

② 법 제8조제8항 단서에 따라 가지노업을 휴업 또는 폐업하려는 자는 휴업 또는 폐업에

⑧ 관광사업자가 그 사업의 전부 또는 일부를 휴업하거나 폐업한 때에는 관할 등록기관등의 장에게 알려야 한다. 다만, 가지노사업자가 지노업을 휴업 또는 폐업하고자 하는 때에는 문화체육관광부령으로 정하는 바에 따라 미리 신고하여야 한다.

정일 10일 전까지 별지 제24호서식의 관광사업 휴업 또는 폐업 통보(신고)서에 카지노기구의 관리계획에 관한 서류를 첨부하여 문화체육관광부장관에게 제출해야 한다. 다만, 천재지변이나 그 밖의 부득이한 사유가 있는 경우에는 휴업 또는 폐업 예정일까지 제출할 수 있다.

제18조(보험의 가입 등) ① 여행업의 등록을 한 자(이하 "여행업자"라 한다)는 법 제9조에 따라 그 사업을 시작하기 전에 여행알선과 관련한 사고로 인하여 관광객에게 피해를 준 경우 그 손해를 배상할 것을 내용으로 하는 보증보험 또는 법 제39조에 따른 공제(이하 "보증보험등"이라 한다)에 가입하거나 법 제45조에 따른 업종별 관광협회(업종별 관광협회가 구성되지 아니한 경우에는 법 제45조에 따른 지역별 관광협회, 지역별 관광협회가 구성되지 아니한 경우에는 법 제48조의9에 따른 광역 단위의 지역관광협의회)에 영업보증금을 예치하고 그 사업을 하는 동안(휴업기간을 포함한다) 계속하여 이를 유지하여야 한다.

② 여행업자 중에서 법 제12조에 따라 기획여행을 실시하려는 자는 그 기획여행 사업을 시작하기 전에 제1항에 따라 보증보험등에 가입하거나 영업보증금을 예치하고 유지하는 것 외에 추가로 기획여행과 관련한 사고로 인하여

제9조(보험 가입 등) 관광사업자는 해당 사업과 관련하여 사고가 발생하거나 관광객에게 손해가 발생하면 문화체육관광부령으로 정하는 바에 따라 피해자에게 보험금을 지급할 것을 내용으로 하는 보험 또는 공제에 가입하거나 영업보증금을 예치(이하 "보험 가입 등"이라 한다)하여야 한다.

관광객에게 피해를 준 경우 그 손해를 배상할 것을 내용으로 하는 보증보험등에 가입하거나 법 제45조에 따른 업종별 관광협회(업종별 관광협회가 구성되지 아니한 경우에는 법 제45조에 따른 지역별 관광협회, 지역별 관광협회가 구성되지 아니한 경우에는 법 제48조의9에 따른 광역 단위의 지역관광협의회)에 영업보증금을 예치하고 그 기획여행 사업을 하는 동안(기획여행 휴업기간을 포함한다) 계속하여 이를 유지하여야 한다.

③ 제1항 및 제2항에 따라 여행업자가 가입하거나 예치하고 유지하여야 할 보증보험등의 가입금액 또는 영업보증금의 예치금액은 직전 사업연도의 매출액(손익계산서에 표시된 매출액을 말한다) 규모에 따라 별표 3과 같이 한다.

④ 제1항부터 제3항까지의 규정에 따라 보증보험 등에 가입하거나 영업보증금을 예치한 자는 그 사실을 증명하는 서류를 지체 없이 특별자치시장·특별자치도지사·시장·군수·구청장에게 제출하여야 한다.

⑤ 제1항부터 제3항까지의 규정에 따른 보증보험 등의 가입, 영업보증금의 예치 및 그 배상금의 지급에 관한 절차 등은 문화체육관광부장관이 정하여 고시한다.

⑥ 야영장업의 등록을 한 자는 법 제9조에 따라 그 사업을 시작하기 전에 야영장 시설에서 발

제10조(관광표지의 부착) ① 관광사업자는 사업장에 문화체육관광부령으로 정하는 관광표지를 붙일 수 있다.

생하는 재난 또는 안전사고로 인하여 야영장 이용자에게 피해를 준 경우 그 손해를 배상할 것을 내용으로 하는 책임보험 또는 영 제39조에 따른 공제에 가입해야 한다.

⑦ 야영장업의 등록을 한 자가 제6항에 따라 가입해야 하는 책임보험 또는 공제는 다음 각 호의 기준을 충족하는 것이어야 한다.

1. 사망의 경우: 피해자 1명당 1억원의 범위에서 피해자에게 발생한 손해액을 지급할 것. 다만, 그 손해액이 2천만원 미만인 경우에는 2천만원으로 한다.

2. 부상의 경우: 피해자 1명당 별표 3의2에서 정하는 금액의 범위에서 피해자에게 발생한 손해액을 지급할 것

3. 부상에 대한 치료를 마친 후 더 이상의 치료효과를 기대할 수 없고 그 증상이 고정된 상태에서 그 부상이 원인이 되어 신체에 장애(이하 "후유장애"라 한다)가 생긴 경우: 피해자 1명당 별표 3의3에서 정하는 금액의 범위에서 피해자에게 발생한 금액을 지급할 것

4. 재산상 손해의 경우: 사고 1건당 1억원의 범위에서 피해자에게 발생한 손해액을 지급할 것

⑧ 제6항에 따른 책임보험 또는 공제는 하나의 사고로 제7항제1호부터 제3호까지 중 둘 이상에 해당하게 된 경우 각 호의 기준을 충족하는 것이어야 한다.

제8조(상호의 사용제한) 법 제10조제3항 및 제4항에 따라 관광사업자가 아닌 자는 다음 각 호의 업종 구분에 따른 명칭을 포함하는 상호를 사용할 수 없다.

1. 관광숙박업과 유사한 영업의 경우 관광호텔과 유사 콘도미니엄

2. 관광유람선업과 유사한 영업의 경우 관광유람

3. 관광공연장업과 유사한 영업의 경우 관광공연

4. 삭제 <2014. 7. 16>

5. 관광유흥음식점업 및 외국인전용 유흥음식점업 또는 관광식당업과 유사한 영업의 경우 관광식당

5의2. 관광극장유흥업과 유사한 영업의 경우 관광극장

6. 관광펜션업과 유사한 영업의 경우 관광펜션

7. 관광면세업과 유사한 영업의 경우 관광면세

---

② 관광사업자는 사실과 다르게 제1항에 따른 관광표지(이하 "관광표지"라 한다)를 붙이거나 관광표지에 기재되는 내용을 사실과 다르게 표시 또는 광고하는 행위를 하여서는 아니 된다.

③ 관광사업자가 아닌 자는 제1항에 따른 관광표지를 사업장에 붙이지 못하며, 관광사업자로 잘못 알아볼 우려가 있는 경우에는 제3조에 따른 관광사업의 명칭 중 전부 또는 일부가 포함되는 상호를 사용할 수 없다.

④ 제3항에 따라 관광사업자가 아닌 자가 사용할 수 없는 상호에 포함되는 관광사업의 명칭 중 전부 또는 일부의 구체적인 범위에 관하여는 대통령령으로 정한다.

제11조(관광시설의 타인 경영 및 처분과 위탁 경영)

① 관광사업자는 관광사업의 시설 중 다음 각 호의 시설 및 기구 외의 부대시설을 타인에게 경영하도록 하거나, 그 용도로 계속하여 사용하는 것을 조건으로 타인에게 처분할 수 있다.

1. 제4조제3항에 따른 관광숙박업의 등록에 필요한 객실

2. 제4조제3항에 따른 관광객 이용시설업의 등록에 필요한 시설 중 문화체육관광부령으로 정하는 시설

3. 제23조에 따른 카지노업의 허가를 받는 데 필요한 시설과 기구

4. 제33조제1항에 따라 안전성검사를 받아야 하

는 유기시설 및 유기기구

② 관광사업자는 관광사업의 효율적 경영을 위하여 제3항에도 불구하고 제1항의 장에 따른 관광숙박업의 객실을 타인에게 위탁하여 경영하게 할 수 있다. 이 경우 해당 시설의 경영은 관광사업자의 명의로 하여야 하고, 이용자 또는 제3자와의 거래행위에 따른 대외적 책임은 관광사업자가 부담하여야 한다.

제2절 여행업

제12조(기획여행의 실시) 제4조제1항에 따라 여행업의 등록을 한 자(이하 "여행업자"라 한다)는 문화체육관광부령으로 정하는 요건을 갖추어 문화체육관광부령으로 정하는 바에 따라 기획여행을 실시할 수 있다.

제12조의2(의료관광 활성화) ① 문화체육관광부장관은 외국인 의료관광(의료관광이란 국내 의료기관의 진료, 치료, 수술 등 의료서비스를 받는 환자와 그 동반자가 의료서비스와 병행하여 관광하는 것을 말한다. 이하 같다)의 활성화를 위하여 대통령령으로 정하는 기준을 충족하는 외국인 의료관광 유치·지원 관련 기관에 「관광진흥개발기금법」에 따른 관광진흥개발기금을 대여하거나 보조할 수 있다.
② 제1항에 규정된 사항 외에 외국인 의료관광 지원에 필요한 사항에 대하여 대통령령으로 정할 수 있다.

제8조의2(외국인 의료관광 유치·지원 관련 기관) ① 법 제12조의2제1항에서 "대통령령으로 정하는 기준을 충족하는 외국인 의료관광 유치·지원 관련 기관"이란 다음 각 호의 어느 하나에 해당하는 것을 말한다.
1. 「의료해외진출 및 외국인환자 유치 지원에 관한 법률」 제6조제1항에 따라 등록한 외국인환자 유치 의료기관(이하 "외국인환자 유치 의료기관"이라 한다) 또는 같은 조 제2항에 따라 등록한 외국인환자 유치업자(이하 "유치업자"라 한다)
2. 「한국관광공사법」에 따른 한국관광공사
3. 그 밖에 법 제12조의2제1항에 따른 의료관광(이하 "의료관광"이라 한다)의 활성화를 위한 사업의 추진실적이 있는 보건·의료·관광 관련 기관 중 문화체육관광부장관이 고시하는 기관

② 법 제12조의2제1항에 따른 의료관광 유치·지원 관련 기관에 대한 관광진흥개발기금의 대여나 보조의 기준 및 절차는 「관광진흥개발기금법」에서 정하는 바에 따른다.

제8조의3(외국인 의료관광 지원) ① 문화체육관광부장관은 법 제12조의2제2항에 따라 외국인 의료관광을 지원하기 위하여 외국인 의료관광 전문인력을 양성하는 전문교육기관 중에서 우수 전문교육기관이나 우수 교육과정을 선정하여 지원할 수 있다.
② 문화체육관광부장관은 외국인 의료관광 안내에

1. 부상당한 사람이 치료 중 그 부상이 원인이 되어 사망한 경우: 피해자 1명당 제7항제1호에 따른 금액과 제7항제2호에 따른 금액을 더한 금액을 지급할 것
2. 부상당한 사람에게 후유장애가 생긴 경우: 피해자 1명당 제7항제2호에 따른 금액과 제7항제3호에 따른 금액을 더한 금액을 지급할 것
3. 제7항제3호에 따른 금액을 지급한 후 그 부상이 원인이 되어 사망한 경우: 피해자 1명당 제7항제1호에 따른 금액에서 이후에 해당하는 손해액을 뺀 금액을 지급할 것

제19조(관광사업장의 표지) 법 제10조제1항에서 "관광표지"란 다음 각 호의 표지를 말한다.
1. 별표 4의 관광사업장 표지
2. 별지 제5호서식의 관광사업 등록증 또는 별지 제22호서식의 관광편의시설업 지정증
3. 등급에 따라 별 모양의 개수를 달리하는 방식으로 문화체육관광부장관이 정하여 고시하는 호텔등급 표지(호텔업의 경우에만 해당한다)
4. 별표 6의 관광식당 표지(관광식당업만 해당한다)

제20조(타인 경영 금지 관광시설) 법 제11조제1항제2호에서 "문화체육관광부령으로 정하는 시설"이란 전문휴양업의 개별기준에 포함된 시설(수영장 및 등록 체육시설업 시설의 경우

제21조(기획여행의 광고) 법 제12조에 따라 기획여행을 실시하는 자가 광고를 하려는 경우에는 다음 각 호의 사항을 표시하여야 한다. 다만, 2 이상의 기획여행을 동시에 광고하는 경우에는 다음 각 호의 사항 중 내용이 동일한 것은 공통으로 표시할 수 있다.

1. 여행업의 등록번호, 상호, 소재지 및 등록관청
2. 기획여행명·여행일정 및 주요 여행지
3. 여행경비
4. 교통·숙박 및 식사 등 여행자가 제공받을 서비스의 내용
5. 최저 여행인원
6. 제18조제2항에 따른 보증보험 등의 가입 또는 영업보증금의 예치 내용
7. 여행일정 변경 시 여행자의 사전 동의 규정
8. 제22조의4제1항제2호에 따른 여행목적지(국가 및 지역)의 여행경보단계

제22조(국외여행 인솔자의 자격요건) ① 법 제13조제1항에 따라 국외여행을 인솔하는 자는 다음 각 호의 어느 하나에 해당하는 자격요건을 갖추어야 한다.

1. 관광통역안내사 자격을 취득할 것
2. 여행업체에서 6개월 이상 근무하고 국외여행

에는 「체육시설의 설치·이용에 관한 법률」 시행규칙 제8조 및 같은 법 시행규칙 별표 4의 체육시설업 시설기준 중 필수시설만 해당한다)을 말한다.

대한 편의를 제공하기 위하여 국내외에 외국인 의료관광 유치 안내센터를 설치·운영할 수 있다.
③ 문화체육관광부장관은 의료관광의 활성화를 위하여 지방자치단체의 장이나 외국인환자 유치 의료기관 또는 유치업자와 공동으로 해외 마케팅사업을 추진할 수 있다.

제9조(사업계획 변경승인) ① 법 제15조제1항 후단에 따라 관광숙박업의 사업계획 변경에 관한 승인을 받아야 하는 경우는 다음 각 호와 같다.

1. 부지 및 대지 면적을 변경할 때에 그 변경하려는 면적이 당초 승인받은 계획면적의 100분의 10 이상이 되는 경우
2. 건축 연면적을 변경할 때에 그 변경하려는 연면적이 당초 승인받은 계획면적의 100분의 10 이상이 되는 경우
3. 객실 수 또는 객실면적을 변경하려는 경우(휴양 콘도미니엄만 해당한다)
4. 변경하려는 업종의 등록기준에 맞는 경우로서, 호텔업과 휴양 콘도미니엄업 간의 업종 변경 또는 호텔업 종류 간의 업종 변경
② 법 제15조제2항 후단에 따라 관광객 이용시설업이나 국제회의업의 사업계획의 변경승인을 받을 수 있는 경우는 다음 각 호와 같다.

1. 전문휴양업이나 종합휴양업의 경우 부지, 대지 면적 또는 건축 연면적을 변경할 때에 그 변경하려는 면적이 당초 승인받은 계획면적의 100

제13조(국외여행 인솔자) ① 여행업자가 내국인의 국외여행을 실시할 경우 여행자의 안전 및 편의 제공을 위하여 그 여행을 인솔하는 자를 둘 때에는 문화체육관광부령으로 정하는 자격요건에 맞는 자를 두어야 한다.
② 제1항에 따른 국외여행 인솔자의 자격요건을 갖춘 자가 내국인의 국외여행을 인솔하려면 문화체육관광부장관에게 등록하여야 한다.
③ 문화체육관광부장관은 제2항에 따라 등록한 자에게 국외여행 인솔자 자격증을 발급하여야 한다.
④ 제2항 및 제3항에 따른 등록의 절차 및 방법, 자격증의 발급 등에 필요한 사항은 문화체육관광부령으로 정한다.

제14조(여행계약 등) ① 여행업자는 여행자와 계약을 체결할 때에는 여행자를 보호하기 위하여 문화체육관광부령으로 정하는 바에 따라 여행지에 대한 안전정보를 서면으로 제공하여야 한다. 해당 여행지에 대한 안전정보가 변경된 경우에도 또한 같다.
② 여행업자는 여행자와 여행계약을 체결하였을 때에는 그 서비스에 관한 내용을 적은 여행계약서(여행일정표 및 약관을 포함한다) 및 보험 가입 등을 증명할 수 있는 서류를 여행자에게 내주어야 한다.
③ 여행업자는 여행일정(선택관광 일정을 포함한다)을 변경하려면 문화체육관광부령으로 정하는 바에 따라 여행자의 사전 동의를 받아야 한다.

경험이 있는 자료로서 문화체육관광부장관이 정하는 소양교육을 이수할 것

3. 문화체육관광부장관이 지정하는 교육기관에서 국외여행 인솔에 필요한 양성교육을 이수할 것

② 문화체육관광부장관은 제1항제2호 및 제3호에 따른 교육내용·교육기관의 지정기준 및 절차, 그 밖에 지정에 필요한 사항을 정하여 고시하여야 한다.

제22조의2(국외여행 인솔자의 등록 및 자격증 발급) ① 법 제13조제2항에 따라 국외여행 인솔자로 등록하려는 사람은 별지 제24호의2서식의 국외여행 인솔자 등록 신청서에 다음 각 호의 어느 하나에 해당하는 서류 및 사진(최근 6개월 이내에 모자를 쓰지 않고 촬영한 상반신 반명함판) 2매를 첨부하여 관련 업종별 관광협회에 제출하여야 한다.

1. 관광통역안내사 자격증
2. 제22조제1항제2호 또는 제3호에 따른 자격요건을 갖추었음을 증명하는 서류

② 제1항에 따른 등록을 받은 업종별 관광협회는 제1항에 따른 등록을 신청을 받으면 제22조제1항에 따른 자격요건에 적합하다고 인정되는 경우에는 별지 제24호의3서식의 국외여행 인솔자 자격증을 발급하여야 한다.

제22조의3(국외여행 인솔자 자격증의 재발급) 제22조의2에 따라 발급받은 국외여행 자

붕의 10 이상이 되는 경우

2. 국제회의업의 경우 국제회의시설 중 다음 각 목의 어느 하나에 해당하는 변경을 하려는 경우

가. 「국제회의산업 육성에 관한 법률 시행령」 제3조제2항에 따른 전문회의시설의 회의실 수 또는 옥내전시면적을 변경할 때에 그 변경하려는 회의실 수 또는 옥내전시면적이 당초 승인한 회의실 수 또는 옥내전시면적의 일정 인원은 제회의 100분의 10 이상이 되는 경우

나. 「국제회의산업 육성에 관한 법률 시행령」 제3조제4항에 따른 전시시설의 회의실 수 또는 옥내전시면적을 변경할 때에 그 변경하려는 회의실 수 또는 옥내전시면적이 당초 승인한 회의실 수 또는 옥내전시면적의 일정 인원은 제회의 100분의 10 이상이 되는 경우

제10조(사업계획의 승인신청 등) ① 법 제15조제1항 및 제2항에 따라 관광호텔업·수상관광호텔업·한국전통호텔업·가족호텔업·호스텔업·소형호텔업·의료관광호텔업과 휴양 콘도미니엄업 및 제15조제2호 각 호의 어느 하나에 해당하는 관광숙박업의 사업계획(이하 "사업계획"이라 한다) 승인을 받으려는 자는 문화체육관광부령으로 정하는 바에 따라 사업계획 승인신청서를 특별자치시장·특별자치도지사·시장·군수·구청장에게 제출하여야 한다.

② 제3조에 따라 사업계획의 변경승인을 받으려는 자는 문화체육관광부령으로 정하는 바에 따라 사업계획 변경승인신청서를 특별자치시

제3절 관광숙박업 및 관광객 이용시설업 등

제15조(사업계획의 승인) ① 관광숙박업을 경영하려는 자는 제4조제1항에 따른 등록을 하기 전에 그 사업에 대한 사업계획을 작성하여 특별자치시장·특별자치도지사·시장·군수·구청장의 승인을 받아야 한다. 승인을 받은 사업계획을 변경할 때에도 또한 같다. 다만, 대통령령으로 정하는 경미한 사항을 변경하는 경우에는 신고하거나 승인을 받지 아니할 수 있다.

② 대통령령으로 정하는 관광객 이용시설업이나 국제회의업을 경영하려는 자는 제4조제1항에 따른 등록을 하기 전에 그 사업에 대한 사업계획을 작성하여 특별자치시장·특별자치도지사·시장·군수·구청장의 승인을 받을 수 있다. 승인을 받은 사업계획 중 대통령령으로 정하는 사항을 변경할 때에도 또한 같다.

③ 제1항과 제2항에 따른 사업계획의 승인 또는 변경승인의 기준·절차 등에 필요한 사항은 대통령령으로 정한다.

제16조(사업계획 승인 시의 인·허가 의제 등) ① 제15조제1항 및 제2항에 따라 사업계획의 승인을 받은 때에는 다음 각 호의 허가 또는 해제를 받거나 신고를 한 것으로 본다.

1. 「농지법」 제34조제1항에 따른 농지전용의 허가
2. 「산지관리법」 제14조·제15조에 따른 산지전용허

제11조(사업계획승인의 통보) 특별자치시장·특별자치도지사·시장·군수·구청장은 제10조에 따라 신청한 사업계획 또는 사업계획의 변경승인을 인하는 경우에는 사업계획승인 또는 변경승인을 신청한 자에게 지체 없이 통보하여야 한다.

제12조(사업계획승인 대상 관광객 이용시설업·국제회의업) 법 제15조제2항 전단에서 "대통령령으로 정하는 관광객 이용시설업이나 국제회의업"이란 다음 각 호의 관광사업을 말한다.
1. 전문휴양업
2. 종합휴양업
3. 관광유람선업
4. 국제회의시설업

가 및 산지전용신고 같은 법 제15조의2에 따른 산지일시사용허가·신고, 「산림자원의 조성 및 관리에 관한 법률」 제36조제1항·제5항 및 제45조제1항·제2항에 따른 입목벌채 등의 허가·신고
3. 「사방사업법」 제20조에 따른 사방지(砂防地) 지정의 해제
4. 「초지법」 제23조에 따른 초지전용(草地轉用)의 허가
5. 「하천법」 제30조에 따른 하천공사 등의 허가 및 실시계획의 인가, 같은 법 제33조에 따른 점용허가(占用許可) 및 실시계획의 인가
6. 「공유수면 관리 및 매립에 관한 법률」 제8조에 따른 공유수면의 점용·사용허가 및 같은 법 제17조에 따른 점용·사용 실시계획의 승인 또는 신고
7. 「사도법」 제4조에 따른 사도개설(私道開設)의 허가
8. 「국토의 계획 및 이용에 관한 법률」 제56조에 따른 개발행위의 허가
9. 「장사 등에 관한 법률」 제8조제3항에 따른 분묘의 개장신고(改葬申告) 및 같은 법 제27조에 따른 분묘의 개장허가(改葬許可)
② 특별자치시장·특별자치도지사·시장·군수·구청장은 제1항 각 호의 어느 하나에 해당하는 사항이 포함되어 있는 사업계획을 승인하려면 미리 소관 행정기관의 장과 협의하여야 하고, 그

장·특별자치도지사·시장·군수·구청장에게 제출하여야 한다.
③ 제1항과 제2항에 따라 사업계획의 승인 또는 변경승인신청서를 접수한 특별자치시장·특별자치도지사·시장·군수·구청장은 해당 관광사업이 법 제16조제1항에 따라 인·허가 등이 의제되는 사업인 경우에는 같은 조 제2항에 따라 소관 행정기관의 장과 협의하여야 한다.
④ 제3항에 따라 협의 요청을 받은 소관 행정기관의 장은 협의 요청을 받은 날부터 30일 이내에 그 의견을 제출하여야 한다. 이 경우 그 기간 내에 의견을 제출하지 않으면 협의가 이루어진 것으로 본다.

격증을 잃어버리거나 헐어 못 쓰게 되어 자격증을 재발급받으려는 사람은 별지 제24호의2서식의 국외여행 인솔자 자격증 재발급 신청서에 자격증(자격증이 헐어 못 쓰게 된 경우만 해당한다) 및 사진(최근 6개월 이내에 모자를 쓰지 않고 촬영한 상반신 반명함판) 2매를 첨부하여 관련 업종별 관광협회에 제출하여야 한다.

제22조의4(여행지 안전정보 등) ① 법 제14조제1항에 따른 안전정보는 다음 각 호와 같다.
1. 「여권법」 제17조에 따라 여권의 사용을 제한하거나 국민의 방문·체류를 금지하는 국가 목록 및 같은 법 제26조제3호에 따른 벌칙
2. 외교부 해외안전여행 인터넷홈페이지에 게재된 여행목적지(국가 및 지역)의 여행경보단계 및 국가별 안전정보(긴급연락처를 포함한다)
3. 해외여행자 인터넷 등록 제도에 관한 안내
② 법 제14조제3항에 따라 여행업자는 여행계약서(여행일정표 및 약관을 포함한다)에 명시된 숙식, 항공 등 여행일정(선택관광 일정을 포함한다)을 변경하는 경우 해당 날짜의 일정을 시작하기 전에 여행자로부터 서면으로 동의를 받아야 한다.
③ 제2항에 따른 서면동의서에는 변경일시, 변경 내용, 변경으로 발생하는 비용 및 여행자 또는 단체의 대표자가 일정변경에 동의한다는 의사를 표시하는 자필서명이 포함되어야 한다.

④ 여행업자는 천재지변, 사고, 납치 등 긴급한 사유가 발생하여 여행자로부터 사전에 일정변경 동의를 받기 어렵다고 인정되는 경우에는 사전에 일정변경 동의서를 받지 아니할 수 있다. 다만, 여행업자는 사후에 서면으로 그 변경내용 등을 설명하여야 한다.

제23조(사업계획의 승인신청) ① 영 제10조제1항에 따라 사업계획승인을 받으려는 자는 별지 제25호서식의 사업계획 승인신청서에 다음 각 호의 서류를 첨부하여 특별자치시장·특별자치도지사·시장·군수·구청장에게 제출하여야 한다. 다만, 등록체육시설의 경우에는 「체육시설의 설치·이용에 관한 법률 시행령」 제10조에 따른 사업계획승인서 사본으로 각 호의 서류를 갈음한다.

1. 다음 각 목의 사항이 포함된 건설계획서
   가. 건설장소, 총부지면적 및 토지이용계획
   나. 공사계획
   다. 공사자금 및 그 조달방법
   라. 시설별·총별 면적 및 시설내용
   마. 조감도
   바. 전문휴양업 및 종합휴양업의 경우에는 사업예정지역의 위치도(축척 2만 5천분의 1 이상이어야 한다), 사업예정지역의 현황도(축척 3천분의 1 이상으로서 등고선이 표시되어야 한다), 시설배치계획도(지적도면상에 표시하여야 하며...

제13조(사업계획 승인 및 변경승인의 기준) ① 법 제15조에 따른 사업계획의 승인 및 변경승인의 기준은 다음 각 호와 같다.

1. 사업계획의 내용이 관계 법령에 적합할 것
2. 사업계획의 시행에 필요한 자금을 조달할 능력 및 방안이 있을 것
3. 일반 주거지역의 관광숙박시설 및 그 시설 안의 위락시설은 주거환경을 보호하기 위하여 다음 각 목의 기준에 맞아야 하고, 준주거지역의 그 경우에는 다목의 기준에 맞을 것. 다만, 일반 주거지역에서의 사업계획의 변경승인(신축 또는 기존 건축물 전부를 철거하고 다시 축조하는 경우는 포함하지 아니한다)의 경우에는 가목을 적용하지 아니하고, 일반 주거지역의 호스텔의 시설이 다음 가목 및 나목의 기준을 적용하지 아니한다.
   가. 다음의 구분에 따라 시설 또는 도로에 연접할 통행이 가능하도록 대지가 도로에 연접할 것. 다만, 특별자치시·특별자치도·시·군·구(자치구를 말한다. 이하 같다)는 주거환경을 보호하기 위하여 필요하면 지역 특성을 고려하여 조례로 이 기준을 강화할 수 있다.
   1) 관광호텔업, 수상관광호텔업, 한국전통호텔업, 가족호텔업, 의료관광호텔업 및 휴양 콘도미니엄 : 대지가 폭 12미터 이상의...

사업계획을 승인한 때에는 지체 없이 소관 행정기관의 장에게 그 내용을 통보하여야 한다.

③ 특별자치시장·특별자치도지사·시장·군수·구청장은 제15조제1항 및 제2항에 따른 사업계획 변경승인을 하려는 경우 건축물의 용도변경이 포함되어 있으면 미리 소관 행정기관의 장과 협의하여야 한다.

④ 관광사업자(관광숙박업만 해당한다)가 제15조제1항에 따라 사업계획의 변경승인을 받은 후단에 따라 사업계획에 따른 용도변경을 하려는 경우에는 「건축법」에 따른 용도변경의 허가를 받거나 신고를 한 것으로 본다.

⑤ 제15조제1항에 따른 사업계획의 승인 또는 변경승인을 받은 경우 그 사업계획에 따른 관광숙박시설 및 그 시설 안의 위락시설로서 「국토의 계획 및 이용에 관한 법률」에 따라 지정된 다음 각 호의 용도지역의 시설에 대하여는 같은 법 제76조제1항을 적용하지 아니한다. 다만, 주거지역에서는 주거환경의 보호를 위하여 대통령령으로 정하는 사업계획승인기준에 맞는 경우에 한한다.

1. 상업지역
2. 주거지역·공업지역 및 녹지지역 중 대통령령으로 정하는 지역

⑥ 제15조제1항에 따른 사업계획의 승인을 받은 경우 그 사업계획에 따른 관광숙박시설로서 「한...

여야 한다), 토지명세서, 하수처리계획서, 녹지 및 환경조성계획서('환경영향평가법'에 따른 환경영향평가를 받은 경우 하수처리계획서, 녹지 및 환경조성계획서를 생략한다)

2. 신청인(법인인 경우에는 대표자 및 임원)이 내국인인 경우에는 성명 및 주민등록변호를 기재한 서류

2의2. 신청인(법인인 경우에는 대표자 및 임원)이 외국인인 경우에는 법 제7조제1항 각 호의 어느 하나에 해당하는 서류. 다만, 법 또는 다른 법령에 따라 인·허가 등을 받아 사업자등록을 하고 해당 영업 또는 사업을 영위하고 있는 자(법인인 경우에는 최근 1년 이내에 법인세를 납부한 시점부터 승인 신청 시점까지의 기간 동안 대표자 및 임원의 변경이 없는 경우로 한정한다)는 해당 영업 또는 사업의 인·허가증 등 인·허가 등을 받았음을 증명하는 서류와 최근 1년 이내에 소득세(법인의 경우에는 법인세를 말한다)를 납부한 사실을 증명하는 서류를 제출하는 경우에는 그 영업 또는 사업의 결격사유 규정과 중복되는 별 제7조제1항의 결격사유에 한하여 다음 각 목의 서류를 제출하지 아니할 수 있다.

가. 해당 국가의 정부나 그 밖의 권한 있는 기관이 발행한 서류 또는 공증인의 공증한 신청

도로에 4미터 이상 연결할 것

2) 호스텔업 및 소형호텔: 대지가 폭 8미터(관광객의 수, 관광특구와의 거리 등을 고려하여 특별자치시장·특별자치도지사·시장·군수·구청장이 지정하여 고시하는 지역에서는 20실 이하의 객실을 갖추어 경영하는 호스텔업의 경우에는 4미터) 이상의 도로에 4미터 이상 연결할 것

나. 건축물(관광숙박 시설이 설치되는 건축물 전부를 말한다) 각 부분의 높이는 그 부분으로부터 인접 대지를 조망할 수 있는 창이나 문 등이 개구부가 있는 벽면에서 직각 방향으로 인접된 대지의 경계선(대지와 대지 사이가 공원·광장·도로·하천이나 그 밖의 건축이 허용되지 아니하는 공지(空地)인 경우에는 그 인접된 대지의 반대편 경계선을 말한다) 까지의 수평거리의 두 배를 초과하지 아니할 것

다. 소음 공해를 유발하는 시설은 지하층에 설치하거나 그 밖의 방법으로 주변의 주거환경을 해치지 아니하도록 할 것

라. 대지 안의 조경은 대지면적의 15퍼센트 이상으로 하되, 대지 경계선 주위에는 다 차단 나무를 심어 인접 대지와 차단하는 수림대(樹林帶)를 조성할 것

4. 연간 내국인 투숙객 수가 객실의 연간 수용가

교보건법' 제2조에 따른 학교 출입문 또는 학교설립예정지 출입문으로부터 직선거리로 75미터 이내에 위치한 관광숙박시설의 설치와 관련하여는 '학교보건법' 제6조제1항 각 호 외의 부분 단서를 적용하지 아니한다.

⑦ 제15조제1항에 따른 사업계획의 승인 또는 변경승인을 받은 경우 그 사업계획에 따른 관광 숙박시설로서 다음 각 호에 적합한 시설에 대해서는 '학교보건법' 제6조제1항제13호를 적용하지 아니한다.

1. 관광숙박시설에서 '학교보건법' 제6조제3항제12호, 제14호부터 제16호까지 또는 제18호부터 제20호까지의 규정에 따른 행위 및 시설 중 어느 하나에 해당하는 행위 및 시설이 없을 것

2. 관광숙박시설의 객실이 100실 이상일 것

3. 대통령령으로 정하는 지역 내 위치할 것

4. 대통령령으로 정하는 바에 따라 관광숙박시설 내 공용공간을 개방형 구조로 할 것

5. '학교보건법' 제2조에 따른 학교 출입문 또는 학교설립예정지 출입문으로부터 직선거리로 75미터 이상에 위치할 것

⑧ 제7항 각 호의 요건을 충족하여 '학교보건법' 제6조제1항제13호를 적용받지 아니하고 관광 숙박시설을 설치하려는 자는 '건축법' 제11조에 따른 건축허가를 받기 전에 교육환경 보호에 관한 위원회의 심의를 받아야 한다.

⑨ 특별자치시장·특별자치도지사·시장·군수·구청장은 제15조제1항에 따른 사업계획(제7항 각 호의 요건을 충족하여 「학교보건법」 제6조제1항제13호를 적용받지 아니하고 관광숙박시설을 설치하려는 자의 사업계획에 한정한다)의 승인 또는 변경승인을 하려는 경우에는 교육환경 보호 및 교통소통 등을 위하여 필요한 보조조치를 취하도록 하는 조건을 붙일 수 있다.

제17조(관광숙박업 등의 등록심의위원회) ① 제 조제1항에 따른 관광숙박업 및 대통령령으로 정하는 관광객 이용시설업이나 국제회의업의 등록(등록 사항의 변경을 포함한다. 이하 이 조에서 같다)에 관한 사항을 심의하기 위하여 특별자치시장·특별자치도지사·시장·군수·구청장(권한이 위임된 경우에는 그 위임을 받은 기관을 말한다. 이하 이 조 및 제18조에서 같다) 소속으로 관광숙박업 및 관광객 이용시설업 등록심의위원회(이하 "위원회"라 한다)를 둔다.

② 위원회는 위원장과 부위원장 각 1명을 포함한 위원 10명 이내로 구성하되, 위원장은 특별자치시·특별자치도·시·군·구(자치구만 해당한다)의 부지사·부시장·부군수·부구청장이 되고, 부위원장은 위원 중에서 위원장이 지정하는 자가 되며, 위원은 제18조제1항 각 호에 따른 신고 또는 인·허가 등의 소관 기관의 직원이 된다.

등 총인원의 40퍼센트를 초과하지 아니할 것(의료관광호텔업만 해당한다)

② 특별자치시장·특별자치도지사·시장·군수·구청장은 휴양 콘도미니엄업의 규모를 축소하는 사업계획에 대한 변경승인신청을 받은 경우에는 다음 각 호의 어느 하나의 감소 비율이 당초 승인한 분양 및 회원 모집 계획상의 피분양자 및 회원(이하 이 항에서 "회원등"이라 한다) 총 수에 대한 사업계획 변경승인 예정일 현재 실제로 미분양 및 모집 미달이 되고 있는 분양 및 회원의 총수의 비율(이하 이 항에서 "미분양률"이라 한다)을 초과하지 아니하는 한도에서 그 변경승인을 하여야 한다. 다만, 사업자가 이미 분양받거나 회원권을 취득한 회원등에 대하여 그 대지면적 및 객실면적(전용 및 공유면적을 말하며, 이하 이 항에서 같다)의 감소분에 비례하여 분양가격 또는 회원 모집가격을 인하하여 해당 회원등에게 통보한 경우에는 미분양률을 초과하여 변경승인을 할 수 있다.

1. 당초계획(승인한 사업계획을 말한다. 이하 이 항에서 같다)상의 대지면적에 대한 변경계획상의 대지면적 감소비율
2. 당초계획상의 객실 수에 대한 변경계획상의 각 실 수 감소비율
3. 당초계획상의 전체 객실면적에 대한 변경계획상의 전체 객실면적 감소비율

인의 진술서로서 「재외공관 공증법」에 따라 해당 국가에 주재하는 대한민국공관의 영사관이 확인한 서류

나. 「외국공문서에 대한 인증의 요구를 폐지하는 협약」을 체결한 국가의 경우에는 해당 국가의 정부나 그 밖에 권한 있는 기관이 발행한 서류 또는 공증인이 공증한 신청인의 진술서로서 해당 국가의 아포스티유(Apostille) 확인서 발급 권한이 있는 기관이 그 확인서를 발급한 서류

3. 부동산의 소유권 또는 사용권을 증명하는 서류
4. 분양 및 회원모집계획 개요서(분양 및 회원을 모집하는 경우만 해당한다)
5. 법 제16조제3항 각 호에 따른 인·허가 등의 의제를 받거나 신고를 하려는 경우에는 해당 법령에서 제출하도록 한 서류
6. 법 제16조제3항 각 호에서 규정한 신고를 이미 하였거나 인·허가 등을 받은 경우에는 이를 증명하는 서류

② 제1항에 따른 신청서를 받은 특별자치시장·특별자치도지사·시장·군수·구청장은 「전자정부법」 제36조제1항에 따른 행정정보의 공동이용을 통하여 법인 등기사항증명서(법인만 해당한다)를 확인하여야 한다.

제24조(사업계획의 변경승인 신청) 영 제10조제2항에 따라 사업계획의 변경승인을 받으려는

③ 위원회는 다음 각 호의 사항을 심의한다.

1. 관광숙박업 및 대통령령으로 정하는 관광객 이용시설업의 등록기준 등에 관한 사항
2. 제18조제1항 각 호에서 정한 사업이 관계 법령상 신고 또는 인·허가 등의 요건에 해당하는지에 관한 사항
3. 제15조제1항에 따라 사업계획 승인 또는 변경승인을 받고 관광사업 등록(제16조제7항에 따라 「학교보건법」 제6조제1항제13호를 적용받지 아니하고 관광숙박시설을 설치하려는 경우에 한정한다)을 신청한 경우 제16조제7항 각 호의 요건을 충족하는지에 관한 사항

④ 특별자치시장·특별자치도지사·시장·군수·구청장은 제1항에 따른 관광숙박업, 관광객 이용시설업 등록을 하려면 미리 위원회의 심의를 거쳐야 한다. 다만, 대통령령으로 정하는 경미한 사항의 변경에 관하여는 위원회의 심의를 거치지 아니할 수 있다.

⑤ 위원회의 회의는 재적위원 3분의 2 이상의 출석과 출석위원 3분의 2 이상의 찬성으로 의결한다.

⑥ 위원회의 구성·운영이나 그 밖에 위원회에 필요한 사항은 대통령령으로 정한다.

제18조(등록 시의 신고·허가 의제 등) ① 특별자치시장·특별자치도지사·시장·군수·구청장

제14조(관광숙박시설 건축지역) 법 제16조제3항 제2호에서 "대통령령으로 정하는 지역"이란 다음 각 호의 지역을 말한다.

1. 일반주거지역
2. 준주거지역
3. 준공업지역
4. 자연녹지지역

제14조의2(학교환경위생 정화구역 내 관광숙박시설의 설치) ① 법 제16조제6항 및 같은 조 제7항제2호에서 "대통령령으로 정하는 지역"이란 각각 다음 각 호의 지역을 말한다.

1. 서울특별시
2. 경기도

② 법 제16조제7항에 따라 「학교보건법」 제6조제1항제13호를 적용하지 아니하는 관광숙박시설은 법 제16조제7항제4호에 따라 그 부속 객실 차량 또는 도보 등을 통하여 해당 관광숙박시설에 드나들 수 있는 출입구, 주차장, 로비 등의 공용공간을 외부에서 조망할 수 있는 개방적인 구조로 하여야 한다.

제15조(위원장의 직무 등) ① 법 제17조제1항에 따른 관광숙박업 및 관광객 이용시설업 등록심의위원회(이하 "위원회"라 한다) 위원장은 위원회를 대표하고, 위원회의 직무를 총괄한다.

② 부위원장은 위원장을 보좌하고, 위원장이 부득이한 사유로 직무를 수행할 수 없을 때에는

자는 별지 제26호서식의 사업계획 변경승인 신청서에 다음 각 호의 서류를 첨부하여 특별자치시장·특별자치도지사·시장·군수·구청장에게 제출하여야 한다.

1. 변경사유서
2. 변경하고자 하는 층의 변경 전후의 평면도(건축물의 용도변경이 필요한 경우만 해당한다)
3. 용도변경에 따라 변경되는 사항 중 내화·내장·방화·피난건축설비에 관한 사항을 표시한 도서(건축물의 용도변경이 필요한 경우만 해당한다)
4. 전문휴양업 및 종합휴양업의 경우 제23조제1항제1호부터에서 정한 승인신청 사항이 변경되는 경우에는 각각 그 변경에 관계되는 서류

그 직무를 대행한다.

제16조(회의) ① 위원장은 위원회의 회의를 소집하고 그 의장이 된다.

제17조(의견 청취) 위원장은 위원회의 심의사항과 관련하여 필요하다고 인정하면 관계인 또는 안전·소방 등에 대한 전문가를 출석시켜 그 의견을 들을 수 있다.

제18조(간사) 위원회의 사무를 처리하기 위하여 위원회에 간사 1명을 둔다.

제19조(운영세칙) 이 영에 규정된 사항 외에 위원회의 운영에 필요한 사항은 위원회의 의결을 거쳐 위원장이 정한다.

제20조(등록심의대상 관광사업) ① 법 제17조제1항 및 제3항제1호에서 "대통령령으로 정하는 관광사업"이란 제12조 각 호의 어느 하나에 해당하는 관광사업을 말한다.

② 법 제17조제4항 단서에서 "대통령령으로 정하는 경미한 사항의 변경"이란 법 제17조제3항에 따른 심의사항의 변경 중 관계되는 기관이 둘 이하인 경우의 심의사항 변경을 말한다.

제21조(인·허가 등을 받은 것으로 보는 영업) 법 제18조제1항제2호에서 "대통령령으로 정하는 영업"이란 「식품위생법 시행령」 제21조제8호 가목부터 라목까지 및 바목에 따른 휴게음식점영업·일반음식점영업·단란주점영업·유흥주점영업 및 제과점영업을 말한다.

이 위원회의 심의를 거쳐 등록을 하면 그 관광사업자는 다음 각 호의 신고를 하였거나 인·허가 등을 받은 것으로 본다.

1. 「공중위생관리법」 제3조에 따른 숙박업·목욕장업·이용업·미용업 또는 세탁업의 신고
2. 「식품위생법」 제36조에 따른 식품접객업으로서 대통령령으로 정하는 영업의 허가 또는 신고
3. 「주세법」 제8조에 따른 주류판매업의 면허 또는 신고
4. 「외국환거래법」 제3조제1항제16호에 따른 외국환업무의 등록
5. 「담배사업법」 제16조에 따른 담배소매인의 지정
6. 삭제
7. 「체육시설의 설치·이용에 관한 법률」 제10조에 따른 신고 체육시설업으로서 같은 법 제20조에 따른 체육시설업의 신고
8. 「해사안전법」 제34조제3항에 따른 해상 레저 활동의 허가
9. 「의료법」 제35조에 따른 부속의료기관의 개설 신고 또는 개설허가

② 특별자치시장·특별자치도지사·시장·군수·구청장은 제1항에 따라 관광숙박업, 관광객 이용시설업 및 국제회의업의 등록을 한 때에는 지체 없이 제1항 각 호의 신고 또는 인·허가 등이 의제되는 관계 행정기관의 장에게 그 내용을 통보하여야 한다.

제18조의2(관광숙박업자의 준수사항) ① 법 제18조제1항에 따라 등록한 관광숙박업자 중 제16조제7항에 따라 「학교보건법」 제6조제1항제13호를 적용받지 아니하고 관광숙박시설을 설치한 자는 다음 각 호의 사항을 준수하여야 한다.

1. 관광숙박시설에서 「학교보건법」 제6조제1항제12호, 제14호부터 제16호까지 또는 제18호부터 제20호까지의 규정에 따른 행위 및 시설 중 어느 하나에 해당하는 행위 및 시설이 없을 것
2. 관광숙박시설의 객실이 100실 이상일 것
3. 대통령령으로 정하는 지역 내 위치할 것
4. 대통령령으로 정하는 바에 따라 관광숙박시설 내 공용공간을 개방형 구조로 할 것
5. 「학교보건법」 제6조에 따른 학교 출입문 또는 학교설립예정지 출입문으로부터 직선거리로 75미터 이상에 위치할 것

제19조(관광숙박업의 등급) ① 문화체육관광부장관은 관광숙박시설 및 야영장 이용자의 편의를 돕고, 관광숙박시설·야영장 및 서비스의 수준을 효율적으로 유지·관리하기 위하여 관광숙박업자 및 야영장업자의 신청을 받아 관광숙박업 및 야영장업에 대한 등급을 정할 수 있다. 다만, 제4조제1항에 따라 호텔업 등록을 한 자 중 대통령령으로 정하는 자는 등급결정을 신청하여야 한다.
② 문화체육관광부장관은 제1항에 따른 등급결정에 대한 권한을 제1항에 따라 등급결정을 하는 경

제21조의2(관광숙박업자의 준수사항) ① 법 제18조의2제3호에서 "대통령령으로 정하는 지역"이란 다음 각 호의 지역을 말한다.
1. 서울특별시
2. 경기도
② 법 제16조제7항에 따라 「학교보건법」 제6조제1항제13호를 적용받지 아니하고 관광숙박시설을 설치한 자는 법 제18조의2제4호에 따라 그 투숙객이 차량 또는 도보 등을 통하여 해당 관광숙박시설에 드나들 수 있는 출입구, 주차장, 로비 등의 공용공간을 외부에서 조망할 수 있는 개방적인 구조로 하여야 한다.

제22조(호텔업의 등급결정) ① 법 제19조제1항 단서에서 "대통령령으로 정하는 자"란 관광호텔업, 수상관광호텔업, 한국전통호텔업, 가족호텔업, 소형호텔업 또는 의료관광호텔업의 등록을 한 자를 말한다.
② 법 제19조제5항에 따라 관광숙박업 중 호텔업의 등급은 5성급·4성급·3성급·2성급 및 1성급으로 구분한다.

제25조(호텔업의 등급결정) ① 법 제19조제1항 및 법 제22조제1항에 따라 관광호텔업, 수상관광호텔업, 한국전통호텔업, 소형호텔업 또는 의료관광호텔업의 등록을 한 자는 다음 각 호의 구분에 따른 기간 이내에 영 제66조제1항에 따라 문화체육관광부장관으로부터 등급결정권을 위탁받은 법인(이하 "등급결정 수탁기관"이라 한다)에 영 제22조제2항에 따른 호텔업의 등급 중 희망하는 등급을 정하여 등급결정을 신청하여야 한다.
1. 호텔업 신규 등록한 경우: 호텔업 등록을 한 날부터 60일
2. 제25조의3에 따른 호텔업 등급결정의 유효기간이 만료되는 경우: 유효기간 만료 전 150일부터 90일까지
3. 시설의 증·개축 또는 서비스 및 운영실태 등의 변경에 따른 등급 조정사유가 발생한 경우: 등급 조정사유가 발생한 날부터 60일
② 등급결정 수탁기관은 제1항에 따른 등급결정 신청을 받은 경우에는 문화체육관광부장관이 정하여 고시하는 호텔업 등급결정의 기준에 따라 신청일부터 90일 이내에 해당 호텔의 등급을 결정하여 신청인에게 통지하여야 한다. 다만, 부득이한 사유가 있는 경우에는 60일의 범위에서 그 기간을 연장할 수 있다.
③ 제1항에 따라 등급결정을 하는 경우에는 다음

각 호의 요소를 평가하여야 하며, 그 세부적인 기준 및 절차는 문화체육관광부장관이 정하여 고시한다.

1. 서비스 상태
2. 객실 및 부대시설의 상태
3. 안전 관리 등에 관한 법령 준수 여부

④ 등급결정 수탁기관은 제3항에 따른 평가의 공정성을 위하여 필요하다고 인정하는 경우에는 평가를 마친 때까지 평가의 일정 등을 신청인에게 알리지 아니할 수 있다.

⑤ 등급결정 수탁기관은 제3항에 따라 평가한 결과 등급결정 기준에 미달하는 경우에는 해당 호텔의 등급결정을 보류하여야 한다. 이 경우 그 보류 사실을 신청인에게 통지하여야 한다.

제25조의2(등급결정의 재신청 등) ① 제25조제3항 후단에 따라 등급결정 보류의 통지를 받은 신청인은 그 보류의 통지를 받은 날부터 60일 이내에 같은 조 제1항에 따라 신청한 등급과 동일한 등급 또는 낮은 등급으로 호텔업 등급결정의 재신청을 하여야 한다.

② 제1항에 따라 재신청을 받은 등급결정 수탁기관은 제25조제2항부터 제4항까지에 따라 해당 호텔의 등급을 결정하거나 해당 호텔의 등급결정을 보류한 후 그 사실을 신청인에게 통지하여야 한다.

③ 제1항에 따라 동일한 등급으로 호텔업 등급결

제23조(분양 및 회원모집 관광사업) ① 법 제20조제1항 및 제2항제1호에서 "대통령령으로 정하는 종류의 관광사업"이란 다음 각 호의 사업을 말한다.

1. 휴양 콘도미니엄업 및 호텔업
2. 관광객 이용시설업 중 제2종 종합휴양업

② 법 제20조제2항제2호 단서에서 "대통령령으로 정하는 종류의 관광숙박업"이란 다음 각 호의 숙박업을 말한다.

1. 휴양 콘도미니엄업
2. 호텔업
3. 삭제

제24조(분양 및 회원모집의 기준 및 시기) ① 법 제20조제4항에 따른 휴양 콘도미니엄업 시설의 분양 및 회원모집 기준과 호텔업 및 제2종 종합휴양업 시설의 회원모집 기준은 다음 각 호와 같다. 다만, 제2종 종합휴양업 시설 중 등록 체육시설업 시설에 대한 회원모집에 관하여는 「체육시설의 설치·이용에 관한 법률」에서 정하는 바에 따른다.

1. 다음 각 목의 어느 하나에 해당하는 소유권 또는 사용권을 확보할 것. 이 경우 분양(휴양 콘도미니엄업만 해당한다. 이하 같다) 또는 회원모집 당시 해당 휴양 콘도미니엄업, 호텔업 및 제2종 종합휴양업의 건물이 사용승인된 경우에는 해당 건물의 소유권도 확보하여야 한다.

우 유효기간을 정하여 등급을 정할 수 있다.

③ 문화체육관광부장관은 제3항에 따른 등급결정을 위하여 필요한 경우에는 관계 전문가에게 관광숙박업 및 야영장업의 시설 및 운영 실태에 관한 조사를 의뢰할 수 있다.

④ 문화체육관광부장관은 제3항에 따른 등급결정 결과에 관한 사항을 공표할 수 있다.

⑤ 관광숙박업 및 야영장업 등급의 구분에 관한 사항은 대통령령으로 정하고, 등급결정의 유효기간·신청 시기·절차 및 등급결정 결과 공표 등에 관한 사항은 문화체육관광부령으로 정한다.

제20조(분양 및 회원 모집) ① 관광숙박업이나 관광객 이용시설업으로서 대통령령으로 정하는 종류의 관광사업을 등록한 자 또는 그 사업계획의 승인을 받은 자가 아니면 그 관광사업의 시설에 대하여 분양(휴양 콘도미니엄만 해당한다. 이하 같다) 또는 회원 모집을 하여서는 아니 된다.

② 누구든지 다음 각 호의 어느 하나에 해당하는 행위를 하여서는 아니 된다.

1. 제1항에 따른 분양 또는 회원모집을 할 수 없는 자가 관광숙박업이나 관광객 이용시설업으로서 대통령령으로 정하는 종류의 관광사업 또는 이와 유사한 명칭을 사용하여 분양 또는 회원모집을 하는 행위

정을 재신청하였으나 제2항에 따라 다시 등급 결정이 보류된 경우에는 등급결정 보류의 통지를 받은 날부터 60일 이내에 신청한 등급보다 낮은 등급으로 등급결정을 신청하거나 등급결정 수탁기관에 등급결정의 보류에 대한 이의를 신청하여야 한다.

④ 제3항에 따라 이의 신청을 받은 등급결정 수탁 기관은 문화체육관광부장관이 정하여 고시하는 절차에 따라 신청일부터 90일 이내에 이의 신청에 이유가 있는지 여부를 판단하여 처리하여야 한다. 다만, 부득이한 사유가 있는 경우에는 60일의 범위에서 그 기간을 연장할 수 있다.

⑤ 제4항에 따라 이의 신청을 거친 자가 다시 등급결정을 신청하는 경우에는 당초 신청한 등급보다 낮은 등급으로만 할 수 있다.

⑥ 등급결정 보류의 통지를 받은 신청인이 직전에 신청한 등급보다 낮은 등급으로 호텔업 등급결정을 재신청하였으나 다시 등급결정이 보류된 경우의 등급결정 신청 및 등급결정에 관하여는 제1항부터 제5항까지를 준용한다.

제25조의3(등급결정의 유효기간 등) ① 법 제19조 제3항에 따른 호텔업 등급결정의 유효기간은 등급결정을 받은 날부터 3년으로 한다.

② 문화체육관광부장관은 법 제19조제3항에 따른 등급결정 결과를 분기별로 문화체육관광부의 인터넷 홈페이지에 공표하여야 하고, 필요한 경우

가. 휴양 콘도미니엄업 및 호텔업(수상관광호텔업은 제외한다)의 경우 : 해당 관광숙박시설이 건설되는 대지의 소유권

나. 수상관광호텔업의 경우 : 구조물 또는 선박의 소유권

다. 제2종 종합휴양업의 경우 : 회원모집 대상인 해당 제2종 종합휴양업 시설이 건설되는 부지의 소유권 또는 사용권

2. 제1호에 따른 대지·부지 및 건물의 저당권이 목적물로 되어 있는 경우에는 그 저당권을 말소할 것. 다만, 공유제(共有制)일 경우에는 분양받은 자의 명의로 소유권 이전등기를 마칠 때까지, 회원제일 경우에는 저당권이 말소될 때까지 분양 또는 회원모집과 관련한 사고로 인하여 분양을 받은 자나 회원에게 피해를 주는 경우 그 손해를 배상할 것을 내용으로 저당권 설정금액에 해당하는 보증보험에 가입한 경우에는 그러하지 아니하다.

3. 분양을 하는 경우 한 개의 객실당 분양인원은 5명 이상으로 하되, 가족부 및 직계존비속을 말한다)만을 수분양자로 하지 아니할 것. 다만, 다음 각 목의 어느 하나에 해당하는 경우에는 그러하지 아니하다.

가. 공유자가 법인인 경우

나. 「출입국관리법 시행령」 별표 1의2 제24호 차목에 따라 법무부장관이 정하여 고시한

---

2. 관광숙박시설과 관광숙박시설이 아닌 시설을 동일한 건물로 연계하여 분양하거나 회원을 모집하는 경우. 대통령령으로 정하는 종류의 관광숙박업의 등록을 받은 자 또는 그 사업계획의 승인을 얻은 자가 「체육시설의 설치·이용에 관한 법률」 제12조에 따라 골프장의 사업계획을 승인받은 경우에는 관광숙박시설과 해당 골프장을 연계하여 분양하거나 회원을 모집할 수 있다.

3. 공유자 또는 회원으로부터 제1항에 따른 관광숙박업 시설의 이용권리를 양도받아 이 시설의 이용에 관한 회원을 모집하는 행위

③ 제3항에 따라 분양 또는 회원모집을 하려는 자가 사용하는 약관에는 제3항 각 호의 사항이 포함되어야 한다.

④ 제3항에 따라 분양 또는 회원 모집을 하려는 자는 대통령령으로 정하는 분양 또는 회원 모집의 기준 및 절차에 따라 분양 또는 회원 모집을 하여야 한다.

⑤ 분양 또는 회원 모집을 한 자는 공유자·회원의 권익을 보호하기 위하여 다음 각 호의 사항에 관하여 대통령령으로 정하는 사항을 지켜야 한다.

1. 공유지분(共有持分) 또는 회원자격의 양도·양수

2. 시설의 이용

3. 시설의 유지·관리에 필요한 비용의 징수
4. 회원 입회금의 반환
5. 회원증의 발급과 확인
6. 공유자·회원의 대표기구 구성
7. 그 밖에 공유자·회원의 권익 보호를 위하여 대통령령으로 정하는 사항

제20조의2(야영장업자의 준수사항) 제4조제1항에 따라 야영장업의 등록을 한 자는 문화체육관광부령으로 정하는 안전·위생 기준을 지켜야 한다.

제4절 카지노업

제21조(허가 요건 등) ① 문화체육관광부장관은 제5조제1항에 따른 카지노업(이하 "카지노업"이라 한다)의 허가신청을 받으면 다음 각 호의 어느 하나에 해당하는 경우에만 허가할 수 있다.
1. 국제공항이나 국제여객선터미널이 있는 특별시·광역시·특별자치시·도·특별자치도(이하 "시·도"라 한다)에 있거나 관광특구에 있는 관광숙박업 중 호텔업 시설(관광숙박업의 등급 중 최상 등급을 받은 시설만 해당하며, 시·도에 최상 등급의 시설이 없는 경우에는 그 다음 등급의 시설만 해당한다) 또는 대통령령으로 정하는 국제회의업 시설의 부대시설에서 카지노업을 하려는 경우로서 대통령령으로 정하는 요건에 맞는 경우

투자지역에 건설되는 휴양 콘도미니엄으로서 공유자가 외국인인 경우
4. 삭제 <2015. 11. 18>
5. 공유자 또는 회원의 연간 이용일수는 365일을 객실당 분양 또는 회원모집계획 인원수로 나눈 범위 이내일 것
6. 주기용으로 분양 또는 회원모집을 하지 아니할 것
② 제1항에 따라 휴양 콘도미니엄, 호텔업 및 제2종 종합휴양업의 분양 또는 회원을 모집하는 경우 그 시기 등이 호와 같다.
1. 휴양 콘도미니엄 및 제2종 종합휴양업의 경우
  가. 해당 시설공사의 총 공사 공정이 문화체육관광부령으로 정하는 공정률 이상 진행된 때부터 분양 또는 회원모집을 하되, 분양 또는 회원을 모집하려는 총 객실 중 공정률에 해당하는 객실을 대상으로 분양 또는 회원을 모집할 것
  나. 공정률에 해당하는 개실 수를 초과하여 분양 또는 회원을 모집하려는 경우에는 분양 또는 회원모집과 관련한 사고로 인하여 분양을 받은 자나 회원에게 피해를 주는 경우 그 손해를 배상할 것을 내용으로 공정률을 초과하여 분양 또는 회원을 모집하려는 금액에 해당하는 보증보험에 관광사업의 등록 시까지 가입할 것

에는 그 밖의 효과적인 방법으로 공표할 수 있다.
③ 이 규칙에서 규정한 사항 외에 호텔업의 등급 결정에 필요한 사항은 문화체육관광부장관이 정하여 고시한다.

제26조(총공사 공정률) 영 제24조제2항제1호가목에서 "문화체육관광부령으로 정하는 공정률"이란 20퍼센트를 말한다.

2. 우리나라와 외국을 왕래하는 여객선에서 카지노업을 하려는 경우로서 대통령령으로 정하는 요건에 맞는 경우

② 문화체육관광부장관이 공공의 안녕, 질서유지 또는 카지노업의 건전한 발전을 위하여 필요하다고 인정하면 대통령령으로 정하는 바에 따라 제1항에 따른 허가를 제한할 수 있다.

제21조의2(허가의 공고 등) ① 문화체육관광부장관은 카지노업의 신규허가를 하려면 미리 다음 각 호의 사항을 정하여 공고하여야 한다.

1. 허가 대상지역
2. 허가 가능업체 수
3. 허가절차 및 허가방법
4. 세부 허가기준
5. 카지노업의 건전한 운영과 관광산업의 진흥을 위하여 문화체육관광부장관이 정하는 사항

② 문화체육관광부장관은 제1항에 따른 공고를 실시한 결과 적합한 자가 없을 경우에는 카지노업의 신규허가를 하지 아니할 수 있다.

제22조(결격사유) ① 다음 각 호의 어느 하나에 해당하는 자는 카지노업의 허가를 받을 수 없다.

1. 19세 미만인 자
2. 폭력행위 등 처벌에 관한 법률 제4조에 따른 단체 또는 집단을 구성하거나 그 단체 또는 집단에 자금을 제공하여 금고 이상의 형을 선고받고 그 형이 확정된 자

---

2. 호텔업의 경우

관광사업의 등록 후부터 회원을 모집할 것. 다만, 제2종 종합휴양업에 포함된 호텔업의 경우에는 제1호가목 및 나목을 적용한다.

제25조(분양 또는 회원모집계획서의 제출) ① 제24조에 따라 분양 또는 회원을 모집하려는 자는 문화체육관광부령으로 정하는 바에 따라 분양 또는 회원모집계획서를 특별자치시장·특별자치도지사·시장·군수·구청장에게 제출하여야 한다.

② 제1항에 따라 제출한 분양 또는 회원모집계획서의 내용이 사업계획승인 내용과 다른 경우에는 사업계획 변경승인신청서를 함께 제출하여야 한다.

③ 제1항과 제2항에 따라 분양 또는 회원모집계획서를 제출받은 특별자치시장·특별자치도지사·시장·군수·구청장은 이를 검토한 후 지체 없이 그 결과를 상대방에게 알려야 한다.

④ 제1항부터 제3항까지의 규정은 분양 또는 회원모집계획을 변경하는 경우에 이를 준용한다.

제26조(공유자 또는 회원의 보호) 분양 또는 회원모집을 한 자는 제20조제5항에 따라 공유자 또는 회원의 권익을 보호하기 위하여 다음 각 호의 사항을 지켜야 한다.

1. 공유지분 또는 회원지위의 양도·양수: 공유지분 또는 회원지위의 양도·양수를 제한하지 아니할 것. 다만, 제24조제1항제3호에 따라 휴양 콘도미

제27조(분양 또는 회원모집계획서의 첨부서류)

① 영 제25조에 따른 분양 또는 회원모집계획서에 첨부할 서류는 다음 각 호와 같다.

1. 「건축법」에 따른 공사 감리자가 작성하는 건설공정에 대한 보고서 또는 확인서(공사 중인 시설의 경우만 해당한다)
2. 보증보험가입증서(필요한 경우만 해당한다)
3. 객실 종류별, 객실당 분양인원 및 분양가격(회원제의 경우에는 회원수 및 입회금)
4. 분양 또는 회원모집 공고안
5. 분양 또는 회원모집
6. 관광사업자가 직접 운영하는 휴양콘도미니엄 또는 호텔의 현황 및 증빙서류(관광사업자가 직접 운영하지 아니하거나 계약에 따라 회원 등이 이용할 수 있는 시설이 있는 경우에는 그 현황 및 증빙서류를 포함한다)

② 제1항에 따른 분양 또는 회원모집계획서를 제출받은 특별자치시장·특별자치도지사·시장·군수·구청장은 「전자정부법」, 제36조제1항에 따른 행정정보의 공동이용을 통하여 대지·건물의 등기사항증명서를 확인하여야 한다.

③ 제1항제5호에 따른 분양 또는 회원모집 공고안에 포함되어야 할 사항은 다음 각 호와 같다.

1. 대지면적 및 객실당 전용면적·공유면적
2. 분양가격 또는 입회금 중 계약금·중도금·잔금 및 그 납부시기

3. 조세를 포탈(逋脫)하거나 「외국환거래법」을 위반하여 금고 이상의 형을 선고받고 확정된 자

4. 금고 이상의 실형을 선고받고 그 집행이 끝나거나 집행을 받지 아니하기로 확정된 후 2년이 지나지 아니한 자

5. 금고 이상의 형의 집행유예를 선고받고 그 유예기간 중에 있는 자

6. 금고 이상의 형의 선고유예를 받고 그 선고유예 기간 중에 있는 자

7. 임원 중에 제1호부터 제6호까지의 규정 중 어느 하나에 해당하는 자가 있는 법인

② 문화체육관광부장관은 카지노업의 허가를 받은 자(이하 "카지노사업자"라 한다)가 제1항 각 호의 어느 하나에 해당하면 그 허가를 취소하여야 한다. 다만, 본인이 임원 중 사유에 해당하는 자가 있는 경우 3개월 이내에 그 임원을 바꾸어 임명한 때에는 그러하지 아니하다.

제23조(카지노업의 시설기준 등) ① 카지노업의 허가를 받으려는 자는 문화체육관광부령으로 정하는 시설 및 기구를 갖추어야 한다.

② 카지노사업자에 대하여는 문화체육관광부령으로 정하는 바에 따라 제1항에 따른 시설 중 일정 시설에 대하여 문화체육관광부장관이 지정·고시하는 검사기관의 검사를 받게 할 수 있다.

③ 카지노사업자는 제1항에 따른 시설 및 기구를 유지·관리하여야 한다.

니밍의 객실을 분양받은 자가 해당 객실을 범하여 객실을 범하여(「출입국관리법」 시행령인이 아닌 내국인(「출입국관리법」 시행령 별표 1의2 제24호자목에 따라 업무수행권이 끝나거나 고시한 투자지역에 위치하지 아니한 휴양 콘도미니엄의 경우 법인이 아닌 외국인을 포함한다)에게 양도하려는 경우에는 양수인이 같은 호 각 목 외의 부분 본문에 따른 분양기준에 적합하도록 하여야 한다.

2. 시설의 이용 : 공유자 또는 회원이 이용하지 아니하는 객실만을 공유자 또는 회원이 아닌 자에게 이용하게 할 것. 이 경우 객실이용계획을 수립하여 제6조에 따른 공유자·회원의 대표기구와 미리 협의하여야 하며, 객실이용명세서를 작성하여 공유자·회원의 대표기구에 알려야 한다.

3. 시설의 유지·관리에 필요한 비용의 징수

가. 해당 시설을 선량한 관리자로서의 주의의무를 다하여 관리하되, 시설의 유지·관리에 드는 비용 외의 비용을 징수하지 아니할 것

나. 시설의 유지·관리에 드는 비용의 징수에 관한 사항을 변경하려는 경우에는 공유자·회원의 대표기구와 협의하고, 그 협의 결과를 공유자 및 회원에게 공개할 것

다. 시설의 유지·관리에 드는 비용 징수금의 사용명세를 매년 공유자·회원 또는 기구를

3. 분양 또는 회원모집의 총 인원과 객실별 인원

4. 연간 이용일수 및 회원의 경우 입회기간

5. 사업계획승인과 건축허가의 번호·연월일 및 승인·허가기관

6. 착공일, 공사완료예정일 및 이용예정일

7. 제8항제6호 중 관광사업자가 직접 운영하는 휴양콘도미니엄 또는 호텔의 현황

제28조(회원증의 발급) ① 분양 또는 회원모집을 하는 관광사업자가 영 제26조제5호에 따라 회원증을 발급하는 경우 그 회원증에는 다음 각 호의 사항이 포함되어야 한다.

1. 공유자 또는 회원의 번호

2. 공유자 또는 회원의 성명과 주민등록번호

3. 사업장의 상호·명칭 및 소재지

4. 공유자와 회원의 구분

5. 면적

6. 분양일 또는 입회일

7. 발행일

② 분양 또는 회원모집을 하는 관광사업자가 제1항에 따른 회원증을 발급하는 경우에는 미리 분양 또는 회원모집 계약 후 30일 이내에 문화체육관광부장관이 지정하여 고시하는 자(이하 "회원증 확인자"라 한다)로부터 그 회원증과 영 제25조에 따른 분양 또는 회원모집계획서가 일치하는지를 확인받아야 한다.

③ 제2항에 따라 회원증 확인자의 확인을 받아

제24조(조건부 영업허가) ① 문화체육관광부장관은 카지노업을 허가할 때 1년의 범위에서 대통령령으로 정하는 기간에 제23조제1항에 따른 시설 및 기구를 갖출 것을 조건으로 허가할 수 있다. 다만, 천재지변이나 그 밖의 부득이한 사유가 있다고 인정하는 경우에는 해당 사업자의 신청에 따라 한 차례에 한하여 6개월을 넘지 아니하는 범위에서 그 기간을 연장할 수 있다.

② 문화체육관광부장관은 제1항에 따른 허가를 받은 자가 정당한 사유 없이 제1항에 따른 기간 내에 허가 조건을 이행하지 아니하면 그 허가를 즉시 취소하여야 한다.

③ 제1항에 따른 허가를 받은 자는 제1항에 따른 기간 내에 허가 조건에 해당하는 필요한 시설 및 기구를 갖춘 경우 그 내용을 문화체육관광부장관에게 신고하여야 한다.

④ 문화체육관광부장관은 제3항에 따른 신고를 받은 경우 그 내용을 검토하여 이 법에 적합하면 신고를 수리하여야 한다.

제25조(카지노기구의 규격 및 기준 등) ① 문화체육관광부장관은 카지노업에 이용되는 기구(이하 "카지노기구"라 한다)의 형상·구조·재질 및 성능 등에 관한 규격 및 기준(이하 "공인기준등"이라 한다)을 정하여야 한다.

② 문화체육관광부장관은 문화체육관광부령으로 정하는 바에 따라 문화체육관광부장관이 지정

공개할 것

4. 회원의 입회금(회원자격을 부여받은 대가로 회원을 모집하는 자에게 지불하는 비용을 말한다)의 반환 : 회원의 입회기간 및 입회금의 반환은 관광사업자 또는 사업계획승인을 받은 자와 회원 간에 체결한 계약에 따르되, 회원의 입회기간이 끝나 입회금을 반환하여야 하는 경우에는 입회금 반환을 요구받은 날부터 10일 이내에 반환할 것

5. 회원증의 발급 및 확인 : 문화체육관광부령으로 정하는 공유자나 회원에게 해당 시설의 공유자나 회원임을 증명하는 회원증을 문화체육관광부령으로 정하는 기관으로부터 확인받아 발급할 것

6. 공유자·회원의 대표기구 구성 및 운영
가. 20명 이상의 공유자·회원으로 대표기구를 구성할 것. 이 경우 그 공유 또는 회원모집을 한 자와 그 대표자 및 임직원은 대표기구에 참여할 수 없다.
나. 가목에 따라 대표기구를 구성하는 경우(결원을 충원하는 경우를 포함한다)에는 그 공유자·회원 모두를 대상으로 전자우편 또는 휴대전화 문자메시지로 통지하거나 해당 사업자의 인터넷 홈페이지에 게시하는 등의 방법으로 그 사실을 알리고 대표기구의 구성원을 추천받거나 신청받도록 할 것

회원증을 발급한 관광사업자는 공유자 및 회원 명부에 회원증 발급 사실을 기록·유지하여야 한다.

④ 회원증 확인자는 6개월마다 특별자치시장·특별자치도지사·시장·군수·구청장에게 회원증 발급에 관한 사항을 통보하여야 한다.

제28조의2(야영장의 안전·위생기준) 법 제20조의2에 따른 "문화체육관광부령으로 정하는 안전·위생기준"은 별표 7에 따른 기준을 말한다.

제29조(카지노업의 시설기준 등) ① 법 제23조제1항에 따라 카지노업의 허가를 받으려는 자가 갖추어야 할 시설 및 기구의 기준은 다음 각 호와 같다.

1. 330제곱미터 이상의 전용 영업장
2. 1개 이상의 외국환 환전소
3. 제35조제1항에 따른 카지노업의 영업종류 중 네 종류 이상의 영업을 할 수 있는 게임기구 및 시설
4. 문화체육관광부장관이 정하여 고시하는 기준에 적합한 카지노 전산시설

② 제1항제4호에 따른 기준에는 다음 각 호의 사항이 포함되어야 한다.

1. 하드웨어의 성능 및 설치방법에 관한 사항
2. 네트워크의 구성에 관한 사항
3. 시스템의 가동 및 장애방지에 관한 사항
4. 시스템의 보안관리에 관한 사항
5. 환전관리 및 현금과 칩의 출납관리를 위한 소프트웨어에 관한 사항

제26조(카지노업의 영업 종류와 영업 방법 등)
① 카지노업의 영업 종류는 문화체육관광부령으로 정한다.

② 카지노사업자는 문화체육관광부령으로 정하는 바에 따라 제1항에 따른 카지노업의 영업 종류별 영업 방법 및 배당금 등에 관하여 문화체육관광부장관에게 미리 신고하여야 한다. 신고한 사항을 변경하려는 경우에도 또한 같다.

③ 문화체육관광부장관은 제2항에 따른 신고 또는 변경신고를 받은 경우 그 내용을 검토하여 이 법에 적합하면 신고를 수리하여야 한다.

제27조(지도와 명령) 문화체육관광부장관은 카지노업의 건전한 발전과 그 밖에 공익을 방지하는 등 그 밖에 공익을 위하여 필요하다고 인정하면 카지노사업자에게 필요한 지도와 명령을 할 수 있다.

하는 검사기관의 검정을 받은 카지노기구의 규격 및 기준 공인기준 등으로 인정할 수 있다.

③ 카지노사업자가 카지노기구를 영업장소(그 부대시설 등을 포함한다)에 반입·사용하는 경우에는 문화체육관광부령으로 정하는 바에 따라 그 카지노기구가 공인기준 등에 맞는지에 관하여 문화체육관광부장관의 검사를 받아야 한다.

④ 제3항에 따른 검사에 합격된 카지노기구에는 문화체육관광부령으로 정하는 바에 따라 검사에 합격하였음을 증명하는 증명서(이하 "검사합격증명서"이라 한다)를 붙이거나 표시하여야 한다.

다. 공유자·회원의 권익에 관한 사항(제3호나목에 관한 사항은 제외한다)은 대표기구와 협의할 것

라. 휴양 콘도미니엄업에 대한 특례

1) 가목에도 불구하고 한 개의 법인이 복수의 휴양 콘도미니엄을 등록한 경우에는 그 법인이 등록한 휴양 콘도미니엄업의 전부 또는 일부를 대상으로 대표기구를 통합하여 구성할 수 있도록 하되, 통합하여 구성된 대표기구(이하 "통합 대표기구"라 한다)에는 각각의 등록된 휴양 콘도미니엄업 시설의 공유자 및 회원이 다음의 기준에 따라 포함되도록 할 것

가) 공유자와 회원이 모두 있는 등록된 휴양 콘도미니엄의 경우: 공유자 및 회원 각각 1명 이상

나) 공유자 또는 회원만 있는 등록된 휴양 콘도미니엄의 경우: 공유자 또는 회원 1명 이상

2) 1)에 따라 통합 대표기구를 구성한 경우에도 특정 휴양 콘도미니엄 시설의 공유자·회원의 권익에 관한 사항으로서 통합 대표기구의 구성원 10명 이상 또는 해당 휴양 콘도미니엄 시설의 공유자·회원 10명 이상이 요청하는 경우에는 해당 휴양 콘도미니엄업 시설의 공유자·회원 20명 이상으로 그 휴양 콘도미니엄업에 해당 안건만을 협의하기 위한 대표기구를 구성하여 안건에 관하여 통합 대표기구를 대신하여 협의하도록 할 것

제30조(카지노 전산시설의 검사) ① 카지노업의 허가를 받은 자(이하 "카지노사업자"라 한다)는 법 제23조제1항제4호에 따른 카지노 전산시설(이하 "카지노전산시설"이라 한다)에 대하여 다음 각 호의 구분에 따라 각각 해당 기관 내에 문화체육관광부장관이 지정·교시하는 검사기관(이하 "카지노전산시설 검사기관"이라 한다)의 검사를 받아야 한다.

1. 신규로 카지노업의 허가를 받은 경우: 허가를 받은 날(조건부 영업허가를 받은 경우에는 조건 이행의 신고를 한 날)부터 15일

2. 검사유효기간이 만료된 경우: 유효기간 만료일부터 3개월

② 제1항에 따른 검사의 유효기간은 검사에 합격한 날부터 3년으로 한다. 다만, 검사 유효기간의 만료 전이라도 카지노전산시설을 교체한 경우에는 교체한 날부터 15일 이내에 검사를 받아야 하며, 이 경우 검사의 유효기간은 3년으로 한다.

③ 제1항에 따라 카지노전산시설의 검사를 받으려는 카지노사업자는 별지 제27호서식의 카지노전산시설 검사신청서에 제29조제2항 각 호에 구성된 시설에 대한 검사를 하기 위하여 필요한 자료를 첨부하여 카지노전산시설 검사기관에 제출하여야 한다.

제30조의2 (유효기간 연장에 관한 사전통지)

7. 그 밖의 공유자·회원의 권리 보호에 관한 사항

: 분양 또는 회원모집계약서에 사업계획의 승인번호·일자(분양사업으로 등록된 경우에는 등록번호·일자), 시설물의 현황·소재지, 연간 이용일수 및 회원의 입회기간을 명시할 것

제27조(카지노업의 허가요건 등) ① 법 제21조제1항제1호에서 "대통령령으로 정하는 카지노업에 적합한 시설"이란 제2조제1항제4호가목의 국제회의시설의 부대시설을 말한다.

② 법 제21조제1항에 따른 카지노업의 허가요건은 다음 각 호와 같다.

1. 관광호텔업이나 국제회의시설업의 부대시설에서 카지노업을 하려는 경우

가. 삭제

나. 외래관광객 유치계획 및 장기수지전망 등을 포함한 사업계획서가 적정할 것

다. 나목에 규정된 사업계획의 수행에 필요한 재정능력이 있을 것

라. 현금 및 칩의 관리 등 영업거래에 관한 내부통제방안이 수립되어 있을 것

마. 그 밖에 카지노업의 건전한 운영과 관광산업의 진흥을 위하여 문화체육관광부장관이 공고하는 기준에 맞을 것

2. 우리나라와 외국 간을 왕래하는 여객선에서 카지노업을 하려는 경우

가. 여객선이 2만톤급 이상으로 문화체육관광

제28조(카지노사업자 등의 준수 사항) ① 카지노사업자(대통령령으로 정하는 종사원을 포함한다. 이하 이 조에서 같다)는 다음 각 호의 어느 하나에 해당하는 행위를 하여서는 아니 된다.

1. 법령에 위반되는 카지노기구를 설치하거나 사용하는 행위

2. 법령을 위반하여 카지노기구 또는 시설을 변조하거나 변조된 카지노기구 또는 시설을 사용하는 행위

3. 허가받은 전용영업장 외에서 영업을 하는 행위

4. 내국인(「해외이주법」 제2조에 따른 해외이주자는 제외한다)을 입장하게 하는 행위

5. 지나친 사행심을 유발하는 등 선량한 풍속을 해칠 우려가 있는 광고나 선전을 하는 행위

6. 제26조제1항에 따른 영업 종류에 해당하지 아니하는 영업을 하거나 영업방법 및 배당금 등에 관한 신고를 하지 아니하고 영업하는 행위

7. 총매출액을 누락시켜 제30조제1항에 따른 관광진흥개발기금 납부금액을 감소시키는 행위

8. 19세 미만인 자를 입장시키는 행위

9. 정당한 사유 없이 그 연도 안에 60일 이상 휴업하는 행위

② 카지노사업자는 카지노업의 건전한 육성·발전을 위하여 필요하다고 인정하여 문화체육관광부령으로 정하는 영업준칙을 지켜야 한다. 이 경우 그 영업준칙에는 다음 각 호의 사항이

① 카지노전산시설 검사기관은 카지노사업자에게 카지노전산시설 검사의 유효기간 만료일부터 3개월 이내에 검사를 받아야 한다는 사실과 검사 절차를 유효기간 만료일 1개월 전까지 알려야 한다.

② 제1항에 따른 통지는 휴대폰에 의한 문자전송, 전자메일·팩스·전화, 문서 등으로 할 수 있다.

제31조(카지노전산시설 검사기관의 업무규정 등)

① 카지노전산시설 검사기관은 카지노전산시설 검사업무규정을 작성하여 문화체육관광부장관의 승인을 받아야 한다.

② 제1항에 따른 카지노전산시설 검사업무규정에는 다음 각 호의 사항이 포함되어야 한다.

1. 검사의 소요기간

2. 검사의 절차와 방법에 관한 사항

3. 검사의 수수료에 관한 사항

4. 검사의 증명에 관한 사항

5. 검사원이 지켜야 할 사항

6. 그 밖의 검사업무에 필요한 사항

③ 카지노전산시설 검사기관은 별지 제28호서식의 카지노시설·기구 검사기록부를 작성·비치하고, 이를 5년간 보존하여야 한다.

제32조(조건이행의 신고) 법 제24조제1항에 따라 카지노업의 조건부 영업허가를 받은 자는 영업허가의 조건을 이행한 경우에는 별지 제29호서식의 조건이행내역 신고

제33조(가지노기구의 규격·기준 및 검사) ① 문화체육관광부장관은 법 제25조제1항에 따라 가지노기구의 규격 및 기준을 정한 경우에는 이를 고시하여야 한다. 이 경우 별표 8의 전자테이블게임 및 머신게임 기구의 규격 및 기준에는 다음 각 호의 사항이 포함되어야 한다.

1. 최소배당률에 관한 사항
2. 최소배당률 이하로 변경하거나 제8항에 따른 가지노검사기관의 검사를 받지 아니한 이피롬(EPROM) 및 기타프로그램 저장장치를 사용하는 경우에는 가지노기구의 자동폐쇄에 관한 사항
3. 게임결과의 기록 및 그 보전에 관한 사항

② 법 제25조제3항에 따라 가지노사업자는 다음 각 호의 구분에 따라 각각 해당 기한 내에 가지노기구의 검사를 받아야 한다.

1. 신규로 가지노기구를 반입·사용하거나 가지노기구의 영업 방법을 변경하는 경우: 그 기구를 가지노 영업에 사용하는 날
2. 검사유효기간이 만료된 경우: 검사 유효기간 만료일부터 15일
3. 재4항제2호의2에 따른 봉인의 해제가 필요하거나 봉인한 경우: 봉인을 해제하거나 영업장소를 이전하는 경우

서에 다음 각 호의 서류를 첨부하여 문화체육관광부장관에게 제출하여야 한다.

1. 설치한 시설에 관한 서류
2. 설치한 가지노기구에 관한 서류

부장관이 공고하는 총톤수 이상일 것

나. 삭제 <2012. 11. 20>

다. 제1호나목부터 마목까지의 규정에 적합할 것

③ 문화체육관광부장관은 법 제21조제2항에 따라 최근 신규허가를 한 날 이후에 전국 단위의 외래관광객이 60만 명 이상 증가한 경우에만 신규허가를 할 수 있되, 다음 각 호의 사항을 고려하여 그 증가인원 60만 명당 2개 사업 이하의 범위에서 할 수 있다.

1. 전국 단위의 외래관광객 증가 추세 및 지역의 외래관광객 증가 추세
2. 가지노이용객의 증가 추세
3. 기존 가지노사업자의 총 수용능력
4. 기존 가지노사업자의 총 외화획득실적
5. 그 밖에 가지노업의 건전한 운영과 관광산업의 진흥을 위하여 필요한 사항

제28조(가지노업의 조건부 영업허가 기간) 법 제24조제1항 본문에서 "대통령령으로 정하는 기간"이란 조건부 영업허가를 받은 날부터 1년 이내를 말한다.

제29조(가지노업의 종사원의 범위) 법 제28조제1항 각 호 외의 부분에서 "대통령령으로 정하는 종사원"이란 그 직위와 명칭이 무엇이든 가지노사업자를 대리하거나 그 지시를 받아 상시 또는 일시적으로 가지노영업에 종사하는 자를 말한다.

포함되어야 한다.

1. 1일 최소 영업시간
2. 게임 테이블의 집전함(集錢函) 부착 및 내기금액 한도액의 표시 의무
3. 슬롯머신 및 비디오게임의 최소배당률
4. 전산시설·환전소·계산실·폐쇄회로의 관리기록 및 회계와 관련된 기록의 유지 의무
5. 가지노 종사원의 게임참여 불가 등 행위금지사항

제29조(가지노영업소 이용자의 준수 사항) 가지노영업소에 입장하는 자는 가지노사업자가 외국인(「해외이주법」 제2조에 따른 해외이주자를 포함한다)임을 확인하기 위하여 신분 확인에 필요한 사항을 묻는 때에는 이에 응하여야 한다.

제30조(기금 납부) ① 가지노사업자는 총매출액의 100분의 10의 범위에서 일정 비율에 해당하는 금액을 「관광진흥개발기금법」에 따른 관광진흥개발기금에 내야 한다.

② 가지노사업자가 제1항에 따른 납부금을 납부기한까지 내지 아니하면 문화체육관광부장관은 10일 이상의 기간을 정하여 이를 독촉하여야 한다. 이 경우 체납된 납부금에 대하여는 100분의 3에 해당하는 가산금을 부과하여야 한다.

③ 제2항에 따른 독촉을 받은 자가 그 기간에 납부금을 내지 아니하면 국세 체납처분의 예에 따라 징수한다.

④ 제1항에 따른 총매출액, 징수비율 및 부과·징수

는 영업장소의 이전한 후 그 기구를 카지노영업에 사용하는 날

4. 카지노기구를 영업장에서 철거하는 경우: 그 기구를 영업장에서 철거하는 날

5. 그 밖에 카지노기구의 개조·변조 확인 및 카지노 이용자에 대한 위해(危害) 방지 등을 위하여 문화체육관광부장관이 요청하는 경우: 검사 요청일부터 5일 이내

③ 제2항에 따라 카지노기구의 검사를 받으려는 카지노사업자는 별지 제30호서식의 카지노기구 검사신청서에 다음 각 호의 서류를 첨부하여 별 제25조제2항에 따라 문화체육관광부장관이 지정하는 검사기관(이하 "카지노검사기관"이라 한다)에 제출하여야 한다.

1. 카지노기구 제조증명서(품명·제조명·제조업자·제조연월일·제조번호·규격·재질 및 형식이 기재된 것이어야 한다)

2. 카지노기구 수입증명서(수입한 경우만 해당한다)

3. 카지노기구 도면

4. 카지노기구 작동설명서

5. 카지노기구의 배당률표

6. 카지노기구의 검사합격증명서(외국에서 제작된 카지노기구 중 해당 국가에서 인정하는 검사기관의 검사에 합격한 카지노기구를 신규로 사용하려는 경우에만 해당한다)

④ 제3항에 따른 검사신청을 받은 카지노검사기

제30조(관광진흥개발기금으로의 납부금 등) ① 법 제30조제1항에 따른 총매출액은 카지노영업과 관련하여 고객으로부터 받은 총금액에서 고객에게 지불한 총금액을 공제한 금액을 말한다.

② 법 제30조제4항에 따른 관광진흥개발기금 납부금(이하 "납부금"이라 한다)의 징수비율은 다음 각 호의 어느 하나와 같다.

1. 연간 총매출액이 10억원 이하인 경우: 총매출액의 100분의 1

2. 연간 총매출액이 10억원 초과 100억원 이하인 경우: 1천만원 + 총매출액 중 10억원을 초과하는 금액의 100분의 5

3. 연간 총매출액이 100억원을 초과하는 경우: 4억6천만원 + 총매출액 중 100억원을 초과하는 금액의 100분의 10

③ 카지노사업자는 매년 3월 말까지 공인회계사의 감사보고서가 첨부된 전년도의 재무제표를 문화체육관광부장관에게 제출하여야 한다.

④ 문화체육관광부장관은 매년 4월 30일까지 제2항에 따라 전년도의 총매출액에 대하여 산출한 납부금을 서면으로 명시하여 2개월 이내의 기한을 정하여 한국은행에 개설된 관광진흥개발기금의 출납관리를 위한 계정에 납부할 것을 알려야 한다. 이 경우 그 납부금을 2회 나누어 내게 할 수 있되, 납부기한은 다음 각 호와 같다.

1. 제1회: 해당 연도 6월 30일까지

수절차 등에 필요한 사항은 대통령령으로 정한다.

⑤ 제1항에 따른 납부금 또는 제2항 후단에 따른 가산금을 부과받은 자가 부과된 납부금 또는 가산금에 대하여 이의가 있는 경우에는 부과받은 날부터 30일 이내에 문화체육관광부장관에게 이의를 신청할 수 있다.

⑥ 문화체육관광부장관은 제5항에 따른 이의신청을 받았을 때에는 그 신청을 받은 날부터 15일 이내에 이를 심의하여 그 결과를 신청인에게 서면으로 알려야 한다.

제5절 유원시설업

제31조(조건부 영업허가) ① 특별자치시장·특별자치도지사·시장·군수·구청장은 유원시설업 허가를 할 때 5년의 범위에서 대통령령으로 정하는 기간에 제5조제2항에 따른 시설 및 설비를 갖출 것을 조건으로 허가할 수 있다. 다만, 천재지변이나 그 밖의 부득이한 사유가 있다고 인정하는 경우에는 해당 사업자의 신청에 따라 한 차례에 한하여 1년을 넘지 아니하는 범위에서 그 기간을 연장할 수 있다.

② 특별자치시장·특별자치도지사·시장·군수·구청장은 제1항에 따른 허가를 받은 자가 정당한 사유 없이 제1항에 따른 허가기간에 허가 조건을 이행하지 아니하면 그 허가를 즉시 취소하여야 한다.

관은 해당 카지노기구가 제1항에 따른 기준에 적합한지 여부를 검사하고 적합한 경우에는 다음 각 호의 조치를 하여야 한다.

1. 카지노기구 제조·수입증명서에 검사합격사항의 확인 및 날인
2. 카지노기구에 별지 제31호서식의 카지노기구 검사합격확인증의 부착 등 표시
2의2. 카지노기구의 개조·변조를 방지하기 위한 봉인(封印)
3. 제8조제3항에 따른 카지노시설·기구 검사기록부를 작성한 후 그 사본을 문화체육관광부장관에게 제출

⑤ 카지노검사기관은 제4항에 따른 검사를 할 때 카지노사업자가 외국에서 제작된 카지노기구 중 해당 국가에서 인정하는 검사기관의 검사에 합격한 카지노기구를 신규로 반입·사용하려는 경우에는 그 카지노기구의 검사합격증명서에 의하여 검사를 하여야 한다.

⑥ 제4항에 따른 검사의 유효기간은 검사에 합격한 날부터 3년으로 한다.

제34조(카지노검사기관의 업무규정 등) 제31조는 카지노검사기관의 업무규정의 작성, 검사기록부의 작성·비치·보존에 관하여 준용한다.

제35조(카지노업의 영업 종류 등) ① 법 제26조제1항에 따른 카지노업의 영업 종류는 별표 8과 같다.

---

2. 제2호: 해당 연도 9월 30일까지
3. 삭제
4. 삭제

⑤ 카지노사업자는 천재지변이나 그 밖에 이에 준하는 사유로 납부금을 그 기한까지 납부할 수 없는 경우에는 그 사유가 없어진 날부터 7일 이내에 내야 한다.

제31조(유원시설업의 조건부 영업허가 기간 등)
① 법 제31조제1항 본문에서 "대통령령으로 정하는 기간"이란 조건부 영업허가를 받은 날부터 다음 각 호의 구분에 따른 기간을 말한다.

1. 종합유원시설업을 하려는 경우: 5년 이내
2. 일반유원시설업을 하려는 경우: 3년 이내

② 법 제31조제1항 단서에서 "그 밖의 부득이한 사유"란 다음 각 호의 어느 하나에 해당하는 사유를 말한다.

1. 천재지변에 준하는 불가항력적인 사유가 있는 경우
2. 조건부 영업허가를 받은 자의 귀책사유가 아닌 사정으로 부지의 조성, 시설 및 설비의 설치가 지연되는 경우
3. 그 밖의 기술적인 문제로 시설 및 설비의 설치가 지연되는 경우

---

③ 제1항에 따른 허가를 받은 자는 제1항에 따른 기간 내에 허가 조건에 해당하는 필요한 시설 및 기구를 갖춘 경우 그 내용을 특별자치시장·특별자치도지사·시장·군수·구청장에게 신고하여야 한다.

④ 특별자치시장·특별자치도지사·시장·군수·구청장은 제3항에 따른 신고를 받은 날부터 문화체육관광부령으로 정하는 기간 내에 신고수리 여부를 신고인에게 통지하여야 한다.

⑤ 특별자치시장·특별자치도지사·시장·군수·구청장이 제4항에서 정한 기간 내에 신고수리 여부 또는 민원 처리 관련 법령에 따른 처리기간의 연장을 신고인에게 통지하지 아니하면 그 기간(민원 처리 관련 법령에 따라 처리기간이 연장 또는 재연장된 경우에는 해당 처리기간을 말한다)이 끝난 날의 다음 날에 신고를 수리한 것으로 본다.

제32조(물놀이형 유원시설업자의 준수사항) 제5조제2항 또는 제3항에 따라 유원시설업의 허가를 받거나 신고를 한 자(이하 "유원시설업자"라 한다)중 물놀이형 유기시설 또는 유기기구를 설치한 자는 문화체육관광부령으로 정하는 안전·위생기준을 지켜야 한다.

제33조(안전성검사 등) ① 유원시설업자 및 유원시설업의 허가 또는 변경허가를 받으려는 자(조건부 영업허가를 받은 자로서 그 조건을 이행한 후 영업

68

② 법 제26조제2항에 따라 카지노업의 영업 종류별 영업 방법 및 배당금에 관하여 문화체육관광부장관에게 신고하거나 신고한 사항을 변경하려는 카지노사업자는 별지 제32호서식의 카지노 영업종류별 영업방법 등 신고서 또는 변경신고서에 다음 각 호의 서류를 첨부하여 문화체육관광부장관에게 신고하여야 한다.

1. 영업종류별 영업방법 설명서
2. 영업종류별 배당금에 관한 설명서

제36조(카지노업의 영업준칙) ① 법 제28조제2항에 따라 카지노사업자가 지켜야 할 영업준칙은 별표 9와 같다. 다만, 「폐광지역개발 지원에 관한 특별법」 제11조제3항에 따라 법 제28조제1항제4호가 적용되지 아니하는 카지노사업자가 지켜야 할 영업준칙은 별표 10과 같다.

② 문화체육관광부장관은 별표 9의 영업준칙의 세부내용에 관하여 필요한 사항을 정하여 고시할 수 있다.

제37조(유원시설업의 조건부 영업허가 신청) ① 법 제31조에 따라 조건부 영업허가를 받고자 하는 자는 별지 제11호서식의 유원시설업 조건부 영업허가 신청서에 제7조제2항제2호 및 제3호의 서류와 사업계획서를 첨부하여 특별자치시장·특별자치도지사·시장·군수·구청장에게 제출하여야 한다.

② 제1항에 따른 신청서를 받은 특별자치시장·

제31조의2(유기시설 등에 의한 중대한 사고) ① 법 제33조의2제1항에서 "대통령령으로 정하는 중대한 사고"란 다음 각 호의 어느 하나에 해당하는 경우가 발생한 사고를 말한다.

1. 사망자가 발생한 경우
2. 의식불명 또는 신체기능 일부가 심각하게 손상된 중상자가 발생한 경우

을 시작하려는 경우를 포함한다)는 문화체육관광부령으로 정하는 안전성검사 대상 유기시설 또는 유기기구에 대하여 문화체육관광부령에서 정하는 바에 따라 특별자치시장·특별자치도지사·시장·군수·구청장이 실시하는 안전성검사를 받아야 하고, 안전성검사 대상이 아닌 유기시설 또는 유기기구에 대하여는 안전성검사 대상에 해당되지 아니함을 확인하는 검사를 받아야 한다. 이 경우 특별자치시장·특별자치도지사·시장·군수·구청장은 성수기 등을 고려하여 검사시기를 지정할 수 있다.

② 제1항에 따라 안전성검사를 받아야 하는 유기시설업자는 유기시설 및 유기기구에 대한 안전관리를 위하여 사업장에 안전관리자를 항상 배치하여야 한다.

③ 제2항에 따른 안전관리자는 문화체육관광부장관이 실시하는 유기시설 및 유기기구의 안전관리에 관한 교육(이하 "안전교육"이라 한다)을 정기적으로 받아야 한다.

④ 제3항에 따른 유원시설업자는 제2항에 따른 안전관리자가 안전교육을 받도록 하여야 한다.

⑤ 제2항에 따른 안전관리자의 자격·배치 기준 및 임무, 안전교육의 내용·기간 및 방법 등에 필요한 사항은 문화체육관광부령으로 정한다.

제33조의2(사고보고의무 및 사고조사) ① 유원시설업자는 그가 관리하는 유기시설 또는 유기기구로 인하여 대통령령으로 정하는 중대한

특별자치도지사·시장·군수·구청장은 「전자정부법」 제36조제1항에 따른 행정정보의 공동이용을 통하여 법인 등기사항증명서(법인인 경우만 해당한다)를 확인하여야 한다.

③ 제1항의 사업계획서에는 다음 각 호의 사항이 포함되어야 한다.

1. 법 제5조제2항에 따른 시설 및 설비 계획
2. 공사 계획, 공사 자금 및 그 조달 방법
3. 시설별·종별 면적, 시설개요, 조감도, 시설에 정지역의 위치도, 시설배치 계획도 및 토지명세서

④ 특별자치시장·특별자치도지사·시장·군수·구청장은 유원시설업의 조건부 영업허가를 하는 경우에는 별지 제13호서식의 유원시설업 조건부 영업허가증을 발급하여야 한다.

제38조(조건이행의 신고 등) ① 법 제31조에 따라 유원시설업의 조건부 영업허가를 받은 자는 영 제31조제1항에 따른 기간 내에 그 조건을 이행한 경우에는 별지 제32호의2서식의 조건이행내역 신고서에 시설 및 설비내역서를 첨부하여 특별자치시장·특별자치도지사·시장·군수·구청장에게 제출하여야 한다.

② 제1항에 따른 조건이행내역 신고서를 제출한 자가 영업을 시작하려는 경우에는 별지 제11호서식의 유원시설업 허가신청서에 제7조제2항제4호부터 제6호까지의 서류를 첨부하여 특

---

3. 사고 발생일부터 3일 이내에 실시된 이사의 최초 진단결과 2주 이상의 입원 치료가 필요한 부상자가 동시에 3명 이상 발생한 경우
4. 사고 발생일부터 3일 이내에 실시된 이사의 최초 진단결과 1주 이상의 입원 치료가 필요한 부상자가 동시에 5명 이상 발생한 경우
5. 유기시설 또는 유기기구의 운행이 30분 이상 중단되어 인명 구조가 이루어진 경우

② 유원시설업자는 법 제33조의2제1항에 따라 자료의 제출 명령을 받은 날부터 7일 이내에 해당 자료를 제출하여야 한다. 다만, 특별자치시장·특별자치도지사·시장·군수·구청장은 제2항에 따라 유원시설업자가 정해진 기간 내에 자료를 제출하는 것이 어렵다고 판단되는 경우에는 10일의 범위에서 그 제출 기한을 연장할 수 있다.

③ 특별자치시장·특별자치도지사·시장·군수·구청장은 법 제33조의2제2항에 따라 현장조사를 실시하려면 미리 현장조사의 일시, 장소 및 내용 등을 포함한 조사계획을 유원시설업자에게 문서로 알려야 한다. 다만, 긴급하게 조사를 실시하여야 하거나 부득이한 사유가 있는 경우에는 그러하지 아니하다.

④ 특별자치시장·특별자치도지사·시장·군수·구청장은 제3항에 따른 현장조사를 실시하는 경우에는 재난관리에 관한 전문가를 포함한 3명 이내의 사고조사반을 구성하여야 한다.

사고가 발생한 때에는 즉시 사용중지 등 필요한 조치를 취하고 문화체육관광부령으로 정하는 바에 따라 특별자치시장·특별자치도지사·시장·군수·구청장에게 통보하여야 한다.

② 제1항에 따라 통보를 받은 특별자치시장·특별자치도지사·시장·군수·구청장은 필요하다고 판단하는 경우에는 대통령령으로 정하는 바에 따라 유원시설업자에게 자료의 제출을 명하거나 현장조사를 실시할 수 있다.

③ 특별자치시장·특별자치도지사·시장·군수·구청장은 제2항에 따른 조사 및 현장조사 결과에 해당 유기시설 또는 유기기구가 안전에 중대한 침해를 줄 수 있다고 판단하는 경우에는 그 유원시설 또는 유기기구 또는 유기기구의 부분품에 대하여 대통령령으로 정하는 바에 따라 사용중지·개선 또는 철거를 명할 수 있다.

제34조(영업질서 유지 등) ① 유원시설업자는 영업질서 유지를 위하여 문화체육관광부령으로 정하는 사항을 지켜야 한다.

② 유원시설업자는 법령을 위반하여 제조한 유기시설·유기기구 또는 유기기구의 부분품(部分品)을 설치하거나 사용하여서는 아니 된다.

제6절 영업에 대한 지도와 감독

제35조(등록취소 등) ① 관할 등록기관등의 장은 관광사업의 등록등을 받거나 신고를 한 자 또

는 사업계획의 승인을 받은 자가 다음 각 호의 어느 하나에 해당하면 그 등록 또는 사업계획의 승인을 취소하거나 6개월 이내의 기간을 정하여 그 사업의 전부 또는 일부의 정지를 명하거나 시설·운영의 개선을 명할 수 있다.

1. 제4조에 따른 등록기준에 적합하지 아니하게 된 경우 또는 변경등록기간 내에 변경등록을 하지 아니하거나 등록한 영업범위를 벗어난 경우

1의2. 제5조제2항 및 제3항에 따라 문화체육관광부령으로 정하는 시설과 설비를 갖추지 아니하게 되는 경우

2. 제5조제3항 및 제4항 후단에 따른 변경허가를 받지 아니하거나 변경신고를 하지 아니한 경우

2의2. 제6조제2항에 따른 지정 기준에 적합하지 아니하게 된 경우

3. 제8조제4항에 따른 조 제5항에 따라 준용하는 경우를 포함한다)에 따른 기간 내에 신고를 하지 아니한 경우

3의2. 제8조제8항을 위반하여 휴업 또는 폐업을 하고 알리지 아니하거나 미리 신고하지 아니한 경우

4. 제9조에 따른 보험 또는 공제에 가입하지 아니하거나 영업보증금을 예치하지 아니한 경우

4의2. 제10조제2항을 위반하여 사실과 다르게 관광표지를 붙이거나 관광표지에 기재되는 내용을 사실과 다르게 표시 또는 광고하는 행위를 한 경우

5. 제11조를 위반하여 관광사업의 시설을 타인에 아

⑤ 특별자치시장·특별자치도지사·시장·군수·구청장은 법 제33조의2제2항에 따른 자료 및 현장조사 결과에 따라 해당 유기시설 또는 유기기구가 안전에 중대한 침해를 줄 수 있다고 판단하는 경우에는 같은 조 제3항에 따라 다음 각 호의 구분에 따른 조치를 명할 수 있다.

1. 사용중지 명령: 유기시설 또는 유기기구를 계속 사용할 경우 이용자 등의 안전에 지속적으로 위해가 발생할 우려가 있는 경우

2. 개선 명령: 유기시설 또는 유기기구의 구조 및 장치의 결함은 있으나 해당 시설 또는 기구의 개선 조치를 통하여 안전 운행이 가능한 경우

3. 철거 명령: 유기시설 또는 유기기구의 구조 및 장치의 중대한 결함으로 정비·수리 등이 곤란하여 안전 운행이 불가능한 경우

⑥ 유원시설업자는 제5항에 따른 조치 명령에 대하여 이의가 있는 경우에는 조치 명령을 받은 날부터 2개월 이내에 이의 신청을 할 수 있다.

⑦ 특별자치시장·특별자치도지사·시장·군수·구청장은 제6항에 따른 이의 신청이 있는 경우에는 최초 구성된 사고조사반의 반원 중 1명을 포함하여 3명 이내의 사고조사반을 새로 구성하여 현장조사를 하여야 한다.

⑧ 법 제33조의2제3항에 따라 개선 명령을 받은 유원시설업자는 유기시설 또는 유기기구의 개선을 완료한 후 제65조제18항제3호에 따라 유

특별자치시장·특별자치도지사·시장·군수·구청장에게 제출하여야 한다.

③ 특별자치시장·특별자치도지사·시장·군수·구청장은 법 제32조에 따라 유원시설업자 또는 구청장은 법 제32조제2항에 따라 받은 서류를 검토한 결과 유원시설업의허가조건을 충족하는 경우에는 신청인에게 제37조제4항에 따른 조건부 영업허가증을 별지제13호서식의 유원시설업 허가증으로 바꾸어 발급하고, 별지 제14호서식의 유원시설업 허가·신고 관리대장을 작성하여 관리하여야 한다.

제39조(조건부 영업허가의 기간 연장 신청) 법 제31조제1항 단서에 따라 조건부 영업하가의 기간을 연장받으려는 자는 조건부 영업허가의 기간이 만료되기 전에 법 제31조제1항 단서 및 영 제31조제2항 각 호의 어느 하나에 해당하는 사유를 증명하는 서류를 특별자치시장·특별자치도지사·시장·군수·구청장에게 제출하여야 한다.

제40조의2 (물놀이형 유원시설업자의 안전·위생기준) 법 제32조에 따라 유원시설업자 중 물놀이형 유원시설 또는 유기구를 설치한 자가 지켜야 하는 안전·위생기준은 별표 10의2와 같다.

제40조(유기시설 또는 유기기구의 안전성검사 등) ① 법 제33조제1항에 따른 안전성검사 대상 유원기시설 또는 유기기구의 안전성검사 대상이 아

다 유기시설 및 유기기구는 별표 11과 같다.

② 유원시설업의 허가 또는 변경허가를 받으려는 자(조건부 영업허가를 받은 자로서 제38조제2항에 따라 조건이행내역 신고서를 제출한 후 영업을 시작하려는 경우를 포함한다)는 제10조에 따른 안전성검사 대상 유기시설 또는 유기기구에 대하여 허가 또는 변경허가 전에 안전성검사를 받아야하며, 허가 또는 변경허가를 받은 다음 연도부터는 연 1회 이상 정기 안전성검사를 받아야 한다. 다만, 최초로 안전성검사를 받은 지 10년이 지난 별표 11 제1호나목2의 유기시설 또는 유기기구에 대하여는 반기별로 1회 이상 안전성 검사를 받아야 한다.

③ 제2항에 따라 안전성검사를 받은 유기시설 또는 유기구 중 다음 각 호의 어느 하나에 해당하는 유기시설 또는 유기기구는 재검사를 받아야 한다.

1. 정기 또는 반기별 안전성검사 및 재검사에서 부적합 판정을 받은 유기시설 또는 유기기구

2. 사고가 발생한 유기시설 또는 유기기구(유기시설 또는 유기기구의 결함에 의하지 아니한 사고는 제외한다)

3. 3개월 이상 운행을 정지한 유기시설 또는 유기기구

④ 기타유원시설업의 신고를 하려는 자와 종합유원시설업 또는 일반유원시설업을 하는 자가 안전성검사 대상이 아닌 유기시설 또는 유기

기시설 또는 유기기구의 안전성 검사 및 안전성검사 대상에 대한 확인을 위한 검사나 확인을 받으려면 문화체육관광부령으로 정하는 검사기관으로부터 해당 시설 또는 기구의 운행 적합 여부를 검사받아 그 결과를 관할 특별자치시장·특별자치도지사·시장·군수·구청장에게 제출하여야 한다.

제32조(사업계획승인시설의 착공 및 준공기간) 법 제35조제1항제8호에서 "대통령령으로 정하는 기간"이란 다음 각 호의 기간을 말한다.

1. 2011년 6월 30일 이전에 법 제15조에 따른 사업계획의 승인을 받은 경우
   가. 착공기간: 사업계획의 승인을 받은 날부터 7년
   나. 준공기간: 착공한 날부터 4년

2. 2011년 7월 1일 이후에 법 제15조에 따른 사업계획의 승인을 받은 경우
   가. 착공기간: 사업계획의 승인을 받은 날부터 5년
   나. 준공기간: 착공한 날부터 2년

제33조(행정처분의 기준 등) ① 법 제35조제1항 및 제2항에 따라 문화체육관광부장관, 특별시장·광역시장·특별자치시장·도지사·특별자치도지사(이하 "시·도지사"라 한다) 또는 시장

게 처분하거나 타인에게 경영하도록 한 경우

6. 제12조에 따른 기획여행의 실시요건 또는 실시방법을 위반하여 기획여행을 실시한 경우

7. 제14조를 위반하여 안전정보 또는 변경된 안전정보를 제공하지 아니하거나, 여행계약서 및 보험 가입 등을 증명할 수 있는 서류를 여행자에게 내주지 아니한 경우 또는 여행자의 사전 동의 없이 여행일정(선택관광 일정을 포함한 다)을 변경하는 경우

8. 제15조에 따라 사업계획의 승인을 얻은 자가 정당한 사유 없이 대통령령으로 정하는 기간 내에 착공 또는 준공을 하지 아니하거나 같은 조를 위반하여 변경승인을 얻지 아니하고 사업계획을 임의로 변경한 경우

8의2. 제18조의2에 따른 준수사항을 위반한 경우

8의3. 제19조제1항을 위반하여 등록절차을 신청하지 아니한 경우

9. 제20조제1항 및 제4항을 위반하여 분양 또는 회원모집을 하거나 같은 조 제5항에 따른 회원의 권익을 보호하기 위한 사항을 준수하지 아니한 경우

9의2. 제20조의2에 따른 준수사항을 위반한 경우

10. 제21조에 따른 카지노업의 허가 요건에 적합하지 아니하게 된 경우

11. 제23조제3항을 위반하여 카지노 시설 및 기구에 관한 유지·관리를 소홀히 한 경우

기구를 설치하여 운영하려는 경우에는 안전성검사 대상이 아님을 확인하는 검사를 받아야 한다. 다만, 별표 11 제2호나목2)의 유기시설 또는 유기기구는 최초로 확인검사를 받은 다음 연도부터는 2년마다 정기 확인검사를 받아야 하고, 그 확인검사에서 부적합 판정을 받은 유기시설 또는 유기기구는 재확인검사를 받아야 한다.

⑤ 영 제65조제1항제3호에 따라 안전성검사 및 안전성검사 대상이 아님을 확인하는 검사에 관한 권한을 위탁받은 업종별 관광협회 또는 전문 연구·검사기관은 제2항부터 제4항까지 의 규정에 따른 안전성검사 또는 안전성검사 대상이 아님을 확인하는 검사를 한 경우에는 문화체육관광부장관이 정하여 고시하는 바에 따라 검사결과를 작성하여 지체 없이 검사신청인과 해당 유원시설업의 소재지를 관할하는 특별자치시장·특별자치도지사·시장·군수·구청장에게 각각 통지하여야 한다.

⑥ 제2항부터 제4항까지의 규정에 따른 유기시설 또는 유기기구에 대한 안전성검사 및 안전성검사 대상이 아님을 확인하는 검사의 세부기준 및 절차는 문화체육관광부령으로 정하여 고시한다.

⑦ 제5항에 따라 통지를 받은 유기시설 또는 유기기구 검사결과를 통지받은 특별자치시장·특별자치도지사·시장·군수·구청장은 특별자치시장·

·군수·구청장(이하 "등록기관등의 장"이라 한다)이 행정처분을 하기 위한 위반행위의 종류와 그 처분기준은 별표 2와 같다.

② 등록기관등의 장은 제1항에 따라 행정처분을 한 경우에는 문화체육관광부령으로 정하는 행정처분기록대장에 그 처분내용을 기록·유지하여야 한다.

12. 제28조제1항 및 제2항에 따른 준수사항을 위반한 경우

13. 제30조를 위반하여 관광진흥개발기금을 납부하지 아니한 경우

14. 제32조에 따른 물놀이형 유원시설 등의 안전·위생기준을 지키지 아니한 경우

15. 제33조제1항에 따른 유기시설 또는 유기기구에 대한 안전성검사 및 안전성검사 대상에 해당(되지) 아니함을 확인하는 검사를 받지 아니하거나 같은 조 제2항에 따른 안전관리자를 배치하지 아니한 경우

16. 제34조제1항에 따른 영업질서 유지를 위한 준수사항을 지키지 아니하거나 같은 조 제2항을 위반하여 불법으로 제조한 부분품을 설치하거나 사용한 경우

16의2. 제38조제1항 단서를 위반하여 해당 자격이 없는 자를 종사하게 한 경우

17. 삭제

18. 제78조에 따른 보고 또는 서류제출명령을 이행하지 아니하거나 관계 공무원의 검사를 방해한 경우

19. 관광사업의 경영 또는 사업계획을 추진함에 있어서 뇌물을 주고받은 경우

20. 고의로 여행계약을 위반한 경우(여행업자만 해당한다)

② 관할 등록기관등의 장은 관광사업의 등록등을 받은 자가 다음 각 호의 어느 하나에 해당하면

사·시장·군수·구청장은 그 안전성검사 또는 확인검사 결과에 따라 해당 사업자에게 다음 각 호의 조치를 하여야 한다.

1. 검사 결과 부적합 판정을 받은 유기시설 또는 유기기구에 대해서는 운행중지를 명하고, 재검사 또는 재확인검사를 받은 후 운행하도록 권고하여야 한다.

2. 검사 결과 적합 판정을 받았으나 개선이 필요한 사항이 있는 유기시설 또는 유기기구에 대해서는 개선을 하도록 권고할 수 있다.

⑧ 제3항제3호에 해당하여 재검사를 받은 경우에는 제2항에 따른 정기 안전성검사를 받은 것으로 본다.

⑨ 제8조제2항제7호 및 제12조제4호에 해당하여 변경신고를 한 경우 또는 「재난 및 안전관리기본법」 제30조에 따른 긴급안전점검 등이 문화체육관광부장관이 정하여 고시하는 바에 따라 이루어진 경우에는 제8항에 따른 정기 확인검사에서 제외할 수 있다.

제41조(안전관리자의 자격·배치기준 및 임무 등)

① 법 제33조제2항에 따라 유원시설업의 사업장에 배치하여야 하는 안전관리자의 자격·배치기준 및 임무는 별표 12와 같다.

② 법 제33조제3항에 따른 유기시설 및 유기기구의 안전관리에 관한 교육(이하 "안전교육"이라 한다)의 내용은 다음 각 호와 같다.

6개월 이내의 기간을 정하여 그 사업의 전부 또는 일부의 정지를 명할 수 있다.

1. 제13조제2항에 따른 등록을 하지 아니한 자에게 국외여행을 인솔하게 한 경우

2. 제27조에 따른 문화체육관광부장관의 지도와 명령을 이행하지 아니한 경우

③ 제1항 및 제2항에 따른 취소·정지처분 및 시설·운영개선명령의 세부적인 기준은 그 사유와 위반 정도를 고려하여 대통령령으로 정한다.

④ 관할 등록기관등의 장은 관광사업에 사용할 것을 조건으로 「관세법」 등에 따라 관세의 감면을 받은 물품을 보유하고 있는 관광사업자가 그 물품의 수입면허를 받은 날부터 5년 이내에 그 사업의 양도·폐업의 신고 또는 통보를 받거나 그 관광사업의 등록등의 취소를 한 경우에는 관할 세관장에게 그 사실을 즉시 통보하여야 한다.

⑤ 관할 등록기관등의 장은 관광사업자에 대하여 제1항 및 제2항에 따라 등록등을 취소하거나 사업의 전부 또는 일부의 정지를 명한 경우에는 제18조제2항에 따라 소관 행정기관의 장(외국인투자기업인 경우에는 기획재정부장관을 포함한다)에게 그 사실을 통보할 수 있다.

⑥ 관할 등록기관등의 장 외의 소관 행정기관의 장이 관광사업자에 대하여 그 사업의 정지나 취소 또는 관광사업에 사용되는 시설 또는 시설의 이용을 금지하거나 제한하려면

1. 유원시설 안전사고의 원인 및 대응요령
2. 유원시설 안전관리에 관한 법령
3. 유원시설 안전관리 실무
4. 그 밖에 유원시설 안전관리를 위하여 필요한 사항

③ 법 제33조제2항에 따른 안전관리자는 법 제33조제3항에 따라 유원시설업의 사업장에 처음 배치된 날부터 6개월 이내에 안전교육을 받아야 한다. 다만, 다른 유원시설업 사업장에서 제2항에 따른 안전교육을 받고 2년이 경과하지 아니한 경우에는 그러하지 아니하다.

④ 제3항에 따라 안전교육을 받은 안전관리자는 제3항에 따른 교육일부터 매 2년마다 1회 이상의 안전교육을 받아야 한다. 이 경우 1회당 안전교육 시간은 8시간 이상으로 한다.

⑤ 영 제65조제1항제3호의2에 따라 안전관리자의 안전교육에 관한 권한을 위탁받은 업종별 관광협회 또는 안전관련 전문 연구·검사기관은 안전교육이 종료된 후 1개월 이내에 그 교육 결과를 해당 유원시설업의 소재지를 관할하는 특별자치시장·특별자치도지사·시장·군수·구청장에게 통지하여야 한다.

제41조의2(유기시설·유기기구로 인한 중대한 사고의 통보) ① 유원시설업자는 그가 관리하는 유기시설 또는 유기기구로 인하여 영 제31조의2제1항 각 호의 어느 하나에 해당하는 사고가 발생한 경우에는 법 제33조의2제1항에 따라

미리 관할 등록기관등의 장과 협의하여야 한다.

⑦ 제2항 각 호의 어느 하나에 해당하는 관광숙박업자의 위반행위가 「공중위생관리법」 제11조제1항에 따른 위반행위에 해당하면 「공중위생관리법」의 규정에도 불구하고 이 법을 적용한다.

제36조(폐쇄조치 등) ① 관할 등록기관등의 장은 제5조제1항·제2항 또는 제4항에 따른 허가 또는 신고 없이 영업을 하거나 제24조제2항·제31조제2항 또는 제35조에 따른 허가의 취소 또는 사업의 정지명령을 받고 계속하여 영업을 하는 자에 대하여는 그 영업소를 폐쇄하기 위하여 관계 공무원에게 다음 각 호의 조치를 하게 할 수 있다.

1. 해당 영업소의 간판이나 그 밖의 영업표지물의 제거 또는 삭제
2. 해당 영업소가 적법한 영업소가 아니라는 것을 알리는 게시물 등의 부착
3. 영업을 위하여 꼭 필요한 시설물 또는 기구 등을 사용할 수 없게 하는 봉인(封印)

② 관할 등록기관등의 장은 제35조제1항제4호의2에 따라 행정처분을 한 경우에는 관계 공무원으로 하여금 이를 인터넷 홈페이지 등에 공개하게 하거나 사실과 다른 관광표지를 제거 또는 삭제하는 조치를 하게 할 수 있다.

③ 관할 등록기관등의 장은 제1항제3호에 따른 봉인한 후 다음 각 호의 어느 하나에 해당하는

사유가 생기면 붙인을 해제할 수 있다. 제8항제2호에 따라 게시를 한 경우에도 또한 같다.

1. 붙인을 계속할 필요가 없다고 인정되는 경우
2. 해당 영업을 하는 자 또는 그 대리인이 정당한 사유를 들어 해제를 요청하는 경우

④ 관할 등록기관등의 장은 제8항 및 제2항에 따른 조치를 하려는 경우에는 미리 그 사업을 그 사업자 또는 그 대리인에게 서면으로 알려주어야 한다. 다만, 급박한 사유가 있으면 그러하지 아니하다.

⑤ 제1항에 따른 조치는 영업을 할 수 없게 하는 데에 필요한 최소한의 범위에 그쳐야 한다.

⑥ 제1항 및 제2항에 따라 영업소를 폐쇄하거나 그 관광표지를 제거·삭제하는 관계 공무원은 그 권한을 표시하는 증표를 지니고 이를 관계인에게 내보여야 한다.

제37조(과징금의 부과) ① 관할 등록기관등의 장은 관광사업자가 제35조제1항 각 호의 어느 하나에 해당되어 사업 정지를 명하여야 하는 경우로서 그 사업의 정지가 그 이용자 등에게 심한 불편을 주거나 그 밖에 공익을 해칠 우려가 있으면 사업 정지 처분을 갈음하여 2천만원 이하의 과징금을 부과할 수 있다.

② 제1항에 따라 과징금을 부과하는 위반 행위의 종류·정도 등에 따른 과징금의 금액과 그 밖에 필요한 사항은 대통령령으로 정한다.

③ 관할 등록기관등의 장은 제1항에 따른 과징금

제34조(과징금을 부과할 위반행위의 종류와 과징금의 금액) ① 법 제37조제2항에 따라 과징금을 부과하는 위반행위의 종류와 위반 정도에 따른 과징금의 금액은 별표 3과 같다.

② 등록기관등의 장은 사업자의 사업규모, 사업지역의 특수성과 위반행위의 정도 및 위반횟수 등을 고려하여 제1항에 따른 과징금 금액의 2분의 1 범위에서 가중하거나 감경할 수 있다. 다만, 가중하는 경우에도 과징금의 총액은 2천만원을 초과할 수 없다.

제35조(과징금의 부과 및 납부) ① 등록기관등의 장은 법 제37조에 따라 과징금을 부과하려면 그 위반행위의 종류와 과징금의 금액 등을 명시하여 납부할 것을 서면으로 알려야 한다.

② 제1항에 따라 통지를 받은 자는 20일 이내에 과징금을 등록기관등이 정하는 수납기관에 내야 한다. 다만, 천재지변이나 그 밖의 부득한 사유로 그 기간에 과징금을 낼 수 없는 경우에는 그 사유가 없어진 날부터 7일 이내에 내야 한다.

③ 제2항에 따라 과징금을 받은 수납기관은 영수증을 납부자에게 발급하여야 한다.

④ 과징금의 수납기관은 제2항에 따라 과징금을 받은 경우에는 지체 없이 그 사실을 등록기관등이 장에게 통보하여야 한다.

⑤ 과징금은 분할하여 낼 수 없다.

라 사고 발생일부터 3일 이내에 다음 각 호의 사항을 관할 특별자치시장·특별자치도지사·시장·군수·구청장에게 통보하여야 한다.

1. 사고가 발생한 영업소의 명칭, 소재지, 전화번호 및 대표자 성명
2. 사고 발생 경위(사고 일시·장소, 사고 발생 유기시설 또는 유기기구의 명칭을 포함하여야 한다)
3. 조치 내용
4. 사고 피해자의 이름, 성별, 생년월일 및 연락처
5. 사고 발생 유기시설 또는 유기기구의 안전성검사의 결과 또는 안전성검사 대상에 해당되지 아니함을 확인하는 검사의 결과

② 유원시설업자는 제1항에 따른 통보는 문서, 팩스 또는 전자우편으로 하여야 한다. 다만, 팩스나 전자우편으로 통보하는 경우에는 그 수신여부를 전화 등으로 확인하여야 한다.

③ 특별자치시장·특별자치도지사·시장·군수·구청장은 제1항에 따라 통보받은 내용을 종합하여 대장에 기록하여야 한다.

제42조(유원시설업자의 준수사항) 법 제34조제1항에 따른 유원시설업자의 준수사항은 별표 13과 같다.

제43조(행정처분기록대장의 기록·유지) 영 제33조제2항에 따른 행정처분기록대장은 별지 제34호 서식에 따른다.

제44조(관광종사원의 자격시험) ① 법 제38조제2항 본문에 따른 관광종사원의 자격시험(이하 "시험"이라 한다)은 필기시험(외국어시험을 제외한 필기시험을 말한다. 이하 같다), 외국어시험(관광통역안내사·호텔경영사·호텔관리사 및 호텔서비스사 자격시험만 해당한다. 이하 같다) 및 면접시험으로 구분하되, 평가의 객관성이 확보될 수 있는 방법으로 시행하여야 한다.

② 면접시험은 제46조에 따른 필기시험 및 제47조에 따른 외국어시험에 합격한 자에 대하여 시행한다.

제45조(면접시험) ① 면접시험은 다음 각 호의 사항에 관하여 평가한다.
1. 국가관·사명감 등 정신자세
2. 전문지식과 응용능력
3. 예의·품행 및 성실성
4. 의사발표의 정확성과 논리성

② 면접시험의 합격점수는 면접시험 총점의 6할 이상이어야 한다.

제46조(필기시험) ① 필기시험의 과목과 합격결정의 기준은 별표 14와 같다.
② 삭제
③ 삭제

제47조(외국어시험) ① 관광종사원별 외국어시험의 종류는 다음 각 호와 같다.

을 내야 하는 자가 납부기한까지 내지 아니하면 국세 체납처분의 예 또는 「지방세외수입금의 징수 등에 관한 법률」에 따라 징수한다.

제7절 관광종사원

제38조(관광종사원의 자격 등) ① 관할 등록기관 등의 장은 대통령령으로 정하는 관광 업무에는 관광종사원의 자격을 가진 자가 종사하도록 관광사업자에게 권고할 수 있다. 다만, 외국인 관광객을 대상으로 하는 여행업자는 관광통역안내의 자격을 가진 사람을 관광안내에 종사하게 하여야 한다.

② 제1항에 따른 관광종사원의 자격을 취득하려는 자는 문화체육관광부령으로 정하는 바에 따라 문화체육관광부장관이 실시하는 시험에 합격한 후 문화체육관광부장관에게 등록하여야 한다. 다만, 문화체육관광부령으로 정하는 자는 시험의 전부 또는 일부를 면제할 수 있다.

③ 문화체육관광부장관은 제2항에 따른 등록을 한 자에게 관광종사원 자격증을 내주어야 한다.

④ 관광종사원 자격증을 가진 자는 그 자격증을 잃어버리거나 못 쓰게 되면 문화체육관광부장관에게 그 자격증의 재교부를 신청할 수 있다.

⑤ 제7조제1항 각 호(제3호는 제외한다)의 어느 하나에 해당하는 자는 제1항에 따른 관광종사원의 자격을 취득하지 못한다.

제36조(자격을 필요로 하는 관광 업무 자격기준) 법 제38조제1항에 따라 등록기관등의 장이 관광종사원의 자격을 가진 자가 종사하도록 권고할 수 있거나 종사하게 하여야 하는 관광 업무 및 업무별 자격기준은 별표 4와 같다.

1. 관광통역안내사 : 영어, 일본어, 중국어, 프랑스어, 독일어, 스페인어, 러시아어, 이탈리아어, 태국어, 베트남어, 말레이·인도네시아어, 아랍어 중 1과목

2. 호텔경영사, 호텔관리사 및 호텔서비스사 : 영어, 일본어, 중국어 중 1과목

② 외국어시험은 다른 외국어시험기관에서 실시하는 시험(이하 "다른 외국어시험"이라 한다)으로 대체한다. 이 경우 외국어시험을 대체하는 다른 외국어시험의 점수 및 급수(별표 15 제1호 중 프랑스어의 델프(DELF) 및 달프(DALF) 시험의 점수 및 급수는 제외한다)는 응시원서 접수 마감일부터 2년 이내에 실시한 시험에서 취득한 점수 및 급수이어야 한다.

③ 제2항에 따른 다른 외국어시험의 종류 및 합격에 필요한 점수 및 급수는 별표 15와 같다.

제48조(응시자격) 관광종사원 중 호텔경영사 또는 호텔관리사 시험에 응시할 수 있는 자격은 다음과 같이 구분한다.

1. 호텔경영사 시험
   가. 호텔관리사 자격을 취득한 후 관광호텔에서 3년 이상 종사한 경력이 있는 자
   나. 4성급 이상 호텔의 임원으로 3년 이상 종사한 경력이 있는 자
2. 호텔관리사 시험
   가. 호텔서비스사 또는 조리사 자격을 취득한

제37조(시·도지사 관할 관광종사원) 법 제40조 각 호 외의 부분 본문에서 "대통령령으로 정하는 관광종사원"이란 다음 각 호에 해당하는 자를 말한다.

1. 국내여행안내사
2. 호텔서비스사

⑥ 관광통역안내의 자격이 없는 사람은 외국인 관광객을 대상으로 하는 관광안내(제3항 단서에 따라 외국인 관광객을 대상으로 하는 여행업에 종사하여 관광안내를 하는 경우에 한정한다. 이하 이 조에서 같다)를 하여서는 아니 된다.

⑦ 관광통역안내의 자격을 가진 사람이 관광안내를 하는 경우에는 제3항에 따른 자격증을 패용하여야 한다.

⑧ 관광종사원은 제3항에 따른 자격증을 다른 사람에게 대여하여서는 아니 된다.

⑨ 문화체육관광부장관은 제2항에 따른 시험에서 다음 각 호의 어느 하나에 해당하는 사람에 대하여는 그 시험을 정지 또는 무효로 하거나 합격결정을 취소하고, 그 시험을 정지하거나 무효로 한 날 또는 합격결정을 취소한 날부터 3년간 시험응시자격을 정지한다.

1. 부정한 방법으로 시험에 응시한 사람
2. 시험에서 부정한 행위를 한 사람

제39조(교육) 문화체육관광부장관 또는 시·도지사는 관광종사원과 그 밖에 관광 업무에 종사하는 자의 자질 향상을 위한 교육에 필요한 지원을 할 수 있다.

제40조(자격취소 등) 문화체육관광부장관(관광종사원 중 대통령령으로 정하는 관광종사원에 대하여는 시·도지사)은 제38조제1항에 따라

후 관광숙박업소에서 3년 이상 종사한 경력이 있는 자

나. 「고등교육법」에 따른 전문대학의 관광분야 학과를 졸업한 자(졸업예정자를 포함한다) 또는 관광분야의 과목을 이수하여 다른 법령에서 이와 동등한 학력이 있다고 인정되는 자

다. 「고등교육법」에 따른 대학을 졸업한 자(졸업예정자를 포함한다) 또는 다른 법령에서 이와 동등 이상의 학력이 있다고 인정되는 자

라. 「초·중등교육법」에 따른 고등기술학교의 관광분야를 전공하는 과의 2년과정 이상을 이수하고 졸업한 자(졸업예정자를 포함한다)

제49조(시험의 실시 및 공고) ① 시험은 매년 1회 이상 실시한다.

② 한국산업인력공단은 시험의 응시자격·시험과목·일시·장소·응시절차, 그 밖에 시행에 필요한 사항을 시험 시행일 90일 전까지 인터넷 홈페이지 등에 공고해야 한다.

제50조(응시원서) 시험에 응시하려는 자는 별지 제36호서식의 응시원서를 한국산업인력공단에 제출하여야 한다.

제51조(시험의 면제) ① 법 제38조제2항 단서에 따라 시험 일부를 면제할 수 있는 경우는 별표 16과 같다.

제38조(한국관광협회중앙회의 설립요건) ① 법 제41조제2항에 따라 한국관광협회중앙회(이하 "협회"라 한다)를 설립하려면 제41조에 따른 지역별 관광협회 및 업종별 관광협회의 대표자 3분의 1 이상으로 구성되는 발기인이 정관을 작성하여 지역별 관광협회 및 업종별 관광협회의 대표자 과반수로 구성되는 창립총회의 의결을 거쳐야 한다.

② 협회의 설립 후 임원이 임명될 때까지 필요한 업무는 발기인이 수행한다.

자격을 가진 관광종사원이 다음 각 호의 어느 하나에 해당하면 문화체육관광부령으로 정하는 바에 따라 그 자격을 취소하거나 6개월 이내의 기간을 정하여 자격의 정지를 명할 수 있다. 다만, 제1호 및 제5호에 해당하면 그 자격을 취소하여야 한다.

1. 거짓이나 그 밖의 부정한 방법으로 자격을 취득한 경우
2. 제7조제1항 각 호(제3호는 제외한다)의 어느 하나에 해당하게 된 경우
3. 관광종사원으로서 직무를 수행하는 데에 부정 또는 비위(非違) 사실이 있는 경우
4. 삭제
5. 제38조제8항을 위반하여 다른 사람에게 관광종사원 자격증을 대여한 경우

제3장 관광사업자 단체

제41조(한국관광협회중앙회 설립) ① 제45조에 따른 지역별 관광협회 및 업종별 관광협회는 관광사업의 건전한 발전을 위하여 관광업계를 대표하는 한국관광협회중앙회(이하 "협회"라 한다)를 설립할 수 있다.

② 협회를 설립하려는 자는 대통령령으로 정하는 바에 따라 문화체육관광부장관의 허가를 받아야 한다.

③ 협회는 법인으로 한다.

④ 협회는 설립등기를 함으로써 성립한다.

제42조(정관) 협회의 정관에는 다음 각 호의 사항을 적어야 한다.

1. 목적
2. 명칭
3. 사무소의 소재지
4. 회원 및 총회에 관한 사항
5. 임원에 관한 사항
6. 업무에 관한 사항
7. 회계에 관한 사항
8. 해산(解散)에 관한 사항
9. 그 밖에 운영에 관한 중요 사항

제43조(업무) ① 협회는 다음 각 호의 업무를 수행한다.

1. 관광사업의 발전을 위한 업무
2. 관광사업 진흥에 필요한 조사·연구 및 홍보
3. 관광 통계
4. 관광종사원의 교육과 사후관리
5. 회원의 공제사업
6. 국가나 지방자치단체로부터 위탁받은 업무
7. 관광안내소의 운영
8. 제1호부터 제7호까지의 규정에 의한 업무에 따르는 수익사업

② 제1항제5호에 따른 공제사업은 문화체육관광부장관의 허가를 받아야 한다.
③ 제2항에 따른 공제사업의 내용 및 운영에 필요

제39조(공제사업의 허가 등) ① 법 제43조제2항에 따라 협회가 공제사업의 허가를 받으려면 공제규정을 첨부하여 문화체육관광부장관에게 신청하여야 한다.
② 제1항에 따른 공제규정에는 사업의 실시방법, 공제계약, 공제분담금 및 책임준비금의 산출방법에 관한 사항이 포함되어야 한다.
③ 제1항에 따른 공제규정을 변경하려면 문화체육관광부장관의 승인을 받아야 한다.
④ 공제사업을 하는 자는 공제규정에서 정하는 바에 따라 매 사업연도 말에 그 사업의 책임준비금을 계상하고 적립하여야 한다.
⑤ 공제사업에 관한 회계는 협회의 다른 사업에 관한 회계와 구분하여 경리하여야 한다.

제40조(공제사업의 내용) 법 제43조제3항에 따른 공제사업의 내용은 다음 각 호와 같다.

1. 관광사업자의 관광사업행위와 관련된 사고로 인한 대물 및 대인배상에 대비하는 공제 및 배상업무
2. 관광사업행위에 따른 사고로 인하여 재해를 입은 종사원에 대한 보상업무
3. 그 밖에 회원 상호간의 경제적 이익을 도모하기 위한 업무

② 필기시험 및 외국어시험에 합격하고 면접시험에 불합격한 자에 대하여는 다음 회의 시험에만 필기시험 및 외국어시험을 면제한다.
③ 제1항에 따라 시험의 면제를 받으려는 자는 별지 제37호서식의 관광종사원 자격시험 면제 신청서에 경력증명서, 학력증명서 또는 그 밖에 자격을 증명할 수 있는 서류를 첨부하여 한국산업인력공단에 제출하여야 한다.

제51조의2(경력의 확인) 제48조에 따른 응시자격 증명을 위한 경력증명서 또는 제51조제3항에 따른 시험의 면제를 위한 경력증명서를 제출받은 한국산업인력공단은 「전자정부법」 제36조제1항에 따른 행정정보의 공동이용을 통해 응시자 또는 신청인의 국민연금가입증명 또는 건강보험자격득실확인서를 확인하여야 한다. 다만, 응시자 또는 신청인이 확인에 동의하지 않는 경우에는 해당 서류를 제출하도록 해야 한다.

제52조(합격자의 공고) 한국산업인력공단은 시험 종료 후 합격자의 명단을 게시하고 이를 한국관광공사와 한국관광협회중앙회에 각각 통보하여야 한다.

제53조(관광종사원의 등록 및 자격증 발급) ① 시험에 합격한 자는 별 제38조제2항에 따라 별지 제38호서식의 관광종사원 등록신청서에 사진(최근 6개월 이내에 모자를 쓰지 않고 촬영

② 한국관광공사 및 한국관광협회중앙회는 제1항에 따른 신청을 받은 경우에는 별 제7조제1항에 따른 결격사유가 없는 자에 한하여 관광종사원으로 등록하고 별지 제39호서식의 관광종사원 자격증을 발급하여야 한다.

③ 제2항에도 불구하고 관광통역안내사의 경우에는 별지 제39호의5서식에 기재사항 및 교육이수 정보 등을 전자적 방식으로 저장한 집적회로(IC) 칩을 첨부한 자격증을 발급하여야 한다.

제54조(관광종사원 자격증의 재발급) 법 제38조제4항에 따라 발급받은 자격증을 잃어버리거나 그 자격증이 못 쓰게 되어 자격증을 재발급받으려는 자는 별지 제38호서식의 신청서(최근 6개월 이내에 모자를 쓰지 않고 촬영한 상반신 반명함판) 2매와 관광종사원 자격증(자격증이 헐어 못 쓰게 된 경우만 해당한다)을 첨부하여 한국관광공사 및 한국관광협회중앙회에 제출하여야 한다.

제56조(종사원의 자격취소 등) 법 제40조에 따라 문화체육관광부령으로 정하는 관광종사원의 자격취소 등에 관한 처분 기준은 별표 17과 같다.

한 사항은 반영함판) 2매를 첨부하여 한국관광공사 및 한국관광협회중앙회에 등록을 신청하여야 한다.

한 사항은 대통령령으로 정한다.

제41조(지역별 또는 업종별 관광협회의 설립) 법 제45조제1항에 따라 지역별 관광협회 또는 업종별 관광협회를 설립할 수 있는 범위는 다음 각 호와 같다.

1. 지역별 관광협회는 특별시·광역시·특별자치시·도 및 특별자치도를 단위로 설립하되, 필요하다고 인정되는 지역에는 지부를 둘 수 있다.
2. 업종별 관광협회는 업종별로 설립하되, 업무의 특수성을 고려하여 전국을 단위로 설립할 수 있다.

제44조(「민법」의 준용) 협회에 관하여 이 법에 규정된 것 외에는 「민법」 중 사단법인(社團法人)에 관한 규정을 준용한다.

제45조(지역별·업종별 관광협회) ① 관광사업자는 지역별 또는 업종별로 그 분야의 관광사업의 건전한 발전을 위하여 대통령령으로 정하는 바에 따라 지역별 또는 업종별 관광협회를 설립할 수 있다.

② 제1항에 따른 업종별 관광협회는 문화체육관광부장관의 설립허가를, 지역별 관광협회는 시·도지사의 설립허가를 받아야 한다.

제46조(협회에 관한 규정의 준용) 지역별 관광협회 및 업종별 관광협회의 설립·운영 등에 관하여는 제41조부터 제44조까지의 규정을 준용한다.

제4장 관광의 진흥과 홍보

제47조(관광정보 활용 등) ① 문화체육관광부장관은 관광에 관한 정보의 활용과 관광을 통한 국제 친선을 도모하기 위하여 관광과 관련된 국제기구와의 협력 관계를 증진하여야 한다.

② 문화체육관광부장관은 제1항에 따른 업무를 원활히 수행하기 위하여 관광사업자·관광사업자 단체 또는 한국관광공사(이하 "관광사업자등"이라 한다)에게 필요한 사항을 권고·조정할 수 있다.

③ 관광사업자등은 특별한 사유가 없으면 제2항에 따른 문화체육관광부장관의 권고나 조정에 협조하여야 한다.

제47조의2(관광통계) ① 문화체육관광부장관과 지방자치단체의 장은 제49조제1항 및 제2항에 따른 관광개발기본계획 및 권역별 관광개발계획의 효과적으로 수립·시행하고 관광산업에 활용하도록 하기 위하여 국내외의 관광통계를 작성할 수 있다.

② 문화체육관광부장관과 지방자치단체의 장은 관광통계를 작성하기 위하여 필요하면 실태조사를 하거나, 공공기관·연구소·법인·단체·민간기업·개인 등에게 협조를 요청할 수 있다.

③ 제1항 및 제2항에서 규정한 사항 외에 관광통계의 작성·관리 및 활용에 필요한 사항은 대통령령으로 정한다.

제47조의3 (장애인 관광 활동의 지원) ① 국가 및 지방자치단체는 장애인의 여행 및 관광 활동을 권리를 증진하기 위하여 장애인의 관광 활동을 장려·지원하기 위하여 관련 시설을 설치하는 등 필요한 시책을 강구하여야 한다.

② 국가 및 지방자치단체는 장애인의 여행 및 관광 활동을 증진하기 위하여 장애인의 관광 지원 사업과 장애인 관광 지원 단체에 대하여 경비를 보조하는 등 필요한 지원을 할 수 있다.

제47조의4 (관광취약계층의 관광복지 증진 시책

제41조의2(관광통계 작성 범위) 법 제47조의2제1항에 따른 관광통계의 작성 범위는 다음 각 호와 같다.

1. 외국인 방한(訪韓) 관광객의 관광행태에 관한 사항
2. 국민의 관광행태에 관한 사항
3. 관광사업자의 경영에 관한 사항
4. 관광지와 관광단지의 현황 및 관리에 관한 사항
5. 그 밖에 문화체육관광부장관 또는 지방자치단체의 장이 관광산업의 발전을 위하여 필요하다고 인정하는 사항

제41조의3(관광취약계층의 범위) 법 제47조의4 제1항에서 "「국민기초생활 보장법」에 따른 수급권자, 그 밖에 소득수준이 낮은 저소득층 등 대통령령으로 정하는 관광취약계층"이란 다음 각 호의 어느 하나에 해당하는 사람을 말한다.

1. 「국민기초생활 보장법」 제2조제2호에 따른 수급자
2. 「국민기초생활 보장법」 제2조제10호에 따른 차상위계층에 해당하는 사람 중 다음 각 목의 어느 하나에 해당하는 사람
   가. 「국민기초생활 보장법」 제7조제1항제7호에 따라 지출을 지원받는 수급자
   나. 「장애인복지법」 제49조제1항에 따른 장애수당 수급자 또는 같은 법 제50조에 따른 장애아동수당 수급자

82

강구) 국가 및 지방자치단체는 경제적·사회적 여건 등으로 관광 활동에 제약을 받고 있는 관광취약계층의 여행 기회를 확대하고 관광 활동을 장려하기 위하여 여행에 필요한 시책을 강구하여야 한다.

제47조의5 (여행이용권의 지급 및 관리) ① 국가 및 지방자치단체는 「국민기초생활 보장법」에 따른 수급권자, 그 밖에 소득수준이 낮은 저소득층 등 대통령령으로 정하는 관광취약계층에게 여행이용권을 지급할 수 있다.

② 국가 및 지방자치단체는 여행이용권의 수급자격 및 자격유지의 적정성을 확인하기 위하여 필요한 가족관계증명·국세·지방세·토지·건물·건강보험 및 국민연금에 관한 자료 등 대통령령으로 정하는 관계 기관의 장에게 요청할 수 있고, 해당 기관의 장은 특별한 사유가 없으면 요청에 따라야 한다. 다만, 「전자정부법」 제36조제1항에 따른 행정정보 공동이용을 통하여 확인할 수 있는 사항은 예외로 한다.

③ 국가 및 지방자치단체는 제2항에 따른 자료의 확인을 위하여 「사회복지사업법」 제6조의2제2항에 따른 정보시스템을 연계하여 사용할 수 있다.

④ 국가 및 지방자치단체는 여행이용권의 발급, 정보시스템의 구축·운영 등 여행이용권 업무의 효율적 수행을 위하여 대통령령으로 정하는 바에 따라 전담기관을 지정할 수 있다.

⑤ 제3항부터 제4항까지에서 규정한 사항 외에

다. 「장애인연금법」 제5조에 따른 장애인연금 수급자
라. 「국민건강보험법 시행령」 별표 2 제3호 라목의 경우에 해당하는 사람
3. 「한부모가족지원법」 제5조에 따른 지원대상자
4. 그 밖에 경제적·사회적 제약 등으로 인하여 관광 활동을 영위하기 위하여 지원이 필요한 사람으로서 문화체육관광부장관이 정하여 고시하는 기준에 해당하는 사람

제41조의4(여행이용권의 지급에 필요한 자료) 법 제47조의5제2항 본문에서 "가족관계증명·국세·지방세·토지·건물·건강보험 및 국민연금에 관한 자료 등 대통령령으로 정하는 자료"란 다음 각 호의 자료를 말한다.
1. 제41조의3에 따른 관광취약계층에 해당함을 확인하기 위한 자료
2. 주민등록등본
3. 가족관계증명서

제41조의5(여행이용권 업무의 전담기관) ① 법 제47조의5제4항에 따른 여행이용권 업무의 전담기관(이하 "전담기관"이라 한다)의 지정 요건은 다음 각 호와 같다.
1. 제3항 각 호의 업무를 수행하기 위한 인적·재정적 능력을 보유할 것
2. 제3항 각 호의 업무를 수행하는 데에 필요한 시설을 갖출 것

제56조의2(여행이용권의 통합운영) ① 법 제47조의5제6항에서 "문화예술진흥법 등 문화체육관광부령으로 정하는 문화이용권"이란 다음 각 호의 이용권을 말한다.
1. 「문화예술진흥법」 제15조의4에 따른 문화이용권
2. 그 밖에 문화체육관광부장관이 지급·관리하는 이용권으로서 문화체육관광부장관이 정하여 고시하는 이용권

제56조의3(여행이용권의 발급 등) 여행이용권의 발급 및 재발급에 관하여는 「문화예술진흥법」 제2조부터 제4조까지를 준용한다. 이 경우 "문화이용권"은 "여행이용권"으로, "한국문화예술위원회의 위원장"은 "전담기관"으로 본다.

3. 여행이용권에 관한 홍보를 효율적으로 수행하기 위한 관련 기관 또는 단체와의 협력체계를 갖출 것

② 문화체육관광부장관은 제1항 각 호의 요건을 모두 갖춘 전담기관을 지정하였을 때에는 그 사실을 문화체육관광부의 인터넷 홈페이지에 게시하여야 한다.

③ 전담기관이 수행하는 업무는 다음 각 호와 같다.

1. 여행이용권의 발급에 관한 사항
2. 법 제47조의5제4항에 따른 정보시스템의 구축·운영
3. 여행이용권 이용활성화를 위한 관광단체 및 관광시설 등과의 협력
4. 여행이용권 이용활성화를 위한 조사·연구·교육 및 홍보
5. 여행이용권 이용자의 편의 제고를 위한 사업
6. 여행이용권 관련 통계의 작성 및 관리
7. 그 밖에 문화체육관광부장관이 여행이용권 업무의 요율적 수행을 위하여 필요하다고 인정하는 사무

제41조의6(여행이용권의 발급) 전담기관 또는 특별자치시장·시장(제주특별자치도의 특별자치시장 및 국제자유도시 조성을 위한 특별법」에 따른 행정시장을 말한다)·군수·구청장은 문화체육관광부령으로 정하는 바에 따라 여행이용권을 발급한다.

여행이용권의 지급·이용 등에 필요한 사항은 대통령령으로 정한다.

⑥ 문화체육관광부장관은 여행이용권의 이용 기회 확대 및 지원 업무의 효율성을 제고하기 위하여 여행이용권을 「문화예술진흥법」 제15조의4에 따른 문화이용권 등 문화체육관광부령으로 정하는 이용권과 통합하여 운영할 수 있다.

제47조의6(국제협력 및 해외진출 지원) ① 문화체육관광부장관은 관광산업의 국제협력 및 해외 시장 진출을 촉진하기 위하여 다음 각 호의 사업을 지원할 수 있다.

1. 국제전시회의 개최 및 참가 지원
2. 외국자본의 투자유치
3. 해외마케팅 및 홍보활동
4. 해외진출에 관한 정보제공
5. 수출 관련 협력체계의 구축
6. 그 밖에 국제협력 및 해외진출을 위하여 필요한 사업

② 문화체육관광부장관은 제1항에 따른 사업을 효율적으로 지원하기 위하여 대통령령으로 정하는 관계 기관 또는 단체에 이를 위탁하거나 대행하게 할 수 있으며, 이에 필요한 비용을 보조할 수 있다.

제47조의7(관광산업 진흥 사업) 문화체육관광부장관은 관광산업의 활성화를 위하여 대통령령으로 정하는 바에 따라 다음 각 호의 사

84

업을 추진할 수 있다.

1. 관광산업 발전을 위한 정책·제도의 조사·연구 및 기획

2. 관광 관련 창업 촉진 및 창업자의 성장·발전 지원

3. 관광산업 전문인력 수급분석 및 육성

4. 관광산업 관련 기술의 연구개발 및 실용화

5. 지역에 특화된 관광 상품 및 서비스 등의 발굴·육성

6. 그 밖에 관광산업 진흥을 위하여 필요한 사항

제48조(관광 홍보 및 관광자원 개발) ① 문화체육관광부장관 또는 시·도지사는 국제 관광의 촉진과 국민 관광의 건전한 발전을 위하여 국내외 관광 홍보 활동을 조정하거나 관광 선전물을 심사하거나 그 밖에 필요한 사항을 지원할 수 있다.

② 문화체육관광부장관 또는 시·도지사는 제1항에 따라 관광홍보를 원활히 추진하기 위하여 필요하면 문화체육관광부령으로 정하는 바에 따라 관광사업자등에게 해외관광시장에 대한 정기적인 조사, 관광 홍보물의 제작, 관광안내소의 운영 등에 필요한 사항을 권고하거나 지도할 수 있다.

③ 지방자치단체의 장, 관광사업자 또는 제54조제1항에 따라 관광지·관광단지의 조성계획승인을 받은 자는 관광지·관광단지·관광특구·관광시설 등 관광자원을 안내하거나 홍보하는

내용이 옥외광고고물(屋外廣告物)을 「옥외광고물 등의 관리와 옥외광고산업 진흥에 관한 법률」의 규정에도 불구하고 대통령령으로 정하는 바에 따라 설치할 수 있다.

④ 문화체육관광부장관과 지방자치단체의 장은 관광객의 유치, 관광복지의 증진 및 관광 진흥을 위하여 대통령령으로 정하는 바에 따라 다음 각 호의 사업을 추진할 수 있다.

1. 문화, 체육, 레저 및 산업시설 등의 관광자원화사업
2. 해양관광의 개발사업 및 자연생태의 관광자원화사업
3. 관광상품의 개발에 관한 사업
4. 국민의 관광복지 증진에 관한 사업
5. 유휴자원을 활용한 관광지원화사업

제48조의2(지역축제 등) ① 문화체육관광부장관은 지역축제의 체계적 육성 및 활성화를 위하여 지역축제에 대한 실태조사와 평가를 할 수 있다.

② 문화체육관광부장관은 지역축제의 통폐합 등을 포함한 그 발전방향에 대하여 지방자치단체의 장에게 의견을 제시하거나 권고할 수 있다.

③ 문화체육관광부장관은 다양한 지역관광자원을 개발·육성하기 위하여 우수한 지역축제를 문화관광축제로 지정하고 지원할 수 있다.

④ 제3항에 따른 문화관광축제의 지정 기준 및 지원 방법 등에 필요한 사항은 대통령령으로 정한다.

제41조의7(문화관광축제의 지정 기준) 법 제48조의2제3항에 따른 문화관광축제의 지정 기준은 문화체육관광부장관이 다음 각 호의 사항을 고려하여 정한다.

1. 축제의 특성 및 콘텐츠
2. 축제의 운영능력
3. 관광객 유치 효과 및 경제적 파급효과
4. 그 밖에 문화체육관광부장관이 정하는 사항

제41조의8(문화관광축제의 지원 방법) ① 법 제48조의2제3항에 따라 문화관광축제로 지정받으려는 지역축제의 개최자는 관할 특별시·광역시·특별자치시·도·특별자치도를 거쳐 문화체육관광부장관에게 지정신청을 하여야 한다.

② 제1항에 따른 지정신청을 받은 문화체육관광부장관은 제41조의7에 따른 지정 기준에 따라 문화관광축제를 지정한다.

③ 문화체육관광부장관은 지정받은 문화관광축제를 예산의 범위에서 지원할 수 있다.

제48조의3(지속가능한 관광활성화) 문화체육관광부장관은 에너지·자원의 사용을 최소화하고 기후변화에 대응하며 환경 훼손을 줄이는 지속가능한 관광자원의 개발을 장려하기 위하여 정보제공 및 재정지원 등 필요한 조치를 강구할 수 있다.

제48조의4(문화관광해설사의 양성 및 활용계획 등) ① 문화체육관광부장관은 문화관광해설사를 효과적이고 체계적으로 양성·활용하기 위하여 해마다 문화관광해설사의 양성 및 활용계획을 수립하고, 이를 지방자치단체에 알려야 한다.

② 지방자치단체의 장은 제1항에 따른 문화관광해설사 양성 및 활용계획에 따라 관광객의 규모, 관광지역의 보유 현황, 문화관광해설사에 대한 수요 등을 고려하여 해마다 문화관광해설사 운영계획을 수립·시행하여야 한다. 이 경우 문화관광해설사의 양성·배치·활용 등에 관한 사항을 포함하여야 한다.

제48조의5(관광체험교육프로그램 개발) 문화체육관광부장관 또는 지방자치단체의 장은 관광객에게 역사·문화·예술·자연 등의 관광자원과 연계한 체험기회를 제공하고, 관광을 활성화하기 위하여 관광체험교육프로그램을 개발·보급할 수 있다. 이 경우 장애인을 위한 관광체험교육프로그램을 개발하여야 한다.

제48조의6(문화관광해설사 양성교육과정의 개설·운영) ① 문화체육관광부장관 또는 시·도지사는 문화관광해설사 양성을 위한 교육과정을 개설(開設)하여 운영할 수 있다.

② 제1항에 따른 교육과정의 개설·운영에 필요한 사항은 문화체육관광부령으로 정한다.

제48조의8(문화관광해설사의 선발 및 활용) ① 문화체육관광부장관 또는 지방자치단체의 장은 제48조의6제1항에 따른 교육과정을 이수한 자를 문화관광해설사로 선발하여 활용할 수 있다.

② 문화체육관광부장관 또는 지방자치단체의 장은 제1항에 따라 문화관광해설사를 선발하는 경우 문화체육관광부령으로 정하는 바에 따라 이론 및 실습을 평가하고, 3개월 이상의 실무수습을 마친 자에게 자격을 부여할 수 있다.

③ 문화체육관광부장관 또는 지방자치단체의 장은 예산의 범위에서 문화관광해설사의 활동에 필요한 비용 등을 지원할 수 있다.

④ 그 밖에 문화관광해설사의 선발, 배치 및 활용 등에 필요한 사항은 문화체육관광부령으로 정한다.

제48조의9(지역관광협의회 설립) ① 관광사업자, 관광 관련 사업자, 관광 관련 단체, 주민 등은 공동으로 지역의 관광진흥을 위하여 광역 및 기초 지방자치단체 단위의 지역관광협의회(이하 "협의회"라 한다)를 설립할 수 있다.

② 협의회에는 지역 내 관광진흥을 위한 이해 관

제57조의3(문화관광해설사 양성교육과정의 개설·운영 기준) ① 법 제48조의6제2항에 따른 문화관광해설사 양성을 위한 교육과정의 개설·운영 기준은 별표 17의2와 같다.

② 제1항에 따른 교육과정의 개설·운영 기준에 필요한 세부적인 사항은 문화체육관광부장관이 정하여 고시한다.

제57조의5(문화관광해설사 선발 및 활용) ① 문화체육관광부장관 또는 지방자치단체의 장은 법 제48조의8제1항에 따라 문화관광해설사를 선발하려는 경우에는 문화관광해설사의 선발 인원, 평가 일시 및 장소, 응시원서 접수기간, 그 밖에 선발에 필요한 사항을 포함한 선발계획을 수립하고 이를 공고하여야 한다.

② 문화체육관광부장관 또는 지방자치단체의 장이 법 제48조의8제3항에 따라 이론 및 실습을 평가하려는 경우에는 별표 17의4의 평가 기준에 따라 평가하여야 한다.

③ 제1항에 따른 선발계획에 따라 문화관광해설사를 선발하려는 경우에는 제2항의 평가 기준에 따른 평가 결과 이론 및 실습 평가항목 각각 70점 이상을 득점한 사람 중에서 각각의 평가

관장이 고루 참여하여야 하며, 협의회를 설립하려는 자는 해당 지방자치단체의 장의 허가를 받아야 한다.

③ 협의회는 법인으로 한다.

④ 협의회는 다음 각 호의 업무를 수행한다.

1. 지역의 관광수용태세 개선을 위한 업무
2. 지역관광 홍보 및 마케팅 지원 업무
3. 관광사업자, 관광 관련 사업자, 관광 관련 단체에 대한 지원
4. 제1호부터 제3호까지의 업무에 따르는 수익사업
5. 지방자치단체로부터 위탁받은 업무

⑤ 협의회의 운영 등에 필요한 경비는 회원이 납부하는 회비와 사업 수익금 등으로 충당하며, 지방자치단체의 장은 협의회의 운영에 필요한 경비의 일부를 예산의 범위에서 지원할 수 있다.

⑥ 협의회의 설립 및 지원 등에 필요한 사항은 해당 지방자치단체의 조례로 정한다.

⑦ 협의회의 운영 등에 관하여 이 법에 규정된 것 외에는 「민법」 중 사단법인에 관한 규정을 준용한다.

제48조의10(한국관광 품질인증) ① 문화체육관광부장관은 관광객의 편의를 돕고 관광서비스의 수준을 향상시키기 위하여 관광사업 및 이와 밀접한 관련이 있는 사업으로서 대통령령으로 정하는 시설 및 서비스 등(이하 "시설등"이라 한다)을 대상으로 품질인증(이하 "한국관광 품질인증"이라 한다)을 할 수 있다.

제41조의9(한국관광 품질인증의 대상) 법 제48조의10 제2항에서 "대통령령으로 정하는 사업"이란 다음 각 호의 어느 하나에 해당하는 사업을 말한다.

1. 제2조제1항제3호다목의 야영장업
2. 제2조제1항제3호바목의 외국인관광 도시민박업
3. 제2조제1항제6호라목의 관광식당업
4. 제2조제1항제6호차목의 한옥체험업
5. 제2조제1항제6호카목의 관광면세업
6. 「공중위생관리법」 제2조제1항제2호에 따른 숙박업(법 제3조제1항제2호에 따른 관광숙박업을 제외한다)
7. 「외국인관광객 등에 대한 부가가치세 및 개별소비세 특례규정」 제4조제2항에 따른 외국인관광객면세판매장
8. 그 밖에 관광사업 및 이와 밀접한 관련이 있는 사업으로서 문화체육관광부장관이 정하여 고시하는 사업

제41조의10(한국관광 품질인증의 인증 기준) ① 법 제48조의10제1항에 따른 한국관광 품질인증(이하 "한국관광 품질인증"이라 한다)의 인증 기준은 다음 각 호와 같다.

1. 관광객 편의를 위한 시설 및 서비스를 갖출 것
2. 관광객 응대를 위한 전문 인력을 확보할 것
3. 재난 및 안전관리 위험으로부터 관광객을 보호할 수 있는 사업장 안전관리 방안을 수립할 것

항목의 비중을 곱한 점수가 고득점자인 사람의 순으로 선발한다.

④ 문화체육관광부장관 또는 지방자치단체의 장은 문화관광해설사를 배치·활용하려는 경우에 해당 지역의 관광객 규모와 관광자원의 보유 현황 및 문화관광해설사에 대한 수요, 문화관광해설사의 활동 실적 및 태도 등을 고려하여야 한다.

⑤ 그 밖에 문화관광해설사의 선발, 배치 및 활용 등에 필요한 세부적인 사항은 문화체육관광부장관이 정하여 고시한다.

제57조의6(한국관광 품질인증의 인증 기준) 영 제41조의10에 따른 한국관광 품질인증(이하 "한국관광 품질인증"이라 한다)의 세부 인증 기준은 별표 17의5와 같다.

제57조의7(한국관광 품질인증의 절차 및 방법 등) ① 한국관광 품질인증을 받으려는 자는 별지 제39호의6서식의 한국관광 품질인증 신청서(전자문서로 된 신청서를 포함한다)에 다음 각 호의 서류(전자문서를 포함한다)를 첨부하여 한국관광공사에 제출하여야 한다.

1. 「부가가치세법」 제8조제5항에 따른 사업자등록증의 사본 1부
2. 해당 사업과 관련된 법령을 준수하여 허가등 또는 지정을 받거나 신고를 하였음을 증명할 수 있는 서류 1부

3. 한국관광 품질인증의 인증 기준 전부 또는 일부와 인증 기준이 유사하다고 문화체육관광부장관이 인정하여 고시하는 인증(이하 "유사 인증"이라 한다)이 유효함을 증명할 수 있는 서류 1부(해당 서류가 있는 경우에만 첨부한다)

4. 그 밖에 한국관광공사가 한국관광 품질인증을 위한 대상별 특성에 따라 한국관광 품질인증을 위한 평가·심사에 필요하다고 인정하여 영 제65조제7항에 따른 한국관광 품질인증 및 그 취소에 관한 업무 규정(이하 "업무 규정"이라 한다)으로 정하는 서류 각 1부

② 제1항에 따른 신청을 받은 한국관광공사는 서류평가, 현장평가 및 심의를 실시한 결과 별표 17의5에 따른 세부 인증 기준에 적합하면 신청 서류를 제출한 자에게 별지 제39호의7서식의 한국관광 품질인증서를 발급하여야 한다.

③ 한국관광공사는 제2항에 따른 서류평가 시 유효한 유사 인증을 받은 것으로 인정되는 자에 대하여 별표 17의5에 따른 인증 기준 전부 또는 일부를 갖추었음을 인정할 수 있다.

④ 한국관광공사는 한국관광 품질인증을 받은 자에게 해당 연도의 사업 운영 실적을 다음 연도 1월 20일까지 제출할 것을 요청할 수 있다.

4. 해당 사업의 관련 법령을 준수할 것

② 한국관광 품질인증의 인증 기준에 관한 세부사항은 문화체육관광부령으로 정한다.

제41조의11(한국관광 품질인증의 절차 및 방법 등)

① 한국관광 품질인증을 받으려는 문화체육관광부령으로 정하는 품질인증 신청서를 문화체육관광부장관에게 제출하여야 한다.

② 문화체육관광부장관은 제1항에 따라 제출된 신청서의 내용을 평가·심사한 결과 제41조의10에 따른 인증 기준에 적합하면 신청서를 제출한 자에게 문화체육관광부령으로 정하는 인증서를 발급하여야 한다.

③ 문화체육관광부장관은 제2항에 따른 평가·심사 결과 제41조의10에 따른 인증 기준에 부적합하면 신청서를 제출한 자에게 그 결과와 사유를 알려주어야 한다.

④ 한국관광 품질인증의 유효기간은 제2항에 따라 인증서가 발급된 날부터 3년으로 한다.

⑤ 제1항부터 제3항까지에서 규정한 사항 외에 한국관광 품질인증의 절차 및 방법에 관한 세부사항은 문화체육관광부령으로 정한다.

제41조의12(한국관광 품질인증표지) 한국관광 품질인증의 인증표지는 별표 4의2와 같다.

② 한국관광 품질인증을 받은 자는 대통령령으로 정하는 바에 따라 인증표지를 하거나 그 사실을 홍보할 수 있다.

③ 한국관광 품질인증을 받은 자가 아니면 인증표지 또는 이와 유사한 표지를 하거나 한국관광 품질인증을 받은 것으로 홍보하여서는 아니 된다.

④ 문화체육관광부장관은 한국관광 품질인증을 받은 시설등에 대하여 다음 각 호의 지원을 할 수 있다.
1. 「관광진흥개발기금법」에 따른 관광진흥개발기금의 대여 또는 보조
2. 국내 또는 국외에서의 홍보
3. 그 밖에 시설등의 운영 및 개선을 위하여 필요한 사항

⑤ 문화체육관광부장관은 한국관광 품질인증을 위하여 필요한 경우에는 특별자치시장·특별자치도지사·시장·군수·구청장 및 관계 기관의 장에게 자료 제출을 요청할 수 있다. 이 경우 자료 제출을 요청받은 특별자치시장·특별자치도지사·시장·군수·구청장 및 관계 기관의 장은 특별한 사유가 없으면 이에 따라야 한다.

⑥ 한국관광 품질인증의 인증 기준·절차·방법, 인증표지 및 그 밖에 한국관광 품질인증 제도 운영에 필요한 사항은 대통령령으로 정한다.

제48조의11(한국관광 품질인증의 취소) 문화체육관광부장관은 한국관광 품질인증을 받은 자가 다음 각 호의 어느 하나에 해당하는 경우에는

그 인증을 취소할 수 있다. 다만, 제1호에 해당하는 경우에는 인증을 취소하여야 한다.

1. 거짓이나 그 밖의 부정한 방법으로 인증을 받은 경우
2. 제48조의10제6항에 따른 인증 기준에 적합하지 아니하게 된 경우

제5장 관광지등의 개발

제1절 관광지 및 관광단지의 개발

제49조(관광개발기본계획 등) ① 문화체육관광부장관은 관광자원을 효율적으로 개발하고 관리하기 위하여 전국을 대상으로 다음과 같은 사항을 포함하는 관광개발기본계획(이하 "기본계획"이라 한다)을 수립하여야 한다.

1. 전국의 관광 여건과 관광 동향(動向)에 관한 사항
2. 전국의 관광 수요와 공급에 관한 사항
3. 관광자원 보호·개발·이용·관리 등에 관한 기본적인 사항
4. 관광권역(觀光圈域)의 설정에 관한 사항
5. 관광권역별 관광개발의 기본방향에 관한 사항
6. 그 밖에 관광개발에 관한 사항

② 시·도지사(특별자치도지사는 제외한다)는 기본계획에 따라 구분된 관광권역을 대상으로 다음 각 호의 사항을 포함하는 관광권역별 관광개발계획(이하 "권역계획"이라 한다)을 수립하여야 한다.

제42조(관광개발계획의 수립시기) 법 제49조제1항에 따른 관광개발기본계획은 10년마다, 같은 조 제2항에 따른 권역별 관광개발계획은 5년마다 수립한다.

1. 권역의 관광 여건과 관광 동향에 관한 사항
2. 권역의 관광 수요와 공급에 관한 사항
3. 관광자원의 보호·개발·이용·관리 등에 관한 사항
4. 관광지 및 관광단지의 조성·정비·보완 등에 관한 사항
4의2. 관광지 및 관광단지의 실적 평가에 관한 사항
5. 관광지 연계에 관한 사항
6. 관광사업의 추진에 관한 사항
7. 환경보전에 관한 사항
8. 그 밖에 그 권역의 관광자원의 개발, 관리 및 평가를 위하여 필요한 사항

제50조(기본계획) ① 시·도지사는 기본계획의 수립에 필요한 관광 개발사업에 관한 요구서를 문화체육관광부장관에게 제출하여야 하고, 문화체육관광부장관은 이를 종합·조정하여 기본계획을 수립하고 공고하여야 한다.

② 문화체육관광부장관은 수립된 기본계획을 확정하여 공고하려면 관계 부처의 장과 협의하여야 한다.

③ 확정된 기본계획을 변경하는 경우에는 제1항과 제2항을 준용한다.

④ 문화체육관광부장관은 관계 기관의 장에게 기본계획의 수립에 필요한 자료를 요구하거나 협조를 요청할 수 있고, 그 요구 또는 협조 요청을 받은 관계 기관의 장은 정당한 사유가 없

으면 요청에 따라야 한다.

제51조(권역계획) ① 권역계획(圈域計劃)은 그 지역을 관할하는 시·도지사(특별자치도지사는 제외한다. 이하 이 조에서 같다)가 수립하여야 한다. 다만, 둘 이상의 시·도에 걸치는 지역이 하나의 권역계획에 포함되는 경우에는 관계되는 시·도지사와의 협의에 따라 수립하거나, 협의가 성립되지 아니한 경우에는 문화체육관광부장관이 지정하는 시·도지사가 수립하여야 한다.

② 시·도지사는 제3항에 따라 수립한 권역계획을 문화체육관광부장관의 조정과 관계 행정기관의 장과의 협의를 거쳐 확정하여야 한다. 이 경우 협의요청을 받은 관계 행정기관의 장은 특별한 사유가 없으면 그 요청을 받은 날부터 30일 이내에 의견을 제시하여야 한다.

③ 시·도지사는 권역계획이 확정되면 그 요지를 공고하여야 한다.

④ 확정된 권역계획을 변경하는 경우에는 제1항부터 제3항까지의 규정을 준용한다. 다만, 대통령령으로 정하는 경미한 사항의 변경에 대하여는 관계 부처의 장과의 협의를 갈음하여 문화체육관광부장관의 승인을 받아야 한다.

제52조(관광지의 지정 등) ① 관광지 및 관광단지(이하 "관광지등"이라 한다)는 문화체육관광부령으로 정하는 바에 따라 시장·군수·구청장의 신청에 의하여 시·도지사가 지정한다. 다만, 특별

제43조(경미한 권역계획의 변경) 법 제51조제4항 단서에서 "대통령령으로 정하는 경미한 사항의 변경"이란 다음 각 호의 어느 하나에 해당하는 것을 말한다.

1. 관광개발기본계획의 범위에서 하는 법 제49조제2항제1호·제2호 또는 제6호부터 제8호까지에 관한 사항의 변경

2. 법 제49조제2항제3호부터 제5호까지에 관한 사항 중 다음 각 목의 변경

가. 관광자원의 보호·이용 및 관리 등에 관한 사항

나. 관광지 또는 관광단지(이하 "관광지등"이라 한다)의 면적(권역계획상의 면적을 말한다)의 다목과 라목에서 같다)의 축소

다. 관광지등 면적의 100분의 30 이내의 확대

라. 지형여건 등에 따른 관광지등의 구역 조정(그 면적이 100분의 30 이내에서 조정하는 경우만 해당한다)이나 명칭 변경

제58조(관광지등의 지정신청 등) ① 법 제52조제1항 및 같은 조 제3항에 따라 관광지등의 지정 및 지정 취소 또는 그 면적의 변경(이하 "지정등"이라 한다)을 신청하려는 자는 별지 제40호서식의 관광지(관광단지) 지정 등 신청서에 다음 각 호의 서류를 첨부하여 특별시장·광역시장·도지사에게 제출하여야 한다. 다만, 관광지등의 지정 취소 또는 그 면적 변경의 경우에는 그 취소 또는 변경과 관계 없는 사항에 대한 서류는 첨부하지 아니한다.

1. 관광지등의 개발방향을 기재한 서류

2. 관광지등과 그 주변의 주요 관광자원 및 주요 접근로 등 교통체계에 관한 서류

3. 「국토의 계획 및 이용에 관한 법률」에 따른 용도지역을 기재한 서류

4. 관광객 수용능력 등을 기재한 서류

5. 관광지등의 구역을 표시한 축척 2만5천분의 1 이상의 지형도 및 지목·지번 등이 표시된 축

자치시 및 특별자치도의 경우에는 특별자치시장 및 특별자치도지사가 지정한다.

② 시·도지사는 제1항에 따른 관광지등을 지정하려면 사전에 문화체육관광부장관 및 관계 행정기관의 장과 협의하여야 한다. 다만, 「국토의 계획 및 이용에 관한 법률」제30조에 따라 같은 법 제36조제1항제2호다목에 따른 계획관리지역(같은 법의 규정에 따라 도시·군관리계획으로 결정되지 아니한 지역인 경우에는 종전의 「국토이용관리법」 제8조에 따라 준농림지역으로 결정·고시된 지역)으로 지정하려는 경우에는 그러하지 아니하다.

③ 문화체육관광부장관 및 관계 행정기관의 장은 「환경영향평가법」 등 관련 법령에 특별한 규정이 있거나 정당한 사유가 있는 경우를 제외하고는 제2항 본문에 따른 협의를 요청받은 날부터 30일 이내에 의견을 제출하여야 한다.

④ 문화체육관광부장관 및 관계 행정기관의 장이 제3항에서 정한 기간('민원 처리에 관한 법률」 제20조제2항에 따라 회신기간을 연장한 경우에는 그 연장된 기간을 말한다) 내에 의견을 제출하지 아니하면 협의가 이루어진 것으로 본다.

⑤ 관광지등의 지정 취소 또는 그 면적의 변경은 관광지등의 지정에 관한 절차에 따라야 한다. 이 경우 대통령령으로 정하는 경미한 면적의 변경

제44조(경미한 면적 변경) 법 제52조제4항 후단에서 "대통령령으로 정하는 경미한 면적의 변경"이란 다음 각 호의 것을 말한다.

1. 지적조사 또는 지적측량의 결과에 따른 면적의 정정 등으로 인한 면적의 변경
2. 관광지등 지정면적의 100분의 30 이내의 면적(「농지법」제28조에 따른 농업진흥지역의 농지가 1만 제곱미터 이상, 농업진흥지역이 아닌 지역의 농지가 6만 제곱미터 이상 추가로 포함되는 경우는 제외한다)의 변경

제45조(관광지등의 지정·고시 등) ① 법 제52조 제6항에 따른 시·도지사의 고시에는 다음 각 호의 사항이 포함되어야 한다.

1. 고시연월일
2. 관광지등의 위치 및 면적
3. 관광지등의 구역이 표시된 축척 2만 5천분의 1 이상의 지형도

② 시·도지사(특별자치시장·특별자치도지사는 제외한다)는 관광지등을 지정·고시하는 경우에는 그 지정내용을 관계 시장·군수·구청장에게 통지하여야 한다.

③ 특별자치시장·특별자치도지사와 제2항에 따른 통지를 받은 시장·군수·구청장은 관광지등의 지번·지목·지적 및 소유자가 표시된 토지조서를 갖추어 두고 일반인이 열람할 수 있도록 하여야 한다.

적 500분의 1부터 6천분의 1까지의 도면

6. 관광지등의 지번·지목·지적 및 소유자가 표시된 토지조서(임야에 대하여는 「산지관리법」에 따른 보전산지 및 준보전산지로 구분하여 표시하고, 농지에 대하여는 「농지법」에 따른 농업진흥지역 및 농업진흥지역이 아닌 지역으로 구분하여 표시한다)

② 제1항에 따른 신청을 하려는 자는 별표 18의 관광지·관광단지의 구분기준에 따라 그 지정 등을 신청하여야 한다.

③ 특별시장·광역시장·도지사는 제3항에 따른 지정등의 신청을 받은 경우에는 제3항에 따른 관광지등의 개발 필요성, 타당성, 관광지·관광단지의 구분기준 및 법 제49조에 따른 관광개발기본계획 및 권역별 관광개발계획에 적합한지 등을 종합적으로 검토하여야 한다.

제59조(관광단지등의 지정신청 및 조성계획의 승인 신청) 시장·군수·구청장은 법 제52조제1항에 따른 관광지등의 지정신청 및 법 제54조제1항 본문에 따른 조성계획의 승인신청을 함께 하거나, 관광단지의 지정신청을 할 때 법 제54조제1항 단서에 따라 관광단지개발자로 하여금 관광단지의 조성계획을 제출하게 하여 관광단지의 지정신청 및 조성계획의 승인신청을 함께 할 수 있다. 이 경우 특별시장·광역시장·도지사는 관광지등의 지정 및 조성계획의 승인을 함께 할 수 있다.

은 제5항 본문에 따른 협의를 하지 아니할 수 있다.

⑥ 시·도지사는 제1항 또는 제3항에 따라 지정, 지정취소 또는 그 면적변경을 한 경우에는 이를 고시하여야 한다.

제53조(조사·측량 실시) ① 시·도지사는 기본계획 및 권역계획을 수립하거나 관광지등이 지정을 위하여 필요하면 해당 지역에 대한 조사와 측량을 실시할 수 있다.

② 제1항에 따른 조사와 측량을 위하여 필요하면 타인이 점유하는 토지에 출입할 수 있다.

③ 제2항에 따른 타인이 점유하는 토지에의 출입에 관하여는 「국토의 계획 및 이용에 관한 법률」 제130조와 제131조를 준용한다.

제54조(조성계획의 수립 등) ① 관광지등을 관할하는 시장·군수·구청장은 조성계획을 작성하여 시·도지사의 승인을 받아야 한다. 이를 변경(대통령령으로 정하는 경미한 사항의 변경은 제외한다)하려는 경우에도 또한 같다. 다만, 관광단지를 개발하려는 공공기관 등 문화체육관광부령으로 정하는 공공법인 또는 민간개발자(이하 "관광단지개발자"라 한다)는 조성계획을 작성하여 대통령령으로 정하는 바에 따라 시·도지사의 승인을 받을 수 있다.

② 시·도지사는 제1항에 따른 조성계획을 승인하거나 변경승인을 하고자 하는 때에는 관계 행정기관의 장과 협의하여야 한다. 이 경우 협

제46조(조성계획의 승인신청) ① 법 제54조제1항에 따라 관광지등 조성계획의 승인 또는 변경승인을 받으려는 자는 다음 각 호의 서류를 첨부하여 조성계획의 승인 또는 변경승인을 신청하여야 한다. 다만, 조성계획의 변경승인을 신청하는 경우에는 변경과 관계되지 아니하는 사항에 대한 서류는 첨부하지 아니하고, 제4호에 따른 소유권 또는 사용권을 증명할 수 있는 서류는 조성계획 승인 후 공사착공 전에 제출할 수 있다.

1. 문화체육관광부령으로 정하는 내용을 포함하는 관광시설계획서·투자계획서 및 관광지등 관리계획서
2. 지번·지목·지적·소유자 및 시설별 면적이 표시된 토지조서
3. 조감도
4. 법 제2조제8호의 민간개발자가 개발하는 경우에는 해당 토지의 소유권 또는 사용권을 증명할 수 있는 서류. 다만, 민간개발자가 개발하는 경우로서 해당 토지 중 사유지의 3분의 2 이상을 취득한 경우에는 취득한 토지에 대한 소유권을 증명할 수 있는 서류와 국·공유지에 대한 소유권 또는 사용권을 증명할 수 있는 서류

② 법 제54조제1항 단서에 따라 관광단지개발자가 조성계획의 승인 또는 변경승인을 신청하는 경우에는 특별자치시장·특별자치도지사·

제60조(관광시설계획 등의 작성) ① 영 제46조제1항에 따라 작성되는 조성계획에는 다음 각 호의 사항이 포함되어야 한다.

1. 관광시설계획
   가. 공공편익시설, 숙박시설, 상가시설, 관광휴양·오락시설 및 그 밖의 시설지구로 구분된 토지이용계획
   나. 건축연면적이 표시된 시설물설치계획(축척 500분의 1부터 6천분의 1까지의 지적도에 표시한 것이어야 한다)
   다. 조경시설물, 조경구조물 및 조경식재계획이 포함된 조경계획
   라. 그 밖의 전기·통신·상수도 및 하수도 설치계획
   마. 관광시설계획에 대한 관련부서별 의견(지방자치단체의 장이 조성계획을 수립하는 경우만 해당한다)
2. 투자계획
   가. 재원조달계획
   나. 연차별 투자계획
3. 관광지등의 관리계획
   가. 관광시설계획에 포함된 시설물의 관리계획
   나. 관광지등의 관리를 위한 인원 확보 및 조직에 관한 계획
   다. 그 밖에 관광지등의 효율적 관리방안

② 제1항제1호가목에 따른 각 시설지구 안에 설치할 수 있는 시설은 별표 19와 같다.

95

제61조(관광단지개발자) ① 법 제54조제1항 단서에서 "문화체육관광부령으로 정하는 공공법인"이란 다음 각 호의 어느 하나에 해당하는 것을 말한다.

1. 「한국관광공사법」에 따른 한국관광공사 또는 한국관광공사가 관광단지 개발을 위하여 출자한 법인
2. 「한국토지주택공사법」에 따른 한국토지주택공사
3. 「지방공기업법」에 따라 설립된 지방공사 및 지방공단
4. 「제주특별자치도 설치 및 국제자유도시 조성을 위한 특별법」에 따른 제주국제자유도시개발센터

② 법 제55조제5항에서 "문화체육관광부령으로 정하는 관광단지개발자"란 제1항 각 호의 공공법인 또는 법 제2조제8호의 민간개발자를 말한다.

제61조의2(조성사업용 토지매입의 승인신청) 영 제47조의2에서 "문화체육관광부령으로 정하는 승인신청서"란 별지 제40호의2의 조성사업 토지매입 승인신청서를 말한다.

제62조(조성사업의 허가신청 등) ① 법 제55조제1항에 따른 사업시행자가 아닌 자가 법 제55조제3항에 따라 조성사업의 허가를 받거나 협의를 하려는 경우에는 별지 제41호서식의 조성사업 허가 또는 협의신청서에 다음 각 호의 서류를 첨부하여 관광지등의 사업시행자에게

시장·군수·구청장에게 조성계획 승인 또는 변경승인신청서를 제출하여야 하며, 조성계획 승인 또는 변경승인신청서를 제출받은 시장·군수·구청장은 제출받은 날부터 20일 이내에 검토의견서를 첨부하여 시·도지사(특별자치시장·특별자치도지사는 제외한다)에게 제출하여야 한다.

③ 시·도지사가 제1항에 따라 조성계획 승인 또는 변경승인한 때에는 지체 없이 이를 고시하여야 한다.

④ 민간개발자가 관광단지를 개발하는 경우에는 제58조제13호 및 제61조를 적용하지 아니한다. 다만, 조성계획상의 조성 대상 토지면적 중 사유지의 3분의 2 이상을 취득한 경우 남은 사유지에 대하여는 그러하지 아니하다.

⑤ 제1항부터 제3항까지에도 불구하고 관광단지를 개발하는 특별자치시장 및 특별자치도지사는 관계 행정기관의 장과 협의하여 조성계획을 수립하고, 조성계획을 수립한 때에는 지체 없이 이를 고시하여야 한다.

제47조(경미한 조성계획의 변경) ① 법 제54조제1항 후단에서 "대통령령으로 정하는 경미한 사항의 변경"이란 다음 각 호의 어느 하나에 해당하는 것을 말한다.

1. 관광시설계획면적의 100분의 20 이내의 변경
2. 관광시설계획 중 시설지구별 토지이용계획면적(조성계획의 변경승인을 받은 토지이용계획면적을 말한다) 그 변경승인을 받은 토지이용계획면적의 100분의 30 이내의 변경(시설지구별 토지이용계획면적이 2천200제곱미터 미만인 경우에는 660제곱미터 이내의 변경)
3. 관광시설계획 중 시설지구별 건축 연면적(조성계획의 변경승인을 받은 경우에는 그 변경승인을 받은 건축 연면적을 말한다)의 100분의 30 이내의 변경(시설지구별 건축 연면적이 2천200제곱미터 미만인 경우에는 660제곱미터 이내의 변경)

의 요청을 받은 관계 행정기관의 장은 특별한 사유가 없으면 그 요청을 받은 날부터 30일 이내에 의견을 제시하여야 한다.

제55조(조성계획의 시행) ① 조성계획을 시행하기 위한 사업(이하 "조성사업"이라 한다)은 이 법 또는 다른 법령에 특별한 규정이 있는 경우 외에는 조성계획의 승인을 받은 자(제54조제3항에 따라 특별자치시장 및 특별자치도지사가 조성계획을 수립한 경우를 포함한다. 이하 "사업시행자"라 한다)가 행한다.

② 제54조에 따라 조성계획의 승인을 받아 관광지등을 개발하려는 자가 관광지등의 조성계획을 개발 촉진을 위하여 조성계획의 승인 전에 대통령령으로 정하는 바에 따라 관계 행정기관의 장과 조성계획 승인권

제출하여야 한다.

1. 사업계획서(위치, 용지면적, 시설물설치계획, 건설비내역 및 재원조달계획 등을 포함한다)
2. 시설물의 배치도 및 설계도서(평면도 및 입면도를 말한다)
3. 부동산이 타인 소유인 경우에는 토지소유자가 자필서명된 토지사용승낙서 및 신분증 사본

② 제1항에 따른 신청서를 받은 관광지등의 사업시행자는 「전자정부법」 제36조제1항에 따른 행정정보의 공동이용을 통하여 부동산의 등기사항증명서를 확인하여야 한다.

자에게 각각 통보하여야 한다.

제47조의2(조성사업용 토지 매입의 승인 신청) 법 제55조제2항에 따라 도지사의 승인을 받아 조성사업(조성계획을 시행하기 위한 사업을 말한다. 이하 같다)에 필요한 토지를 매입하려는 자는 문화체육관광부령으로 정하는 승인신청서에 다음 각 호의 서류를 첨부하여 시 · 도지사에게 승인을 신청하여야 한다.

1. 다음 각 목이 포함된 토지 매입계획서
   가. 매입 예정 토지의 세목
   나. 토지의 매입 예정 시기
2. 매입 예정 토지의 사업계획서(시설물 및 공작물 등의 위치 · 규모 및 용도가 포함된 설치계획을 포함한다)
3. 다음 각 목이 포함된 자금계획서
   가. 연차별 자금투입계획
   나. 재원조달계획
4. 조성사업 예정지를 표시한 도면

제48조(조성사업의 시행허가 등) ① 법 제55조제3항에 따라 조성사업의 시행허가를 받거나 협의를 하려는 자는 문화체육관광부령으로 정하는 바에 따라 특별자치시장 · 특별자치도지사 · 시장 · 군수 · 구청장 또는 조성계획의 승인을 받은 자(이하 "사업시행자"라 한다)에게 각각 신청하여야 한다.

② 특별자치시장 · 특별자치도지사 · 시장 · 군수 ·

조성사업에 필요한 토지를 매입한 경우에는 사업시행자로서 토지를 매입한 것으로 본다.

③ 사업시행자가 아닌 자로서 조성사업을 하려는 자는 대통령령으로 정하는 기준과 절차에 따라 사업시행자가 특별자치시장 · 특별자치도지사 · 시장 · 군수 · 구청장인 경우에는 특별자치시장 · 특별자치도지사 · 시장 · 군수 · 구청장의 허가를 받아서 조성사업을 할 수 있고, 사업시행자가 관광단지개발자인 경우에는 관광단지개발자와 협의하여 조성사업을 할 수 있다.

④ 사업시행자가 아닌 자로서 조성사업을 하려는 구청장이 아니고 그 조성사업을 시행할 수 있다. 구성장이 조성계획의 승인을 받은 사업인 해당 한다. 이하 이 항에서 같다)을 시행하려는 자가 제15조제3항 및 제2항에 따라 사업계획의 승인을 받은 경우에는 제3항에도 불구하고 특별자치시장 · 특별자치도지사 · 시장 · 군수 · 구청장의 허가를 받지 아니하고 그 조성사업을 시행할 수 있다.

⑤ 관광단지를 개발하려는 공공기관 등 문화체육관광부령으로 정하는 공공기관이 관광단지를 개발하려는 경우에는 필요하면 용지의 매수 업무와 손실보상 업무(민간개발자인 경우에는 제54조제1항 단서에 따라 개발 대상 토지가 모두 사유지인 경우만 해당한다)를 대통령령으로 정하는 바에 따라 관할 지방자치단체의 장에게 위탁할 수 있다.

제56조(관광지등 지정 등의 실효 및 취소 등) ① 제52조에 따라 관광지등으로 지정 · 고시된 관광지등에 대하여 그 고시일부터 2년 이내에 제

제63조(위탁수수료) 영 제49조제2항에 따른 용지의 매수업무와 손실보상업무의 위탁에 따른 수수료의 산정기준은 별표 20과 같다.

구청장 또는 사업시행자는 제1항에 따른 허가 또는 협의를 하려면 해당 조성사업에 대하여 다음 각 호의 사항을 검토하여야 한다.

1. 조성계획에 저촉 여부
2. 관광지등의 자연경관 및 특성에 적합 여부

제49조(용지매수 및 보상업무의 위탁) ① 관광단지개발자는 법 제55조제5항에 따라 조성사업을 위한 용지의 매수업무와 손실보상 업무를 관할 지방자치단체의 장에게 위탁하려면 그 위탁 내용에 다음 각 호의 사항을 명시하여야 한다.

1. 위탁업무의 시행지 및 시행기간
2. 위탁업무의 종류·규모·금액
3. 위탁업무 수행에 필요한 비용과 그 지급방법
4. 그 밖에 위탁업무를 수행하는 데에 필요한 사항

② 지방자치단체의 장은 제1항에 따라 위탁을 받은 경우에는 문화체육관광부령으로 정하는 바에 따라 그 업무를 위탁한 자에게 수수료를 청구할 수 있다.

54조제1항에 따른 조성계획의 승인신청이 없으면 그 고시일부터 2년이 지난 다음 날에 그 관광지등 지정은 효력을 상실한다. 제2항에 따라 조성계획의 효력이 상실된 관광지등에 대하여 그 조성계획의 효력이 상실된 날부터 2년 이내에 새로운 조성계획의 승인신청이 없는 경우에도 또한 같다.

② 제54조제1항에 따라 조성계획의 승인을 받은 관광지등 사업시행자(제55조제3항에 따른 조성사업을 하는 자를 포함한다)가 같은 조 제3항에 따라 조성계획의 승인고시일부터 2년 이내에 사업을 착수하지 아니하면 조성계획의 승인고시일부터 2년이 지난 다음 날에 그 조성계획의 승인은 효력을 상실한다.

③ 시·도지사는 제54조제1항에 따라 조성계획 승인을 받은 민간개발자가 사업 중단 등으로 환경·미관을 크게 해칠 경우에는 조성계획의 승인을 취소하거나 이의 개선을 명할 수 있다.

④ 시·도지사는 제1항과 제2항에도 불구하고 행정절차의 이행 등 부득이한 사유로 조성계획 승인신청 또는 사업 착수기한의 연장이 불가피하다고 인정되면 1년 이내의 범위에서 한 번만 그 기한을 연장할 수 있다.

⑤ 시·도지사는 제1항이나 제2항에 따라 지정 또는 승인의 효력이 상실된 경우 및 제3항에 따라 승인이 취소된 경우에는 지체 없이 그 사실을

98

을 고시하여야 한다.

제57조(공공시설의 우선 설치) 국가·지방자치단체 또는 사업시행자는 관광지등의 조성사업과 그 운영에 관련되는 도로, 전기, 상·하수도 등 공공시설을 우선하여 설치하도록 노력하여야 한다.

제57조의2(관광단지의 전기시설 설치) ① 관광단지에 전기를 공급하는 자는 관광단지 조성사업의 시행자가 요청하는 경우 관광단지에 전기를 공급하기 위한 전기간선시설(電氣幹線施設) 및 배전시설(配電施設)을 관광단지 조성계획에서 결정된 도로까지 설치하되, 구체적인 설치범위는 대통령령으로 정한다.

② 제1항에 따라 관광단지에 전기를 공급하는 전기간선시설 및 배전시설의 설치비용은 전기를 공급하는 자가 부담한다. 다만, 관광단지 조성사업의 시행자·입주기업·지방자치단체 등의 요청에 의하여 전기간선시설 및 배전시설을 관광단지 밖에 설치하는 경우는 전기를 공급하는 자와 설치할 것을 요청하는 자가 각각 100분의 50의 비율로 설치비용을 부담한다.

제58조(인·허가 등의 의제) ① 제54조제1항에 따라 조성계획의 승인 또는 변경승인을 받거나 같은 조 제5항에 따라 특별자치시장 및 특별자치도지사가 관계 행정기관의 장과 협의하여 조성계획을 수립한 때에는 다음 각 호의 인·허가 등을 받거나 신고를 한 것으로 본다.

제49조의2(전기간선시설 등의 설치범위) 법 제57조의2제1항에 따라 전기간선시설(電氣幹線施設) 및 배전시설을 설치하여야 하는 구체적인 설치범위는 관광단지 조성사업구역 밖의 기간이 되는 시설로부터 조성사업 구역 안의 토지이용계획상 6미터 이상의 도시·군계획시설로 결정된 도로에 접하는 개별필지의 경계선까지를 말한다.

제50조(인ㆍ허가 등의 의제) 법 제58조제1항제1호에서 "대통령령으로 정하는 시설"이란 「국토의 계획 및 이용에 관한 법률 시행령」 제2조제1항제2호에 따른 유원지를 말한다.

1. 「국토의 계획 및 이용에 관한 법률」 제30조에 따른 도시ㆍ군관리계획(같은 법 제2조제4호다목의 계획 중 대통령령으로 정하는 시설 및 같은 호 각 목의 계획 중 같은 법 제51조에 따른 지구단위계획구역의 지정 계획 및 지구단위계획에 해당한다)의 결정, 같은 법 제32조제2항에 따른 지형도면의 승인, 같은 법 제36조에 따른 용도지역 중 도시지역이 아닌 지역의 계획관리지역 지정, 같은 법 제37조에 따른 용도지구 중 개발진흥지구의 지정, 같은 법 제56조에 따른 개발행위의 허가, 같은 법 제86조에 따른 도시ㆍ군계획시설사업 시행자의 지정 및 같은 법 제88조에 따른 실시계획의 인가
2. 「수도법」 제17조에 따른 일반수도사업의 인가 및 같은 법 제52조에 따른 전용상수도설치시설의 인가
3. 「하수도법」 제16조에 따른 공공하수도 공사시행 등의 허가
4. 「공유수면 관리 및 매립에 관한 법률」 제8조에 따른 공유수면의 점용ㆍ사용허가, 같은 법 제17조에 따른 점용ㆍ사용 실시계획의 승인 또는 신고, 같은 법 제28조에 따른 공유수면의 매립면허, 같은 법 제35조에 따른 국가 등이 시행하는 매립의 협의 또는 승인 및 같은 법 제38조에 따른 공유수면매립실시계획의 승인
5. 삭제

6.「하천법」제30조에 따른 하천공사 등의 허가 및 실시계획의 인가, 같은 법 제33조에 따른 점용허가 및 실시계획의 인가

7.「도로법」제36조에 따른 도로관리청이 아닌 자에 대한 도로공사 시행의 허가 및 같은 법 제61조에 따른 도로의 점용 허가

8.「항만법」제9조제2항에 따른 항만공사 시행의 허가 및 같은 법 제10조제2항에 따른 항만공사 실시계획의 승인

9.「사도법」제4조에 따른 사도개설의 허가

10.「산지관리법」제14조·제15조·제15조의2에 따른 산지전용허가 및 산지전용신고, 같은 법 제25조의2에 따른 산지 일시사용허가·신고,「산림자원의 조성 및 관리에 관한 법률」제36조제1항·제4항 및 제45조제1항·제2항에 따른 입목벌채 등의 허가와 신고

11.「농지법」제34조제1항에 따른 농지 전용허가

12.「자연공원법」제20조에 따른 공원사업 시행 및 공원시설관리의 허가와 같은 법 제23조에 따른 행위 허가

13.「공익사업을 위한 토지 등의 취득 및 보상에 관한 법률」제20조제1항에 따른 사업인정

14.「초지법」제23조에 따른 초지전용의 허가

15.「사방사업법」제20조에 따른 사방지 지정의 해제

16.「장사 등에 관한 법률」제8조제3항에 따른 분묘의 개장신고 및 같은 법 제27조에 따른 분묘의 개장허가

17. 「폐기물관리법」 제29조에 따른 폐기물 처리시설의 설치승인 또는 신고

18. 「온천법」 제10조에 따른 온천개발계획의 승인

19. 「건축법」 제11조에 따른 건축허가, 같은 법 제14조에 따른 건축신고, 같은 법 제20조에 따른 가설건축물 건축의 허가 또는 신고

20. 제15조제1항에 따른 관광숙박업 및 제15조제2항에 따른 관광객 이용시설업·국제회의업의 사업계획 승인. 다만, 제15조에 따른 사업계획의 작성자와 제55조제1항에 따른 조성사업의 사업시행자가 동일한 경우에 한한다.

21. 「체육시설의 설치·이용에 관한 법률」 제12조에 따른 등록 체육시설업의 사업계획 승인. 다만, 제15조에 따른 사업계획의 작성자와 제55조제1항에 따른 조성사업의 사업시행자가 동일한 경우에 한한다.

22. 「유통산업발전법」 제8조에 따른 대규모점포의 개설등록

23. 「공간정보의 구축 및 관리 등에 관한 법률」 제86조제1항에 따른 사업의 착수·변경의 신고

② 제1항에 따른 인·허가 등의 의제를 받고자 하는 자는 조성계획의 승인 또는 변경승인 신청을 하는 때에 해당 법률에서 정하는 관련 서류를 제출하여야 한다.

③ 시·도지사는 제1항 각 호의 어느 하나의 사항이 포함되어 있는 조성계획을 승인 또는 변경

제63조의2(준공검사신청서 등) ① 영 제50조의2제1항에 따른 준공검사신청서는 별지 제41호의2서식에 따른다.

② 영 제50조의2제4항에 따른 준공검사증명서는 별지 제41호의3서식에 따른다.

제50조의2(준공검사) ① 사업시행자가 법 제58조의2제1항에 따라 조성사업의 전부 또는 일부를 완료하여 준공검사를 받으려는 때에는 다음 각 호의 사항을 적은 준공검사신청서를 시·도지사에게 제출하여야 한다.

1. 사업시행자의 성명(법인인 경우에는 법인의 명칭 및 대표자의 성명을 말한다)·주소
2. 조성사업의 명칭
3. 조성사업을 완료한 지역의 위치 및 면적
4. 조성사업기간

② 제1항에 따른 준공검사신청서에는 다음 각 호의 서류 및 도면을 첨부하여야 한다.

1. 준공설계도서(착공 전의 사진 및 준공사진을 첨부한다)
2. 「공간정보의 구축 및 관리 등에 관한 법률」에 따라 지적소관청이 발행하는 지적측량성과도
3. 법 제58조의3에 따른 공공시설 및 토지 등의 귀속조서와 도면(민간개발자인 사업시행자의 경우에는 용도폐지된 공공시설 및 토지에 대한「감정평가 및 감정평가사에 관한 법률」에 따른 감정평가업자의 평가조서와 새로 설치된 공공시설의 공사비산출내역서를 포함한다)

승인하고자 하는 때에는 미리 관계 행정기관의 장과 협의하여야 하며, 그 조성계획을 승인 또는 변경승인한 때에는 지체 없이 관계 행정기관의 장에게 그 내용을 통보하여야 한다.

제58조의2(준공검사) ① 사업시행자가 관광지등 조성사업의 전부 또는 일부를 완료한 때에는 대통령령으로 정하는 바에 따라 지체 없이 시·도지사에게 준공검사를 받아야 한다. 이 경우 시·도지사는 해당 준공검사 시행에 관하여 관계 행정기관의 장과 미리 협의하여야 한다.

② 사업시행자가 제1항에 따라 준공검사를 받은 경우에는 제58조제1항 각 호에 규정된 인·허가 등에 따른 해당 사업의 준공검사 또는 준공인가 등을 받은 것으로 본다.

제58조의3(공공시설 등의 귀속) ① 사업시행자가 조성사업의 시행으로 「국토의 계획 및 이용에 관한 법률」 제2조제13호에 따른 공공시설을 새로 설치하거나 기존의 공공시설에 대체되는 시설을 설치한 경우 그 귀속에 관하여는 같은 법 제65조를 준용한다. 이 경우 "행정청이 아닌 경우"는 "사업시행자인 경우"로 본다.

② 제1항에 따른 공공시설 등을 등기하는 경우에는 조성계획승인서와 준공검사증명서로써 「부동산등기법」의 등기원인을 증명하는 서면을 갈음할 수 있다.

③ 제1항에 따라 「국토의 계획 및 이용에 관한

법률」을 준용할 때 관리청이 불분명한 재산 중 도로·하천·도랑 등에 대하여는 국토교통부장관을, 그 밖의 재산에 대하여는 기획재정부장관을 관리청으로 본다.

4. 「공유수면 관리 및 매립에 관한 법률」 제46조제35조제4항 및 같은 법 시행령 제51조에 따라 사업시행자가 취득할 대상 토지와 국가 또는 지방자치단체에 귀속될 토지 등이 내역서 (공유수면을 매립하는 경우에만 해당한다)

5. 환지계획서 및 신·구 지적대조도(환지를 하는 경우에만 해당한다)

6. 개발된 토지 또는 시설 등의 관리·처분 계획

③ 제1항에 따른 준공검사 신청을 받은 시·도지사는 검사일정을 정하여 준공검사 신청 내용에 포함된 공공시설을 인수하거나 관리하게 될 국가기관 또는 지방자치단체의 장에게 검사일 5일 전까지 통보하여야 하며, 준공검사에 참여하려는 국가기관 또는 지방자치단체의 장은 준공검사일 전날까지 참여를 요청하여야 한다.

④ 제1항에 따른 준공검사를 받은 시·도지사는 준공검사를 하여 해당 조성사업이 법 제54조에 따라 승인된 조성계획대로 완료되었다고 인정하는 경우에는 준공검사증명서를 발급하고, 다음 각 호의 사항을 공보에 고시하여야 한다.

1. 조성사업의 명칭
2. 사업시행자의 성명 및 주소
3. 조성사업을 완료한 지역의 위치 및 면적
4. 준공년월일
5. 주요 시설물의 관리·처분에 관한 사항
6. 그 밖에 시·도지사가 필요하다고 인정하는 사항

제59조(관광지등의 처분) ① 사업시행자는 조성한 토지, 개발된 관광시설 및 지원시설의 전부 또는 일부를 매각하거나 임대하거나 타인에게 위탁하여 경영하게 할 수 있다.

② 제1항에 따라 토지·관광시설 또는 지원시설을 매수·임차하거나 그 경영을 수탁한 자는 그 토지나 관광시설 또는 지원시설에 관한 권리·의무를 승계한다.

제60조(「국토의 계획 및 이용에 관한 법률」의 준용) 조성계획의 수립, 조성사업의 시행 및 관광지등의 처분에 관하여는 이 법에 규정되어 있는 것 외에는 「국토의 계획 및 이용에 관한 법률」 제90조·제100조·제130조 및 제131조를 준용한다. 이 경우 "국토교통부장관 또는 시·도지사"는 "시·도지사"로, "실시계획"은 "조성계획"으로, "인가"는 "승인"으로 "도시·군계획시설사업의 시행자"는 "관광지등의 조성사업의 시행자"로, "도시·군계획시설사업"은 "조성사업"으로, "국토교통부장관"은 "문화체육관광부장관"으로, "광역도시계획 또는 도시·군계획"은 "조성계획"으로 본다.

제61조(수용 및 사용) ① 사업시행자는 제55조에 따른 조성사업의 시행에 필요한 토지와 다음 각 호의 물건 또는 권리를 수용하거나 사용할 수 있다. 다만, 농업 용수권(用水權)이나 그 밖의 농지개량 시설을 수용 또는 사용하려는 경우에는 미리 농림축산식품부장관의 승인을 받아야 한다.

1. 토지에 관한 소유권 외의 권리
2. 토지에 정착한 입목이나 건물, 그 밖의 물건과 이에 관한 소유권 외의 권리
3. 물의 사용에 관한 권리
4. 토지에 속한 토석 또는 모래와 조약돌

② 제1항에 따른 수용 또는 사용에 관한 협의가 성립되지 아니하거나 협의를 할 수 없는 경우에는 사업시행자는 「공익사업을 위한 토지 등의 취득 및 보상에 관한 법률」제28조제1항에 도 불구하고 조성사업 시행 기간에 재결(裁決)을 신청할 수 있다.

③ 제1항에 따른 수용 또는 사용의 절차, 그 보상 및 재결 신청에 관하여는 이 법에 규정되어 있는 것 외에는 「공익사업을 위한 토지 등의 취득 및 보상에 관한 법률」을 적용한다.

제62조 삭제

제63조(선수금) 사업시행자는 그가 개발하는 토지 또는 시설을 분양받거나 시설물을 이용하려는 자로부터 그 대금의 전부 또는 일부를 대통

제51조 삭제

제52조(선수금) 사업시행자는 법 제63조에 따라 선수금을 받으려는 경우에는 그 금액 및 납부방법에 대하여 토지 또는 시설을 분양받거나 시설물을 이용하려는 지와 협의하여야 한다.

령으로 정하는 바에 따라 미리 받을 수 있다.

제64조(이용자 부담금 및 원인자 부담금) ① 사업시행자는 지원시설 건설비용의 전부 또는 일부를 대통령령으로 정하는 바에 따라 그 이용자에게 부담하게 할 수 있다.

② 지원시설 건설의 원인이 되는 공사 또는 행위가 있으면 사업시행자는 대통령령으로 정하는 바에 따라 그 공사 또는 행위의 비용을 부담하여야 할 자에게 그 비용의 전부 또는 일부를 부담하게 할 수 있다.

③ 사업시행자는 관광지등의 안에 있는 공동시설의 유지·관리 및 보수에 드는 비용의 전부 또는 일부를 대통령령으로 정하는 바에 따라 관광지등에서 사업을 경영하는 자에게 분담하게 할 수 있다.

④ 제3항에 따른 부담금 또는 제2항에 따른 부담금 또는 부담금이 자가 부과된 부담금 또는 부담금에 대하여 이의가 있는 경우에는 부과받은 날부터 30일 이내에 사업시행자에게 이의를 신청할 수 있다.

⑤ 사업시행자는 제4항에 따른 이의신청을 받았을 때에는 그 신청을 받은 날부터 15일 이내에 이를 심의하여 그 결과를 신청인에게 서면으로 알려야 한다.

제65조(강제징수) ① 제64조에 따른 이용자 부담금·원인자 부담금 또는 유지·관리 및 보수 비용의 정

제53조(이용자 부담금) ① 사업시행자는 법 제64조제1항에 따라 지원시설의 이용자에게 부담금을 부담하게 하려는 경우에는 지원시설의 건설사업명·건설비용·부담금액·납부방법 및 납부기한을 서면에 구체적으로 밝혀 그 이용자에게 부담금의 납부를 요구하여야 한다.

② 제1항에 따른 지원시설의 건설비용은 다음 각 호의 비용을 합산한 금액으로 한다.

1. 공사비(조사측량비·설계비 및 관리비는 제외한다)
2. 보상비(감정비를 포함한다)

③ 제1항에 따른 부담금액은 지원시설의 이용자의 수 및 이용횟수 등을 고려하여 사업시행자가 이용자와 협의하여 산정한다.

제54조(원인자 부담금) ① 사업시행자가 법 제64조제2항에 따라 원인자 부담금을 부담하게 하려는 경우에는 이용자 부담금에 관한 제53조를 준용한다.

제55조(유지·관리 및 보수 비용의 분담) ① 사업시행자는 법 제64조제3항에 따라 공동시설의 유지·관리 및 보수 비용을 분담하게 하려는 경우에는 공동시설의 유지·관리·보수 현황, 분담금액·납부방법·납부기한 및 산출내용을 적은 서류를 첨부하여 관광지등에서 사업을 경영하는 자에게 그 납부를 요구하여야 한다.

② 제1항에 따른 공동시설의 유지·관리 및 보수 비용의 분담비율은 시설사용에 따른 수익의 정

도에 따라 사업시행자가 사업을 경영하는 자와 협의하여 결정한다.

③ 사업시행자는 유지·관리·보수 비용의 분담 및 사용 현황을 매년 결산하여 비용분담자에게 통보하여야 한다.

제56조(이용자 분담금 및 원인자 부담금의 징수 위탁) 사업시행자는 법 제65조제1항에 따라 특별자치시장·특별자치도지사·시장·군수·구청장에게 법 제64조에 따른 분담금, 원인자 부담금 또는 관리 및 보수 비용(이하 이 조에서 "분담금등"이라 한다)의 징수를 위탁하려면 그 위탁 내용에 다음 각 호의 사항을 명시하여야 한다.

1. 분담금등의 납부의무자의 성명·주소
2. 분담금등의 금액
3. 분담금등의 납부사유 및 납부기간
4. 그 밖에 분담금등의 징수에 필요한 사항

제57조(이주대책의 내용) 사업시행자가 법 제66조제1항에 따라 수립하는 이주대책에는 다음 각 호의 사항이 포함되어야 한다.

1. 택지 및 농경지의 매입
2. 택지 조성 및 주택 건설
3. 이주보상금
4. 이주방법 및 이주시기
5. 이주대책에 따른 비용
6. 그 밖에 필요한 사항

비용을 내야 할 의무가 있는 자가 이를 이행하지 아니하면 사업시행자는 대통령령으로 정하는 바에 따라 그 지역을 관할하는 특별자치도지사·시장·군수·구청장에게 그 징수를 위탁할 수 있다.

② 제1항에 따라 징수를 위탁받은 특별자치도지사·시장·군수·구청장은 지방세 체납처분의 예에 따라 이를 징수할 수 있다. 이 경우 특별자치도지사·시장·군수·구청장에게 징수를 위탁한 자는 특별자치도지사·시장·군수·구청장이 징수한 금액의 100분의 100에 해당하는 금액을 특별자치도·시·군·구에 내야 한다.

제66조(이주대책) ① 사업시행자는 조성사업의 시행에 따른 토지·물건 또는 권리를 제공함으로써 생활의 근거를 잃게 되는 자를 위하여 대통령령으로 정하는 내용이 포함된 이주대책을 수립·실시하여야 한다.

② 제1항에 따른 이주대책의 수립에 관하여는 「공익사업을 위한 토지 등의 취득 및 보상에 관한 법률」 제78조제2항·제3항과 제81조를 준용한다.

제67조(입장료 등의 징수와 사용) ① 관광지등에서 조성사업을 하거나 건축, 그 밖의 시설을 한 자는 관광지등에 입장하는 자로부터 입장료를 징수할 수 있고, 관광시설을 관람하거나 이용하는 자로부터 관람료나 이용료를 징수할 수 있다.

② 제1항에 따른 입장료·관람료 또는 이용료의

징수 대상의 범위와 그 금액은 특별자치시장·특별자치도지사·시장·군수·구청장이 정한다.

③ 지방자치단체는 제2항에 따라 입장료·관람료 또는 이용료를 징수하면 이를 관광지등의 보존·관리와 그 개발에 필요한 비용에 충당하여야 한다.

제68조 삭제

제69조(관광지등의 관리) ① 사업시행자는 관광지등의 관리·운영에 필요한 조치를 하여야 한다.

② 사업시행자는 필요하면 관광사업자 단체 등에 관광지등의 관리·운영을 위탁할 수 있다.

제2절 관광특구

제70조(관광특구의 지정) ① 관광특구는 다음 각 호의 요건을 모두 갖춘 지역 중에서 시장·군수·구청장의 신청(특별자치시 및 특별자치도의 경우는 제외한다)에 따라 시·도지사가 지정한다. 이 경우 관광특구로 지정하려는 대상 지역이 같은 시·도 내에서 둘 이상의 시·군·구에 걸쳐 있는 경우에는 해당 시장·군수·구청장이 공동으로 지정을 신청하여야 하고, 둘 이상의 시·도에 걸쳐 있는 경우에는 해당 시장·군수·구청장이 공동으로 지정을 신청하고 해당 시·도지사가 공동으로 지정하여야 한다.

1. 외국인 관광객 수가 대통령령으로 정하는 기준 이상일 것
2. 문화체육관광부령으로 정하는 바에 따라 관광

제58조(관광특구의 지정요건) ① 법 제70조제1항 제1호에서 "대통령령으로 정하는 기준"이란 문화체육관광부장관이 고시하는 기준을 갖춘 통계전문기관의 통계결과 해당 지역의 최근 1년간 외국인 관광객 수가 10만명(서울특별시는 50만 명)인 것을 말한다.

② 법 제70조제1항제3호에서 "대통령령으로 정하는 기준"이란 관광특구 전체 면적 중 임야·농지·공업용지 또는 택지 등 관광활동과 직접적인 관련성이 없는 토지가 차지하는 비율이 10퍼센트인 것을 말한다.

제59조(관광특구진흥계획의 수립·시행) ① 특별자치시장·특별자치도지사·시장·군수·구청장은 법 제71조에 따른 관광특구진흥계획(이하 "진흥계획"이라 한다)을 수립하기 위하여 필요한 경우에는 해당 특별자치도·시·군·구 주민의 의견을 들을 수 있다.

② 특별자치시장·특별자치도지사·시장·군수·구청장은 다음 각 호의 사항이 포함된 진흥계획을 수립·시행한다.

제64조(관광특구의 지정신청 등) ① 법 제70조제1항제2호에 따른 관광특구 지정요건의 세부기준은 별표 21과 같다.

② 법 제70조제1항 및 제2항에 따라 관광특구의 지정 및 지정 취소 또는 그 면적의 변경(이하 이 조에서 "지정등"이라 한다)을 신청하려는 시장·군수·구청장(특별자치시장·특별자치도지사의 경우는 제외한다)은 별지 제42호서식의 관광

특구 지정등 신청서에 다음 각 호의 서류를 첨부하여 특별시장·광역시장·도지사에게 제출하여야 한다. 다만, 관광특구의 지정 취소 또는 그 면적 변경의 경우에는 그 취소 또는 변경과 관계되지 아니하는 사항에 대한 서류는 첨부하지 아니한다.

1. 신청사유서
2. 주요 관광자원 등의 내용이 포함된 서류
3. 해당 지역주민 등의 의견수렴 결과를 기재한 서류
4. 관광특구의 진흥계획서
5. 관광특구를 표시한 행정구역도와 지적도면
6. 제1항의 요건에 적합함을 증명할 수 있는 서류

③ 관광특구의 지정등에 관하여는 제58조제3항을 준용한다.

제65조(관광특구진흥계획의 수립 내용) 영 제59조제2항제5호에 따른 관광특구진흥계획에 포함하여야 할 사항은 다음 각 호와 같다.

1. 범죄예방 계획 및 바가지 요금, 호객행위, 퇴폐행위 근절 대책
2. 관광불편신고센터의 운영계획
3. 관광특구 안의 접객시설 등 관련시설 종사원에 대한 교육계획
4. 외국인 관광객을 위한 토산품 등 관광상품 개발·육성계획

1. 외국인 관광객을 위한 관광편의시설의 개선에 관한 사항
2. 특색 있고 다양한 축제, 행사, 그 밖에 홍보에 관한 사항
3. 관광객 유치를 위한 제도개선에 관한 사항
4. 관광특구를 중심으로 주변지역과 연계한 관광코스의 개발에 관한 사항
5. 그 밖에 관광질서 확립 및 관광서비스 개선 등 관광특구 유지를 위하여 필요한 사항으로서 문화체육관광부령으로 정하는 사항

③ 특별자치시장·특별자치도지사·시장·군수·구청장은 수립된 진흥계획에 대하여 5년마다 그 타당성을 검토하고 진흥계획의 변경 등 필요한 조치를 하여야 한다.

제60조(관광특구의 평가 및 조치) ① 시·도지사는 제73조제1항에 따라 진흥계획의 집행 상황을 연 1회 평가하여야 하며, 평가 시에는 관광 관련 학계·기관 및 단체의 전문가와 지역주민, 관광 관련 업계 종사자가 포함된 평가단을 구성하여 평가하여야 한다.

② 시·도지사는 제1항에 따른 평가 결과를 평가가 끝난 날부터 1개월 이내에 문화체육관광부장관에게 보고하여야 하며, 문화체육관광부장관은 시·도지사가 보고한 사항 외에 추가로 평가가 필요하다고 인정되면 진흥계획의 집행 상황을 직접 평가할 수 있다.

안내시설, 공공편익시설 및 숙박시설 등이 갖추어져 외국인 관광객의 관광수요를 충족시킬 수 있는 지역일 것

3. 임야·농지·공업용지 또는 택지 등 관광활동과 직접적인 관련성이 없는 토지의 비율이 대통령령으로 정하는 기준을 초과하지 아니할 것
4. 제1호부터 제3호까지의 요건을 갖춘 지역이 서로 분리되어 있지 아니할 것

② 관광특구의 지정·취소·면적변경 및 고시에 관하여는 제52조제2항·제3항 및 제5항을 준용한다.

제71조(관광특구의 진흥계획) ① 특별자치시장·특별자치도지사·시장·군수·구청장은 관할 구역 내 관광특구를 방문하는 외국인 관광객의 유치 촉진 등을 위하여 관광특구진흥계획을 수립하고 시행하여야 한다.

② 제1항에 따른 관광특구진흥계획에 포함될 사항 등 관광특구진흥계획의 수립·시행에 필요한 사항은 대통령령으로 정한다.

제72조(관광특구에 대한 지원) ① 국가나 지방자치단체는 관광특구를 방문하는 외국인 관광객의 관광 활동을 위한 편의 증진 등 관광특구 진흥을 위하여 필요한 지원을 할 수 있다.

② 문화체육관광부장관은 관광특구를 방문하는 외국인 관광객을 위한 관광특구 안의 문화·체육·숙박·상가시설로서 관광객

유치를 위하여 특히 필요하다고 인정되는 시설에 대하여 「관광진흥개발기금법」에 따라 관광진흥개발기금을 대여하거나 보조할 수 있다.

제73조(관광특구에 대한 평가 등) ① 문화체육관광부장관 및 시·도지사는 대통령령으로 정하는 바에 따라 제71조에 따른 관광특구진흥계획의 집행 상황을 평가하고, 우수한 관광특구에 대하여는 필요한 지원을 할 수 있다.

② 시·도지사는 관광특구 지정 요건에 맞지 아니하거나 추진 실적이 미흡한 관광특구에 대하여는 대통령령으로 정하는 바에 따라 관광특구의 지정취소·면적조정·개선권고 등 필요한 조치를 할 수 있다.

제74조(다른 법률에 대한 특례) ① 관광특구 안에서는 「식품위생법」 제43조에 따른 영업제한에 관한 규정을 적용하지 아니한다.

② 관광특구 안에서 대통령령으로 정하는 관광사업자는 「건축법」 제43조에도 불구하고 연간 180일 이내의 기간 동안 해당 지방자치단체의 조례로 정하는 바에 따라 공개 공지(공지 : 공터)를 사용하여 외국인 관광객을 위한 공연 및 음식을 제공할 수 있다. 다만, 울타리를 설치하는 등 공중(公衆)이 해당 공지를 사용하는 데에 지장을 주는 행위를 하여서는 아니 된다.

③ 관광특구 관할 지방자치단체의 장은 관광특구의 진흥을 위하여 필요한 경우에는 지방경찰청

③ 법 제73조제2항에 따라 시·도지사는 진흥계획의 집행 상황에 대한 평가 결과에 따라 다음 각 호의 구분에 따른 조치를 할 수 있다.

1. 관광특구의 지정요건에 3년 연속 미달하여 개선될 여지가 없다고 판단되는 경우에는 관광특구 지정 취소
2. 진흥계획의 추진실적이 미흡한 관광특구로서 제2호에 따라 개선권고를 3회 이상 이행하지 아니한 경우에는 관광특구 지정 취소
3. 진흥계획의 추진실적이 미흡한 관광특구에 대하여는 지정 면적의 조정 또는 사업계획 등의 개선 권고

제60조의2(「건축법」에 대한 특례를 적용받는 관광사업자의 범위) 법 제74조제2항 본문에서 "대통령령으로 정하는 관광사업자"란 다음 각 호의 어느 하나에 해당하는 관광사업을 경영하는 자를 말한다.

1. 법 제3조제1항제2호에 따른 관광숙박업
2. 법 제3조제1항제4호에 따른 국제회의업
3. 제2조제1항제3호가목에 따른 일반여행업
4. 제2조제1항제3호마목에 따른 관광공연장업
5. 제2조제1항제6호라목, 사목 및 카목에 따른 관광식당업, 여객자동차터미널시설업 및 관광면세업

제61조(국고보조금의 지급신청) ① 법 제76조제1항에 따른 보조금을 받으려는 자는 문화

장 또는 경찰서장에게 「도로교통법」 제2조에 따른 차마(車馬) 또는 노면전차의 도로통행 금지 또는 제한 등의 조치를 하여줄 것을 요청할 수 있다. 이 경우 요청받은 지방경찰청장 또는 경찰서장은 「도로교통법」에도 불구하고 특별한 사유가 없으면 지체 없이 필요한 조치를 하여야 한다.

제6장 보칙

제75조 삭제

제76조(재정지원) ① 문화체육관광부장관은 관광에 관한 사업을 하는 지방자치단체, 관광사업자 단체 또는 관광사업자에게 대통령령으로 정하는 바에 따라 보조금을 지급할 수 있다.
② 지방자치단체는 그 관할 구역 안에서 관광에 관한 사업을 하는 관광사업자 단체 또는 관광사업자에게 조례로 정하는 바에 따라 보조금을 지급할 수 있다.
③ 국가 및 지방자치단체는 「국유재산법」, 「공유재산 및 물품 관리법」, 그 밖의 다른 법령에도 불구하고 관광지등의 사업시행자에 대하여 국유·공유 재산의 임대료를 대통령령으로 정하는 바에 따라 감면할 수 있다.

제77조(청문) 관할 등록기관등의 장은 다음 각 호의 어느 하나에 해당하는 처분을 하려면 청문을 하여야 한다.

체육관광부령으로 정하는 바에 따라 문화체육관광부장관에게 신청하여야 한다.
② 문화체육관광부장관은 제3항에 따른 신청을 받은 경우 필요하다고 인정하면 관계 공무원의 현지조사 등을 통하여 그 신청의 내용과 조건을 심사할 수 있다.

제62조(보조금의 지급결정 등) ① 문화체육관광부장관은 제61조에 따른 신청이 타당하다고 인정되면 보조금의 지급을 결정하고 그 사실을 신청인에게 알려야 한다.
② 제1항에 따른 보조금은 원칙적으로 사업완료 전에 지급하되, 필요한 경우 사업완료 후에 지급할 수 있다.
③ 보조금을 받은 자(이하 "보조사업자"라 한다)는 문화체육관광부장관이 정하는 바에 따라 그 사업추진 실적을 문화체육관광부장관에게 보고하여야 한다.

제63조(사업계획의 변경 등) ① 보조사업자는 사업을 변경 또는 폐지하거나 그 사업을 중지하려는 경우에는 미리 문화체육관광부장관의 승인을 받아야 한다.
② 보조사업자는 다음 각 호의 어느 하나에 해당하는 사실이 발생한 경우에는 지체 없이 문화체육관광부장관에게 신고하여야 한다. 다만, 사망한 경우에는 그 상속인이, 합병한 경우에는 그 합병으로 존속되거나 새로 설립된 법인이 그 합병으로 존속되거나 새로 ...

제66조(국고보조금의 신청) ① 영 제61조에 따라 보조금을 받으려는 자는 별지 제43호서식의 국고보조금 신청서에 다음 각 호의 사항을 기재한 서류를 첨부하여 문화체육관광부장관에게 제출하여야 한다.
1. 사업 개요(건설공사인 경우 시설내용을 포함한다) 및 효과
2. 사업자의 자산과 부채에 관한 사항
3. 사업공정계획
4. 총사업비 및 보조금액의 산출내역
5. 사업의 경비 중 보조금으로 충당하는 부분 외의 경비 조달방법
② 보조금을 받으려는 자가 지방자치단체인 경우에는 제1항제2호 및 제5호의 사항을 생략할 수 있다.

제67조(보고) ① 법 제78조제1항에 따라 지방자치단체의 장은 다음 각 호의 사항을 문화체육관광부장관에게 보고하여야 한다.

1. 법 제4조에 따른 관광사업의 등록 현황
2. 법 제15조에 따른 사업계획의 승인 현황
3. 삭제
4. 법 제52조에 따른 관광지등의 지정 현황
5. 법 제54조에 따른 관광지등의 조성계획 승인 현황

② 제1항제1호 및 제2호에 따른 보고는 매 연도 말 현재의 상황을 해당 연도가 끝난 후 10일 이내에 제출하여야 하며, 제1항제4호 및 제5호에 따른 보고는 지정 또는 승인 즉시 하여야 한다.

제68조(검사공무원의 증표) 법 제78조제4항에 따른 공무원의 증표는 별표 22와 같다.

제69조(수수료) ① 법 제79조제1호, 제2호, 제4호부터 제7호까지, 제10호, 제12호부터 제16호까지의 규정에 따른 수수료는 별표 23과 같다.

② 법 제79조제8호에 따른 수수료는 유원시설업의 허가·변경허가·신고 또는 변경신고에 관한 수수료는 해당 시·군·구자치구를 말한다. 이하 같다)의 조례로 정한다.

③ 법 제79조제8호에 따른 카지노시설의 검사에 관한 수수료는 카지노전산시설 검사기관이 검사에 필요한 경비를 산출하여 이에 대한 직접인건비, 직접경비, 제경비 및 기술료를...

의 대표자가, 해산한 경우에는 그 청산인이 신고하여야 한다.

1. 성명(법인인 경우에는 그 명칭 또는 대표자의 성명)이나 주소를 변경한 경우
2. 정관이나 규약을 변경한 경우
3. 해산하거나 파산한 경우
4. 사업을 시작하거나 종료한 경우

제64조(보조금의 사용 제한 등) ① 보조사업자는 보조금을 지급받은 목적 외의 용도로 사용할 수 없다.

② 문화체육관광부장관은 보조금의 지급결정을 받은 자 또는 보조사업자가 다음 각 호의 어느 하나에 해당하는 경우에는 보조금의 지급결정의 취소, 보조금의 지급정지 또는 이미 지급한 보조금의 전부 또는 일부의 반환을 명할 수 있다.

1. 거짓이나 그 밖에 부정한 방법으로 보조금의 지급을 신청하였거나 받은 경우
2. 보조금의 지급조건을 위반한 경우

제64조의2(공유 재산의 임대료 감면) ① 법 제76조제3항에 따른 공유 재산의 임대료 감면율은 고용창출, 지역경제 활성화에 미치는 영향 등을 고려하여 공유 재산 임대료의 100분의 30의 범위에서 해당 지방자치단체의 조례로 정한다.

② 법 제76조제3항에 따라 공유 재산의 임대료를 감면받으려는 관광사업자등은 지방자치단체에 감면 신청을 하여야 한다.

---

1. 제24조제1항·제35조제1항 또는 제35조제1항에 따른 관광사업의 등록등이나 사업계획승인의 취소
2. 제40조에 따른 관광종사원 자격의 취소
2의3. 제48조의11에 따른 한국관광 품질인증의 취소
3. 제56조제3항에 따른 조성계획 승인의 취소

제78조(보고·검사) ① 지방자치단체의 장은 문화체육관광부령으로 정하는 바에 따라 관광진흥정책의 수립·시행에 필요한 사항을 문화체육관광부장관에게 보고하여야 한다.

② 관할 등록기관등의 장은 관광진흥시책의 수립·시행 및 이 법의 시행을 위하여 필요하면 관광사업자 단체 또는 관광사업자에게 그 사업에 관한 보고를 하게 하거나 서류를 제출하도록 명할 수 있다.

③ 관할 등록기관등의 장은 관광진흥시책의 수립·시행 및 이 법의 시행을 위하여 필요하다고 인정하면 소속 공무원에게 관광사업자 단체 또는 관광사업자의 사무소, 사업장 또는 영업소 등에 출입하여 장부·서류나 그 밖의 물건을 검사하게 할 수 있다.

④ 제3항의 경우 해당 공무원은 그 권한을 표시하는 증표를 지니고 이를 관계인에게 내보여야 한다.

제79조(수수료) 다음 각 호의 어느 하나에 해당하는 자는 문화체육관광부령으로 정하는 바에 따라 수수료를 내야 한다.

1. 제4조제1항 및 제4항에 따라 여행업 및 관광숙박업, 관광객 이용시설업 및 국제회의업의 등록 또는 변경등록을 신청하는 자

2. 제5조제1항 및 제3항에 따라 카지노업의 허가 또는 변경허가를 신청하는 자

3. 제5조제2항부터 제4항까지의 규정에 따라 유원시설업의 허가 또는 변경허가를 신청하거나 유원시설업의 허가 또는 변경신고를 하는 자

4. 제6조에 따라 관광 편의시설업의 지정을 신청하는 자

5. 제8조제4항 및 제6항에 따라 지위 승계를 신고하는 자

6. 제15조제1항 및 제2항에 따라 관광숙박업 및 관광 이용시설업 및 국제회의업에 대한 사업계획의 승인 또는 변경승인을 신청하는 자

7. 제19조에 따라 관광숙박업의 등급 결정을 신청하는 자

8. 제23조제2항에 따라 카지노시설의 검사를 받으려는 자

9. 제25조제2항에 따라 카지노기구의 검정을 받으려는 자

10. 제25조제3항에 따라 카지노기구의 검사를 받으려는 자

11. 제33조제1항에 따라 안전성검사 또는 안전성검사 대상에 해당되지 아니함을 확인하는 검사를 받으려는 자

함한 금액으로 한다.

④ 법 제79조제11호에 따른 유기시설 또는 유기기구의 안전성검사 또는 안전성검사 대상에 해당되지 아니함을 확인하는 검사에 관한 수수료는 문화체육관광부장관이 정하여 고시하되, 「엔지니어링산업 진흥법」 제31조제2항에 따른 엔지니어링사업의 대가 기준을 고려하여 검사 1건에 걸리는 시간 등에 따른 유기기구 종류별 금액을 정하여야 한다.

⑤ 제3항에 따른 경비의 산출기준은 「소프트웨어산업 진흥법」 제22조제1항 및 같은 법 시행령 제16조에 따른 소프트웨어기술자의 노임단가에 따르며, 직접인건비, 직접경비, 제경비 및 기술료의 범위와 요율 및 직접인건비의 기준금액은 「엔지니어링산업 진흥법」 제31조제2항에 따른 엔지니어링사업의 대가 기준에 따른다.

⑥ 법 제79조제12호에 따른 관광종사원 자격시험에 응시하려고 납부한 수수료에 대한 반환 기준은 다음 각 호와 같다.

1. 수수료를 과오납한 경우: 그 과오납한 금액의 전부

2. 시험 시행일 20일 전까지 접수를 취소하는 경우: 납입한 수수료의 전부

3. 시험관리기관의 귀책사유로 시험에 응시하지 못하는 경우: 납입한 수수료의 전부

4. 시험 시행일 10일 전까지 접수를 취소하는 경

제65조(권한의 위탁) ① 등록기관등의 장은 법 제80조제3항에 따라 다음 각 호의 권한을 한국관광공사, 협회, 지역별·업종별 관광협회, 전문 연구·검사기관, 자격검정기관 또는 교육기관에 각각 위탁한다. 이 경우 문화체육관광부 장관 또는 시·도지사는 제3호, 제3호의2 및 제6호의 경우 위탁한 업종별 관광협회, 전문 연구·검사기관 또는 관광 관련 교육기관의 명칭·주소 및 대표자 등을 고시해야 한다.

1. 법 제6조 및 법 제35조에 따른 관광 편의시설업 중 관광식당업·관광사진업 및 여객자동차터미널시설업의 지정 및 지정취소에 관한 권

113

우: 납입한 수수료의 100분의 50

⑦ 제2항부터 제4항까지의 규정에 따른 수수료와 법 제80조에 따라 문화체육관광부장관의 권한이 한국관광공사, 한국관광협회중앙회, 지역별 관광협회, 업종별 관광협회, 카지노전산시설 검사기관, 카지노기구 검사기관, 유기시설·유기기구 안전성검사기관 또는 한국산업인력공단에 위탁된 업무에 대한 수수료는 해당 기관 또는 단체에 내야 한다. 이 경우 지정하는 은행에 내야 한다.

제70조(안전성검사기관 등록 요건) 영 제65조제3항제3호 전단에서 "문화체육관광부령으로 정하는 인력과 시설 등"이란 별표 24의 요건을 말한다.

제71조(안전성검사기관 지정 신청 절차 등) ① 영 제65조제3항제3호에 따라 전문 연구·검사기관 안전성검사기관의 지정을 받으려는 업종별 관광협회 또는 전문 연구·검사기관은 별지 제44호서식의 유기시설·기구 안전성검사기관 지정신청서에 다음 각 호의 서류를 첨부하여 문화체육관광부장관에게 제출하여야 한다.

1. 별표 24 제3호에 따른 인력을 보유함을 증명하는 서류
2. 별표 24 제2호에 따른 장비의 명세서(장비의 사진을 포함한다)
3. 사무실 건물이 임대차계약서 사본(사무실을 임차한 경우만 해당한다)

한: 지역별 관광협회

1의2. 법 제13조제2항에 따른 국외여행 인솔자의 등록 및 자격증 발급에 관한 권한: 업종별 관광협회

2. 법 제25조제3항에 따른 카지노기구의 검사에 관한 권한: 법 제25조제2항에 따라 문화체육관광부장관이 지정하는 검사기관(이하 "카지노기구 검사기관"이라 한다)

3. 법 제33조제1항에 따른 유기시설 또는 유기기구의 안전성검사 및 안전성검사 대상에 해당되지 아니함을 확인하는 검사에 관한 권한: 문화체육관광부령으로 정하는 인력과 시설 등을 갖추고 문화체육관광부령으로 정하는 업종별 관광협회 또는 전문 연구·검사기관

3의2. 법 제33조제3항에 따른 안전관리자의 안전교육에 관한 권한: 업종별 관광협회 또는 안전 관련 전문 연구·검사기관

4. 법 제38조에 따른 관광종사원 중 관광통역안내사·호텔경영사 및 호텔관리사의 자격시험, 등록 및 자격증의 발급에 관한 권한: 한국관광공사. 다만, 자격시험의 출제, 시행 등 자격시험의 관리에 관한 업무는 「한국산업인력공단법」에 따른 한국산업인력공단에 위탁한다.

5. 법 제38조에 따른 관광종사원 중 국내여행안내사 및 호텔서비스사의 자격시험, 등록 및 자

---

12. 제38조제2항에 따라 관광종사원 자격시험에 응시하려는 자
13. 제38조제2항에 따라 관광종사원의 등록을 신청하는 자
14. 제38조제4항에 따라 관광종사원 자격증의 재교부를 신청하는 자
15. (삭제)
16. 제48조의10에 따라 한국관광 품질인증을 받으려는 자

제80조(권한의 위임·위탁 등) ① 이 법에 따른 문화체육관광부장관의 권한은 대통령령으로 정하는 바에 따라 그 일부를 시·도지사에게 위임할 수 있다.

② 시·도지사(특별자치시장은 제외한다)는 제1항에 따라 문화체육관광부장관으로부터 위임받은 권한의 일부를 문화체육관광부장관의 승인을 받아 시장(「제주특별자치도 설치 및 국제자유도시 조성을 위한 특별법」 제11조제2항에 따른 행정시장을 포함한다)·군수·구청장에게 재위임할 수 있다.

③ 문화체육관광부장관 또는 시·도지사 및 시장·군수·구청장은 다음 각 호의 권한의 전부 또는 일부를 대통령령으로 정하는 바에 따라 한국관광공사, 협회, 지역별·업종별 관광협회 및 대통령령으로 정하는 전문 연구·검사기관, 자격검정기관이나 교육기관에 위탁할 수 있다.

1. 제6조에 따른 관광 편의시설업의 지정 및 제35조에 따른 지정 취소
1의2. 제13조제2항 및 제3항에 따른 국외여행 인솔자의 등록 및 자격증 발급
2. 제19조제1항에 따른 관광숙박업의 등급 결정
2의2. (삭제)
3. 제25조제3항에 따른 카지노기구 검사
4. 제33조제1항에 따른 안전성검사 또는 안전성검사 대상에 해당되지 아니함을 확인하는 검사
4의2. 제33조제3항에 따른 안전관리자의 안전교육
5. 제38조제2항에 따른 관광종사원 자격시험 및 등록
6. 제47조의7에 따른 사업의 수행
7. 제48조의6제1항에 따른 문화관광해설사 양성을 위한 교육과정의 개설·운영
8. 법 제48조의10 및 제48조의11에 따른 한국관광 품질인증 및 그 취소
④ 제3항에 따라 위탁받은 업무를 수행하는 한국관광공사, 협회, 지역별·업종별 관광협회 및 전문 연구·검사기관이나 자격검정기관은 임원 및 직원과 제23조제2항·제25조제3항에 따라 검사기관의 검사·검정 업무를 수행하는 임원 및 직원은 「형법」 제129조부터 제132조까지의 규정을 적용하는 경우 공무원으로 본다.

제7장 벌칙

격증이 발급에 관한 권한 : 협회
다만, 자격시험의 출제, 시행, 채점 등 자격시험의 관리에 관한 업무는 「한국산업인력공단법」에 따른 한국산업인력공단에 위탁한다.
6. 법 제48조의6제1항에 따른 문화관광해설사 양성을 위한 교육과정의 개설·운영에 관한 권한: 양성을 위한 교육과정을 개설·운영하는 한국관광공사 또는 다음 각 목의 요건을 모두 갖춘 관광 관련 교육기관
가. 기본소양, 전문지식, 현장실무 등 문화관광해설사 양성교육(이하 이 호에서 "양성교육"이라 한다)에 필요한 교육과정 및 교육내용을 갖추고 있을 것
나. 강사 등 양성교육에 필요한 인력과 조직을 갖추고 있을 것
다. 강의실, 회의실 등 양성교육에 필요한 시설과 장비를 갖추고 있을 것
7. 법 제48조의10 및 제48조의11에 따른 한국관광 품질인증 및 그 취소에 관한 업무: 한국관광공사
② 제1항제6호에 따라 위탁받은 업무를 수행한 지역별 관광협회는 다음 달 10일까지 문화체육관광부장관에게 보고하여야 한다.
③ 시·도지사는 제2항에 따라 지역별 관광협회로부터 보고받은 사항을 매월 종합하여 다음 달 10일까지 문화체육관광부장관에게 보고하여야 한다.
④ 제1항제2호에 따라 위탁받은 권한을 위탁받은 한국관광공사 또는 카지노기구 검사에 관한 문화

4. 관리직원 채용증명서 또는 재직증명서
5. 별표 24 제3호라목에 따른 보증보험 가입을 증명하는 서류
6. 별표 24 제3호라목에 따른 안전성검사를 위한 세부규정
② 문화체육관광부장관은 제1항에 따른 지정신청을 한 업종별 관광협회 또는 전문 연구·검사기관에 대하여 별표 24에 따른 지정 요건에 적합하다고 인정하는 경우에는 별지 제45호 서식의 지정서를 발급하고, 별지 제46호 서식의 유기시설·기구 안전성검사기관 지정부를 작성하여 관리하여야 한다.
③ 제2항에 따라 지정된 업종별 관광협회 또는 전문 연구·검사기관은 제40조제6항에 따른 문화체육관광부장관이 고시하는 안전성검사의 세부검사 기준 및 절차에 따라 검사를 하여야 한다.

제71조의2(한국관광 품질인증 및 그 취소에 관한 업무 규정) 영 제65조제7항에 따른 업무 규정에는 다음 각 호의 사항이 모두 포함되어야 한다.
1. 한국관광 품질인증의 대상별 특성에 따른 세부 인증 기준
2. 서류평가, 현장평가 및 심의의 절차 및 방법에 관한 세부사항
3. 한국관광 품질인증의 취소 기준·절차 및 방법에 관한 세부사항

4. 그 밖에 문화체육관광부장관이 한국관광 품질 인증 및 그 취소에 필요하다고 인정하는 사항

체육관광부령으로 정하는 바에 따라 제1항제2호의 검사에 관한 업무 구성을 정하여 문화체육관광부장관의 승인을 받아야 한다. 이를 변경하는 경우에도 또한 같다.

⑤ 제3항제3호에 따라 위탁받은 업무를 수행한 업종별 관광협회 또는 전문 연구·검사기관은 그 업무를 수행하면서 별명 위반 사항을 발견한 경우에는 지체 없이 관할 특별자치시장·특별자치도지사·시장·군수·구청장에게 이를 보고하여야 한다.

⑥ 제3항제1호의2 및 제4호부터 제7호까지의 규정에 따라 위탁받은 업무를 수행한 한국관광공사, 협회, 업종별 관광협회, 한국산업인력공단 및 관광 관련 교육기관은 국외여행 인솔자의 등록 및 등록증의 발급, 관광종사원의 자격시험, 등록 및 자격증의 발급, 문화관광해설사 양성을 위한 교육과정의 개설·운영, 한국관광 품질인증 및 그 취소에 관한 업무를 수행한 경우에는 이를 분기별로 종합하여 다음 분기 10일까지 문화체육관광부장관 또는 시·도지사에게 보고하여야 한다.

⑦ 제3항제7호에 따라 한국관광 품질인증 및 그 취소에 관한 업무를 위탁받은 한국관광공사는 문화체육관광부령으로 정하는 바에 따라 한국관광 품질인증 및 그 취소에 관한 업무 규정을 정하여 문화체육관광부장관의 승인을 받아야 한다. 이를 변경하는 경우에도 또한 같다.

제81조(벌칙) 다음 각 호의 어느 하나에 해당하는 자는 5년 이하의 징역 또는 5천만원 이하의 벌금에 처한다. 이 경우 징역과 벌금은 병과(倂科)할 수 있다.

1. 제5조제1항에 따른 카지노업을 경영한 자
2. 제28조제1항제1호 또는 제2호를 위반한 자

제82조(벌칙) 다음 각 호의 어느 하나에 해당하는 자는 3년 이하의 징역 또는 3천만원 이하의 벌금에 처한다. 이 경우 징역과 벌금은 병과할 수 있다.

1. 제4조제1항에 따른 등록을 하지 아니하고 여행업·관광숙박업(제15조제1항에 따라 사업계획의 승인을 받은 관광숙박업만 해당한다)·국제회의업 및 제3조제1항제3호나목의 관광객 이용시설업을 경영한 자
2. 제5조제2항에 따른 허가를 받지 아니하고 유원시설업을 경영한 자
3. 제20조제1항 및 제2항을 위반하여 시설을 분양하거나 회원을 모집한 자
4. 제33조의2제3항에 따른 사용중지 등의 명령을 위반한 자

제83조(벌칙) ① 다음 각 호의 어느 하나에 해당하는 자나 카지노사업자(제28조제1항 본문에 따른 종사원을 포함한다)는 2년 이하의 징역 또는 2천만원 이하의 벌금에 처한다. 이 경우 징역과 벌금은 병과할 수 있다.

1. 제5조제3항에 따른 변경허가를 받지 아니하거나

제72조(평가요원의 자격) 영 제66조제1항제3호에 따른 평가요원의 자격은 다음 각 호와 같다.

1. 호텔업에서 5년 이상 근무한 사람으로서 평가 당시 호텔업에 종사하고 있지 아니한 사람 1명 이상
2. 「고등교육법」에 따른 전문대학 이상 또는 이와 같은 수준 이상의 학력이 인정되는 교육기관에서 관광 분야에 관하여 5년 이상 강의한 경력이 있는 교수, 부교수, 조교수 또는 겸임교원 1명 이상
3. 호텔 분야에 전문성이 인정되는 사람으로서 다음 각 목의 어느 하나에 해당하는 사람 1명 이상
   가. 「소비자기본법」에 따른 한국소비자원 또는 소비자보호와 관련된 단체에서 추천한 사람
   나. 등급결정 수탁기관이 공모를 통하여 선정한 사람
4. 그 밖에 문화체육관광부장관이 제1호부터 제3호에 해당하는 사람과 동등한 자격이 있다고 인정하는 사람

제66조(등급결정 권한의 위탁) ① 문화체육관광부장관은 법 제80조제3항제2호에 따라 법 제19조제1항에 따른 호텔업의 등급결정권을 다음 각 호의 요건을 모두 갖춘 법인으로서 문화체육관광부장관이 정하여 고시하는 법인에 위탁한다.

1. 문화체육관광부장관의 허가를 받아 설립된 비영리법인이거나 「공공기관의 운영에 관한 법률」에 따른 공공기관일 것
2. 관광숙박업의 육성과 서비스 개선 등에 관한 연구 및 계몽활동 등을 하는 법인일 것
3. 문화체육관광부령으로 정하는 기준에 맞는 자격을 가진 평가요원을 50명 이상 확보하고 있을 것

② 문화체육관광부장관은 제3항에 따른 업무 위탁 업무 수행에 필요한 경비의 전부 또는 일부를 호텔업 등급결정권을 위탁받은 법인에 지원할 수 있다.

③ 제1항에 따른 호텔업 등급결정권 위탁 기준 등 호텔업 등급결정권의 위탁에 필요한 사항은 문화체육관광부장관이 정하여 고시한다.

제66조의2(고유식별정보의 처리) ① 문화체육관광부장관(제65조에 따라 문화체육관광부장관의 권한을 위탁받은 자를 포함한다) 및 지방자치단체의 장(해당 권한이 위임·위탁된 경우에는 그 권한을 위임·위탁받은 자를 포함한다)은 다음 각 호의 사무를 수행하기 위하여 불가피한 경우 「개인정보 보호법 시행령」 제19조에 따른 주민등록번호, 여권번호 또는 외국인

나. 변경신고를 하지 아니하고 영업을 한 자
2. 제8조제4항을 위반하여 지위승계신고를 하지 아니하고 영업을 한 자
3. 제11조제1항을 위반하여 관광사업의 시설 중 부대시설 외의 시설을 타인에게 경영하게 한 자
4. 제23조제2항에 따른 검사를 받아야 하는 시설을 검사를 받지 아니하고 이를 이용하여 영업을 한 자
5. 제25조제3항에 따른 검사를 받지 아니하거나 검사 결과 공인기준등에 맞지 아니한 카지노 기구를 이용하여 영업을 한 자
6. 제25조제4항에 따른 검사합격증명서를 훼손하거나 제거한 자
7. 제28조제1항제3호부터 제8호까지의 규정을 위반한 자
8. 제35조제1항 본문에 따른 사업정지처분을 위반하여 사업정지 기간에 영업을 한 자
9. 제35조제3항 본문에 따른 개선명령을 위반한 자
10. 제78조제19호를 위반한 자
11. 제78조제2항에 따른 보고 또는 서류의 제출을 하지 아니하거나 거짓으로 보고를 한 자나 같은 조 제3항에 따른 관계 공무원의 출입·검사를 거부·방해하거나 기피한 자

② 제4조제1항에 따른 등록을 하지 아니하고 야영장업을 경영한 자는 2년 이하의 징역 또는 2천만원 이하의 벌금에 처한다. 이 경우 징역과 벌금은 병과할 수 있다.

제84조(벌칙) 다음 각 호의 어느 하나에 해당하는 자는 1년 이하의 징역 또는 1천만원 이하의 벌금에 처한다.

1. 제5조제3항에 따른 유원시설업의 변경허가를 받지 아니하거나 변경신고를 하지 아니하고 영업을 한 자
2. 제5조제4항 전단에 따른 유원시설업의 신고를 하지 아니하고 영업을 한 자
3. 제33조를 위반하여 안전성검사를 받지 아니하고 유기시설 또는 유기기구를 설치한 자
4. 제34조제2항을 위반하여 유기시설·유기기구 또는 유기기구의 부분품(部分品)을 설치하거나 사용한 자
4의2. 제35조제1항제14호에 해당되어 관할 등록기관등의 장이 발한 명령을 위반한 자
5. 제35조제1항제20호에 해당되어 관할 등록기관등의 장이 발한 개선명령을 위반한 자
6. 제55조제3항을 위반하여 조성사업을 한 자

제85조(양벌규정) 법인의 대표자나 법인 또는 개인의 대리인, 사용인, 그 밖의 종업원이 그 법인 또는 개인의 업무에 관하여 제84조부터 제84조까지의 어느 하나에 해당하는 위반행위를 하면 그 행위자를 벌하는 외에 그 법인 또는 개인에게도 해당 조문의 벌금형을 과(科)한다. 다만, 법인 또는 개인이 그 위반행위를 방지하기 위하여 해당 업무에 관하여 상당한 주의와 감독을 게을리하...

등록변경가 포함된 자료를 처리할 수 있다.

1. 법 제4조에 따른 여행업 관광숙박업 관광객이 용시설업 및 국제회의업의 등록 등에 관한 사무
2. 법 제5조에 따른 카지노업 또는 유원시설업의 허가 또는 신고 등에 관한 사무
3. 제6조에 따른 관광 편의시설업의 지정 등에 관한 사무
4. 법 제8조에 따른 관광사업의 양수 등에 관한 사무
5. 법 제5조에 따른 사업계획의 승인 등에 관한 사무
6. 법 제48조의8에 따른 문화관광해설사의 선발 및 활용 등에 관한 사무
7. 법 제48조의10 및 제48조의11에 따른 한국 관광품질인증 및 그 취소에 관한 사무

② 다음 각 호의 어느 하나에 해당하는 자는 법 제9조에 따른 공제 또는 영업보증금 예치 사무를 수행하기 위하여 불가피한 경우 「개인정보 보호법 시행령」 제19조제1호 또는 제4호에 따른 주민등록번호 또는 외국인등록번호가 포함된 자료를 처리할 수 있다.

1. 법 제43조제2항 및 이 영 제39조제1항에 따라 공제사업의 허가를 받은 협회
2. 영업보증금 예치 사무를 수행하는 문화체육관광부령으로 정하는 자

③ 법 제20조에 따라 관광사업의 시설에 대하여 분양 또는 회원 모집을 한 자는 같은 조 제5항제5호에 따른 회원증의 발급과 확인에

제73조(규제의 재검토) ① 문화체육관광부장관은 법 제19조제1항에 따라 호텔업의 등록을 한 자가 등급결정을 받은 날부터 3년이 지난 경우 어느 재등급결정을 신청하도록 한 제25조제1항제2호에 대하여 그 기간이 적정한지 여부를 2018년 12월 31일까지 검토하여 적정한 기간 등이을 정하여야 한다.

② 문화체육관광부장관은 다음 각 호의 사항에 대하여 다음 각 호의 기준일을 기준으로 3년마다(매 3년이 되는 해의 기준일과 같은 날 전까지를 말한다) 그 타당성을 검토하여 개선하여야 조치를 하여야 한다.

1. 제7조에 따른 유원시설업의 시설 및 설비기준과 허가신청 절차 등: 2014년 1월 1일
2. 제15조에 따른 관광 편의시설업의 지정기준: 2014년 1월 1일

제86조(과태료) ① 제33조의2제1항에 따른 통보를 하지 아니한 자에게는 500만원 이하의 과태료를 부과한다.

② 다음 각 호의 어느 하나에 해당하는 자에게는 100만원 이하의 과태료를 부과한다.

1. 삭제
2. 제10조제3항을 위반한 자
3. 삭제
4. 제28조제2항 전단을 위반하여 영업준칙을 지키지 아니한 자
4의2. 제33조제3항을 위반하여 안전교육을 받지 아니한 자
4의3. 제33조제4항을 위반하여 안전관리자에게 안전교육을 받도록 하지 아니한 자
4의4. 제38조제6항을 위반하여 관광통역안내를 한 자
4의5. 제38조제7항을 위반하여 자격증을 패용하지 아니한 자
5. 삭제
6. 제48조의10제3항을 위반하여 인증표지 또는 이와 유사한 표지를 하거나 한국관광 품질인증을 받은 것으로 홍보한 자

③ 제1항 및 제2항에 따른 과태료는 대통령령으로 정하는 바에 따라 관할 등록기관등의 장이 부과·징수한다.

지 아니한 경우에는 그러하지 아니하다.

관한 사무를 수행하기 위하여 불가피한 경우 제19조에 따른 「개인정보 보호법 시행령」 제19조에 따른 주민등록번호 또는 외국인등록번호가 포함된 자료를 처리할 수 있다.

④ 카지노사업자는 법 제28조제2항에 따른 가지노사업자의 영업준칙을 이행(카지노영업소의 이용자의 도박 중독 등을 이루는 경우 및 카지노 이용자의 출입을 제한하기 위한 경우 그 이용 영업소 이용자의 출입일수 관리를 위한 경우로 한정한다)하기 위한 사무를 수행하기 위하여 불가피한 경우 「개인정보 보호법 시행령」 제19조제1호, 제2호 또는 제4호에 따른 주민등록번호, 여권번호 또는 외국인등록번호가 포함된 자료를 처리할 수 있다.

⑤ 문화체육관광부장관의 권한을 위임·위탁받은(제65조에 따라 문화체육관광부장관의 권한을 위임·위탁받은 자를 포함한다)은 법 제38조제2항부터 제4항까지의 규정에 따른 관광종사원의 자격 취득 및 자격증 교부에 관한 사무를 수행하기 위하여 불가피한 경우 「개인정보 보호법 시행령」 제19조제1호 또는 제4호에 따른 주민등록번호 또는 외국인등록번호가 포함된 자료를 처리할 수 있다.

⑥ 문화체육관광부장관(법 제80조에 따라 문화체육관광부장관의 권한을 위임·위탁받은 문화체육관광부장관의 권한을 위임·위탁받은 자를 포함한다), 전담기관 및 지방자치단체의

3. 제18조에 따른 여행업자의 보험 가입 등: 2014년 1월 1일
3의2. 제20조에 따른 타인 경영 금지 관광시설: 2017년 1월 1일
4. 제22조에 따른 국외여행 인솔자의 자격요건: 2014년 1월 1일
5. 제27조에 따른 휴양콘도미니엄 분양 또는 회원모집 증부서류 등 모집기준: 2014년 1월 1일
5의2. 별표 7에 따른 야영장의 안전·위생기준: 2015년 8월 4일
6. 제39조의2에 따른 물놀이형 유기시설·유기기구의 안전·위생기준: 2014년 1월 1일
7. 제40조에 따른 유기시설 또는 유기기구의 안전검사 등: 2014년 1월 1일
8. 제58조에 따른 관광지등의 지정신청 등: 2014년 1월 1일
9. 제64조에 따른 관광특구의 지정신청 등: 2014년 1월 1일

③ 문화체육관광부장관은 다음 각 호의 사항에 대하여 다음 각 호의 기준일을 기준으로 2년마다(매 2년이 되는 해의 기준일과 같은 날 전까지를 말한다) 그 타당성을 검토하여 개선 등의 조치를 하여야 한다.

1. 삭제
2. 제62조에 따른 조성사업의 허가신청 등: 2016년 1월 1일

118

119

장(해당 권한이 위임·위탁된 경우에는 그 권한을 위임·위탁받은 자를 포함한다)은 법 제47조의5에 따른 여행이용권의 지급 및 관리에 관한 사무를 수행하기 위하여 불가피한 경우 「개인정보 보호법 시행령」 제19조에 따른 주민등록번호 외에 고유식별정보인 여권번호 또는 외국인등록번호가 포함된 자료를 처리할 수 있다.

제66조의3(규제의 재검토) ① 문화체육관광부장관은 다음 각 호의 사항에 대하여 다음 각 호의 기준일을 기준으로 3년마다(매 3년이 되는 해의 기준일과 같은 날 전까지를 말한다) 그 타당성을 검토하여 개선 등의 조치를 하여야 한다.

1. 제9조에 따른 사업계획 변경승인 대상: 2014년 1월 1일
2. 제23조에 따른 분양 및 회원모집 대상 관광사업 등: 2014년 1월 1일
3. 별표 1에 따른 관광사업의 등록기준(별표 1 제2호사목에 따른 의료관광호텔업의 등록기준은 제외한다): 2014년 1월 1일

② 문화체육관광부장관은 별표 1 제2호사목(9)의 외국인환자 유치 의료기관 및 유치업자가 총 족하여야 하는 연간 사업실적 기준이 적정한지를 2018년 12월 31일까지 검토하여 적정한 기준을 정하여야 한다.

제67조(과태료의 부과) 법 제86조제1항 및 제2항에 따른 과태료의 부과기준은 별표 5와 같다.

120

부칙 <법률 제15636호, 2018. 6. 12.>

제1조(시행일) 이 법은 공포한 날부터 시행한다. 다만, 제31조제4항·제5항, 제52조제3항부터 제6항까지 및 제70조제2항의 개정규정은 공포 후 1개월이 경과한 날부터 시행한다.

제2조(유원시설업의 조건부 영업허가 이행 신고에 관한 적용례) 제31조제4항 및 제5항의 개정규정은 같은 개정규정 시행 후 유원시설업의 조건부 영업허가 이행 조건 이행 신고를 하는 경우부터 적용한다.

제3조(관광지등의 지정 협의에 관한 적용례) 제52조제3항 및 제4항의 개정규정은 같은 개정규정 시행 후 시·도지사가 관광지등의 지정을 위하여 문화체육관광부장관 및 관계 행정기관의 장에게 협의를 요청하는 경우부터 적용한다.

제4조(다른 법률에 따른 인·허가 등의 의제에 관한 적용례) 제58조제1항제23호의 개정규정은 이 법 시행 후 최초로 시·도지사가 조성계획을 승인 또는 변경승인하거나 특별자치시장 및 특별자치도지사가 조성계획을 수립하는 경우부터 적용한다.

제5조(다른 법률의 개정) 제주특별자치도 설치 및 국제자유도시 조성을 위한 특별법 일부를 다음과 같이 개정한다.

제244조제2항 중 "제5조제1항부터 제5항까지"를 "제5조제1항부터 제6항까지"로, "제52조제1항 본문 같은 조 제4항 후단"을 "제52조제1항 본문, 같은 조 제5항 후단"으로 한다.

부칙 <대통령령 제29291호, 2018. 11. 20.>

이 영은 공포한 날부터 시행한다.

부칙 <대통령령 제29395호, 2018. 12. 18.>

(지방분권 강화를 위한 20개 법령의 일부개정에 관한 대통령령)

이 영은 공포한 날부터 시행한다. <단서 생략>

부칙 <대통령령 제29421호, 2018. 12. 24.>

(규제 재검토기한 설정 등을 위한 57개 법령의 일부개정에 관한 대통령령)

이 영은 2019년 1월 1일부터 시행한다.

부칙 <대통령령 제29679호, 2019. 4. 9.>

제1조(시행일) 이 영은 공포한 날부터 시행한다. 다만, 제2조제1항제6호타목의 개정규정은 공포 후 3개월이 경과한 날부터 시행한다.

제2조(문화관광축제의 지원에 관한 경과조치) 이 영 시행 전에 지정된 문화관광축제의 지원에 관하여는 제41조의8제3항의 개정규정에도 불구하고 종전의 규정에 따른다.

제3조(과태료의 부과기준에 관한 경과조치) 이 영 시행 전의 위반행위에 대하여 과태료의 부과기준을 적용할 때에는 별표 5 제2호아목의 개정규정에도 불구하고 종전의 규정에 따른다.

부칙 <문화체육관광부령 제355호, 2019. 6. 11.>

제1조(시행일) 이 규칙은 공포한 날부터 시행한다.

제2조(관광종사원 자격시험의 면제에 관한 경과조치) 이 규칙 시행 이후 최초로 공고되는 시험(2019년에 실시되는 시험을 말한다)에 대해서는 별표 16 제3호나목(유학을 한 경력에 관한 개정규정에 한한다), 별표 16 제3호다목 및 같은 표 제2호가목의 개정규정에도 불구하고 종전의 규정에 따른다.

부칙 <문화체육관광부령 제357호, 2019. 6. 12.>

제1조(시행일) 이 규칙은 2019년 6월 12일부터 시행한다.

제2조(조성계획에 관한 경과조치) 이 규칙 시행 전에 승인 또는 변경승인 받은 법 제54조제1항에 따른 조성계획의 운동·오락시설지구 또는 후양·문화시설지구는 제60조제1항제1호가목의 개정규정에 따른 관광·휴양·오락시설지구로 본다.

제3조(조성계획에 관한 적용례) 이 규칙 시행 당시 법 제54조제1항에 따라 관광지등 조성계획의 승인 또는 변경승인을 신청한 경우에도 제60조제1항제1호의 개정규정을 적용한다.

부칙 <문화체육관광부령 제363호, 2019. 7. 10.>

이 규칙은 2019년 7월 10일부터 시행한다.

부칙 <문화체육관광부령 제365호, 2019. 8. 1.>

이 규칙은 공포한 날부터 시행한다. 다만, 별표 10의2 제7조 및 제7조의2의 개정규정은 2019년 8월 1일부터 시행한다.

부칙 <문화체육관광부령 제371호, 2019. 10. 7.>

(어려운 법령용어 정비를 위한 18개 법령의 일부개정에 관한 문화체육관광부령)

이 규칙은 공포한 날부터 시행한다

부칙 <문화체육관광부령 제373호, 2019. 10. 16.>

제1조(시행일) 이 규칙은 공포한 날부터 시행한다. 다만, 제69조제8항의 개정규정은 공포 후 3개월이 경과한 날부터 시행한다.

제2조(유원시설업 허가 또는 신고에 관한 경과조치) 이 규칙 시행 전에 종전의 제7조제2항 또는 제11조제2항에 따라 유원시설업의 허가신청서 또는 신고서를 제출한 경우에는 제7조제2항제8호마목 또는 제11조제2항제5호마목의 개정규정에도 불구하고 종전의 규정에 따른다.

부칙 <대통령령 제29820호, 2019. 6. 11.>

이 영은 2019년 6월 12일부터 시행한다.

부칙 <대통령령 제29950호, 2019. 7. 2.>

(어려운 법령용어 정비를 위한 210개 법령의 일부개정에 관한 대통령령)

이 영은 공포한 날부터 시행한다. <단서 생략>

부칙 <대통령령 제29972호, 2019. 7. 9.>

(유연한 분류체계 등 규제혁신을 위한 31개 법령의 일부개정에 관한 대통령령)

이 영은 공포한 날부터 시행한다

부칙 <대통령령 제30209호, 2019. 11. 19.>

제1조(시행일) 이 영은 공포한 날부터 시행한다.

제2조(가족호텔업의 등급결정 신청에 관한 경과조치) 이 영 시행 당시 법 제4조에 따라 가족호텔업을 등록한 자는 이 영 시행일부터 2년 이내에 법 제19조제1항에 따라 호텔업 등급결정을 신청하여야 한다.

제3조(외국인관광 도시민박업의 등록기준 변경에 관한 경과조치) 이 영 시행 당시 별 제4조에 따라 외국인관광 도시민박업을 등록한 자는 별표 1 제4호바목(3)의 개정규정에 적합하지 않은 경우에는 이 영 시행일부터 1년 이내에 해당 등록기준에 적합하도록 해야 한다.

부칙 <법률 제15860호, 2018. 12. 11.>

제1조(시행일) 이 법은 공포 후 6개월이 경과한 날부터 시행한다. 다만, 제48조의6, 제48조의7, 제48조의8제1항, 제77조제2항의2, 제79조제15조 제80조제3항, 제86조제2항제5호의 개정규정은 2019년 1월 1일부터 시행하고, 제17조의 개정규정 및 별표 제2조는 공포한 날부터 시행한다.

제2조(문화관광해설사 양성교육과정 등의 인증에 관한 경과조치) 부칙 제2조 단서에 따른 시행일 당시 종전의 규정에 따라 받은 문화관광해설사 양성교육과정 등의 인증이 유효기간 중에 있는 경우에는 종전의 제48조의6제3항에도 불구하고 그 유효기간을 그 인증을 받은 날부터 2018년 12월 31일까지로 한다.

제3조(과태료에 관한 경과조치) 부칙 제2조 단서에 따른 시행일 전의 행위에 대하여의 과태료를 적용할 때에는 종전의 제86조제2항제5호에 따른다.

제4조(다른 법률의 개정) 제주특별자치도 설치 및 국제자유도시 조성을 위한 특별법 일부를 다음과 같이 개정한다.

제244조제1항 중 "제8조제4항·제7항"을 "제8조제4항·제7항·제8항"으로 한다.

제244조제2항 중 "제8조제2항"을 "제8조제8항"으로 한다.

부칙 <법률 제16051호, 2018. 12. 24.>

이 법은 공포 후 6개월이 경과한 날부터 시행한다. 다만, 제70조제4항의 개정규정은 공포한 날부터 시행한다.

관광진흥법 시행령 관련

[별표 1]

관광사업의 등록기준(제5조관련)

1. 여행업

가. 일반여행업

(1) 자본금(개인의 경우에는 자산평가액) : 1억원 이상일 것.

(2) 사무실 : 소유권이나 사용권이 있을 것

나. 국외여행업

(1) 자본금(개인의 경우에는 자산평가액) : 3천만원 이상일 것.

(2) 사무실 : 소유권이나 사용권이 있을 것

다. 국내여행업

(1) 자본금(개인의 경우에는 자산평가액) : 1천 500만원 이상일 것.

(2) 사무실 : 소유권이나 사용권이 있을 것

2. 호텔업

가. 관광호텔업

(1) 욕실이나 샤워시설을 갖춘 객실을 30실 이상 갖추고 있을 것

(2) 외국인에게 서비스를 제공할 수 있는 체제를 갖추고 있을 것

(3) 대지 및 건물의 소유권 또는 사용권을 확보하고 있을 것. 다만, 회원을 모집하는 경우에는 소유권을 확보하여야 한다.

나. 수상관광호텔업

(1) 수상관광호텔이 위치하는 수면은 「공유수면관리법」 또는 「하천법」에 따라 관리청으로부터 점용허가를 받을 것

(2) 욕실이나 샤워시설을 갖춘 객실이 30실 이상일 것

(3) 외국인에게 서비스를 제공할 수 있는 체제를 갖추고 있을 것

(4) 수상오염을 방지하기 위한 오수저장·처리시설과 폐기물처리시설을 갖추고 있을 것

(5) 구조물 및 선박의 소유권 또는 사용권을 확보하고 있을 것. 다만 회원을 모집하는 경우에는 소유권을 확보하여야 한다.

다. 한국전통호텔업

(1) 건축물의 외관은 전통가옥의 형태를 갖추고 있을 것

(2) 이용자의 불편이 없도록 욕실 또는 샤워 시설을 갖추고 있을 것

(3) 외국인에게 서비스 제공이 가능한 서비스 체제를 갖추고 있을 것

(4) 대지 및 건물의 소유권 또는 사용권을 확보하고 있을 것. 다만, 회원을 모집하는 경우에는 소유권을 확보하여야 한다.

라. 가족호텔업

(1) 가족단위 관광객이 이용할 수 있는 취사시설이 객실별로 설치되어 있거나 층별로 공동취사장이 설치되어 있을 것

(2) 욕실이나 샤워시설을 갖춘 객실이 30실 이상일 것

(3) 객실별 면적이 19제곱미터 이상일 것

(4) 외국인에게 서비스를 제공할 수 있는 체제를 갖추고 있을 것

(5) 대지 및 건물의 소유권 또는 사용권을 확보하고 있을 것. 다만, 회원을 모집하는 경우에는 소유권을 확보하여야 한다.

마. 호스텔업

(1) 배낭여행객 등 개별 관광객의 숙박에 적합한 객실을 갖추고 있을 것

(2) 이용자의 불편이 없도록 화장실, 샤워장, 취사장 등의 편의시설을 갖추고 있을 것. 다만, 이러한 편의시설은 공동으로 이용하게 할 수 있다.

(3) 외국인 및 내국인 관광객에게 서비스를 제공할 수 있는 문화·정보 교류시설을 갖추고 있을 것

(4) 대지 및 건물의 소유권 또는 사용권을 확보하고 있을 것

바. 소형호텔업

(1) 욕실이나 샤워시설을 갖춘 객실을 20실 이상 30실 미만으로 갖추고 있을 것

(2) 부대시설의 면적 합계가 건축 연면적의 50퍼센트 이하일 것

(3) 두 종류 이상의 부대시설을 갖출 것. 다만, 「식품위생법 시행령」 제21조제8호다목에 따른 단란주점영업, 같은 호 라목에 따른 유흥주점영업 및 「사행행위 등 규제 및 처벌 특례법」 제2조제1호에 따른 사행행위를 위한 시설은 둘 수 없다.

(4) 조식 제공, 외국어 구사인력 고용 등 외국인에게 서비스를 제공할 수 있는 체제를 갖추고 있을 것

(5) 대지 및 건물의 소유권 또는 사용권을 확보하고 있을 것. 다만, 회원을 모집하는 경우에는 소유권을 확보하여야 한다.

사. 의료관광호텔업

(1) 의료관광객이 이용할 수 있는 취사시설이 객실별로 설치되어 있거나 층별로 공동취사장이 설치되어 있을 것

(2) 욕실이나 샤워시설을 갖춘 객실이 20실 이상일 것

(3) 객실별 면적이 19제곱미터 이상일 것

(4) 「교육환경 보호에 관한 법률」 제9조제13호·제22호·제23호 및 제26호에 따른 영업이 이루어지는 시설을 부대시설로 두지 않을 것

(5) 의료관광객의 출입이 편리한 체계를 갖추고 있을 것

(6) 외국어 구사인력 고용 등 외국인에게 서비스를 제공할 수 있는 체제를 갖추고 있을 것

(7) 의료관광호텔 시설(의료관광호텔의 부대시설로 「의료법」 제3조제1항에 따른 의료기관을 설치할 경우에는 그 의료기관을 제외한 시설을 말한다)은 의료기관 시설과 분리될 것. 이 경우 분리에 관하여 필요한 사항은 문화체육관광부장관이 정하여 고시한다.

(8) 대지 및 건물의 소유권 또는 사용권을 확보하고 있을 것

(9) 의료관광호텔업을 등록하려는 자가 다음의 구분에 따른 요건을 충족하는 외국인환자 유치 의료기관의 개설자 또는 유치업자일 것

(가) 외국인환자 유치 의료기관의 개설자

1) 「의료 해외진출 및 외국인환자 유치 지원에 관한 법률」 제11조에 따라 보건복지부장관에게 보고한 사업실적에 근거하여 산정할 경우 전년도(등록신청일이 속한 연도의 전년도를 말한다. 이하 같다)의 연환자수(외국인환자 유치 의료기관이 2개 이상인 경우에는 각 외국인환

자 유치 의료기관의 연환자수를 합산한 결과를 말한다. 이하 같다) 또는 등록신청일 기준으로 직전 1년간의 연환자수가 500명을 초과할 것. 다만 외국인환자 유치 의료기관 중 1개 이상이 서울특별시에 있는 경우에는 연환자수가 3,000명을 초과하여야 한다.

2) 「의료법」 제33조제2항제3호에 따른 의료법인인 경우에는 1)의 요건을 충족하면서 다른 외국인환자 유치 의료기관의 개설자 또는 유치업자와 공동으로 등록하지 아니할 것

3) 외국인환자 유치 의료기관의 개설자가 설립을 위한 출연재산의 100분의 30 이상을 출연한 경우로서 최다출연자가 되는 비영리법인(외국인환자 유치 의료기관의 개설자인 경우로 한정한다)이 1)의 기준을 충족하지 아니하는 경우에는 그 최다출연자인 외국인환자 유치 의료기관의 개설자가 1)의 기준을 충족할 것

(나) 유치업자

1) 「의료 해외진출 및 외국인환자 유치 지원에 관한 법률」 제11조에 따라 보건복지부장관에게 보고한 사업실적에 근거하여 산정할 경우 전년도의 실환자수(둘 이상의 유치업자가 공동으로 등록하는 경우에는 실환자수를 합산한 결과를 말한다. 이하 같다) 또는 등록신청일 기준으로 직전 1년간의 실환자수가 200명을 초과할 것

2) 외국인환자 유치 의료기관의 개설자가 100분의 30 이상의 지분 또는 주식을 보유하면서 최대출자자가 되는 법인(유치업자인 경우로 한정한다)이 1)의 기준을 충족하지 아니하는 경우에는 그 최대출자자인 외국인환자 유치 의료기관의 개설자가 (가)1)의 기준을 충족할 것

3. 휴양콘도미니엄업

가. 객실

(1) 같은 단지 안에 객실이 30실 이상일 것. 다만, 2016년 7월 1일부터 2018년 6월 30일까지 제3조제1항에 따라 등록 신청하는 경우에는 20실 이상으로 한다.

(2) 관광객의 취사·체류 및 숙박에 필요한 설비를 갖추고 있을 것. 다만, 객실 밖에 관광객이 이용할 수 있는 공동취사장 등 취사시설을 갖춘 경우

에는 총 객실의 30퍼센트(「국토의 계획 및 이용에 관한 법률」제6조제1
호에 따른 도시지역의 경우에는 총 객실의 30퍼센트 이하의 범위에서 조
례로 정하는 비율이 있으면 그 비율을 말한다) 이하의 범위에서 객실에
취사시설을 갖추지 아니할 수 있다.

나. 매점 등

매점이나 간이매장이 있을 것. 다만, 여러 개의 동으로 단지를 구성할 경우에
는 공동으로 설치할 수 있다.

다. 문화체육공간

공연장·전시관·미술관·박물관·수영장·테니스장·축구장·농구장, 그 밖에
관광객이 이용하기 적합한 문화체육공간을 1개소 이상 갖출 것. 다만, 수개의
동으로 단지를 구성할 경우에는 공동으로 설치할 수 있으며, 관광지·관광단지
또는 종합휴양업의 시설 안에 있는 휴양콘도미니엄의 경우에는 이를 설치하
지 아니할 수 있다.

라. 대지 및 건물의 소유권 또는 사용권을 확보하고 있을 것. 다만, 분양 또는 회원을
모집하는 경우에는 소유권을 확보하여야 한다.

4. 관광객 이용시설업

가. 전문휴양업

(1) 공통기준

(가) 숙박시설이나 음식점시설이 있을 것

(나) 주차시설·급수시설·공중화장실 등의 편의시설과 휴게시설이 있을 것

(2) 개별기준

(가) 민속촌

한국고유의 건축물(초가집 및 기와집)이 20동 이상으로서 각 건물에
는 전래되어 온 생활도구가 갖추어져 있거나 한국 또는 외국의 고유
문화를 소개할 수 있는 축소된 건축물 모형 50점 이상이 적정한 장소
에 배치되어 있을 것

(나) 해수욕장

1) 수영을 하기에 적합한 조건을 갖춘 해변이 있을 것

2) 수용인원에 적합한 간이목욕시설·탈의장이 있을 것

3) 인명구조용 구명보트·감시탑 및 응급처리 시 설비 등의 시설이 있을 것

4) 담수욕장을 갖추고 있을 것

5) 인명구조원을 배치하고 있을 것

(다) 수렵장

「야생동물 보호 및 관리에 관한 법률」에 따른 시설을 갖추고 있을 것

(라) 동물원

1) 「박물관 및 미술관 진흥법 시행령」 별표 2에 따른 시설을 갖추고 있을 것

(마) 식물원

1) 「박물관 및 미술관 진흥법 시행령」 별표 2에 따른 시설을 갖추고 있을 것

2) 온실면적은 2,000제곱미터 이상일 것

3) 식물종류는 1,000종 이상일 것

(바) 수족관

1) 「박물관 및 미술관 진흥법 시행령」 별표 2에 따른 시설을 갖추고 있을 것

2) 건축연면적은 2,000제곱미터 이상일 것

3) 어종(어류가 아닌 것은 제외한다)은 100종 이상일 것

4) 삭제

(사) 온천장

1) 온천수를 이용한 대중목욕시설이 있을 것

2) 삭제

3) 정구장·탁구장·볼링장·활터·미니골프장·배드민턴장·롤러스케이트장·보트장 등의 레크리에이션 시설 중 두 종류 이상의 시설을 갖추거나 제2조제5호에 따른 유원시설업 시설이 있을 것

(아) 동굴자원

관광객이 관람할 수 있는 천연동굴이 있고 편리하게 관람할 수 있는 시설이 있을 것

128

(자) 수영장

「체육시설의 설치·이용에 관한 법률」에 따른 신고 체육시설업 중 수영장시설을 갖추고 있을 것

(차) 농·어촌 휴양시설

1) 「농어촌정비법」에 따른 "농어촌 관광휴양단지 또는 관광농원"의 시설을 갖추고 있을 것

2) 관광객의 관람이나 휴식에 이용될 수 있는 특용작물·나무 등을 재배하거나 어류·희귀동물 등을 기르고 있을 것

3) 재배지 또는 양육장의 면적은 2천제곱미터 이상일 것

(카) 활공장

1) 활공을 할 수 있는 장소(이륙장 및 착륙장)가 있을 것

2) 인명구조원을 배치하고 응급처리를 할 수 있는 설비를 갖추고 있을 것

3) 행글라이더·패러글라이더·열기구 또는 초경량 비행기 등 두 종류 이상의 관광비행사업용 활공장비를 갖추고 있을 것

(타) 등록 및 신고 체육시설업 시설

「체육시설의 설치·이용에 관한 법률」에 따른 스키장·요트장·골프장·조정장·카누장·빙상장·자동차경주장·승마장 또는 종합체육시설 등 9종의 등록 및 신고 체육시설업에 해당되는 체육시설을 갖추고 있을 것

(파) 산림휴양시설

「산림문화·휴양에 관한 법률」에 따른 자연휴양림, 치유의 숲 또는 「수목원·정원의 조성 및 진흥에 관한 법률」에 따른 수목원의 시설을 갖추고 있을 것

(하) 박물관

「박물관 및 미술관 진흥법 시행령」 별표 2 제2호가목에 따른 종합박물관 또는 전문박물관의 시설을 갖추고 있을 것

(거) 미술관

「박물관 및 미술관 진흥법 시행령」 별표 2 제2호가목에 따른 미술관의 시설을 갖추고 있을 것

나. 종합휴양업의 등록기준

  (1) 제1종 종합휴양업

    숙박시설 또는 음식점시설을 갖추고 전문휴양시설 중 2종류 이상의 시설을 갖추고 있거나, 숙박시설 또는 음식점시설을 갖추고 전문휴양시설 중 한 종류 이상의 시설과 종합유원시설업의 시설을 갖추고 있을 것

  (2) 제2종 종합휴양업

    (가) 면적

      단일부지로서 50만 제곱미터 이상일 것

    (나) 시설

      관광숙박업 등록에 필요한 시설과 제1종 종합휴양업 등록에 필요한 전문휴양시설 중 2종류 이상의 시설 또는 전문휴양시설 중 1종류 이상의 시설과 종합유원시설업의 시설을 함께 갖추고 있을 것

다. 야영장업

  (1) 공통기준

    (가) 침수, 유실, 고립, 산사태, 낙석의 우려가 없는 안전한 곳에 위치할 것

    (나) 시설 배치도, 이용방법, 비상 시 행동 요령 등을 이용객이 잘 볼 수 있는 곳에 게시할 것

    (다) 비상 시 긴급상황을 이용객에게 알릴 수 있는 시설 또는 장비를 갖출 것

    (라) 야영장 규모를 고려하여 소화기를 적정하게 확보하고 눈에 띄기 쉬운 곳에 배치할 것

    (마) 긴급 상황에 대비하여 야영장 내부 또는 외부에 대피소와 대피로를 확보할 것

    (바) 비상 시의 대응요령을 숙지하고 야영장이 개장되어 있는 시간에 상주하는 관리요원을 확보할 것

    (사) 야영장 시설은 자연생태계 등의 원형이 최대한 보존될 수 있도록 토지의 형질변경을 최소화하여 설치할 것. 이 경우 야영장에 설치할 수 있는 야영장 시설의 종류에 관하여는 문화체육관광부령으로 정한다.

    (아) 야영장에 설치되는 건축물(「건축법」 제2조제1항제2호에 따른 건축물을 말한다. 이하 이 목에서 같다)의 바닥면적 합계가 야영장 전체면적의 100분의 10 미만일 것

(자) (아)에도 불구하고 「국토의 계획 및 이용에 관한 법률」 제36조제1
항제2호가목에 따른 보전관리지역 또는 같은 법 시행령 제30조제4호
가목에 따른 보전녹지지역에 야영장을 설치하는 경우에는 다음의 요
건을 모두 갖출 것

1) 야영장 전체면적이 1만제곱미터 미만일 것

2) 야영장에 설치되는 건축물의 바닥면적 합계가 300제곱미터 미만
이고, 야영장 전체면적의 100분의 10 미만일 것

3) 「하수도법」 제15조제1항에 따른 배수구역 안에 위치한 야영장
은 같은 법 제27조에 따라 공공하수도의 사용이 개시된 때에는
그 배수구역의 하수를 공공하수도에 유입시킬 것. 다만, 「하수도
법」 제28조에 해당하는 경우에는 그렇지 않다.

4) 야영장 경계에 조경녹지를 조성하는 등의 방법으로 자연환경 및
경관에 대한 영향을 최소화할 것

5) 야영장으로 인한 비탈면 붕괴, 토사 유출 등의 피해가 발생하지
않도록 할 것

(2) 개별기준

(가) 일반야영장업

1) 야영용 천막을 칠 수 있는 공간은 천막 1개당 15제곱미터 이상을 확
보할 것

2) 야영에 불편이 없도록 하수도 시설 및 화장실을 갖출 것

3) 긴급상황 발생 시 이용객을 이송할 수 있는 차로를 확보할 것

(나) 자동차야영장업

1) 차량 1대당 50제곱미터 이상의 야영공간(차량을 주차하고 그 옆에 야
영장비 등을 설치할 수 있는 공간을 말한다)을 확보할 것

2) 야영에 불편이 없도록 수용인원에 적합한 상·하수도 시설, 전기시설,
화장실 및 취사시설을 갖출 것

3) 야영장 입구까지 1차선 이상의 차로를 확보하고, 1차선 차로를 확보한
경우에는 적정한 곳에 차량의 교행(交行)이 가능한 공간을 확보할 것

(3) (1) 및 (2)의 기준에 관한 특례

(가) (1) 및 (2)에도 불구하고 다음 1) 및 2)의 요건을 모두 충족하는 야영

장업을 하려는 경우에는 (나) 및 (다)의 기준을 적용한다.

1) 「해수욕장의 이용 및 관리에 관한 법률」 제2조제1호에 따른 해수욕장이나 「국토의 계획 및 이용에 관한 법률 시행령」 제2조제1항제2호에 따른 유원지에서 연간 4개월 이내의 기간 동안만 야영장업을 하려는 경우

2) 야영장업의 등록을 위하여 토지의 형질을 변경하지 아니하는 경우

(나) 공통기준

1) 침수, 유실, 고립, 산사태, 낙석의 우려가 없는 안전한 곳에 위치할 것

2) 시설 배치도, 이용방법, 비상 시 행동 요령 등을 이용객이 잘 볼 수 있는 곳에 게시할 것

3) 비상 시 긴급상황을 이용객에게 알릴 수 있는 시설 또는 장비를 갖출 것

4) 야영장 규모를 고려하여 소화기를 적정하게 확보하고 눈에 띄기 쉬운 곳에 배치할 것

5) 긴급 상황에 대피할 수 있도록 대피로를 확보할 것

6) 비상 시 대응요령을 숙지하고 야영장이 개장되어 있는 시간에 상주하는 관리요원을 확보할 것

(다) 개별기준

1) 일반야영장업

가) 야영용 천막을 칠 수 있는 공간은 천막 1개당 15제곱미터 이상을 확보할 것

나) 야영에 불편이 없도록 하수도 시설 및 화장실의 이용이 가능할 것

다) 긴급상황 발생 시 이용객을 이송할 수 있는 차로를 확보할 것

2) 자동차야영장업

가) 차량 1대당 50제곱미터 이상의 야영공간(차량을 주차하고 그 옆에 야영장비 등을 설치할 수 있는 공간을 말한다)을 확보할 것

나) 야영에 불편이 없도록 상·하수도 시설, 전기시설, 화장실 및 취사 시설의 이용이 가능할 것

다) 야영장 입구까지 1차선 이상의 차로를 확보하고, 1차선 차로를 확보한 경우에는 적정한 곳에 차량의 교행이 가능한 공간을 확보할 것

라. 관광유람선업

(1) 일반관광유람선업

(가) 구조

「선박안전법」에 따른 구조 및 설비를 갖춘 선박일 것

(나) 선상시설

이용객의 숙박 또는 휴식에 적합한 시설을 갖추고 있을 것

(다) 위생시설

수세식화장실과 냉·난방 설비를 갖추고 있을 것

(라) 편의시설

식당·매점·휴게실을 갖추고 있을 것

(마) 수질오염방지시설

수질오염을 방지하기 위한 오수 저장·처리시설과 폐기물 처리시설을
갖추고 있을 것

(2) 크루즈업

(가) 일반관광유람선업에서 규정하고 있는 관광사업의 등록기준을 충족할 것

(나) 욕실이나 샤워시설을 갖춘 객실을 20실 이상 갖추고 있을 것

(다) 체육시설, 미용시설, 오락시설, 쇼핑시설 중 두 종류 이상의 시설을 갖
추고 있을 것

마. 관광공연장업

(1) 설치장소

관광지·관광단지, 관광특구 또는 「지역문화진흥법」 제18조제1항에 따
라 지정된 문화지구(같은 법 제18조제3항제3호에 따라 해당 영업 또는 시
설의 설치를 금지하거나 제한하는 경우는 제외한다) 안에 있거나 이 법에
따른 관광사업 시설 안에 있을 것. 다만 실외관광공연장의 경우 법에 따
른 관광숙박업, 관광객 이용시설업 중 전문휴양업과 종합휴양업, 국제회
의업, 유원시설업에 한한다.

(2) 시설기준

(가) 실내관광공연장

1) 70제곱미터 이상의 무대를 갖추고 있을 것

2) 출연자가 연습하거나 대기 또는 분장할 수 있는 공간을 갖추고
있을 것

3) 출입구는 「다중이용업소의 안전관리에 관한 특별법」에 따른 다중이

용업소의 영업장에 설치하는 안전시설 등의 설치기준에 적합할 것

5) 공연으로 인한 소음이 밖으로 전달되지 아니하도록 방음시설을 갖추고 있을 것

(나) 실외 관광공연장

1) 70제곱미터 이상의 무대를 갖추고 있을 것

2) 남녀용으로 구분된 수세식 화장실을 갖추고 있을 것

(3) 일반음식점 영업허가

「식품위생법 시행령」제21조에 따른 식품접객업 중 일반음식점 영업허가를 받을 것

바. 외국인관광 도시민박업

(1) 주택의 연면적이 230제곱미터 미만일 것

(2) 외국어 안내 서비스가 가능한 체제를 갖출 것

(3) 소화기를 1개 이상 구비하고, 객실마다 단독경보형 감지기 및 일산화탄소 경보기(난방 설비를 개별난방 방식으로 설치한 경우만 해당한다)를 설치할 것

5. 국제회의업

가. 국제회의시설업

(1) 「국제회의산업 육성에 관한 법률 시행령」제3조에 따른 회의시설 및 전시시설의 요건을 갖추고 있을 것

(2) 국제회의개최 및 전시의 편의를 위하여 부대시설로 주차시설과 쇼핑·휴식시설을 갖추고 있을 것

나. 국제회의기획업

(1) 자본금 : 5천만원 이상일 것

(2) 사무실 : 소유권이나 사용권이 있을 것

134

[별표 2]

행정처분의 기준 (제33조제1항 관련)

1. 일반기준

가. 위반행위가 두 가지 이상일 때에는 그 중 중한 처분기준(중한 처분기준이 같을 때에는 그 중 하나의 처분기준을 말한다. 이하 이 목에서 같다)에 따르며, 두 가지 이상의 처분기준이 모두 사업정지일 경우에는 중한 처분 기준의 2분의 1까지 가중 처분할 수 있되, 각 처분기준을 합산한 기간을 초과할 수 없다.

나. 위반행위의 횟수에 따른 행정처분의 기준은 최근 1년(카지노업에 대하여 행정처분을 하는 경우에는 최근 3년을 말한다)간 같은 위반행위로 행정처분을 받은 경우에 적용한다. 이 경우 기간의 계산은 위반행위에 대하여 행정처분을 받은 날과 그 처분 후 다시 같은 위반행위를 하여 적발된 날을 기준으로 한다.

다. 나목에 따라 가중된 행정처분을 하는 경우 행정처분의 적용 차수는 그 위반행위 전 행정처분 차수(나목에 따른 기간 내에 행정처분이 둘 이상 있었던 경우에는 높은 차수를 말한다)의 다음 차수로 한다.

라. 처분권자는 위반행위의 동기·내용·횟수 및 위반의 정도 등 1)부터 4)까지의 규정에 해당하는 사유를 고려하여 그 처분을 감경할 수 있다. 이 경우 그 처분이 사업정지인 경우에는 그 처분기준의 2분의 1의 범위에서 감경할 수 있다.

1) 위반행위가 고의나 중대한 과실이 아닌 사소한 부주의나 오류로 인한 것으로 인정되는 경우

2) 위반의 내용·정도가 경미하여 소비자에게 미치는 피해가 적다고 인정되는 경우

3) 위반 행위자가 처음 해당 위반행위를 한 경우로서, 5년 이상 관광사업을 모범적으로 해 온 사실이 인정되는 경우

4) 위반 행위자가 해당 위반행위로 인하여 검사로부터 기소유예 처분을 받거나 법원으로부터 선고유예의 판결을 받은 경우

2. 개별기준

위 반 사 항	근거 법령	행 정 처 분 기 준			
		1차	2차	3차	4차
가. 법 제4조에 따른 등록기준에 적합하지 아니하게 된 경우 또는 변경등록기간 내에 변경등록을 하지 아니하거나 등록한 영업범위를 벗어난 경우	법 제35조 제1항 제1호				
1) 등록기준에 적합하지 아니하게 된 경우		시정명령	사업정지 15일	사업정지 1개월	취소
2) 변경등록기간 내에 변경등록을 하지 아니한 경우		시정명령	사업정지 15일	사업정지 1개월	취소
3) 등록한 영업범위를 벗어난 경우		사업정지 1개월	사업정지 2개월	사업정지 3개월	취소
가) 법 제16조제7항에 따른 관광숙박업 (문화체육관광부장관이 정하여 고시하는 학교환경위생을 저해하는 행위만 해당한다)		사업정지 1개월	사업정지 2개월	취소	
나) 가) 외의 관광사업		사업정지 1개월	사업정지 2개월	사업정지 3개월	취소
나. 법 제5조제2항 및 제4항에 따라 문화체육관광부령으로 정하는 시설과 설비를 갖추지 아니하게 되는 경우	법 제35조 제1항 제1호의2	시정명령	사업정지 10일	사업정지 1개월	취소(신고업종의 경우에는 사업정지 3개월)
다. 법 제5조제3항 및 제4항 후단에 따른 변경허가를 받지 아니하거나 변경신고를 하지 아니한 경우	법 제35조 제1항 제2호				
1) 카지노업					
가) 문화체육관광부령으로 정하는 중요 사항에 대하여 변경허가를 받지 아니하고 변경한 경우		사업정지 1개월	사업정지 3개월	취소	
나) 문화체육관광부령으로 정하는 경미한 사항에 대하여 변경신고를 하지 아니하고 변경한 경우		사업정지 10일	사업정지 1개월	사업정지 3개월	취소
2) 유원시설업					
가) 허가 대상 유원시설업의 경우 문화체육관광부령으로 정하는 중요 사항에 대하여 변경허가를 받지 아니하고 변경한 경우		사업정지 5일	사업정지 10일	사업정지 20일	취소
나) 허가 대상 유원시설업의 경우 문화체육관광부령으로 정하는 경미한 사항에 대하여 변경신고를 하지 아니하고 변경한 경우		시정명령	사업정지 5일	사업정지 10일	취소
다) 신고 대상 유원시설업의 경우 문화체육관광부령으로 정하는 중요 사항에 대하여 변경신고를 하지 아니하고 변경한 경우		시정명령	사업정지 5일	사업정지 10일	영업소 폐쇄명령

136

위 반 사 항	근거 법령	행정처분기준 1차	2차	3차	4차
라. 법 제6조제2항에 따른 지정기준에 적합하지 않게 된 경우	법 제35조제1항제2호의2	시정명령	사업정지 15일	취소	
마. 법 제7조에 따른 결격사유에 해당하게 된 경우	법 제7조제2항	취소(신고 업종의 경우에는 영업소 폐쇄명령)			
바. 법 제8조제4항(같은 조 제5항에 따라 준용되는 경우를 포함한다)에 따른 기한 내에 신고를 하지 아니한 경우	법 제35조제1항제3호	시정명령	사업정지 1개월 또는 사업계획 승인취소	사업정지 2개월	취소(신고 업종의 경우에는 사업정지 3개월)
사. 법 제8조제8항을 위반하여 휴업 또는 폐업을 하고 알리지 않거나 미리 신고하지 않은 경우	법 제35조제1항제3호의2	시정명령	취소(신고 업종의 경우에는 시정명령)	신고업종의경우에는 영업소 폐쇄명령	
아. 법 제9조에 따른 보험 또는 공제에 가입하지 아니하거나 영업보증금을 예치하지 아니한 경우	법 제35조제1항제4호	시정명령	사업정지 1개월	사업정지 2개월	취소(신고 업종의 경우에는 사업정지 3개월)
자. 법 제10조제2항을 위반하여 사실과 다르게 관광표지를 붙이거나 관광표지에 기재되는 내용을 사실과 다르게 표시 또는 광고하는 행위를 한 경우	법 제35조제1항제4호의2	시정명령	사업정지 1개월	사업정지 2개월	취소(신고 업종의 경우에는 사업정지 3개월)
차. 법 제11조를 위반하여 관광사업의 시설을 타인에게 처분하거나 타인에게 경영하도록 한 경우	법 제35조제1항제5호				
1) 카지노업		사업정지 3개월	취소		
2) 카지노업 외의 관광사업		사업정지 1개월	사업정지 3개월	사업정지 5개월	취소(신고업종의 경우에는 사업정지 6개월)
카. 법 제12조에 따른 기획여행의 실시요건 또는 실시방법을 위반하여 기획여행을 실시한 경우	법 제35조제1항제6호	사업정지 15일	사업정지 1개월	사업정지 3개월	취소
타. 법 제13조제2항에 따른 등록을 하지 않은 자에게 국외여행을 인솔하게 한 경우	법 제35조제2항제1호	사업정지 10일	사업정지 20일	사업정지 1개월	사업정지 3개월
파. 법 제14조를 위반한 경우 1) 법 제14조제1항을 위반하여 안전정보 또는 변경된 안전정보를 제공하지 않은 경우	법 제35조제1항제7호	시정명령	사업정지 5일	사업정지 10일	취소
2) 법 제14조제2항을 위반하여 여행계약서(여행일정표 및 약관을 포함한다) 및 보험 가입 등을 증명할 수 있는 서류를 여행자에게 내주지 아니한 경우		시정명령	사업정지 10일	사업정지 20일	취소

위 반 사 항	근거 법령	행 정 처 분 기 준			
		1차	2차	3차	4차
3) 법 제14조제3항을 위반하여 여행자의 사전 동의 없이 여행일정(선택관광 일정을 포함한다)을 변경한 경우		시정명령	사업정지 10일	사업정지 20일	취소
하. 법 제15조에 따라 사업계획의 승인을 얻은 자가 정당한 사유 없이 제32조에 따른 기간 내에 착공 또는 준공을 하지 아니하거나 법 제15조제1항 후단을 위반하여 변경승인을 얻지 아니하고 사업계획을 임의로 변경한 경우	법 제35조 제1항 제8호	시정명령	사업계획 승인취소		
거. 법 제18조의2에 따른 준수사항을 위반한 경우	법 제35조 제1항 제8호의2				
1) 법 제18조의2제1호에 따른 준수사항을 위반한 경우		취소			
2) 법 제18조의2제2호부터 제5호까지의 규정에 따른 준수사항을 위반한 경우		사업정지 1개월	사업정지 2개월	사업정지 3개월	취소
너. 법 제19조제1항 단서를 위반하여 등급결정 신청을 하지 아니한 경우	법 제35조 제1항 제8호의3	시정명령	사업정지 10일	사업정지 20일	취소
더. 법 제20조제1항, 제4항 및 제5항을 위반한 경우	법 제35조 제1항 제9호				
1) 법 제20조제1항을 위반하여 분양 또는 회원모집을 할 수 없는 자가 분양 또는 회원모집을 한 경우		시정명령	사업정지 1개월또는 사업계획 승인취소	사업정지 3개월	취소
2) 법 제20조제4항을 위반하여 분양 또는 회원모집 기준 및 절차를 위반하여 분양 또는 회원모집을 한 경우		시정명령	사업정지 1개월또는 사업계획 승인취소	사업정지 3개월	취소
3) 법 제20조제5항에 따른 공유자·회원의 권익을 보호하기 위한 사항을 준수하지 아니한 경우		시정명령	사업정지 1개월또는 사업계획 승인취소	사업정지 2개월	사업정지 3개월
러. 법 제20조의2에 따른 준수사항을 위반한 경우	법 제35조 제1항 제9호의2	시정명령	사업정지 15일	사업정지 1개월	취소
머. 법 제21조에 따른 카지노업의 허가요건에 적합하지 아니하게 된 경우	법 제35조 제1항 제10호	시정명령	사업정지 1개월	사업정지 3개월	취소
버. 법 제22조에 따른 카지노업의 결격사유에 해당하게 된 경우	법 제22조 제2항	취소			
서. 법 제23조제3항을 위반하여 카지노 시설 및 기구에 관한 유지·관리를 소홀히 한 경우	법 제35조 제1항 제11호	사업정지 1개월	사업정지 3개월	취소	

138

위 반 사 항	근거 법령	행 정 처 분 기 준			
		1차	2차	3차	4차
어. 법 제27조에 따른 문화체육관광부장 관의 지도와 명령을 이행하지 아니한 경우	법 제35조 제2항 제2호	사업정지 10일	사업정지 1개월	사업정지 3개월	사업정지 6개월
저. 법 제28조제1항 및 제2항에 따른 준 수사항을 위반한 경우	법 제35조 제1항 제12호				
1) 법령에 위반되는 카지노기구를 설치 하거나 사용하는 경우		사업정지 3개월	취소		
2) 법령을 위반하여 카지노기구 또는 시설을 변조하거나 변조된 카지노기 구 또는 시설을 사용하는 경우		사업정지 3개월	취소		
3) 허가받은 전용영업장 외에서 영업을 하는 경우		사업정지 1개월	사업정지 3개월	취소	
4) 카지노영업소에 내국인(「해외이주 법」 제2조에 따른 해외이주자는 제 외한다)을 입장하게 하는 경우					
가) 고의로 입장시킨 경우		사업정지 3개월	취소		
나) 과실로 입장시킨 경우		시정명령	사업정지 10일	사업정지 1개월	사업정지 3개월
5) 지나친 사행심을 유발하는 등 선량 한 풍속을 해칠 우려가 있는 광고나 선전을 하는 경우		시정명령	사업정지 10일	사업정지 1개월	사업정지 3개월
6) 법 제26조제1항에 따른 영업 종류에 해당하지 아니하는 영업을 하거나 영업 방법 및 배당금 등에 관한 신고 를 하지 아니하고 영업하는 경우		사업정지 1개월	사업정지 3개월	취소	
7) 총매출액을 누락시켜 법 제30조제1 항에 따른 관광진흥개발기금 납부금 액을 감소시키는 경우		사업정지 3개월	취소		
8) 카지노영업소에 19세 미만인 자를 입장시키는 경우		시정명령	사업정지 10일	사업정지 1개월	사업정지 3개월
9) 정당한 사유 없이 그 연도 안에 60일 이상 휴업하는 경우		사업정지 1개월	사업정지 3개월	취소	
10) 문화체육관광부령으로 정하는 영 업준칙을 지키지 아니하는 경우		시정명령	사업정지 10일	사업정지 1개월	사업정지 3개월
처. 법 제30조를 위반하여 관광진흥개발 기금을 납부하지 아니한 경우	법 제35조 제1항 제13호				
1) 관광진흥개발기금의 납부를 1개월 미만 지연한 경우		시정명령	사업정지 10일	사업정지 1개월	
2) 관광진흥개발기금의 납부를 1개월 이상 지연한 경우		사업정지 10일	사업정지 1개월	사업정지 3개월	
3) 관광진흥개발기금의 납부를 3개월 이상 지연한 경우		사업정지 1개월	사업정지 3개월	취소	
4) 관광진흥개발기금의 납부를 6개월 이상 지연한 경우		사업정지 3개월	취소		
5) 관광진흥개발기금의 납부를 1년 이상 지연한 경우		취소			

위 반 사 항	근거 법령	행 정 처 분 기 준			
		1차	2차	3차	4차
커. 법 제32조에 따른 물놀이형 유원시설 등의 안전·위생기준을 지키지 아니한 경우	법 제35조 제1항 제14호	시정명령	사업정지 10일	사업정지 1개월	취소(신고 업종의 경우에는 사업정지 3개월)
터. 법 제33조제1항에 따른 검사를 받지 아니하거나 같은 조 제2항에 따른 안전관리자를 배치하지 아니한 경우	법 제35조 제1항 제15호				
1) 법 제33조제1항에 따른 유기시설 또는 유기기구에 대한 안전성검사를 받지 아니한 경우		사업정지 20일	사업정지 1개월	취소	
2) 법 제33조제1항에 따른 안전성검사 대상에 해당되지 아니함을 확인하는 검사를 받지 아니한 경우		사업정지 10일	사업정지 20일	사업정지 1개월	사업정지 3개월
3) 법 제33조제2항에 따른 안전관리자를 배치하지 아니한 경우		사업정지 5일	사업정지 10일	사업정지 20일	취소
퍼. 법 제34조를 위반한 경우	법 제35조 제1항 제16호				
1) 법 제34조제1항에 따른 영업질서 유지를 위한 준수사항을 지키지 아니한 경우		시정명령	사업정지 10일	사업정지 20일	사업정지 1개월
2) 법 제34조제2항을 위반하여 불법으로 제조한 유기시설·유기기구 또는 유기기구의 부분품을 설치하거나 사용한 경우		사업정지 15일	사업정지 1개월	사업정지 2개월	취소(신고 업종의 경우에는 사업정지 3개월)
허. 법 제38조제1항 단서를 위반하여 해당 자격이 없는 자를 종사하게 한 경우	법 제35조 제1항 제16호의2	시정명령	사업정지 15일	취소	
고. 법 제78조에 따른 보고 또는 서류제출명령을 이행하지 아니하거나 관계 공무원의 검사를 방해한 경우	법 제35조 제1항 제18호	사업정지 10일	사업정지 1개월	사업정지 2개월	취소(신고 업종의 경우에는 사업정지 3개월)
노. 관광사업의 경영 또는 사업계획을 추진함에 있어서 뇌물을 주고받은 경우	법 제35조 제1항 제19호	시정명령	사업정지 10일 또는 사업계획 승인취소	사업정지 20일	취소(신고 업종의 경우에는 사업정지 1개월)
도. 고의로 여행계약을 위반한 경우(여행업자만 해당한다)	법 제35조 제1항 제20호	시정명령	사업정지 10일	사업정지 20일	취소

[별표 3]

위반행위별 과징금 부과기준 (제34조제1항 관련)

(단위 : 만원)

위반행위	해당 법조문	일반여행업	국외여행업	국내여행업	관광호텔업 5성·4성급	관광호텔업 3성급	관광호텔업 2성급 이하	수상관광호텔업	가족호텔업	한국전통호텔업	호스텔업	소형호텔업	의료관광호텔업	휴양콘도미니엄업	전문휴양업	종합휴양업	야영장업	관광유람선업	관광공연장업	외국인관광도시민박업	국제회의시설업	국제회의기획업	카지노업	종합유원시설업	일반유원시설업	기타유원시설업
1. 법 제4조(등록) 위반	법 제4조																									
가. 등록기준에 적합하지 아니하게 된 경우		120	80	80	200	120	80	80	80	80	80	80	80	120	80	120	80	80	80	40	120	80				
나. 관광사업의 변경등록 기간을 위반한 경우		120	80	80	200	120	80	80	80	80	80	80	80	120	80	120	80	80	80	40	120	80				
다. 등록한 영업범위를 벗어난 경우		800	800	400	500	300	200	200	200	200				300		200	200	200	200	40						
2. 법 제5조(허가와 신고) 위반	법 제5조																									
가. 법 제5조제2항 및 제4항에 따라 문화체육관광부령으로 정하는 시설과 설비를 갖추지 아니하게 되는 경우																							2000	1600	1200	800
나. 법 제5조제3항 후단에 따른 변경허가를 받지 아니하거나 변경신고를 하지 아니한 경우																										
1) 카지노의 경우 문화체육관광부령으로 정하는 호텔업 시설에 대하여 변경된 신고를 하지 아니하고 변경한 경우(사업장지 10일등 같은 하는 경우인 해당한다)																										
2) 허가대상 유원시설업의 경우 문화체육관광부령으로 정하는 중요 사항에 대하여 변경허가를 받지 아니하고 변경한 경우																								1200	800	

위반행위	해당 법조문	업종별 과징금액																								
		일반여행업	국외여행업	국내여행업	관광호텔업 5성·4성급	관광호텔업 3성급	관광호텔업 2성급 이하	수상관광호텔업	가족호텔업	한국전통호텔업	호스텔업	소형호텔업	의료관광호텔업	휴양콘도미니엄업	전문휴양업	종합휴양업	야영장업	관광유람선업	관광공연장업	외국인관광 도시민박업	국제회의시설업	국제회의기획업	카지노업	종합유원시설업	일반유원시설업	기타유원시설업
3) 허가대상 유원시설업의 경우 문화체육관광부령으로 정하는 경미한 사항에 대하여 변경신고를 하지 아니하고 변경한 경우																								800	400	
4) 신고대상 유원시설업의 경우 문화체육관광부령으로 정하는 중요 사항에 대하여 변경신고를 하지 아니하고 변경한 경우																										400
3. 법 제8조제4항에 따른 관광사업자의 지위를 승계하고 신고를 하지 아니한 경우	법 제8조	400	200	200	800	400	200	200	200	200	200	200	200	400	200	400	120	120	120	40	400	200	300	400	320	120
4. 법 제10조를 위반하여 사실과 다르게 관광표지를 붙이거나 관광표지에 기재되는 내용을 사실과 다르게 표시 또는 광고하는 행위를 한 경우	법 제10조				400	350	300	300	300	300	300	300	300													
5. 법 제12조(기획여행의 실시)에 따른 요건 또는 실시방법을 위반하여 기획여행을 실시한 경우	법 제12조	800	400																							
6. 법 제14조를 위반한 경우 가. 법 제14조제1항을 위반하여 안전정보 또는 변경된 안전정보를 제공하지 아니한 경우	법 제14조	500	300																							

위반행위	해당 법조문	일반여행업	국외여행업	국내여행업	관광호텔업 5성·4성	관광호텔업 3성	관광호텔업 2성 이하	수상관광호텔업	한국전통호텔업	가족호텔업	호스텔업	소형호텔업	의료관광호텔업	전문휴양업·종합휴양업	야영장업	관광유람선업	관광공연장업	외국인관광 도시민박업	국제회의시설업	국제회의기획업	카지노업	종합유원시설업	일반유원시설업	기타유원시설업
나. 법 제4조제2항을 위반하여 여행계약서(여행약관 및 여행일정표를 포함한다)를 여행자에게 내주지 아니한 경우		800	400	200																				
다. 법 제4조제3항을 위반하여 여행자의 사전 동의 없이 여행일정(선택관광 일정을 포함한다)을 변경한 경우		800	400	200																				
7. 법 제19조제1항 단서에 따라 신청하지 아니한 경우	법 제19조				400	300	200	200	200			200	200											
8. 법 제20조제1항 및 제2항 위반	법 제20조																							
가. 분양 또는 회원 모집을 할 수 없는 자가 분양 또는 회원 모집을 한 경우										400		800		800										
나. 분양 또는 회원 모집의 기준 및 절차를 위반한 경우										400		800		800										
다. 공유자·회원의 권익 보호에 관한 사항을 지키지 아니한 경우										400		800		800										
9. 법 제20조의2에 따른 야영장업자의 준수사항을 위반한 경우	법 제20조의2														200									
10. 법 제27조에 따른 문화체육관광부장관의 지도와 명령을 이행하지 아니한 경우	법 제27조																				2000			
11. 법 제28조제1항 및 제2항에 따른 카지노 사업자 등의 준수사항 위반	법 제28조																							

업종별 과징금액

위반행위	해당 법령	일반여행업	국외여행업	국내여행업	관광호텔업 5성급·4성급	관광호텔업 3성급	관광호텔업 2성급 이하	수상관광호텔업	한국전통호텔업	가족호텔업	호스텔업	소형호텔업	의료관광호텔업	휴양콘도미니엄업	전문휴양업	종합휴양업	야영장업	관광유람선업	관광공연장업	외국인관광도시민박업	국제회의시설업	국제회의기획업	카지노업	종합유원시설업	일반유원시설업	기타유원시설업
7. 가. 카지노영업소에 내국인('해외이주법' 제2조에 따른 해외이주자는 제외한다)을 입장시킨 경우(카지노사업자 10일을 경영하는 경우만 해당한다)																							2000			
나. 지나친 사행심을 유발하는 등 선량한 풍속을 해칠 우려가 있는 광고나 선전을 한 경우																							2000			
다. 카지노영업소에 19세 미만인 자를 입장시킨 경우																							2000			
라. 문화체육관광부령으로 정하는 영업준칙을 지키지 아니한 경우																							2000			
12. 해당 법 제30조(기금 납부를 위반하여 관광진흥개발기금을 납부지연 10일을 경영하는 경우만 해당된다)	법 제30조																						2000			
13. 해당 법 제32조(물놀이형 유원시설 등의 안전·위생기준을 지키지 아니한 경우)	법 제32조																							2000	1600	1200
14. 해당 법 제33조(안전성 검사 등) 위반	법 제33조																							2000	1600	1200
가. 법 제33조제1항에 따른 유기시설 또는 유기기구에 대한 안전성검사 및 안전성검사 대상에 해당하지 아니함을 확인하는 검사를 받지 아니한 경우	법 제33조																							2000	1600	
나. 법 제33조제2항에 따른 안전관리자를 배치하지 아니한 경우																								2000	1600	

위반행위	해당 법조문	일반여행업	국외여행업	국내여행업	관광호텔업 5성급·4성급	관광호텔업 3성급	관광호텔업 2성급이하	수상관광호텔업	가족호텔업	한국전통호텔업	호스텔업	소형호텔업	의료관광호텔업	휴양콘도미니엄업	전문휴양업	종합휴양업	야영장업	관광유람선업	관광공연장업	외국인관광도시민박업	국제회의시설업	국제회의기획업	카지노업	종합유원시설업	일반유원시설업	기타유원시설업
15. 법 제34조(영업 질서 유지 등) 위반	법 제34조																									
가. 영업질서를 유지하기 위하여 문화체육관광부령으로 정하는 사항을 지키지 아니한 경우																								1200	800	400
나. 법령을 위반하여 제조된 유기시설·유기기구 또는 유기기구의 부분품을 설치하거나 사용한 경우																								2000	1600	1200
16. 법 제35조(등록취소 등)제1항제20호를 위반하여 고의로 여행계약을 위반한 경우(여행업자만 해당한다)	법 제35조	800	400	200																						
17. 법 제38조(관광종사원의 자격 등)제1항을 위반하여 해당 자격이 없는 자를 종사하게 한 경우	법 제38조	800	400																							
18. 법 제78조(보고·검사) 위반	법 제78조																									
가. 사업에 관한 보고를 하지 아니하거나 또는 서류제출명령을 이행하지 아니한 경우		800	400	400	1200	800	400	400	400	400	400	400	400	800	400	800	200	200	200	40	1200	800	500	800	400	80
나. 관계 공무원이 장부·서류나 그 밖의 물건을 검사하는 것을 해당한 경우		800	400	400	1200	800	400	400	400	400	400	400	400	800	400	800	200	200	200	40	1200	800	300	800	400	80

[별표 4]

관광업무별 자격기준 (제36조 관련)

업　종	업　　무	종사하도록 권고할 수 있는 자	종사하게 하여야 하는 자
1. 여행업	가. 외국인관광객의 국내 여행을 위한 안내		관광통역안내사 자격을 취득한 자
	나. 내국인의 국내여행을 위한 안내	국내여행안내사 자격을 취득한 자	
2. 관광 숙박업	가. 4성급 이상의 관광호 텔업의 총괄관리 및 경 영업무	호텔경영사 자격을 취득 한 자	
	나. 4성급 이상의 관광호 텔업의 객실관리 책임 자 업무	호텔경영사 또는 호텔관리 사 자격을 취득한 자	
	다. 3성급 이하의 관광호 텔업과 한국전통호텔 업·수상관광호텔업· 휴양콘도미니엄업·가 족호텔업·호스텔업· 소형호텔업 및 의료관 광호텔업의 총괄관리 및 경영업무	호텔경영사 또는 호텔관리 사 자격을 취득한 자	
	라. 현관·객실·식당의 접 객업무	호텔서비스사 자격을 취득 한 자	

[별표 4의 2]

한국관광 품질인증의 인증표지 (제41조의12 관련)

1. 인증표지의 기본형은 흰색을 바탕으로 하여 위와 같이 하고, 로고는 붉은색과 파란
   색, 글자는 검은색으로 한다.
2. 비례 적용 및 최소사용 크기는 다음의 기준에 따른다.

[별표 5]

과태료의 부과기준 (제67조 관련)

1. 일반기준

가. 위반행위의 횟수에 따른 과태료의 가중된 부과기준은 최근 2년간 같은 위반행위로 과태료 부과처분을 받은 경우에 적용한다. 이 경우 기간의 계산은 위반행위에 대하여 과태료 부과처분을 받은 날과 그 처분 후 다시 같은 위반행위를 하여 적발된 날을 기준으로 한다.

나. 가목에 따라 가중된 부과처분을 하는 경우 가중처분의 적용 차수는 그 위반행위 전 부과처분 차수(가목에 따른 기간 내에 과태료 부과처분이 둘 이상 있었던 경우에는 높은 차수를 말한다)의 다음 차수로 한다.

다. 부과권자는 다음의 어느 하나에 해당하는 경우에는 제2호의 개별기준에 따른 과태료 금액의 2분의 1의 범위에서 그 금액을 줄일 수 있다. 다만, 과태료를 체납하고 있는 위반행위자에 대해서는 그렇지 않다.

  1) 위반행위자가 「질서위반행위규제법 시행령」 제2조의2제1항 각 호의 어느 하나에 해당하는 경우

  2) 위반행위자가 처음 해당 위반행위를 한 경우로서 5년 이상 해당 업종을 모범적으로 영위한 사실이 인정되는 경우

  3) 위반행위자가 자연재해·화재 등으로 재산에 현저한 손실이 발생하거나 사업여건의 악화로 사업이 중대한 위기에 처하는 등의 사정이 있는 경우

  4) 위반행위가 사소한 부주의나 오류로 인한 것으로 인정되는 경우

  5) 위반행위자가 같은 위반행위로 벌금이나 사업정지 등의 처분을 받은 경우

  6) 위반행위자가 법 위반상태를 시정하거나 해소하기 위하여 노력한 것으로 인정되는 경우

  7) 그 밖에 위반행위의 정도, 위반행위의 동기와 그 결과 등을 고려하여 과태료의 금액을 줄일 필요가 있다고 인정되는 경우

2. 개별기준

위반행위	근거 법조문	과태료 금액		
		1차 위반	2차 위반	3차 이상 위반
가. 법 제10조제3항을 위반하여 관광표지를 사업장에 붙이거나 관광사업의 명칭을 포함하는 상호를 사용한 경우	법 제86조 제2항제2호	30	60	100
나. 법 제28조제2항 전단을 위반하여 영업준칙을 지키지 않은 경우	법 제86조 제2항제4호	100	100	100
다. 법 제33조제3항을 위반하여 안전교육을 받지 않은 경우	법 제86조 제2항 제4호의2	30	60	100
라. 법 제33조제4항을 위반하여 안전관리자에게 안전교육을 받도록 하지 않은 경우	법 제86조 제2항 제4호의3	50	100	100
마. 법 제33조의2제1항을 위반하여 유기시설 또는 유기기구로 인한 중대한 사고를 통보하지 않은 경우	법 제86조 제1항	100	200	300
바. 법 제38조제6항을 위반하여 관광통역 안내를 한 경우	법 제86조 제2항 제4호의4	50	100	100
사. 법 제38조제7항을 위반하여 자격증을 패용하지 않은 경우	법 제86조 제2항 제4호의5	3	3	3
아. <삭제>				
자. 법 제48조의10제3항을 위반하여 인증표지 또는 이와 유사한 표지를 하거나 한국관광품질인증을 받은 것으로 홍보한 경우	법 제86조 제2항제6호	30	60	100

관광진흥법 시행규칙 관련

[별표 1]

야영장 시설의 종류 (제5조의2 관련)

구분	시설의 종류
1. 기본시설	야영덱(텐트를 설치할 수 있는 공간)을 포함한 일반야영장 및 자동차야영장 등
2. 편익시설	야영시설(주재료를 천막으로 하여 바닥의 기초와 기둥을 갖추고 지면에 설치되어야 한다) · 야영용 트레일러(동력이 있는 자동차에 견인되어 육상을 이동할 수 있는 형태를 갖추어야 한다) · 관리실 · 방문자안내소 · 매점 · 바비큐장 · 문화예술체험장 · 야외쉼터 · 야외공연장 및 주차장 등
3. 위생시설	취사장 · 오물처리장 · 화장실 · 개수대 · 배수시설 · 오수정화시설 및 샤워장 등
4. 체육시설	실외에 설치되는 철봉 · 평행봉 · 그네 · 족구장 · 배드민턴장 · 어린이놀이터 · 놀이형시설 · 수영장 및 운동장 등
5. 안전 · 전기 · 가스시설	소방시설 · 전기시설 · 가스시설 · 잔불처리시설 · 재해방지시설 · 조명시설 · 폐쇄회로텔레비전시설(CCTV) · 긴급방송시설 및 대피소 등

150

[별표 1의2]

유원시설업의 시설 및 설비기준 (제7조제1항 관련)

1. 공통기준

구 분	시설 및 설비기준
가. 실내에 설치한 유원시설업	(1) 독립된 건축물이거나 다른 용도의 시설(「게임산업진흥에 관한 법률」 제2조제6호의2가목 또는 제7호에 따른 청소년게임제공업 또는 인터넷컴퓨터게임시설제공업의 시설은 제외한다)과 분리, 구획 또는 구분되어야 한다. (2) 유원시설업 내에 「게임산업진흥에 관한 법률」 제2조제6호의2가목 또는 제7호에 따른 청소년게임제공업 또는 인터넷컴퓨터게임시설제공업을 하려는 경우 청소년게임제공업 또는 인터넷컴퓨터게임시설제공업의 면적비율은 유원시설업 허가 또는 신고 면적의 50퍼센트 미만이어야 한다.
나. 종합유원시설업 및 일반유원시설업	(1) 방송시설 및 휴식시설(의자 또는 차양시설 등을 갖춘 것을 말한다)을 설치하여야 한다. (2) 화장실(유원시설업의 허가구역으로부터 100미터 이내에 공동화장실을 갖춘 경우는 제외한다)을 갖추어야 한다. (3) 이용객을 지면으로 안전하게 이동시키는 비상조치가 필요한 유기시설 또는 유기기구에 대하여는 비상시에 이용객을 안전하게 대피시킬 수 있는 시설[축전지 또는 발전기 등의 예비전원설비, 사다리, 계단시설, 윈치(중량물을 끌어올리거나 당기는 기계설비), 로프 등 해당 시설에 적합한 시설]을 갖추어야 한다. (4) 물놀이형 유기시설 또는 유기기구를 설치한 경우 다음 각 호의 시설을 갖추어야 한다. ① 수소이온화농도, 유리잔류염소농도를 측정할 수 있는 수질검사장비를 비치하여야 한다. ② 익수사고를 대비한 수상인명구조장비(구명구, 구명조끼, 구명로프 등)를 갖추어야 한다. ③ 물놀이 후 씻을 수 있는 시설(유원시설업의 허가구역으로부터 100미터 이내에 공동으로 씻을 수 있는 시설을 갖춘 경우는 제외한다)을 갖추어야 한다.

2. 개별기준

구 분	시설 및 설비기준
가. 종합유원시설업	(1) 대지 면적(실내에 설치한 유원시설업의 경우에는 건축물 연면적)은 1만제곱미터 이상이어야 한다. (2) 법 제33조제1항에 따른 안전성검사 대상 유기시설 또는 유기기구 6종 이상을 설치하여야 한다.

		(3) 정전 등 비상시 유기시설 또는 유기기구 이외 사업장 전체의 안전에 필요한 설비를 작동하기 위한 예비전원시설과 의무 시설(구급약품, 침상 등이 비치된 별도의 공간) 및 안내소를 설치하여야 한다. (4) 음식점 시설 또는 매점을 설치하여야 한다.
나. 일반유원 　시설업		(1) 법 제33조제1항에 따른 안전성검사 대상 유기시설 또는 유기기구 1종 이상을 설치하여야 한다. (2) 안내소를 설치하고, 구급약품을 비치하여야 한다.
다. 기타유원 　시설업		(1) 대지 면적(실내에 설치한 유원시설업의 경우에는 건축물 연면적)은 40 제곱미터 이상이어야 한다.(시행규칙 제40조제1항 관련 별표 11 제2호나목2)에 해당되는 유기시설 또는 유기기구를 설치하는 경우는 제외한다) (2) 법 제33조제1항에 따른 안전성검사 대상이 아닌 유기시설 또는 유기기구 1종 이상을 설치하여야 한다. (3) 구급약품을 비치하여야 한다.

3. 제1호 및 제2호의 기준에 관한 특례

 (1) 제1호 및 제2호에도 불구하고 제7조에 따라 6개월 미만의 단기로 일반유원시설업의 허가를 받으려 하거나 제11조에 따라 6개월 미만의 단기로 기타유원시설업의 신고를 하려는 경우에는 (2) 및 (3)의 기준을 적용한다.

 (2) 공통기준
　(가) 실내에 설치하는 경우에는 독립된 건축물이거나 다른 용도의 시설(「게임산업진흥에 관한 법률」 제2조제6호의2가목 또는 제7호에 따른 청소년게임제공업 또는 인터넷컴퓨터게임시설제공업의 시설은 제외한다)과 분리, 구획 또는 구분되어야 한다.
　(나) 실내에 설치한 유원시설업 내에 「게임산업진흥에 관한 법률」 제2조제6호의2가목 또는 제7호에 따른 청소년게임제공업 또는 인터넷컴퓨터게임시설제공업을 하려는 경우 청소년게임제공업 또는 인터넷컴퓨터게임시설제공업의 면적비율은 유원시설업 허가 또는 신고 면적의 50퍼센트 미만이어야 한다.
　(다) 구급약품을 비치하여야 한다.

 (3) 개별기준
　(가) 일반유원시설업
　　1) 법 제33조제1항에 따른 안전성검사 대상 유기시설 또는 유기기구 1종 이상을 설치하여야 한다.
　　2) 휴식시설 및 화장실을 갖추어야 하나, 불가피한 경우에는 허가구역으로부터 100미터 이내에 그 이용이 가능한 휴식시설 및 화장실을 갖추어야 한다.
　　3) 비상시 유기시설 또는 유기기구로부터 이용객을 안전하게 대피시킬 수 있는 시설 (사다리, 로프 등)을 갖추어야 한다.
　　4) 물놀이형 유기시설 또는 유기기구를 설치한 경우 수질검사장비와 수상인명구조장비를 비치하여야 한다.
　(나) 기타유원시설업
　　1) 대지 면적(실내에 설치한 유원시설업의 경우에는 건축물 연면적)은 40제곱미터 이상이어야 한다.(제40조제1항 관련 별표 11 제2호나목2)에 해당되는 유기시설 또는 유기기구를 설치하는 경우는 제외한다)
　　2) 법 제33조제1항에 따른 안전성검사 대상이 아닌 유기시설 또는 유기기구 1종 이상을 설치하여야 한다.

[별표 1의3]

변경허가 또는 변경신고의 대상이 되는 게임기구의 변경 등
(제8조제1항제1호라목 및 제2항제2호 관련)

1. 변경허가

   가. 테이블게임: 변경 또는 교체되는 테이블의 수가 2분의 1 이상인 경우

   나. 전자테이블게임: 다음의 어느 하나에 해당하는 경우

     1) 변경 또는 교체되는 전자테이블의 수가 2분의 1 이상인 경우

     2) 변경 또는 교체되는 이용자 단말기의 수가 2분의 1 이상인 경우

   다. 머신게임: 변경 또는 교체되는 머신의 수가 2분의 1 이상인 경우

2. 변경신고

   가. 테이블게임: 변경 또는 교체되는 테이블의 수가 2분의 1 미만인 경우

   나. 전자테이블게임: 다음의 어느 하나에 해당하는 경우

     1) 변경 또는 교체되는 전자테이블의 수가 2분의 1 미만인 경우

     2) 변경 또는 교체되는 이용자 단말기의 수가 2분의 1 미만인 경우

   다. 머신게임: 변경 또는 교체되는 머신의 수가 2분의 1 미만인 경우

[별표 2]

관광 편의시설업의 지정기준 (제15조 관련)

업 종	지 정 기 준
1. 관광유흥음식점업	가. 건물은 연면적이 특별시의 경우에는 330제곱미터 이상, 그 밖의 지역은 200제곱미터 이상으로 한국적 분위기를 풍기는 아담하고 우아한 건물일 것 나. 관광객의 수용에 적합한 다양한 규모의 방을 두고 실내는 고유의 한국적 분위기를 풍길 수 있도록 서화·문갑·병풍 및 나전칠기 등으로 장식할 것 다. 영업장 내부의 노랫소리 등이 외부에 들리지 아니하도록 할 것
2. 관광극장유흥업	가. 건물 연면적은 1,000제곱미터 이상으로 하고, 홀면적(무대면적을 포함한다)은 500제곱미터 이상으로 할 것 나. 관광객에게 민속과 가무를 감상하게 할 수 있도록 특수조명장치 및 배경을 설치한 50제곱미터 이상의 무대가 있을 것 다. 영업장 내부의 노랫소리 등이 외부에 들리지 아니하도록 할 것
3. 외국인전용 유흥음식점업	가. 홀면적(무대면적을 포함한다)은 100제곱미터 이상으로 할 것 나. 홀에는 노래와 춤 공연을 할 수 있도록 20제곱미터 이상의 무대를 설치하고, 특수조명 시설을 갖출 것 다. 영업장 내부의 노랫소리 등이 외부에 들리지 아니하도록 할 것 라. 외국인을 대상으로 영업할 것

4. 관광식당업	가. 인적요건
	  1) 한국 전통음식을 제공하는 경우에는 「국가기술자격법」에 따른 해당 조리사 자격증 소지자를 둘 것
	  2) 특정 외국의 전문음식을 제공하는 경우에는 다음의 요건 중 1개 이상의 요건을 갖춘 자를 둘 것
	  가) 해당 외국에서 전문조리사 자격을 취득한 자
	  나) 「국가기술자격법」에 따른 해당 조리사 자격증 소지자로서 해당 분야에서의 조리경력이 3년(다만, 2019년 6월 30일까지는 2년으로 한다) 이상인 자
	  다) 해당 외국에서 6개월 이상의 조리교육을 이수한 자
	나. <2014. 9. 16 삭제>
	다. 최소 한 개 이상의 외국어로 음식의 이름과 관련 정보가 병기된 메뉴판을 갖추고 있을 것
	라. 출입구가 각각 구분된 남·녀 화장실을 갖출 것

5. 관광순환버스업	○ 안내방송 등 외국어 안내서비스가 가능한 체제를 갖출 것
6. 관광사진업	○ 사진촬영기술이 풍부한 자 및 외국어 안내서비스가 가능한 체제를 갖출 것
7. 여객자동차 터미널시설업	○ 인근 관광지역 등의 안내서 등을 비치하고, 인근 관광자원 및 명소 등을 소개하는 관광안내판을 설치할 것
8. 관광펜션업	가. 자연 및 주변환경과 조화를 이루는 3층(다만, 2018년 6월 30일까지는 4층으로 한다) 이하의 건축물일 것 나. 객실이 30실 이하일 것 다. 취사 및 숙박에 필요한 설비를 갖출 것 라. 바비큐장, 캠프파이어장 등 주인의 환대가 가능한 1종류 이상의 이용시설을 갖추고 있을 것(다만, 관광펜션이 수개의 건물 동으로 이루어진 경우에는 그 시설을 공동으로 설치할 수 있다) 마. 숙박시설 및 이용시설에 대하여 외국어 안내 표기를 할 것
9. 관광궤도업	가. 자연 또는 주변 경관을 관람할 수 있도록 개방되어 있거나 밖이 보이는 창을 가진 구조일 것 나. 안내방송 등 외국어 안내서비스가 가능한 체제를 갖출 것
10. 한옥체험업	가. 한 종류 이상의 전통문화 체험에 적합한 시설을 갖추고 있을 것 나. 이용자의 불편이 없도록 욕실이나 샤워시설 등 편의시설을 갖출 것
11. 관광면세업	가. 외국어 안내 서비스가 가능한 체제를 갖출 것 나. 한 개 이상의 외국어로 상품명 및 가격 등 관련 정보가 명시된 전체 또는 개별 안내판을 갖출 것 다. 주변 교통의 원활한 소통에 지장을 초래하지 않을 것

12. 관광지원 서비스업	가. 다음의 어느 하나에 해당 할 것
	  1) 해당 사업의 평균매출액 중 관광객 또는 관광사업자와의 거래로 인한 매출액의 비율이 100분의 50 이상일 것
	  2) 법 제52조에 따라 관광지 또는 관광단지로 지정된 지역에서 사업장을 운영할 것
	  3) 법 제48조의10제1항에 따라 한국관광 품질인증을 받았을 것
	  4) 중앙행정기관의 장 또는 지방자치단체의 장이 공모 등의 방법을 통해 우수 관광사업으로 선정한 사업일 것
	나. 시설 등을 이용하는 관광객의 안전을 확보할 것

[별표 3]

보증보험 등 가입금액(영업보증금 예치금액) 기준
(제18조제3항 관련)

(단위 : 천원)

직전 사업연도 매출액 \ 여행업의 종류 (기획여행 포함)	국내여행업	국외여행업	일반여행업	국외여행업의 기획여행	일반여행업의 기획여행
1억원 미만	20,000	30,000	50,000		
1억원 이상 5억원 미만	30,000	40,000	65,000	200,000	200,000
5억원 이상 10억원 미만	45,000	55,000	85,000		
10억원 이상 50억원 미만	85,000	100,000	150,000		
50억원 이상 100억원 미만	140,000	180,000	250,000	300,000	300,000
100억원 이상 1,000억원 미만	450,000	750,000	1,000,000	500,000	500,000
1,000억원 이상	750,000	1,250,000	1,510,000	700,000	700,000

(비고) 1. 국외여행업 또는 일반여행업을 하는 여행업자 중에서 기획여행을 실시하려는 자는 국외여행업 또는 일반여행업에 따른 보증보험 등에 가입하거나 영업보증금을 예치하고 유지하는 것 외에 추가로 기획여행에 따른 보증보험 등에 가입하거나 영업보증금을 예치하고 유지하여야 한다.

2. 「소득세법」 제160조제3항 및 같은 법 시행령 제208조제5항에 따른 간편장부대상자(손익계산서를 작성하지 아니한 자만 해당한다)의 경우에는 보증보험 등 가입금액 또는 영업보증금 예치금액을 직전 사업연도 매출액이 1억원 미만인 경우에 해당하는 금액으로 한다.

3. 직전 사업연도의 매출액이 없는 사업개시 연도의 경우에는 보증보험 등 가입금액 또는 영업보증금 예치금액을 직전 사업연도 매출액이 1억원 미만인 경우에 해당하는 금액으로 한다. 직전 사업연도의 매출액이 없는 기획여행의 사업개시 연도의 경우에도 또한 같다.

4. 여행업과 함께 다른 사업을 병행하는 여행업자인 경우에는 직전 사업연도 매출액을 산정할 때에 여행업에서 발생한 매출액만으로 산정하여야 한다.

5. 일반여행업의 경우 직전 사업연도 매출액을 산정할 때에, 「부가가치세법 시행령」 제26조제1항제5호에 따라 외국인관광객에게 공급하는 관광알선용역으로서 그 대가를 받은 금액은 매출액에서 제외한다.

156

[별표 3의 2]

부상등급별 책임보험 또는 공제의 보험금액 한도
(제18조제7항제2호 관련)

부상 등급	한도 금액	부상 내용
1급	2천만원	1. 엉덩관절의 골절 또는 골절성 탈구 2. 척추체 분쇄성 골절 3. 척추체 골절 또는 탈구로 인한 각종 신경증상으로 수술을 시행한 부상 4. 외상성 두개강 안의 출혈로 머리뼈 절개술을 시행한 부상 5. 머리뼈의 함몰골절로 신경학적 증상이 심한 부상 또는 경막밑 물혹, 수활액 물혹, 지주막하 출혈 등으로 머리뼈 절개술을 시행한 부상 6. 매우 심한 뇌 타박상(소량의 출혈이 뇌 전체에 퍼져 있는 손상을 포함한다)으로 생명이 위독한 부상(48시간 이상 혼수상태가 지속되는 경우만 해당한다) 7. 넓적다리뼈 중간부분의 분쇄성 골절 8. 정강이뼈 아래 3분의 1 이상의 분쇄성 골절 9. 화상·종기·괴사종기 등으로 연조직(soft tissue)의 손상이 심한 부상(몸 표면의 9퍼센트 이상의 부상을 말한다) 10. 사지와 몸통의 연조직에 손상이 심하여 유경식피술을 시행한 부상 11. 위팔뼈 윗목부분 골절과 중간부분 분쇄골절이 중복된 경우 또는 위팔뼈 삼각골절 12. 그 밖에 1급에 해당한다고 인정되는 부상
2급	1천만원	1. 위팔뼈 분쇄성 골절 2. 척추체의 압박골절이 있으나 각종 신경증상이 없는 부상 또는 목뼈 탈구(불완전 탈구를 포함한다), 골절 등으로 목뼈보조기(척추고정보조기) 등 고정술을 시행한 부상 3. 머리뼈 골절로 신경학적 증상이 현저한 부상(48시간 미만의 혼수상태 또는 반혼수상태가 지속되는 경우를 말한다) 4. 내부장기 파열과 골반뼈 골절이 동반된 부상 또는 골반뼈 골절과 요도 파열이 동반된 부상 5. 무릎관절 탈구 6. 발목관절 부위 골절과 골절성 탈구가 동반된 부상 7. 자뼈 중간부분 골절과 노뼈머리 탈구가 동반된 부상 8. 천장골 간 관절 탈구 9. 무릎관절 전·후십자인대 및 안쪽인대 파열과 내외측 반달연골이 전부 파열된 부상 10. 그 밖에 2급에 해당한다고 인정되는 부상
3급	1천만원	1. 위팔뼈 윗목부분 골절 2. 위팔뼈 융기 골절과 팔꿈치관절 탈구가 동반된 부상 3. 노뼈와 자뼈의 중간부분 골절이 동반된 부상 4. 손목 손배뼈(손목 관절에서 엄지쪽에 위치하는 손목뼈의 하나) 골절 5. 노뼈 신경손상을 동반한 위팔뼈 중간부분 골절 6. 넓적다리뼈 중간부분 골절(소아의 경우에는 수술을 시행한 경우만 해당하며, 그 외의 사람의 경우에는 수술의 시행 여부를 불문한다) 7. 무릎뼈 분쇄 골절과 탈구로 인하여 무릎뼈 완전 제거술을 시행한 부상 8. 정강이뼈 복사 골절로 인하여 관절면이 손상되는 부상(정강이뼈 융기 골절로 개방수술을 시행한 경우를 포함한다) 9. 족근 골척골 간 관절 탈구와 골절이 동반된 부상 또는 발목발허리관절(Lisfranc, 족근중족관절)의 골절 및 탈구 10. 전·후십자인대 또는 내외측 반달연골 파열과 정강이뼈 융기 골절 등이 복합된 속무릎장애(슬내장, 외상성 무릎관절 통증)

부상 등급	한도 금액	부상 내용
		11. 복부 내장 파열로 수술이 불가피한 부상 또는 복강 내 출혈로 수술한 부상 12. 뇌손상으로 뇌신경 마비를 동반한 부상 13. 중증도(重症度)의 뇌 타박상(소량의 출혈이 뇌 전체에 퍼져 있는 손상을 포함한다)으로 신경학적 증상이 심한 부상(48시간 미만의 혼수상태 또는 반혼수상태가 지속되는 경우를 말한다) 14. 개방성 공막 찢긴상처로 양쪽 안구가 파열되어 양안 제거술을 시행한 부상 15. 목뼈궁(頸椎宮: 목뼈의 추골 뒷부분인 추궁)의 선상 골절 16. 항문 파열로 인공항문 조성술 또는 요도 파열로 요도성형술을 시행한 부상 17. 넓적다리뼈관절융기 분쇄 골절로 인하여 관절면이 손상되는 부상 18. 그 밖에 3급에 해당한다고 인정되는 부상
4급	900만원	1. 넓적다리뼈관절융기(끝쪽, 관절융기 윗부분 및 넓적다리관절융기 사이를 포함한다) 골절 2. 정강이뼈 중간부분 골절, 관절면 침범이 없는 정강이뼈 복사 골절 3. 거골 윗목부분 골절 4. 무릎 인대 파열 5. 어깨뼈(견갑골) 관절부위의 회전근개 골절 6. 위팔뼈 외측상과 전위 골절 7. 팔꿈치관절부 골절과 탈구가 동반된 부상 8. 화상, 종기, 괴사종기 등으로 연조직의 손상이 몸 표면의 약 4.5퍼센트 이상인 부상 9. 안구 파열로 제거술이 불가피한 부상 또는 개방성 공막 찢긴상처로 안구 제거술, 각막 이식술을 시행한 부상 10. 넓적다리 네갈래근, 두갈래근 파열로 관혈적 수술을 시행한 부상 11. 무릎관절부의 내외측부 인대, 전·후십자인대, 내외측 반달연골 완전 파열(부분 파열로 수술을 시행한 경우를 포함한다) 12. 출혈을 동반하는 교정수술을 시행한 정강이뼈·종아리뼈 아래 3분의 1 이상의 분쇄성 골절 13. 그 밖에 4급에 해당한다고 인정되는 부상
5급	900만원	1. 골반골의 중복 골절[말가이그니 골절(Malgaigne fracture: 골반에 생기는 중복골절)을 포함한다] 2. 발목관절 부위의 내외과 골절이 동반된 부상 3. 발꿈치뼈 골절 4. 위팔뼈 중간부분 골절 5. 노뼈 끝쪽[콜리스 골절(Colles fracture: 손목 관절의 2.5cm 이내 노뼈의 아래끝 골절), 스미스골절(Smith fracture: 콜리스 골절의 반대로서 끝쪽 뼈조각이 앞쪽으로 튀어나온 노뼈 끝쪽 골절), 손목 관절면, 노뼈 먼쪽 뼈끝 골절을 포함한다] 골절 6. 자뼈 몸쪽부위 골절 7. 다발성 갈비뼈 골절로 혈액가슴증(혈흉), 공기가슴증(기흉)이 동반된 부상 또는 단순 갈비뼈 골절과 혈액가슴증, 공기가슴증이 동반되어 가슴에 삽관수술을 시행한 부상 8. 발등 근육힘줄 파열상처 9. 손바닥 근육힘줄 파열상처(상완심부 찢긴상처로 삼각근, 이두근 근육힘줄 파열을 포함한다) 10. 아킬레스건 파열 11. 소아의 위팔뼈 중간부분 골절(분쇄 골절을 포함한다)로 수술한 부상 12. 결막, 공막, 망막 등의 자체 파열로 봉합술을 시행한 부상 13. 거골 골절(윗목부분은 제외한다) 14. 출혈을 동반하는 교정수술을 시행하지 않은 정강이뼈·종아리뼈 아래의 3분의 1 이상의 분쇄 골절 15. 출혈을 동반하는 교정수술을 시행한 소아의 정강이뼈 분쇄 골절 16. 23개 이상의 치아에 보철이 필요한 부상 17. 그 밖에 5급에 해당된다고 인정되는 부상

158

부상 등급	한도 금액	부상 내용
6급	500만원	1. 소아의 다리의 긴뼈 골절(분쇄 골절 또는 성장판 손상을 포함한다) 2. 넓적다리뼈 큰돌기 (뼈)조각 골절 3. 넓적다리뼈 작은돌기 (뼈)조각 골절 4. 다발성 발바닥뼈(발허리뼈를 말한다. 이하 같다) 골절 5. 두덩뼈·궁둥뼈·장골·천골의 단일 골절 또는 꼬리뼈 골절로 수술한 부상 6. 두덩뼈 위·아래가지 골절 또는 양측 두덩뼈 골절 7. 단순 손목뼈 골절 8. 노뼈 중간부분 골절(끝쪽 골절은 제외한다) 9. 자뼈 중간부분 골절(몸쪽부위 골절은 제외한다) 10. 자뼈 팔꿈치머리부위 골절 11. 다발성 손바닥뼈(중수골을 말한다. 이하 같다) 골절 12. 머리뼈 골절로 신경학적 증상이 경미한 부상 13. 외상성 경막밑 물혹, 수활액 물혹, 지주막하 출혈 등으로 수술하지 않은 부상(천공술을 시행한 경우를 포함한다) 14. 갈비뼈 골절이 없이 혈액가슴증 또는 공기가슴증이 동반되어 가슴에 삽관수술을 시행한 부상 15. 위팔뼈 대결절 견연 골절로 수술을 시행한 부상 16. 넓적다리뼈 또는 넓적다리뼈관절융기 견연 골절 17. 19개 이상 22개 이하의 치아에 보철이 필요한 부상 18. 그 밖에 6급에 해당한다고 인정되는 부상
7급	500만원	1. 소아의 팔의 긴뼈 골절 2. 발목관절 내과골 또는 외과골 골절 3. 위팔뼈 위관절융기 굽힘골절 4. 엉덩관절 탈구 5. 견갑 관절 탈구 6. 어깨봉우리빗장관절 탈구, 관절 주머니 또는 어깨봉우리빗장관절간 인대 파열 7. 발목관절 탈구 8. 엉치엉덩관절(천장관절) 분리 또는 두덩결합분리(치골결합분리) 9. 다발성 얼굴머리뼈 골절 또는 신경손상과 동반된 얼굴머리뼈 골절 10. 16개 이상 18개 이하의 치아에 보철이 필요한 부상 11. 그 밖에 7급에 해당한다고 인정되는 부상
8급	240만원	1. 위팔뼈 양쪽 위관절 융기골절 또는 위팔뼈 대결절 견연 골절로 수술하지 않은 부상 2. 빗장뼈 골절 3. 팔꿈치관절 탈구 4. 어깨뼈(어깨뼈 돌기 또는 체부, 흉곽 내 탈구, 윗목부분, 융기, 어깨봉우리돌기 및 어깨뼈부리돌기를 포함한다) 골절 5. 어깨봉우리빗장관절 인대 또는 부리빗장관절 인대 완전 파열 6. 팔꿈치관절의 위팔뼈 작은머리 골절 7. 종아리뼈(다리) 골절, 종아리뼈 몸쪽부위 골절(신경손상 또는 관절면 손상을 포함한다) 8. 발가락뼈(족지골을 말한다. 이하 같다)의 골절과 탈구가 동반된 부상 9. 다발성 갈비뼈 골절 10. 뇌 타박상(소량의 출혈이 뇌 전체에 퍼져 있는 손상을 포함한다)으로 신경학적 증상이 경미한 부상 11. 안면부 찢긴상처, 두개부 타박 등에 의한 뇌손상이 없는 뇌신경손상 12. 위턱뼈, 아래턱뼈, 치조골, 얼굴머리뼈 골절 13. 안구 제거술 없이 시신경의 손상으로 실명된 부상 14. 족부 인대 파열(부분 파열은 제외한다) 15. 13개 이상 15개 이하의 치아에 보철이 필요한 부상 16. 그 밖에 8급에 해당한다고 인정되는 부상

부상 등급	한도 금액	부상 내용
9급	240만원	1. 척추뼈의 극상돌기, 가로돌기 골절 또는 하관절 돌기 골절(다발성 골절을 포함한다) 2. 노뼈 골두골 골절 3. 손목관절 내 월상골 전방 탈구 등 손목뼈 탈구 4. 손가락뼈(수지골을 말한다. 이하 같다)의 골절과 탈구가 동반된 부상 5. 손바닥뼈 골절 6. 손목골절[손배뼈(손목 관절에서 엄지쪽에 위치하는 손목뼈의 하나)는 제외한다] 7. 발목뼈(족근골을 말한다) 골절(거골·발꿈치뼈는 제외한다) 8. 발바닥뼈 골절 9. 발목관절 부위 염좌, 정강이뼈·종아리뼈 분리, 족부 인대 또는 아킬레스건의 부분 파열 10. 갈비뼈, 복장뼈, 늑연골 골절 또는 단순 갈비뼈 골절과 혈액가슴증, 공기가슴증이 동반되어 수술을 시행하지 않은 경우 11. 척추체간 관절부 염좌로서 그 부근의 연조직(인대, 근육 등을 포함한다) 손상이 동반된 부상 12. 척수 손상으로 마비증상이 없고 수술을 시행하지 않은 경우 13. 손목관절 탈구(노뼈, 손목뼈 관절 탈구, 수근간 관절 탈구 및 먼쪽 노뼈·자뼈 관절 탈구를 포함한다) 14. 꼬리뼈 골절로 수술을 시행하지 않은 부상 15. 무릎관절부 인대의 부분 파열로 수술을 시행하지 않은 경우 16. 11개 이상 12개 이하의 치아에 보철이 필요한 부상 17. 그 밖에 9급에 해당한다고 인정되는 부상
10급	160만원	1. 외상성 무릎관절 내 혈종(혈액덩이. 활액막염을 포함한다.) 2. 손바닥뼈 지골 간 관절 탈구 3. 손목뼈, 손바닥뼈 간 관절 탈구 4. 팔부위 각 관절부(어깨관절, 팔꿈치관절 및 손목관절을 말한다) 염좌 5. 자뼈·노뼈 붓돌기 골절, 전부 불완전골절[비골(코) 골절, 손가락뼈 골절 및 발가락뼈 골절은 제외한다] 6. 손가락폄근 힘줄파열 7. 9개 이상 10개 이하의 치아에 보철이 필요한 부상 8. 그 밖에 10급에 해당한다고 인정되는 부상
11급	160만원	1. 발가락뼈 관절 탈구 및 염좌 2. 손가락 골절·탈구 및 염좌 3. 비골(코) 골절 4. 손가락뼈 골절 5. 발가락뼈 골절 6. 뇌진탕 7. 고막 파열 8. 6개 이상 8개 이하의 치아에 보철이 필요한 부상 9. 그 밖에 11급에 해당한다고 인정되는 부상
12급	80만원	1. 8일 이상 14일 이하의 입원이 필요한 부상 2. 15일 이상 26일 이하의 통원 치료가 필요한 부상 3. 4개 이상 5개 이하의 치아에 보철이 필요한 부상
13급	80만원	1. 4일 이상 7일 이하의 입원이 필요한 부상 2. 8일 이상 14일 이하의 통원 치료가 필요한 부상 3. 2개 이상 3개 이하의 치아에 보철이 필요한 부상
14급	80만원	1. 3일 이하의 입원이 필요한 부상 2. 7일 이하의 통원 치료가 필요한 부상 3. 1개 이하의 치아에 보철이 필요한 부상

비고
1. 2급부터 11급까지의 부상 내용 중 개방성 골절은 해당 등급보다 한 등급 높은 금액으로 배상한다.
2. 2급부터 11급까지의 부상 내용 중 단순성 선상 골절로 인한 골편의 전위가 없는 골절은 해당 등급보다 한 등급 낮은 금액으로 배상한다.
3. 2급부터 11급까지의 부상 내용 중 두 가지 이상의 부상이 중복된 경우에는 가장 높은 등급에 해당하는 부상으로부터 하위 3등급(예: 부상 내용이 주로 2급에 해당하는 경우에는 5급까지) 사이의 부상이 중복된 경우에만 가장 높은 부상 내용의 등급보다 한 등급 높은 금액으로 배상한다.
4. 일반 외상과 치아 보철이 필요한 부상이 중복된 경우에는 1급의 금액을 초과하지 않는 범위에서 부상 등급별 해당 금액의 합산액을 배상한다.

160

[별표 3의 3]

후유장애 등급별 가입금액의 한도
(제18조제7항제3호 관련)

후유장애 등급	한도 금액	후유장애 내용
1급	1억원	1. 두 눈이 실명된 사람 2. 말하는 기능과 음식물을 씹는 기능을 완전히 잃은 사람 3. 신경계통의 기능 또는 정신기능에 뚜렷한 장애가 남아 항상 보호를 받아야 하는 사람 4. 흉복부 장기의 기능에 뚜렷한 장애가 남아 항상 보호를 받아야 하는 사람 5. 반신불수가 된 사람 6. 두 팔을 팔꿈치관절 이상의 부위에서 잃은 사람 7. 두 팔을 완전히 사용하지 못하게 된 사람 8. 두 다리를 무릎관절 이상의 부위에서 잃은 사람 9. 두 다리를 완전히 사용하지 못하게 된 사람
2급	9천만원	1. 한쪽 눈이 실명되고 다른 쪽 눈의 시력이 0.02 이하로 된 사람 2. 두 눈의 시력이 모두 0.02 이하로 된 사람 3. 두 팔을 손목관절 이상의 부위에서 잃은 사람 4. 두 다리를 발목관절 이상의 부위에서 잃은 사람 5. 신경계통의 기능 또는 정신기능에 뚜렷한 장애가 남아 수시로 보호를 받아야 하는 사람 6. 흉복부 장기의 기능에 뚜렷한 장애가 남아 수시로 보호를 받아야 하는 사람
3급	8천만원	1. 한쪽 눈이 실명되고 다른 쪽 눈의 시력이 0.06 이하로 된 사람 2. 말하는 기능이나 음식물을 씹는 기능 중 하나의 기능을 완전히 잃은 사람 3. 신경계통의 기능 또는 정신기능에 뚜렷한 장애가 남아 일생 동안 노무에 종사할 수 없는 사람 4. 흉복부 장기의 기능에 뚜렷한 장애가 남아 일생 동안 노무에 종사할 수 없는 사람 5. 두 손의 손가락을 모두 잃은 사람
4급	7천만원	1. 두 눈의 시력이 모두 0.06 이하로 된 사람 2. 말하는 기능과 음식물을 씹는 기능에 뚜렷한 장애가 남은 사람 3. 고막이 전부 결손되거나 그 외의 원인으로 인하여 두 귀의 청력을 완전히 잃은 사람 4. 한쪽 팔을 팔꿈치관절 이상의 부위에서 잃은 사람 5. 한쪽 다리를 무릎관절 이상의 부위에서 잃은 사람 6. 두 손의 손가락을 모두 제대로 못쓰게 된 사람 7. 두 발을 족근중족(Lisfranc) 관절 이상의 부위에서 잃은 사람
5급	6천만원	1. 한쪽 눈이 실명되고 다른 쪽 눈의 시력이 0.1 이하로 된 사람 2. 한쪽 팔을 손목관절 이상의 부위에서 잃은 사람 3. 한쪽 다리를 발목관절 이상의 부위에서 잃은 사람 4. 한쪽 팔을 완전히 사용하지 못하게 된 사람 5. 한쪽 다리를 완전히 사용하지 못하게 된 사람 6. 두 발의 발가락을 모두 잃은 사람 7. 신경계통의 기능 또는 정신기능에 뚜렷한 장애가 남아 특별히 손쉬운 노무 외에는 종사할 수 없는 사람 8. 흉복부 장기의 기능에 뚜렷한 장애가 남아 특별히 손쉬운 노무 외에는 종사할 수 없는 사람

후유장애 등급	한도 금액	후유장애 내용
6급	5천만원	1. 두 눈의 시력이 모두 0.1 이하로 된 사람 2. 말하는 기능이나 음식물을 씹는 기능에 뚜렷한 장애가 남은 사람 3. 고막이 대부분 결손되거나 그 외의 원인으로 인하여 두 귀의 청력이 귀에 입을 대고 말하지 않으면 큰 말소리를 알아듣지 못하게 된 사람 4. 한쪽 귀가 전혀 들리지 않게 되고 다른 쪽 귀의 청력이 40센티미터 이상의 거리에서는 보통의 말소리를 알아듣지 못하게 된 사람 5. 척추에 뚜렷한 기형이나 뚜렷한 운동장애가 남은 사람 6. 한쪽 팔의 3대 관절 중 2개 관절을 못쓰게 된 사람 7. 한쪽 다리의 3대 관절 중 2개 관절을 못쓰게 된 사람 8. 한쪽 손의 5개 손가락을 잃거나 한쪽 손의 엄지손가락과 둘째손가락을 포함하여 4개의 손가락을 잃은 사람
7급	4천만원	1. 한쪽 눈이 실명되고 다른 쪽 눈의 시력이 0.6 이하로 된 사람 2. 두 귀의 청력이 모두 40센티미터 이상의 거리에서는 보통의 말소리를 알아듣지 못하게 된 사람 3. 한쪽 귀가 전혀 들리지 않게 되고 다른 쪽 귀의 청력이 1미터 이상의 거리에서는 보통의 말소리를 알아듣지 못하게 된 사람 4. 신경계통의 기능 또는 정신기능에 장애가 남아 손쉬운 노무 외에는 종사하지 못하는 사람 5. 흉복부 장기의 기능에 장애가 남아 손쉬운 노무 외에는 종사하지 못하는 사람 6. 한쪽 손의 엄지손가락과 둘째손가락을 잃은 사람 또는 한쪽 손의 엄지손가락이나 둘째손가락을 포함하여 3개 이상의 손가락을 잃은 사람 7. 한쪽 손의 5개의 손가락 또는 한쪽 손의 엄지손가락과 둘째손가락을 포함하여 4개의 손가락을 제대로 못쓰게 된 사람 8. 한쪽 발을 족근중족 관절 이상의 부위에서 잃은 사람 9. 한쪽 팔에 가관절(假關節: 부러진 뼈가 완전히 아물지 못하여 그 부분이 마치 관절처럼 움직이는 상태)이 남아 뚜렷한 운동장애가 남은 사람 10. 한쪽 다리에 가관절이 남아 뚜렷한 운동장애가 남은 사람 11. 두 발의 발가락을 모두 제대로 못쓰게 된 사람 12. 외모에 뚜렷한 흉터가 남은 사람 13. 양쪽의 고환을 잃은 사람
8급	3천만원	1. 한쪽 눈의 시력이 0.02 이하로 된 사람 2. 척추에 운동장애가 남은 사람 3. 한쪽 손의 엄지손가락을 포함하여 2개의 손가락을 잃은 사람 4. 한쪽 손의 엄지손가락과 둘째손가락을 제대로 못쓰게 된 사람 또는 한쪽 손의 엄지손가락이나 둘째손가락을 포함하여 3개 이상의 손가락을 제대로 못쓰게 된 사람 5. 한쪽 다리가 5센티미터 이상 짧아진 사람 6. 한쪽 팔의 3대 관절 중 1개 관절을 제대로 못쓰게 된 사람 7. 한쪽 다리의 3대 관절 중 1개 관절을 제대로 못쓰게 된 사람 8. 한쪽 팔에 가관절이 남은 사람 9. 한쪽 다리에 가관절이 남은 사람 10. 한쪽 발의 발가락을 모두 잃은 사람 11. 비장 또는 한쪽의 신장을 잃은 사람
9급	2천 250만원	1. 두 눈의 시력이 모두 0.6 이하로 된 사람 2. 한쪽 눈의 시력이 0.06 이하로 된 사람 3. 두 눈에 한쪽시야결손·시야협착 또는 시야결손이 남은 사람 4. 두 눈의 눈꺼풀에 뚜렷한 결손이 남은 사람 5. 코가 결손되어 그 기능에 뚜렷한 장애가 남은 사람 6. 말하는 기능과 음식물을 씹는 기능에 장애가 남은 사람 7. 두 귀의 청력이 모두 1미터 이상의 거리에서는 보통의 말소리를 알아듣지 못하게 된 사람 8. 한쪽 귀의 청력이 귀에 입을 대고 말하지 않으면 큰 말소리를 알아듣지 못하고 다른 쪽 귀의 청력이 1미터 이상의 거리에서는 보통의 말소리를 알아듣지 못하게 된 사람

후유장애 등급	한도 금액	후유장애 내용
		9. 한쪽 귀의 청력을 완전히 잃은 사람 10. 한쪽 손의 엄지손가락을 잃은 사람 또는 둘째손가락을 포함하여 2개의 손가락을 잃은 사람 또는 엄지손가락과 둘째손가락 외의 3개의 손가락을 잃은 사람 11. 한쪽 손의 엄지손가락을 포함하여 2개의 손가락을 제대로 못쓰게 된 사람 12. 한쪽 발의 엄지발가락을 포함하여 2개 이상의 발가락을 잃은 사람 13. 한쪽 발의 발가락을 모두 제대로 못쓰게 된 사람 14. 생식기에 뚜렷한 장애가 남은 사람 15. 신경계통의 기능 또는 정신기능에 장애가 남아 노무가 상당한 정도로 제한된 사람 16. 흉복부 장기의 기능에 장애가 남아 노무가 상당한 정도로 제한된 사람
10급	1천 880만원	1. 한쪽 눈의 시력이 0.1 이하로 된 사람 2. 말하는 기능이나 음식물을 씹는 기능에 장애가 남은 사람 3. 14개 이상의 치아에 보철을 한 사람 4. 한쪽 귀의 청력이 귀에 입을 대고 말하지 않으면 큰 말소리를 알아듣지 못하게 된 사람 5. 두 귀의 청력이 모두 1미터 이상의 거리에서 보통의 말소리를 듣는 데 지장이 있는 사람 6. 한쪽 손의 둘째손가락을 잃은 사람 또는 엄지손가락과 둘째손가락 외의 2개의 손가락을 잃은 사람 7. 한쪽 손의 엄지손가락을 제대로 못쓰게 된 사람 또는 한쪽 손의 둘째손가락을 포함하여 2개의 손가락을 제대로 못쓰게 된 사람 또는 한 쪽 손의 엄지손가락과 둘째손가락 외의 3개의 손가락을 제대로 못쓰게 된 사람 8. 한쪽 다리가 3센티미터 이상 짧아진 사람 9. 한쪽 발의 엄지발가락 또는 그 외의 4개의 발가락을 잃은 사람 10. 한쪽 팔의 3대 관절 중 1개 관절의 기능에 뚜렷한 장애가 남은 사람 11. 한쪽 다리의 3대 관절 중 1개 관절의 기능에 뚜렷한 장애가 남은 사람
11급	1천 500만원	1. 두 눈이 모두 근접반사 기능에 뚜렷한 장애가 남거나 뚜렷한 운동장애가 남은 사람 2. 두 눈의 눈꺼풀에 뚜렷한 장애가 남은 사람 3. 한쪽 눈의 눈꺼풀에 결손이 남은 사람 4. 한쪽 귀의 청력이 40센티미터 이상의 거리에서는 보통의 말소리를 알아듣지 못하게 된 사람 5. 두 귀의 청력이 모두 1미터 이상의 거리에서는 작은 말소리를 알아듣지 못하게 된 사람 6. 척추에 기형이 남은 사람 7. 한쪽 손의 가운뎃손가락 또는 넷째손가락을 잃은 사람 8. 한쪽 손의 둘째손가락을 제대로 못쓰게 된 사람 또는 한쪽 손의 엄지손가락과 둘째손가락 외의 2개의 손가락을 제대로 못쓰게 된 사람 9. 한쪽 발의 엄지발가락을 포함하여 2개 이상의 발가락을 제대로 못쓰게 된 사람 10. 흉복부 장기의 기능에 장애가 남은 사람 11. 10개 이상의 치아에 보철을 한 사람
12급	1천 250만원	1. 한쪽 눈의 근접반사 기능에 뚜렷한 장애가 있거나 뚜렷한 운동장애가 남은 사람 2. 한쪽 눈의 눈꺼풀에 뚜렷한 운동장애가 남은 사람 3. 7개 이상의 치아에 보철을 한 사람 4. 한쪽 귀의 귓바퀴가 대부분 결손된 사람 5. 빗장뼈, 복장뼈, 갈비뼈, 어깨뼈 또는 골반뼈에 뚜렷한 기형이 남은 사람 6. 한쪽 팔의 3대 관절 중 1개 관절의 기능에 장애가 남은 사람 7. 한쪽 다리의 3대 관절 중 1개 관절의 기능에 장애가 남은 사람 8. 장관골에 기형이 남은 사람 9. 한쪽 손의 가운뎃손가락이나 넷째손가락을 제대로 못쓰게 된 사람 10. 한쪽 발의 둘째발가락을 잃은 사람 또는 한쪽 발의 둘째발가락을 포함하여 2개의 발가락을 잃은 사람 또는 한쪽 발의 가운뎃발가락 이하의 3개의 발가락을 잃은 사람 11. 한쪽 발의 엄지발가락 또는 그 외의 4개의 발가락을 제대로 못쓰게 된 사람 12. 신체 일부에 뚜렷한 신경증상이 남은 사람 13. 외모에 흉터가 남은 사람

후유장애 등급	한도 금액	후유장애 내용
13급	1천만원	1. 한쪽 눈의 시력이 0.6 이하로 된 사람 2. 한쪽 눈에 한쪽시야결손, 시야협착 또는 시야결손이 남은 사람 3. 두 눈의 눈꺼풀 일부에 결손이 남거나 속눈썹에 결손이 남은 사람 4. 5개 이상의 치아에 보철을 한 사람 5. 한쪽 손의 새끼손가락을 잃은 사람 6. 한쪽 손의 엄지손가락 마디뼈의 일부를 잃은 사람 7. 한쪽 손의 둘째손가락 마디뼈의 일부를 잃은 사람 8. 한쪽 손의 둘째손가락의 끝관절을 굽히고 펼 수 없게 된 사람 9. 한쪽 다리가 1센티미터 이상 짧아진 사람 10. 한쪽 발의 가운뎃발가락 이하의 발가락 1개 또는 2개를 잃은 사람 11. 한쪽 발의 둘째발가락을 제대로 못쓰게 된 사람 또는 한쪽 발이 둘째발가락을 포함하여 2개의 발가락을 제대로 못쓰게 된 사람 또는 한쪽 발의 가운뎃발가락 이하의 발가락 3개를 제대로 못쓰게 된 사람
14급	630만원	1. 한쪽 눈의 눈꺼풀 일부에 결손이 있거나 속눈썹에 결손이 남은 사람 2. 3개 이상의 치아에 보철을 한 사람 3. 한쪽 귀의 청력이 1미터 이상의 거리에서는 보통의 말소리를 알아듣지 못하게 된 사람 4. 팔의 보이는 부분에 손바닥 크기의 흉터가 남은 사람 5. 다리의 보이는 부분에 손바닥 크기의 흉터가 남은 사람 6. 한쪽 손의 새끼손가락을 제대로 못쓰게 된 사람 7. 한쪽 손의 엄지손가락과 둘째손가락 외의 손가락 마디뼈의 일부를 잃은 사람 8. 한쪽 손의 엄지손가락과 둘째손가락 외의 손가락 끝관절을 제대로 못쓰게 된 사람 9. 한쪽 발의 가운뎃발가락 이하의 발가락 1개 또는 2개를 제대로 못쓰게 된 사람 10. 신체 일부에 신경증상이 남은 사람

비고
1. 후유장애가 둘 이상 있는 경우에는 그 중 심한 후유장애에 해당하는 등급보다 한 등급 높은 금액으로 배상한다.
2. 시력의 측정은 국제식 시력표로 하고, 굴절 이상이 있는 사람에 대해서는 원칙적으로 교정시력을 측정한다.
3. "손가락을 잃은 것"이란 엄지손가락은 지관절, 그 밖의 손가락은 제1지관절 이상을 잃은 경우를 말한다.
4. "손가락을 제대로 못쓰게 된 것"이란 손가락 끝부분의 2분의 1 이상을 잃거나 손허리손가락관절 또는 제1지관절(엄지손가락의 경우에는 지관절을 말한다)에 뚜렷한 운동장애가 남은 경우를 말한다.
5. "발가락을 잃은 것"이란 발가락 전부를 잃은 경우를 말한다.
6. "발가락을 제대로 못쓰게 된 것"이란 엄지발가락은 끝관절의 2분의 1 이상을, 그 밖의 발가락은 끝관절 이상을 잃거나 발허리발가락관절(중족지관절) 또는 제1지관절(엄지발가락의 경우에는 지관절을 말한다)에 뚜렷한 운동장애가 남은 경우를 말한다.
7. "흉터가 남은 것"이란 성형수술을 한 후에도 맨눈으로 식별이 가능한 흔적이 있는 상태를 말한다.
8. "항상 보호를 받아야 하는 것"이란 일상생활에서 기본적인 음식 섭취, 배뇨 등을 다른 사람에게 의존하여야 하는 것을 말한다.
9. "수시로 보호를 받아야 하는 것"이란 일상생활에서 기본적인 음식 섭취, 배뇨 등은 가능하나, 그 외의 일은 다른 사람에게 의존하여야 하는 것을 말한다.
10. "항상 보호 또는 수시 보호를 받아야 하는 기간"은 의사가 판정하는 노동능력 상실기간을 기준으로 하여 타당한 기간으로 정한다.
11. "제대로 못쓰게 된 것"이란 정상기능의 4분의 3 이상을 상실한 경우를 말하고, "뚜렷한 장애가 남은 것"이란 정상기능의 2분의 1 이상을 상실한 경우를 말하며, "장애가 남은 것"이란 정상기능의 4분의 1 이상을 상실한 경우를 말한다.
12. "신경계통의 기능 또는 정신기능에 뚜렷한 장애가 남아 특별히 손쉬운 노무 외에는 종사할 수 없는 것"이란 신경계통의 기능 또는 정신기능의 뚜렷한 장애로 노동능력이 일반인의 4분의 1 정도만 남아 평생 동안 특별히 쉬운 일 외에는 노동을 할 수 없는 경우를 말한다.
13. "신경계통의 기능 또는 정신기능에 장애가 남아 노무가 상당한 정도로 제한된 것"이란 노동능력이 어느 정도 남아 있으나 신경계통의 기능 또는 정신기능의 장애로 종사할 수 있는 직종의 범위가 상당한 정도로 제한된 경우로서 다음 각 목의 어느 하나에 해당하는 경우를 말한다.
  가. 신체적 능력은 정상이지만 뇌손상에 따른 정신적 결손증상이 인정되는 경우
  나. 전간(癲癇) 발작과 현기증이 나타날 가능성이 의학적·타각적(객관적) 소견으로 증명되는 사람
  다. 팔다리에 가벼운 정도의 일부 마비가 인정되는 사람
14. "흉복부 장기의 기능에 뚜렷한 장애가 남아 특별히 손쉬운 노무 외에는 종사할 수 없는 것"이란 흉복부 장기의 장애로 노동능력이 일반인의 4분의 1 정도만 남은 경우를 말한다.
15. "흉복부 장기의 기능에 장애가 남아 손쉬운 노무 외에는 종사할 수 없는 것"이란 중등도(中等度)의 흉복부 장기의 장애로 노동능력이 일반인의 2분의 1 정도만 남은 경우를 말한다.
16. "흉복부 장기의 기능에 장애가 남아 노무가 상당한 정도로 제한된 것"이란 중등도의 흉복부 장기의 장애로 취업가능한 직종의 범위가 상당한 정도로 제한된 경우를 말한다.

[별표 4]

관광사업장 표지 (제19조제1호 관련)

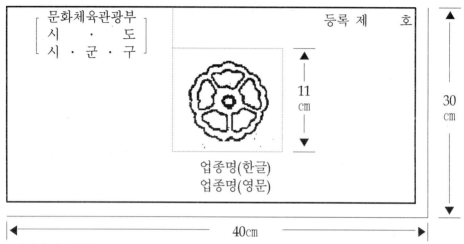

(제작상 유의사항)
1. 소재는 놋쇠로 한다.
2. 그림을 제외한 바탕색은 녹색으로 한다.
3. 표지의 두께는 5㎜로 한다.

[별표 6]

관광식당 표지 (제19조제4호 관련)

(제작상 유의사항)

1. 기본모형은 위와 같이 하고 흰색 바탕에 원은 오렌지색, 글씨는 검은색으로 한다.
2. 크기와 제작방법은 문화체육관광부장관이 별도로 정한다.
3. 지정권자의 표기는 한글·영문 또는 한문 중 하나를 선택하여 사용한다.

[별표 7]

야영장의 안전·위생기준 (제28조의2 관련)

1. 화재 예방기준

　가. 소방시설은 소방 관계 법령과 「화재예방, 소방시설 설치·유지 및 안전관리에 관한 법률」 제9조제1항에 따른 화재안전기준에 적합하게 설치하여야 하고, 같은 법 제36조제3항 또는 제39조제2항에 따른 제품검사를 받은 소방용품을 사용하여야 한다.

　나. 사방이 밀폐된 이동식 야영용 천막 안에서 전기용품[야영장 내에 누전차단기가 설치된 경우로서 전기용품(「전기용품 및 생활용품 안전관리법」 제2조제5호 또는 제6호에 따른 안전인증 또는 안전확인을 받은 용품으로 한정한다)의 총 사용량이 600와트 이하인 경우는 제외한다] 및 화기(火氣)용품 사용을 하지 않도록 안내하여야 한다.

　다. 야영용 천막 2개소 또는 100제곱미터마다 1개 이상의 소화기를 내부가 잘 보이는 보관함에 넣어 눈에 띄기 쉬운 곳에 비치하여야 한다.

　라. 사업자가 설치하여 이용객에게 제공하는 다음의 야영용 시설에는 각 시설별로 소화기와 단독경보형 연기감지기, 일산화탄소 경보기, 전용 누전차단기를 설치하고, 내부에 비상 손전등을 비치하여야 한다.

　　1) 야영시설(주재료를 천막으로 하여 바닥의 기초와 기둥을 갖추고 지면에 설치되어야 한다)

　　2) 야영용 트레일러(동력이 있는 자동차에 견인되어 육상을 이동할 수 있는 형태를 갖추어야 한다)

　　3) 삭제

　마. 사업자가 설치하여 이용객에게 제공하는 야영용 시설(제1호라목1)의 시설을 말한다)의 천막 등은 「화재예방, 소방시설 설치·유지 및 안전관리에 관한 법률」 제12조제1항에 따른 방염성능기준에 적합한 제품을 사용해야 하고, 천막의 출입구는 비상시 외부탈출이 용이한 구조를 갖추어야 한다.

　바. 사업자가 설치하여 이용객에게 제공하는 야영용 시설(제1호라목1) 및 2)의 시설을 말한다. 이하 사목에서 같다)과 야영용 시설 사이에는 3미터 이상의 거리를 두어야 한다.

　사. 사업자가 설치하여 이용객에게 제공하는 야영용 시설 안에서는 화목 난로와 펠릿 난로를 설치하여 사용할 수 없다.

　아. 야영장 내 숯 및 잔불 처리 시설을 별도의 공간에 마련하고, 1개 이상의 소화기와 방화사 또는 방화수를 비치하여야 한다.

　자. 야영장 내에서 폭죽, 풍등(風燈)의 사용과 판매를 금지하고, 흡연구역을 설치

하여야 한다. 다만, 야영장 설치지역이 다른 법령에 따라 금연구역으로 지정
된 경우에는 흡연구역을 설치하지 아니한다.

2. 전기 사용 기준
   가. 전기설비는 전기 관련 법령에 적합하게 설치하고, 전기용품은 「전기용품 및
   생활용품 안전관리법」 제2조제5호 또는 제6호에 따른 안전인증 또는 안전확
   인을 받은 용품을 사용해야 한다.
   나. 야외에 설치되는 누전차단기는 침수 위험이 없도록 적정 높이에 위치한 방수
   형 단자함에 설치하여야 한다.
   다. 옥외용 전선은 야영장비에 손상되지 않도록 굽힐 수 있는 전선관[가요(可撓)
   전선관]을 이용하여 적정 깊이에 매설하거나, 적정 높이에 설치하여야 하며,
   전선관 또는 전선의 피복이 손상되지 않도록 하여야 한다.

3. 가스 사용 기준
   가. 가스시설 및 가스용품은 가스 관련 법령에 적합하게 설치하고, 가스용품은
   「액화석유가스의 안전관리 및 사업법」 제39조제1항에 따른 검사에 합격한
   용품을, 가스용기는 「고압가스 안전관리법」 제17조에 따른 검사에 합격한
   용기를 사용하여야 한다.
   나. 가스시설은 환기가 잘 되는 구조로 설치되어야 하고, 가스배관은 부식방지 처
   리를 하며, 사용하지 않는 배관 말단은 막음 처리하여야 한다.
   다. 액화석유가스 용기는 「액화석유가스의 안전관리 및 사업법 시행규칙」 별표
   20 제1호가목2)다)의 기준에 따라 보관 등의 조치를 하여야 한다.
   라. 이용객이 액화석유가스 용기를 야영장에 반입하는 것을 금지(야영용 자동차
   또는 야영용 트레일러 안에 설치된 액화석유가스 사용시설이 관계 법령에 적
   합한 경우는 제외한다)하여야 한다. 다만, 액화석유가스 용기의 총 저장능력
   이 13킬로그램 이하인 경우로서 사업자가 안전 사용에 대한 안내를 한 경우
   에는 그러하지 아니하다.

4. 대피 관련 기준
   가. 야영장 내에서 들을 수 있는 긴급방송시설을 갖추거나 앰프의 최대출력이 10와
   트 이상이면서 가청거리가 250미터 이상인 메가폰을 1대 이상 갖추어야 한다.
   나. 야영장 진입로는 구급차, 소방차 등 긴급차량의 출입이 원활하도록 적치물이
   나 방해물이 없도록 하여야 한다.
   다. 야영장 시설배치도, 대피소·대피로 및 소화기, 구급상자 위치도, 비상연락망,
   야영장 이용방법, 이용객 안전수칙 등을 표기한 게시판을 이용객이 잘 볼 수

있는 곳에 설치하여야 하며, 게시판의 내용을 야간에도 확인할 수 있도록 조명시설을 갖추어야 한다.

라. 자연재난 등에 대비한 이용객 대피계획을 수립하고, 기상특보 상황 등으로 인해 이용객의 안전을 해칠 우려가 있다고 판단될 때에는 야영장의 이용을 제한하고, 대피계획에 따라 이용객을 안전한 지역으로 대피시켜야 하며, 대피지시에 불응하는 경우 강제 퇴거 조치하여야 한다.

마. 안전사고 등에 대비한 구급약품, 구호설비를 갖추고, 환자 긴급 후송대책을 수립하여야 하며, 응급환자 발생 시 후송대책에 따라 신속히 조치하여야 한다.

바. 정전에 대비하여 비상용 발전기 또는 배터리를 비치하여야 하고, 긴급상황 시 이용객에게 제공할 수 있는 비상 손전등을 갖추어야 한다.

5. 질서 유지 및 안전사고 예방기준

가. 야영장 내에서 이용자가 이용질서를 유지하도록 노력하여야 한다.

나. 이용객의 야영활동에 제공되거나 이용객의 안전을 위한 각종 시설·장비·기구 등이 정상적으로 이용될 수 있도록 유지하여야 하며, 태풍, 홍수 등 자연재해나 화재, 폭발 등의 사고로 인한 피해가 발생하지 않도록 노력하여야 한다.

다. 야영장과 인접한 곳에 산사태, 홍수 등의 재해 위험이 있는 경우에는 위험구역 안내 표지를 설치하고, 해당 구역에 대한 접근 제한 및 안전 이격거리를 확보할 수 있도록 조치하여야 한다.

라. 야영장 지역에 낙석, 붕괴 등의 발생이 예상되는 경우 이를 방지할 시설을 설치하여야 한다.

마. 보행 중 야영용 천막 줄에 의한 안전사고 예방을 위하여 인접한 야영용 천막 간 보행에 불편이 없도록 이격거리를 확보하여야 한다.

바. 추락이나 낙상 우려가 있는 난간에는 추락·낙상 방지 시설과 위험 안내표지를 설치하고, 이용객이 안전거리를 확보하여 이용할 수 있도록 조치하여야 한다.

사. 집중호우 시에도 야영장이 침수되지 않도록 배수시설을 설치, 관리하고, 배수로 등에는 이용객이 빠지지 않도록 안전덮개를 설치하는 등 안전조치를 하여야 한다.

아. 야영장이 「도로법」 제10조 각 호의 도로와 인접할 때에는 안전울타리 등을 설치하여 야영장과 도로를 격리시켜야 한다.

자. 야영장 입구를 포함한 야영장 내 주요 지점에 조명시설 및 폐쇄회로텔레비전(CCTV)을 설치하여야 하며, 폐쇄회로텔레비전을 설치한 사실을 이용객이 알 수 있도록 게시하여야 한다. 다만, 조명시설 및 폐쇄회로텔레비전 설치가 불가능한 경우에는 관리요원이 야간순찰을 실시하여야 한다.

차. 매월 1회 이상 야영장 내 시설물에 대한 안전점검을 실시하고, 점검 결과를 문화체육관광부장관이 정하는 점검표에 기록하여 반기별로 특별자치도지사·시장

· 군수 · 구청장에게 제출하여야 하며, 점검 결과를 2년 이상 보관하여야 한다.

카. 야영장 내 시설물 등에 위험요인이 발견될 때에는 즉시 그 시설물의 이용을 중단시키고 보수 등 안전조치를 취하여야 한다.

타. 사업자와 관리요원은 문화체육관광부장관이 정하는 안전교육(온라인 교육을 포함한다)을 연 1회 이상 이수하여야 한다.

파. 야영장이 개장되어 있는 동안에는 각종 비상상황에 대비하여 비상시 행동요령, 비상연락망 등을 숙지하고 있는 관리요원이 상주하여야 한다. 관리요원은 고지된 각종 주의 · 금지행위를 행한 이용자에 대하여 야영장 이용을 제한할 수 있고, 야영장 내 안전사고 발생 시에 즉시 필요한 조치를 취한 후 사업자에게 보고하여야 한다.

하. 사업자는 중대사고(사망 또는 사고 발생일부터 7일 이내에 실시된 의사의 최초 진단결과 1주 이상의 입원치료 또는 3주 이상의 통원치료가 필요한 상해를 입은 경우를 말한다)가 발생한 경우에는 특별자치도지사 · 시장 · 군수 · 구청장에게 즉시 보고하여야 한다.

거. 야영장 내에서 차량이 시간당 20킬로미터 이하의 속도로 서행하도록 안내판을 설치하여야 한다.

너. 야영장 내에서 수영장 등 체육시설, 놀이터 등의 부대시설을 운영하는 경우 관계 법령에 따른 안전기준을 준수하여야 한다.

더. 인화성 · 폭발성 · 유독성 물질은 이용객의 접근이 어려운 장소에 보관하여야 하고, 위험물의 종류 및 위험경고 표지를 부착하여야 한다.

6. 위생 기준

가. 야영장에 바닥재를 설치하는 때에는 배수가 잘 되고, 인체에 유해하지 않은 재료를 사용하여야 한다.

나. 지하수 등 급수시설을 설치하여 먹는 물로 사용하는 경우에는 「먹는물 수질 기준 및 검사 등에 관한 규칙」에 따라야 하고, 「먹는물 관리법」 제43조제2항에 따른 먹는물 수질검사기관으로부터 연 1회 수질검사를 받아야 한다.

다. 취사장, 화장실 등 공동사용 시설은 정기적으로 청소 · 소독하여 청결한 위생 상태를 유지하고, 이용객에게 유해한 환경적 요인이 발생하지 않도록 관리하여야 한다.

라. 야영장에 공중화장실을 설치하는 경우에는 「공중화장실 등에 관한 법률」 제7조에 적합하도록 하여야 하고, 간이화장실을 설치하는 경우에는 「공중화장실 등에 관한 법률」 제10조의2에 적합하도록 하여야 한다.

마. 야영장 내에서 수영장 등 체육시설, 놀이터 등의 부대시설을 운영하는 경우 관계 법령에 따른 위생기준을 준수하여야 한다.

[별표 8]

카지노업의 영업 종류 (제35조제1항 관련)

영업 구분	영업 종류
1. 테이블게임 (Table Game)	가. 룰렛 (Roulette) 나. 블랙잭 (Blackjack) 다. 다이스 (Dice, Craps) 라. 포커 (Poker) 마. 바카라 (Baccarat) 바. 다이 사이 (Tai Sai) 사. 키노 (Keno) 아. 빅 휠 (Big Wheel) 자. 빠이 까우 (Pai Cow) 차. 판 탄 (Fan Tan) 카. 조커 세븐 (Joker Seven) 타. 라운드 크랩스 (Round Craps) 파. 트란타 콰란타 (Trent Et Quarante) 하. 프렌치 볼 (French Boule) 거. 차카락 (Chuck - A - Luck) 너. 빙고 (Bingo) 더. 마작 (Mahjong) 러. 카지노 워 (Casino War)
2. 전자테이블게임 (Electronic Table Game)	가. 룰렛 (Roulette) 나. 블랙잭 (Blackjack) 다. 다이스 (Dice, Craps) 라. 포커 (Poker) 마. 바카라 (Baccarat) 바. 다이 사이 (Tai Sai) 사. 키노 (Keno) 아. 빅 휠 (Big Wheel) 자. 빠이 까우 (Pai Cow) 차. 판 탄 (Fan Tan) 카. 조커 세븐 (Joker Seven) 타. 라운드 크랩스 (Round Craps) 파. 트란타 콰란타 (Trent Et Quarante) 하. 프렌치 볼 (French Boule) 거. 차카락 (Chuck - A - Luck) 너. 빙고 (Bingo) 더. 마작 (Mahjong) 러. 카지노 워 (Casino War)
3. 머신게임 (Machine Game)	가. 슬롯머신 (Slot Machine) 나. 비디오게임 (Video Game)

[별표 9]

카지노업 영업준칙 (제36조 관련)

1. 카지노사업자는 카지노업의 건전한 발전과 원활한 영업활동, 효율적인 내부 통제를 위하여 이사회·카지노총지배인·영업부서·안전관리부서·환전·전산전문요원 등 필요한 조직과 인력을 갖추어 1일 8시간 이상 영업하여야 한다.

2. 카지노사업자는 전산시설·출납창구·환전소·카운트룸[드롭박스(Drop box: 게임테이블에 부착된 현금함)의 내용물을 계산하는 계산실]·폐쇄회로·고객편의시설·통제구역 등 영업시설을 갖추어 영업을 하고, 관리기록을 유지하여야 한다.

3. 카지노영업장에는 게임기구와 칩스(Chips: 카지노에서 베팅에 사용되는 도구)·카드 등의 기구를 갖추어 게임 진행의 원활을 기하고, 게임테이블에는 드롭박스를 부착하여야 하며, 베팅금액 한도표를 설치하여야 한다.

4. 카지노사업자는 고객출입관리, 환전, 재환전, 드롭박스의 보관·관리와 계산요원의 복장 및 근무요령을 마련하여 영업의 투명성을 제고하여야 한다.

5. 머신게임을 운영하는 사업자는 투명성 및 내부통제를 위한 기구·시설·조직 및 인원을 갖추어 운영하여야 하며, 머신게임의 이론적 배당률을 75% 이상으로 하고 배당률과 실제 배당률이 5% 이상 차이가 있는 경우 카지노검사기관에 즉시 통보하여 카지노검사기관의 조치에 응하여야 한다.

6. 카지노사업자는 회계기록·콤프(카지노사업자가 고객 유치를 위해 고객에게 숙식 등을 무료로 제공하는 서비스) 비용·크레딧(카지노사업자가 고객에게 게임 참여를 조건으로 칩스를 신용대여하는 것) 제공·예치금 인출·알선수수료·계약게임 등의 기록을 유지하여야 한다.

7. 카지노사업자는 게임을 할 때 게임 종류별 일반규칙과 개별규칙에 따라 게임을 진행하여야 한다.

8. 카지노종사원은 게임에 참여할 수 없으며, 고객과 결탁한 부정행위 또는 국내외의 불법영업에 관여하거나 그 밖에 관광종사자로서의 품위에 어긋나는 행위를 하여서는 아니 된다.

9. 카지노사업자는 카지노 영업소 출입자의 신분을 확인하여야 하며, 다음 각 목에 해당하는 자는 출입을 제한하여야 한다.

   가. 당사자의 배우자 또는 직계혈족이 문서로써 카지노사업자에게 도박 중독 등을 이유로 출입 금지를 요청한 경우의 그 당사자. 다만, 배우자·부모 또는 자녀 관계를 확인할 수 있는 증빙 서류를 첨부하여 요청한 경우만 해당한다.

   나. 그 밖에 카지노 영업소의 질서 유지 및 카지노 이용자의 안전을 위하여 카지노사업자가 정하는 출입금지 대상자

[별표 10]

폐광지역 카지노사업자의 영업준칙 (제36조 단서 관련)

1. 별표 9의 영업준칙을 지켜야 한다.
2. 카지노 영업소는 회원용 영업장과 일반 영업장으로 구분하여 운영하여야 하며, 일반 영업장에서는 주류를 판매하거나 제공하여서는 아니 된다.
3. 매일 오전 6시부터 오전 10시까지는 영업을 하여서는 아니 된다.
4. 별표 8의 테이블게임에 거는 금액의 최고 한도액은 일반 영업장의 경우에는 테이블별로 정하되, 1인당 1회 10만원 이하로 하여야 한다. 다만, 일반 영업장 전체 테이블의 2분의 1의 범위에서는 1인당 1회 30만원 이하로 정할 수 있다.
5. 별표 8의 머신게임에 거는 금액의 최고 한도는 1회 2천원으로 한다. 다만, 비디오 포커게임기는 2천500원으로 한다.
6. 머신게임의 게임기 전체 수량 중 2분의 1 이상은 그 머신게임기에 거는 금액의 단위가 100원이하인 기기를 설치하여 운영하여야 한다.
7. 카지노 이용자에게 자금을 대여하여서는 아니 된다.
8. 카지노가 있는 호텔이나 영업소의 내부 또는 출입구 등 주요 지점에 폐쇄회로 텔레비전을 설치하여 운영하여야 한다.
9. 카지노 이용자의 비밀을 보장하여야 하며, 카지노 이용자에 관한 자료를 공개하거나 누출하여서는 아니 된다. 다만, 배우자 또는 직계존비속이 요청하거나 공공기관에서 공익적 목적으로 요청한 경우에는 자료를 제공할 수 있다.
10. 사망·폭력행위 등 사고가 발생한 경우에는 즉시 문화체육관광부장관에게 보고하여야 한다.
11. 회원용 영업장에 대한 운영·운영방법 및 카지노 영업장 출입일수는 내규로 정하되, 미리 문화체육관광부장관의 승인을 받아야 한다.

[별표 10의2]

물놀이형 유기시설·유기기구의 안전·위생 기준 (제39조의2 관련)

1. 사업자는 사업장 내에서 이용자가 항상 이용 질서를 유지하도록 하여야 하며, 이용자의 활동에 제공되거나 이용자의 안전을 위하여 설치된 각종 시설·설비·장비·기구 등이 안전하고 정상적으로 이용될 수 있는 상태를 유지하여야 한다.

2. 사업자는 물놀이형 유기시설 또는 유기기구의 특성을 고려하여 음주 등으로 정상적인 이용이 곤란하다고 판단될 때에는 음주자 등의 이용을 제한하고, 해당 유기시설 또는 유기기구별 신장 제한 등에 해당되는 어린이는 이용을 제한하거나 보호자와 동행하도록 하여야 한다.

3. 사업자는 물놀이형 유기시설 또는 유기기구의 정원, 주변 공간, 부속시설, 수상안전시설의 구비 정도 등을 고려하여 안전과 위생에 지장이 없다고 인정하는 범위에서 사업장의 동시수용 가능 인원을 산정하여 특별자치시장·특별자치도지사·시장·군수·구청장에게 제출하여야 하고, 기구별 정원을 초과하여 이용하게 하거나 동시수용 가능인원을 초과하여 입장시켜서는 아니 된다.

4. 사업자는 물놀이형 유기시설 또는 유기기구의 설계도에 제시된 유량이 공급되거나 담수되도록 하여야 하고, 이용자가 쉽게 볼 수 있는 곳에 수심 표시를 하여야 한다(수심이 변경되는 구간에는 변경된 수심을 표시한다).

5. 사업자는 풀의 물이 1일 3회 이상 여과기를 통과하도록 하여야 하며, 부유물 및 침전물의 유무를 상시 점검하여야 한다.

6. 의무 시설을 설치한 사업자는 의무 시설에 「의료법」에 따른 간호사 또는 「응급의료에 관한 법률」에 따른 응급구조사 또는 「간호조무사 및 의료유사업자에 관한 규칙」에 따른 간호조무사를 1명 이상 배치하여야 한다.

7. 사업자는 다음 각 목에서 정하는 항목에 관한 기준(해수를 이용하는 경우 「환경정책기본법 시행령」 제2조 및 별표 1 제3호라목의 Ⅱ등급 기준을 적용한다)에 따라 사업장 내 풀의 수질기준을 유지해야 한다.

    가. 유리잔류염소는 0.4mg/1에서 2.0mg/1까지 유지하도록 하여야 한다. 다만, 오존소독 등으로 사전처리를 하는 경우의 유리잔류염소농도는 0.2mg/1 이상을 유지하여야 한다.

    나. 수소이온농도는 5.8부터 8.6까지 되도록 하여야 한다.

    다. 탁도는 2.8NTU 이하로 하여야 한다.

    라. 과망간산칼륨의 소비량은 15mg/1 이하로 하여야 한다.

마. 각 풀의 대장균군은 10밀리리터들이 시험대상 5개 중 양성이 2개 이하이어야 한다.

7의2. 사업자는 사업장 내 풀의 수질검사를 「먹는물관리법」 제43조제1항에 따라 지정된 먹는물 수질검사기관에 의뢰하여 다음 각 목의 기준에 따라 실시해야 한다.

    가. 제7호 각 목의 항목에 관한 수질검사: 연 1회 이상. 다만, 제7호 라목 및 마목의 항목에 관한 수질검사는 분기별로 1회 이상

    나. 가목에도 불구하고 7월 및 8월의 경우에는 제7호 각 목의 항목에 관한 수질검사를 각각 1회 이상 실시해야 한다.

8. 사업자는 이용자가 쉽게 볼 수 있는 곳에 물놀이형 유기시설 또는 유기기구의 정원 또는 사업장 동시수용인원, 물의 순환 횟수, 수질검사 일자 및 수질검사 결과 등을 게시하여야 한다. 이 경우 수질검사 결과 중 제7호가목부터 마목까지의 규정에 관한 내용은 게시하고, 같은 호 다목부터 마목까지의 규정에 관한 내용은 관리일지를 작성하여 비치·보관하여야 한다.

9. 사업자는 물놀이형 유기시설 또는 유기기구에 대한 관리요원을 배치하여 그 이용 상태를 항상 점검하여야 한다.

10. 사업자는 이용자의 안전을 위한 안전요원 배치와 관련하여 다음 사항을 준수하여야 한다.

    가. 안전요원이 할당 구역을 조망할 수 있는 적절한 배치 위치를 확보하여야 한다.

    나. 수심 100센티미터를 초과하는 풀에서는 면적 660제곱미터당 최소 1인이 배치되어야 하고, 수심 100센티미터 이하의 풀에서는 면적 1,000제곱미터당 최소 1인을 배치하여야 한다.

    다. 안전요원의 자격은 해양경찰청장이 지정하는 교육기관에서 발급하는 인명구조요원 자격증을 소지한 자, 대한적십자사나 「체육시설의 설치·이용에 관한 법률」 제34조에 따른 수영장 관련 체육시설업협회 등에서 실시하는 수상안전에 관한 교육을 받은 자 및 이와 동등한 자격요건을 갖춘 자만 해당한다. 다만, 수심 100센티미터 이하의 풀의 경우에는 문화체육관광부장관이 정하는 업종별 관광협회 또는 기관에서 실시하는 수상안전에 관한 교육을 받은 자도 배치할 수 있다.

11. 사업자는 안전요원이 할당한 구역 내에서 부상자를 신속하게 발견하여 응급처치를 이행할 수 있도록 이용자 안전관리계획, 안전요원 교육프로그램 및 안전모니터링계획 등을 수립하여야 한다.

12. 사업자는 사업장 내에서 수영장 등 부대시설을 운영하는 경우 관계 법령에 따른 안전·위생기준을 준수하여야 한다.

[별표 11]

안전성검사 대상 유기시설·유기기구 및 안전성검사 항목과 안전성검사 대상이 아닌 유기시설·유기기구 (제40조제1항 관련)

1. 안전성검사 대상 유기시설 및 유기기구
   가. 대상
   안전성검사 대상 유기시설 또는 유기기구는 위험요소가 많아 안전성검사를 받아야 하는 유기시설 또는 유기기구로서 제2호의 안전성검사의 대상이 아닌 유기시설 또는 유기기구에 해당하는 것을 제외한 유기시설 또는 유기기구를 말한다.
   나. 구분
   1) 안전성검사 대상 유기시설 또는 유기기구는 다음과 같이 구분한다.

가) 주행형

분류	내 용	대표 유기시설 또는 유기기구	정의 (유기시설 또는 유기기구의 유사기구명)
궤도 주행형	일정한 궤도(레일·로프 등)를 가지고 있으며 궤도를 이용하여 승용물이 운행되는 유기시설 또는 유기기구	스카이사이클	일정높이의 레일위를 이용객이 승용물 페달을 밟으며 주행하는 시설·기구(공중자전거, 사이클 모노레일 등)
		모노레일	일정높이의 레일 위 또는 아래를 전기모터로 구동되는 연결된 승용물에 이용객이 탑승하여 주행하는 시설·기구(월드모노레일, 미니레일, 다크라이드, 관광열차 등)
		스카이제트	일정높이의 레일 위를 엔진 또는 전기 동력장치로 구동되는 개별 승용물에 이용객이 탑승하여 주행하는 시설·기구(하늘차 등)
		꼬마기차	견인차와 객차로 연결되어 일정 레일을 주행하는 시설·기구(판타지드립트레인, 개구쟁이열차, 순환열차, 축제열차, 동물열차 등)
		궤도자동차	여러 가지 자동차형 연결 승용물이 일정 궤도를 따라 운행하는 시설·기구(빅트럭, 서키트2000, 클래식카, 해적소굴, 해피스카이, 스피드웨이, 자동차왕국, 로데오칸보이 등)
		정글마우스	개별 승용물이 일정 레일을 따라 급회전 및 방향전환을 하는 시설·기구(크레이지마우스, 워터점핑, 매직캐슬, 깜짝마우스, 탑코스터 등)
		미니코스터	전기 동력 장치로 구동되는 연결 승용물이 상하 굴곡이 있는 레일 위를 주행하는 기구(비룡열차, 슈퍼루프, 우주열차, 그랜드캐년, 드래곤코스터, 꿈돌이코스터, 와일드 윈드, 자이언트루프, 링 오브 화이어 등)
		제트코스터	승용물이 일정높이까지 리프팅 된 후 레일 위를 고속으로 자유낙하, 수평회전으로 주행하는 시설·기구(카멜백코스터, 스페이스2000, 독수리요새, 혜성특급, 다크코스터, 환상특급, 폭풍열차, 마운틴코스터 등)
		루프코스터	승용물이 일정높이까지 리프팅 된 후 레일 위를 고속으로 자유낙하, 수평·수직, 스크류 회전으로 주행하는 시설·기구(공포특급, 루프스파이럴코스터, 판타지아스페셜, 부메랑코스터, 블랙홀2000 등)

분류	내용	대표 유기시설 또는 유기기구	정의 (유기시설 또는 유기기구의 유사기구명)
		공중궤도라이드	천장 또는 상부에 설치된 일정 레일 아래를 따라 주행하는 승용물에 이용자가 탑승하여 관람하며 주행하는 시설·기구(바룬라이드 등)
		궤도자전거	지면에 설치된 레일 위를 자전거형 승용물에 이용자가 탑승하여 페달을 밟으며 주행하는 시설·기구(철로자전거 등)
주로 주행형	일정한 주로(도로 또는 이와 유사한 주로)를 가지고 있으며 그 주로를 이용하여 승용물이 운행되는 유기시설 또는 유기기구	스포츠카	자동차형 승용물이 엔진 또는 전기 동력장치로 구동하여 정해진 주로(완충장치가 있는 별도로 구분된 영구적인 주로)를 따라 단독 주행하여 30 km/h이하(ISO 17842-1)로 주행하는 기구(전동카, 고카트 등)
		무궤도열차	견인차량에 객차를 연결하여 많은 이용자가 탑승하여 정해진 주로(페인트 표시 등)를 따라 이동하는 기구(패밀리열차, 코끼리열차, 트램카 등)
		봅슬레이	이용자가 무동력 승용물에 탑승하여 경사진 일정한 홈 형 주로를 따라 브레이크로 속도 조절하며 하강하는 시설·기구(슈퍼봅슬레이, 알파인슬라이드, 롤러루지 등)
수로 주행형	일정한 수로를 가지고 있으며 그 수로를 이용하여 승용물이 운행되는 유기시설 또는 유기기구	후룸라이드	배 모양의 승용물을 일정 높이까지 리프팅하여 낙하시키면서 유속에 의해 수로를 따라 이동하는 시설·기구(후룸라이드, 급류타기 등)
		신밧드의 모험	배 모양의 승용물에 여러 명이 탑승하여 수로를 따라가면서 애니메이션을 즐기는 시설·기구(지구마을 등)
		래피드라이드	이용객이 보트에 탑승하여 급류가 흐르는 일정한 수로를 따라 주행하는 기구(보트라이드, 아마존익스프레스 등)
자유 주행형	일정한 지역(공간 등)을 가지고 있으며 그 지역(지면, 수면)을 이용하여 승용물이 운행되는 유기시설 또는 유기기구	범퍼카	일정한 공간의 지면에서 전기 동력장치로 구동되는 승용물에 이용객이 탑승하여 핸들을 조작하여 좌우충돌을 하며 주행하는 기구(어린이범퍼카, 크레이지범퍼카, 박치기차 등)
		범퍼보트	일정한 공간의 수면에서 배터리방식 전기 동력장치로 구동되며 승용물에 이용객이 탑승하여 핸들 조작을 통해 좌우충돌을 하며 물놀이를 즐기는 기구(박치기보트 등)
		수륙양용 관람차	일정한 공간의 수면 또는 지면을 운행하는 승용물에 이용객이 탑승하여 주변을 관람하는 기구(로스트밸리 등)

나) 고정형

분류	내용	대표 유기시설 또는 유기기구	정의 (유기시설 또는 유기기구의 유사기구명)
종회전 고정형	수평축을 중심으로 하여 승용물이 수직방향으로 수직원운동 또는 요동운동을 하는 유기시설 또는 유기기구	회전관람차	수평축을 중심으로 연결된 여러 개의 암 또는 스포크 구조물 등의 끝단에 승용물을 매달아 수직원운동으로 운행하는 기구(풍차놀이, 어린이관람차, 허니문카, 우주관람차, 나비휠, 대관람차 등)
		플라잉카펫	수평축을 중심으로 2개 또는 4개의 암 한쪽 끝단에 승용물이 수평하게 연결되고 반대쪽 끝단에 균형추가 각각 연결되어 수직원운동으로 운행하는 기구(나는소방차, 나는양탄자, 춤추는비행기, 개구장이버스, 지위즈, 자마이카 등)
		아폴로	수평축을 중심으로 암 한쪽 끝단에 승용물이 반대쪽 끝단에 균형추가 각각 연결되어 360° 수직원운동으로 운행하는 기구(샤크, 레인저, 우주유람선, 스카이마스터 등)

		레인보우	수평축을 중심으로 암 한쪽 끝단에는 승용물이 수평하게 연결되고 반대쪽 끝단에는 균형추가 각각 연결되어 수직원운동으로 운행하는 기구(무지개여행, 알라딘, 타임머신 등)
		바이킹	고정된 한 축을 중심으로 매달린 배모양의 승용물을 하부의 회전 동력장치가 마찰하는 방식으로 예각의 범위에서 진자 운동하는 기구(미니바이킹, 콜럼버스대탐험, 스윙보트 등)
		고공파도타기	2개의 수평 중심축에 각각의 균형추가 있는 암과 암의 끝단에 승용물을 서로 연결하거나 교차 연결하여 암을 수직원운동 시키는 기구(터미네이트, 스페이스루프, 인디아나존스, 탑스핀 등)
		스카이코스터	2개의 지지부재 상부에 수평축을 연결하고 그 수평축에 그네형태로 와이어 로프 승용물을 연결하여 인양 후 자유 낙하시켜 진자운동으로 운행하는 기구(스카이코스터 등)
횡회전 고정형	수직축을 중심으로 승용물이 수평방향으로 수평원운동을 하는 유기시설 또는 유기기구	회전그네	수직축 상부에 수직축을 중심으로 회전하는 우산형태 구조물 끝단에 승용물을 메달아 수평원운동을 하는 기구(파도그네, 체인타워, 비행의자 등)
		회전목마	수직축을 중심으로 회전하는 회전원판 위에 다양한 형태와 크기의 목마 등을 고정하거나 각각의 크랭크축으로 목마가 상하로 움직이며 운행하는 기구(메리고라운드, 이층목마, 환상의궁전 등)
		티컵	수직축 중심으로 회전하는 회전원판(대회전)위에 커피잔 모양의 승용물이 개별 회전(소회전)하며 운행하는 기구(회전컵, 스피닝버렐, 어린이왕국, 꼬마비행기, 데이트컵 등)
		회전보트	수직축을 중심으로 여러 암 끝에 연결된 보트가 원형 수로 위를 일정하게 수평원운동 하는 기구(젯트보트, 회전오리, 거북선, 오리보트 등)
		점프라이드	수직축을 중심으로 여러개의 암 끝에 연결된 오토바이 모양의 승용물이 굴곡이 있는 레일을 따라 회전하는 기구(마린베이, 오토바이, 피에로, 딱정벌레, 도래미악단, 어린이광장, 어린이라이드 등)
		뮤직익스프레스	경사면의 수직축을 중심으로 연결된 여러 암 끝의 승용물이 경사진 레일을 따라 회전하는 기구(해피세일러, 서프라이드, 나는썰매, 피터팬, 사랑열차, 록카페, 번개놀이 등)
		스윙댄스	원판형 승용물의 한쪽 끝을 실린더로 올리고 수직축 중심으로 회전하는 기구(크레이지크라운, 유에프오, 디스코라운드, 댄싱플라이 등)
		타가다디스코	회전판이 회전하고 회전판 하부의 실린더 또는 캠 작동으로 회전판을 상하로 움직이는 기구(타가다, 디스코타가다 등)
		닌자거북이	중심축이 기울어지면서 회전하고 그 끝에 승용물을 매달아 회전운동을 하는 기구(스페이스파이타, 라이온킹, 스페이스스테이션, 나는개구리, 터틀레이스 등)
복합 회전 고정형	수평 및 수직방향으로 동시에 승용물이 회전·반회전 또는 직선운동을 하는 유기시설 또는 유기기구	회전비행기	수직축을 중심으로 회전하는 각각의 암 끝단에 비행기형 승용물을 로프로 매달아 일정높이까지 끌어올려 회전하는 기구(탑비행기 등)
		우주전투기	수직축을 중심으로 회전하고 연결된 암이 상하작동하며 암 끝단에 승용물이 고정되어 이용자가 가상전투게임으로 앞쪽 승용물을 떨어뜨릴 수 있는 기구(미니플라이트, 독수리요새, 아스트로파이타, 텔레콤베트, 아파치, 나는코끼리, 아라비안나이트, 삼바 등)
		점프보트	수직중심축 상부에 다수의 암을 연결하고 암의 끝단에 승용물을 연결하며 그 암을 상하로 움직여 수직중심축이 회전하는 기구(점핑보트, 점프앤스마일 등)

복합 회전 고정형	수평 및 수직방향으로 동시에 승용물이 회전 ·반회전 또는 직선운 동을 하는 유기시설 또는 유기기구	다람쥐통	수직축을 중심으로 여러 암 끝에 매달린 승용물이 수 직회전운동을 하며 암전체가 횡회전을 하는 기구(록큰 롤, 투이스타 등)
		스페이스자이로	실린더에 의해서 기울어진 원판의 승용물이 타원회전 운동하는 기구(팽이놀이, 스카이댄싱, 도라반도, 회전 의자 등)
		엔터프라이즈	중심축에 연결된 암 끝에 매달린 승용물이 중심축이 들려서 전체 회전운동을 하고 승용물도 회전하는 기구 (비행기, 파라트루프 등)
		문어다리	방사형 아암 끝에 승용물이 연결되어 대형 암이 중심 축을 회전하고 편심축의 회전에 의해서 승용물이 상하 운동 및 자전을 하는 기구(왕문어춤, 문어댄스, 하늘여 행, 슈퍼아암 등)
		슈퍼스윙	회전체에 내려뜨린 암 끝에 승용물이 매달려 탑회전 원심력과 실린더에 의해 외측방향으로 밀리면서 회전 하는 기구(미니스윙거, 아폴로2000 등)
		베이스볼	회전판을 기울어지도록 한쪽을 상승시키고 그 회전판 이 회전하면서 개별 승용물도 회전하는 기구(플리퍼, 회전바구니, 월드컵2002, 카오스 등)
		브레이크댄스	회전판이 돌면서 소형회전아암에 연결된 개별 승용물 이 회전하는 기구(크레이지댄스, 스피디, 스타댄스, 매 직댄스 등)
		풍선타기	풍선기구 모양의 승용물이 회전체에 매달려 회전, 상 승하면서 이용객이 높은 하늘을 나는 기분을 느끼게 하는 기구(둥실비행선, 바룬레이스, 플라워레이스 등)
		허리케인	수직중심축에 매달린 회전하는 원형고리 모양의 승용 물을 상부 또는 하부의 회전 동력장치에 의해 좌우로 예각, 둔각, 360도의 범위에서 수직회전 운동하는 기구 (프리스윙, 자이로스윙, 토네이도, 블리자드 등)
		매직스윙	반원형 궤도내에서 회전 원형 승용물이 하부 동력장치 에 의해서 좌우로 예각 범위 내에서 수직회전 운동하 는 기구(자이로 스핀, UFO 등)
		슈퍼라이드	다양한 형태의 복합 회전운동을 하는 유기기구.(칸칸, 에볼루션, 삼각바퀴, 첼린저, 우주선 등)
		사이버인스페이스	원형의 승용물에 이용객이 탑승하여 수평, 수직축을 중심으로 회전하는 기구(자이로 캡슐 등)
승강 고정형	수평 및 수직방향으로 승용물이 상하운동 및 좌우운동으로 운행되 는 유기시설 또는 유 기기구	패러슈터타워	수직축에 개별 승용물 또는 나란히 연결된 의자형 승 용물을 로프로 매달아 수직 상승·하강하는 기구(낙하 산타기, 개구리점프 등)
		타워라이드	수직축을 중심으로 승용물을 일정 높이까지 상승시켜 하강시키는 기구(슈퍼반스토마, 자이로드롭, 콘돌, 스 페이스샷, 스카이타워 등)
		프레쉬팡팡	유압실린더를 수직으로 위치시키고 피스톤의 상단에 좌석 승용물을 고정하여 피스톤의 왕복운동에 따라 좌 석 승용물이 상하로 운동하는 기구(프레쉬팡팡 등)

다) 관람형

분류	내 용	대표 유기시설 또는 유기기구	정의 (유기시설 또는 유기기구의 유사기구명)
기계 관람형	음향·영상 또는 보조기 구를 이용하여 일정한 기 계구조물 내에서 시뮬레 이션을 체험하는 유기시 설 또는 유기기구	영상모험관	단일구동장치에 의해 승용물이 좌우·전후 요동하 고 탑승자는 영상을 보면서 시뮬레이션을 체험하 는 기구(아스트로제트, 사이버에어베이스, 시뮬레 이션, 우주여행, 환상여행, 가상체험 등)

입체관람형	음향·영상 또는 보조기구를 이용하여 일정한 시설(건축물·일정한 공간 등)내에서 시뮬레이션을 체험하는 유기시설 또는 유기기구	쇼킹하우스	승용물 또는 기구가 작동하면서 착각을 느끼는 시설·기구(환상의집, 요술집, 착각의집, 귀신동굴 등)
		다이나믹시트	일정한 시설 내에 복수구동장치에 의해 좌석 승용물이 영상의 움직임과 동일하게 움직이며 이용객이 체험을 즐기는 시설·기구(다이나믹시어터, 시네마판타지아, 깜짝모험관 등)

라) 놀이형

분류	내 용	대표 유기시설 또는 유기기구	정의 (유기시설 또는 유기기구의 유사기구명)
일반놀이형	이용객 스스로가 일정한 시설(건축물, 공간 등)에서 설치된 기계·기구를 이용하는 유기시설 또는 유기기구	펀하우스	일정한 시설(건축물, 공간 등)에 미끄럼, 줄타기, 다람쥐 놀이 등 다양한 기구가 설치되어 이용객 스스로 이용하는 시설·기구(미로탐험, 유령의집, 오즈의성 등)
		모험놀이	일정한 시설(건축물, 공간 등)에 그물망타기, 미끄럼, 줄타기 등이 설치되어 이용객 스스로 다양한 놀이를 즐기는 시설·기구(어린이광장, 짝궁놀이터 등)
		에어바운스	바운싱 또는 슬라이딩 놀이를 즐기는 공기 주입장치식 공기막 기구(에어바운스 등)
물놀이형	물을 매개체로 하여 일정한 규격(틀 등)을 갖추어 이용자 스스로 물놀이기계·기구 등을 이용하는 유기시설 또는 유기기구	파도풀	담수된 풀 내에서 담수된 풀 내에서 다량의 물을 한번에 흘리거나 송풍시켜 파도를 일으키는 시설·기구(케리비안웨이브, 웨이브풀 등)
		유수풀	담수된 수로 내에서 펌프로 물을 흘려 이용객이 수로를 따라 즐기는 시설·기구(리버웨이 등)
		토랜트리버	담수된 수로 내에서 펌프로 물을 흘리거나 탱크에 다량 담수하였다가 한 번에 유출시켜 이용객이 수로를 따라 즐기는 시설·기구(익스트림 리버 등)
		바디슬라이드	이용자가 보조기구 없이 일정량의 물이 흐르는 슬라이드를 이용자가 미끄러져 내려오는 시설·기구(바디슬라이더, 워터봅슬레이, <삭제>, 스피드슬라이드, 아쿠아루프 등)
		보울슬라이드	이용자가 보조기구 없이 또는 튜브를 타고 일정량의 물이 흐르는 슬라이드를 미끄러져 내려오는 시설·기구(스페이스 보울, 와이퍼 아웃 등)
		직선슬라이드	이용자가 보조기구 없이 또는 매트를 이용하여 일정량의 물이 흐르는 수직평면상 직선형태로 구성된 단일구조의 한개 또는 여러개의 슬라이드를 이용자가 미끄러져 내려오는 시설·기구(레이싱 슬라이드 등)
		튜브슬라이드	일정량의 물이 흐르는 원(반)통형 슬라이드를 이용자가 튜브(1인 또는 다인승)를 타고 미끄러져 내려오는 시설·기구(튜브라이더, 와일드블라스트, 패밀리슬라이드 등)
		토네이도 슬라이드	일정량의 물이 흐르는 원(반)통형 슬라이드 구간과 실린더형통 또는 깔대기형통(곡선형 법면)에서 스윙하는 구간을 이용자가 튜브를 타고 미끄러져 내려오는 시설·기구(토네이도엘리슬라이드, 월드엘리슬라이드, 슈퍼엑스슬라이드, 토네이도 엑스, 메일스트롬, 쓰나미슬라이드 등)
		부메랑고	일정량의 물이 흐르는 원(반)통형 슬라이드 구간과 곡선형 법면에서 스윙하는 구간을 이용자가 튜브를 타고 미끄러져 내려오는 시설·기구(부메랑슬라이드, 웨이브슬라이드, 사이드와인더 등)

		마스터 블라스트	일정량의 물이 흐르는 원(반)통형 슬라이드 구간에 물분사장치 또는 전기장치에 의해 이용자가 튜브를 가속되면서 미끄러져 내려오는 시설·기구(로켓슬라이드, 몬스터블라스트 등)
		서핑라이더	유속이 빠른 경사 구간을 보조기구를 이용하여 서핑을 즐기는 시설·기구(플로우라이더 등)
		수중모험놀이	물총, 슬라이드, 물바가지 등 다양한 체험을 하는 종합 시설·기구(모험놀이, 어린이풀, 자이언트 워터플렉스, 스플래쉬어드벤처 등)
		워터 에어바운스	물놀이형 바운싱 또는 슬라이딩 놀이를 즐기는 공기 주입장치식 공기막 기구(워터에어바운스, 에어슬라이드 등)

2) 최초로 허가전 안전성검사를 받은 지 10년이 지나면 반기별 1회 이상 안전성검사를 받아야 하는 유기시설 또는 유기기구는 다음과 같이 구분한다.

대분류	중분류	대표 유기시설 또는 유기기구	반기별 안전성검사 대상
주행형	궤도 주행형	스카이싸이클	지면에서 이용객 높이 5미터 이상
		모노레일	전체 등급(종류)
		스카이제트	전체 등급(종류)
		궤도자동차	궤도가 지면과 수평하지 않은 경우
		정글마우스	전체 등급(종류)
		미니코스터	전체 등급(종류)
		제트코스터	전체 등급(종류)
		루프코스터	전체 등급(종류)
		공중궤도라이드	전체 등급(종류)
	수로 주행형	후룸라이드	수로길이 70미터 이상 또는 지면에서 이용객 높이 5미터 이상
		신밧드의 모험	전체 등급(종류)
		래피드라이드	전체 등급(종류)
	자유 주행형	수륙양용관람차	전체 등급(종류)
고정형	종회전 고정형	회전관람차	지면에서 이용객 높이 5미터 이상
		플라잉카펫	전체 등급(종류)
		아폴로	전체 등급(종류)
		레인보우	전체 등급(종류)
		바이킹	탑승인원 41인승 이상
		고공파도타기	전체 등급(종류)
		스카이코스터	전체 등급(종류)
	횡회전 고정형	회전그네	탑승인원 41인승 이상
		뮤직익스프레스	전체 등급(종류)

		스윙댄스	전체 등급(종류)
		타가다디스코	전체 등급(종류)
	복합회전 고정형	회전비행기	전체 등급(종류)
		우주전투기	탑승인원 21인승 이상
		점프보트	전체 등급(종류)
		다람쥐통	전체 등급(종류)
		스페이스자이로	전체 등급(종류)
		엔터프라이즈	전체 등급(종류)
		문어다리	전체 등급(종류)
		슈퍼스윙	탑승인원 21인승 이상
		베이스볼	전체 등급(종류)
		브레이크댄스	전체 등급(종류)
		풍선타기	전체 등급(종류)
		허리케인	전체 등급(종류)
		매직스윙	탑승인원 21인승 이상
		슈퍼라이드	전체 등급(종류)
	승강 고정형	패러슈터타워	지면에서 이용객 높이 5미터 이상
		타워라이드	전체 등급(종류)
		프레쉬팡팡	전체 등급(종류)
놀이형	일반놀이형	펀하우스	전체 등급(종류)

2. 안전성검사 대상이 아닌 유기시설 또는 유기기구
  가. 대상
    안전성검사 대상이 아닌 유기시설 또는 유기기구는 위험요소가 적은 유기시설
    또는 유기기구로서 최초 안전성검사 대상이 아님을 확인하는 검사와 정기적
    인 안전관리가 필요한 유기시설 또는 유기기구를 말한다.
  나. 구분
    1) 안전성검사 대상이 아닌 유기시설 또는 유기기구는 다음과 같이 구분한다.

유 형	내용	유기시설 또는 유기기구
가) 주행형	일정 궤도·주로·수로·지역(공간)을 가지고 있으며, 속도가 5 km/h 이하로 이용자 스스로가 참여하여 운행되는 유기시설 또는 유기기구	미니기차(레일 안쪽 길이 30미터 이하), 이티로보트(레일 안쪽 길이 30미터 이하), 배터리카, 멜로디페트, 수상사이클(수심 0.5미터 이하), 페달보트 및 배터리보트(수심 0.5미터 이하이며, 소인 1인 탑승하는 것) 등
나) 고정형	회전직경이 3미터 이내로 이용자 스스로가 참여하여 작동되는 유기시설 또는 유기기구	로데오타기, 회전형라이더(미니회전목마, 야자수 등), 미니 라이더(코인 라이더 등) 등

다) 관람형	일정한 시설물(기계·기구·건축물·보조기구 등) 내에서 이용자 스스로가 참여하여 체험하는 유기시설 또는 유기기구	영상모험관(탑승인원 5인승 이하이며, 탑승높이 2미터 이하), 미니시뮬레이션(탑승인원 5인승 이하이며, 탑승높이 2미터 이하), 다이나믹시트(탑승인원 10인승 이하), 3D 또는 4D입체영상화관(좌석고정영상시설) 등
라) 놀이형	일정한 시설(기계·기구·공간 등) 내에서 보조기구 또는 장치를 이용하거나 기구에 포함된 구성물을 작동하여 이용자 스스로가 이용하거나 체험할 수 있는 기구로서 누구나 이용할 수 있고 사행성이 없는 유기시설 또는 유기기구	붕붕뜀틀, 미니모험놀이(플레이스페이스 포함, 탑승높이가 3미터 이하이며, 설치 면적이 120제곱미터 이하), 미니에어바운스(탑승높이가 3미터 이하이며, 설치면적이 120제곱미터 이하), 미니사격, 공쏘기, 광선총, 공굴리기, 표적맞추기, 물쏘기, 미니볼링, 미니농구, 공던지기, 공차기, 에어하키, 망치치기, 펀치, 미니야구, 스키타기, 팔씨름, 오토바이타기, 자동차경주, 자전거타기, 보트타기, 말타기, 뮤직댄스, 수상기구타기, 건슈팅 등
	일정한 시설(기계·기구·공간 등) 내에서 이용자 스스로가 참여하여 물놀이(수심 1미터 이하)를 체험하는 유기시설 또는 유기기구	미니슬라이드(슬라이드 길이 10미터 이하이며, 탑승높이 2미터 이하), 미니수중모험놀이(물버켓이 설치되지 않고 슬라이드 전체길이 10미터 이하이며, 탑승높이 2미터 이하), 미니워터에어바운스(탑승높이가 3미터 이하이며, 설치 면적이 120제곱미터 이하) 등

2) 최초 확인검사 이후 정기 확인검사를 받아야 하는 유기시설 또는 유기기구는 다음과 같이 구분한다.

유 형	유기시설 또는 유기기구
가) 주행형	미니기차, 이티로보트 등
나) 고정형	로데오타기, 회전형라이더 등
다) 관람형	영상모험관, 미니시뮬레이션, 다이나믹시트 등
라) 놀이형	붕붕뜀틀, 미니모험놀이, 미니에어바운스, 미니슬라이드, 미니수중모험놀이, 미니워터에어바운스 등

다. 다른 법령에서 중복하여 관리하는 유기시설 또는 유기기구

1) 「게임산업진흥에 관한 법률」 제2조제1호 본문에 따른 게임물이면서 안전성검사 대상이 아닌 유기시설 또는 유기기구에 해당하는 경우에는 「게임산업진흥에 관한 법률」 제21조에 따라 전체이용가 등급을 받은 것이어야 한다.

2) 「어린이놀이시설 안전관리법」에 따라 설치검사 및 정기시설검사를 실시한 어린이놀이기구이면서 위의 가 및 나의 유기시설 또는 유기기구에 해당하는 경우에는 제40조에 따른 안전성검사 대상이 아님을 확인하는 검사 또는 정기 확인검사를 받은 것으로 본다.

182

[별표 12]
안전관리자의 자격·배치기준 및 임무 (제41조 관련)

1. 안전관리자의 자격

구 분	자 격
종합 유원 시설업	가. 「국가기술자격법」에 따른 기계·전기·전자 또는 안전관리 분야의 산업기사 자격이상 보유한 자 나. 「고등교육법」에 따른 이공계 전문대학 또는 이와 동등 이상의 학교를 졸업한 자로서 종합유원시설업소 또는 일반유원시설업소에서 1년 이상 유기시설 및 유기기구 안전점검·정비업무를 담당한 자 또는 기계·전기·산업안전·자동차정비 등 유원시설업의 유사경력 2년 이상인 자 다. 「국가기술자격법」에 따른 기계·전기·전자 또는 안전관리 분야의 기능사 자격이상 보유한 자로서 종합유원시설업소 또는 일반유원시설업소에서 2년 이상 유기시설 및 유기기구 안전점검·정비업무를 담당한 자 또는 기계·전기·산업안전·자동차정비 등 유원시설업의 유사경력 3년 이상인 자
일 반 유 원 시설업	가. 「국가기술자격법」에 따른 기계·전기·전자 또는 안전관리 분야의 산업기사 또는 기능사 자격이상 보유한 자 나. 「고등교육법」에 따른 이공계 전문대학 또는 이와 동등 이상의 학교를 졸업한 자로서 종합유원시설업소 또는 일반유원시설업소에서 1년 이상 유기시설 및 유기기구 안전점검·정비업무를 담당한 자 또는 기계·전기·산업안전·자동차정비 등 유원시설업의 유사경력 2년 이상인 자 다. 「초·중등교육법」에 따른 공업계 고등학교 또는 이와 동등 이상의 학교를 졸업한 자로서 종합유원시설업소 또는 일반유원시설업소에서 2년 이상 유기시설 및 유기기구 안전점검·정비업무를 담당한 자 또는 기계·전기·산업안전·자동차정비 등 유원시설업의 유사경력 3년 이상인 자 라. 종합유원시설업 또는 일반유원시설업의 안전관리업무에 종사한 경력이 5년 이상인 자로서, 문화체육관광부장관이 지정하는 업종별 관광협회 또는 전문연구·검사기관에서 40시간 이상 안전교육을 이수한 자

2. 안전관리자의 배치기준

　가. 안전성검사대상 유기기구 1종 이상 10종 이하를 운영하는 사업자 : 1명 이상

　나. 안전성검사대상 유기기구 11종 이상 20종 이하를 운영하는 사업자 : 2명 이상

　다. 안전성검사대상 유기기구 21종 이상을 운영하는 사업자 : 3명 이상

3. 안전관리자의 임무

　가. 안전관리자는 안전운행 표준지침을 작성하고 유기시설 안전관리계획을 수립하고 이에 따라 안전관리업무를 수행하여야 한다.

　나. 안전관리자는 매일 1회 이상 안전성검사 대상 유기시설 및 유기기구에 대한 안전점검을 하고 그 결과를 안전점검기록부에 기록·비치하여야 하며, 이용객이 보기 쉬운 곳에 유기시설 또는 유기기구별로 안전점검표시판을 게시하여야 한다.

　다. 유기시설과 유기기구의 운행자 및 유원시설 종사자에 대한 안전교육계획을 수립하고 이에 따라 교육을 하여야 한다.

184

[별표 13]

유원시설업자의 준수사항 (제42조 관련)

1. 공통사항
   (1) 사업자는 사업장 내에서 이용자가 항상 이용질서를 유지하게 하여야 하며, 이용자의 활동에 제공되거나 이용자의 안전을 위하여 설치된 각종 시설·설비·장비·기구 등이 안전하고 정상적으로 이용될 수 있는 상태를 유지하여야 한다.
   (2) 사업자는 이용자를 태우는 유기시설 또는 유기기구의 경우 정원을 초과하여 이용자를 태우지 아니하도록 하고, 운행 개시 전에 안전상태를 확인하여야 하며, 특히 안전띠 또는 안전대의 안전성 여부와 착용상태를 확인하여야 한다.
   (3) 사업자는 운행 전 이용자가 외관상 객관적으로 판단하여 정신적·신체적으로 이용에 부적합하다고 인정되거나 유기시설 또는 유기기구 내에서 본인 또는 타인의 안전을 저해할 우려가 있는 경우에는 게시 및 안내를 통하여 이용을 거부하거나 제한하여야 하고, 운행 중에는 이용자가 정위치에 있는지와 이상 행동을 하는지를 주의하여 관찰하여야 하며, 유기시설 또는 유기기구 안에서 장난 또는 가무행위 등 안전에 저해되는 행위를 하지 못하게 하여야 한다.
   (4) 사업자는 이용자가 보기 쉬운 곳에 이용요금표·준수사항 및 이용시 주의하여야 할 사항을 게시하여야 한다.
   (5) 사업자는 허가 또는 신고된 영업소의 명칭(상호)을 표시하여야 한다.
   (6) 사업자는 조명이 60럭스 이상이 되도록 유지하여야 한다. 다만, 조명효과를 이용하는 유기시설은 제외한다.
   (7) 사업자는 화재발생에 대비하여 소화기를 설치하고, 이용자가 쉽게 알아볼 수 있는 곳에 피난안내도를 부착하거나 피난방법에 대하여 고지하여야 한다.
   (8) 사업자는 유관기관(허가관청·경찰서·소방서·의료기관·안전성검사등록기관 등)과 안전관리에 관한 연락체계를 구축하고, 사망 등 중대한 사고의 발생 즉시 등록관청에 보고하여야 하며, 안전사고의 원인 조사 및 재발 방지대책을 수립하여야 한다.
   (9) 사업자는 제40조제8항에 따른 행정청의 조치사항을 준수하여야 한다.
   (10) 사업자는 「게임산업진흥에 관한 법률」 제2조제1호 본문에 따른 게임물에 해당하는 유기시설 또는 유기기구에 대하여 「게임산업진흥에 관한 법률」 제28조제2호·제2호의2·제3호 및 제6호에 따라 사행성을 조장하지 아니하도록 하여야 하며, 「게임산업진흥에 관한 법률 시행령」 제16조에 따른 청소년게임제공업자의 영업시간 및 청소년의 출입시간을 준수하여야 한다.

2. 개별사항

가. 종합·일반유원시설업
  (1) 사업자는 법 제33조제2항에 따라 안전관리자를 배치하고, 안전관리자가 그 업무를 적절하게 수행하도록 지도·감독하는 등 유기시설 또는 유기기구를 안전하게 관리하여야 하며, 안전관리자가 교육 등으로 업무수행이 일시적으로 불가한 경우에는 유원시설업의 안전관리업무에 종사한 경력이 있는 자로 하여금 업무를 대행하게 하여야 한다.
  (2) 사업자는 안전관리자가 매일 1회 이상 안전성검사 대상 및 대상이 아닌 유기시설 또는 유기기구에 대한 안전점검을 하고 그 결과를 안전점검기록부에 기록하여 1년 이상 보관하도록 하여야 하며, 이용자가 보기 쉬운 곳에 유기시설 또는 유기기구별로 안전점검표지판을 게시하여야 한다.
  (3) 사업자는 안전관리자가 유기시설 또는 유기기구의 운행자 및 종사자에 대한 안전교육계획을 수립하여 주 1회 이상 안전교육을 실시하고, 그 교육일지를 기록·비치하여야 한다.
  (4) 사업자는 운행자 및 종사자의 신규 채용시에는 사전 안전교육을 4시간 이상 실시하고, 그 교육일지를 기록·비치하여야 한다.
  (5) 6개월 미만으로 단기 영업허가를 받은 사업자는 영업이 종료된 후 1개월 이내에 안전점검기록부와 교육일지를 시장·군수·구청장에게 제출하여야 한다.

나. 기타유원시설업
  (1) 사업자 또는 종사자는 비상시 안전행동요령 등을 숙지하고 근무하여야 한다.
  (2) 사업자는 본인 스스로 또는 종사자로 하여금 별표 11의 제2호나목1)에 해당하는 유기시설 또는 유기기구는 매일 1회 이상 안전점검을 하고 그 결과를 안전점검기록부에 기록하여 1년 이상 보관하도록 하여야 하며, 이용자가 보기 쉬운 곳에 유기시설 또는 유기기구별로 안전점검표지판을 게시하여야 한다.
  (3) 사업자는 본인 스스로 또는 종사자에 대한 안전교육을 월 1회 이상 하고, 그 교육일지를 기록·비치하여야 하며, 별표 11 제2호나목2)에 해당하는 유기시설 또는 유기기구를 설치하여 운영하는 사업자는 제41조제2항에 따른 안전교육을 2년마다 1회 이상 4시간 이상 받아야 한다.
  (4) 사업자는 종사자의 신규 채용시에는 사전 안전교육을 2시간 이상 실시하고, 그 교육일지를 기록·비치하여야 한다.
  (5) 6개월 미만으로 단기 영업신고를 한 사업자는 영업이 종료된 후 1개월 이내에 안전점검기록부와 교육일지를 시장·군수·구청장에게 제출하여야 한다.

[별표 14]

필기시험의 시험과목 및 합격결정기준 (제46조 관련)

1. 시험과목 및 배점비율

구 분	시험과목	배점비율
가. 관광통역안내사	국사	40%
	관광자원해설	20%
	관광법규(「관광기본법」·「관광진흥법」·「관광진흥개발기금법」·「국제회의산업육성에 관한 법률」 등의 관광 관련 법규를 말한다. 이하 같다)	20%
	관광학개론	20%
	계	100%
나. 국내여행안내사	국사	30%
	관광자원해설	20%
	관광법규	20%
	관광학개론	30%
	계	100%
다. 호텔경영사	관광법규	10%
	호텔회계론	30%
	호텔인사 및 조직관리론	30%
	호텔마케팅론	30%
	계	100%
라. 호텔관리사	관광법규	30%
	관광학개론	30%
	호텔관리론	40%
	계	100%
마. 호텔서비스사	관광법규	30%
	호텔실무(현관·객실·식당 중심)	70%
	계	100%

2. 합격결정기준 : 필기시험의 합격기준은 매 과목 4할 이상, 전과목의 점수가 위의 배점비율로 환산하여 6할 이상이어야 한다.

[별표 15]

다른 외국어시험의 종류 및 합격에 필요한 점수 또는 급수
(제47조 관련)

1. 다른 외국어시험의 종류

구 분		내 용
영어	토플(TOEFL)	아메리카합중국 이.티.에스(E.T.S: Education Testing Service)에서 시행하는 시험(Test of English as a Foreign Language)을 말한다.
	토익(TOEIC)	아메리카합중국 이.티.에스(E.T.S: Education Testing Service)에서 시행하는 시험(Test of English for International Communication)을 말한다.
	텝스(TEPS)	서울대학교영어능력검정시험(Test of English Proficiency, Seoul National University)을 말한다.
	지텔프(G-TELP, 레벨 2)	아메리카합중국 샌디에이고 주립대(Sandiego State University)에서 시행하는 시험(General Test of English Language Proficiency)을 말한다.
	플렉스(FLEX)	한국외국어대학교와 대한상공회의소에서 공동 시행하는 어학능력검정시험(Foreign Language Examination)을 말한다.
일본어	일본어능력시험(JPT)	일본국 순다이(駿台)학원그룹에서 개발한 문제를 재단법인 국제교류진흥회에서 시행하는 시험(Japanese Proficiency Test)을 말한다.
	일본어검정시험(日檢 NIKKEN)	한국시사일본어사와 일본국서간행회(日本國書刊行會)에서 공동 개발하여 한국시사일본어사에서 시행하는 시험을 말한다.
	플렉스(FLEX)	한국외국어대학교와 대한상공회의소에서 공동 시행하는 어학능력검정시험(Foreign Language Examination)을 말한다.
	일본어능력시험(JLPT)	일본국제교류기금 및 일본국제교육지원협회에서 시행하는 일본어능력시험(Japanese Language Proficiency test)을 말한다.
중국어	한어수평고시(HSK)	중국 교육부가 설립한 국가한어수평고시위원회(國家漢語水平考試委員會)에서 시행하는 시험(HanyuShuipingKaoshi)을 말한다.
	플렉스(FLEX)	한국외국어대학교와 대한상공회의소에서 공동 시행하는 어학능력검정시험(Foreign Language Examination)을 말한다.

중국어	실용중국어시험 (BCT)	중국국가한어국제추광영도소조판공실(中國國家漢語國際推广領導小組辦公室)이 중국 북경대학교에 위탁 개발한 실용중국어시험 (Business Chinese Test)을 말한다.
	중국어실용능력시험 (CPT)	중국어언연구소 출제 한국CPT관리위원회 주관 (주)시사중국어사에서 시행하는 생활실용커뮤니케이션 능력평가(Chinese Proficiency Test)를 말한다.
	대만중국어능력시험(TOCFL)	중화민국 교육부 산하 국가화어측험추동공작위원회에서 시행하는 중국어능력시험(Test of Chinese as a Foreign Language)을 말한다.
프랑스어	플렉스(FLEX)	한국외국어대학교와 대한상공회의소에서 공동 시행하는 어학능력검정시험 (Foreign Language Examination)을 말한다.
	델프 / 달프 (DELF/DALF)	주한 프랑스대사관 문화과에서 시행하는 프랑스어 능력검정시험 (Diplôme d'Etudes en Langue Française)을 말한다.
독일어	플렉스(FLEX)	한국외국어대학교와 대한상공회의소에서 공동 시행하는 어학능력검정시험 (Foreign Language Examination)을 말한다.
	괴테어학검정시험(Goethe Zertifikat)	유럽 언어능력시험협회 ALTE(Association of Language Testers in Europe) 회원인 괴테-인스티튜트(Goethe Institute)에서 시행하는 독일어능력검정시험을 말한다.
스페인어	플렉스(FLEX)	한국외국어대학교와 대한상공회의소에서 공동 시행하는 어학능력검정시험 (Foreign Language Examination)을 말한다.
	델레(DELE)	스페인 문화교육부에서 주관하는 스페인어 능력 검정시험 (Diploma de Español como Lengua Extranjera)을 말한다.
러시아어	플렉스(FLEX)	한국외국어대학교와 대한상공회의소에서 공동 시행하는 어학능력검정시험 (Foreign Language Examination)을 말한다.
	토르플 (TORFL)	러시아 교육부 산하 시험기관 토르플 한국센터(계명대학교 러시아센터)에서 시행하는 러시아어 능력검정시험(Test of Russian as a Foreign Language)을 말한다.
이탈리아어	칠스 (CILS)	이탈리아 시에나 외국인 대학(Università per Stranieri di Siena)에서 주관하는 이탈리아어 자격증명시험(Certificazione di Italiano come Lingua Straniera)을 말한다.
	첼리 (CELI)	이탈리아 페루지아 국립언어대학(Università per Stranieri di Perugia)과 주한 이탈리아문화원에서 공동 시행하는 이탈리아어 능력검정시험(Certificato di Conoscenza della Lingua Italiana)을 말한다.
태국어, 베트남어, 말레이·인도네시아어, 아랍어	플렉스(FLEX)	한국외국어대학교에서 주관하는 어학능력검정시험(Foreign Language Examination)을 말한다. ※ 이 외국어 시험은 부정기적으로 시행하는 수시시험임.

2. 합격에 필요한 다른 외국어시험의 점수 또는 급수

시험명	자격구분		관광통역안내사	호텔서비스사	호텔관리사	호텔경영사	만점 / 최고급수
영어	토플 (TOEFL, PBT)		584점 이상	396점 이상	557점 이상	619점 이상	677점
	토플 (TOEFL, IBT)		81점 이상	51점 이상	76점 이상	88점 이상	120점
	토익 (TOEIC)		760점 이상	490점 이상	700점 이상	800점 이상	990점
	텝스 (TEPS)	2018. 5. 12. 전에 실시된 시험	677점 이상	381점 이상	670점 이상	728점 이상	990점
		2018. 5. 12. 이후에 실시된 시험	372점 이상	201점 이상	367점 이상	404점 이상	600점
	지텔프(G-TELP, 레벨2)		74점 이상	39점 이상	66점 이상	79점 이상	100점
	플렉스 (FLEX)		776점 이상	381점 이상	670점 이상	728점 이상	1000점
일본어	일본어능력시험(JPT)		740점 이상	510점 이상	692점 이상	784점 이상	990점
	일본어검정시험 (日檢, NIKKEN)		750점 이상	500점 이상	701점 이상	795점 이상	1000점
	플렉스 (FLEX)		776점 이상	-	-	-	1000점
	일본어능력시험(JLPT)		N1 이상				N1
중국어	한어수평고시 (HSK)		5급 이상	4급 이상	5급 이상	5급 이상	6급
	플렉스 (FLEX)		776점 이상	-	-	-	1000점
	실용중국어시험 (BCT)	(B)	181점 이상				300점
		(B)L&R	601점 이상				1000점
	중국어실용능력시험 (CPT)		750점 이상				1000점
	대만중국어능력시험 (TOCFL)		5급(유리) 이상				6급 (정통)
프랑스어	플렉스 (FLEX)		776점 이상				1000점
	델프 / 달프 (DELF, DALF)		델프(DELF) B2 이상				달프(DALF) C2
독일어	플렉스 (FLEX)		776점 이상				1000점
	괴테어학검정시험 (Goethe Zertifikat)		괴테어학검정시험 (Goethe-Zertifikat) B1(ZD) 이상				괴테어학검정시험(Goethe-Zertifikat) C2
스페인어	플렉스 (FLEX)		776점 이상				1000점
	델레 (DELE)		B2 이상				C2
러시아어	플렉스 (FLEX)		776점 이상				1000점
	토르플 (TORFL)		1단계 이상				4단계
이탈리아어	칠스 (CILS)		레벨 2-B2(Livello Due-B2) 이상				레벨 4 - C2 (Livello Quattro-C2)
	첼리 (CELI)		첼리(CELI) 3 이상				첼리(CELI) 5
태국어 베트남어 말레이·인도네시아어 아랍어	플렉스 (FLEX)		600점 이상				1000점

3. 청각장애인 응시자의 합격에 필요한 다른 외국어시험의 점수 또는 급수

시험명 \ 자격구분		호텔 서비스사	호텔 관리사	호텔 경영사
영어	토플 (TOEFL, PBT)	264점 이상	371점 이상	412점 이상
	토플 (TOEFL, IBT)	51점 이상	76점 이상	88점 이상
	토익 (TOEIC)	245점 이상	350점 이상	400점 이상
	텝스 (TEPS) 2018. 5. 12. 이전 시험	191점 이상	335점 이상	728점 이상
	텝스 (TEPS) 2018. 5. 12. 이후 시험	121점 이상	221점 이상	243점 이상
	지텔프(G-TELP, 레벨 2)	39점 이상	66점 이상	79점 이상
	플렉스 (FLEX)	229점 이상	402점 이상	437점 이상
일본어	일본어능력시험 (JPT)	255점 이상	346점 이상	392점 이상
	일본어검정시험 (日檢, NIKKEN)	250점 이상	351점 이상	398점 이상
중국어	한어수평고시 (HSK)	3급 이상	4급 이상	4급 이상

비고

1. 위 표의 적용을 받는 "청각장애인"이란 「장애인복지법 시행규칙」 별표 1 제4호에 따른 청각장애인 중 장애의 정도가 심한 장애인을 말한다.

2. 청각장애인 응시자의 합격에 필요한 다른 외국어 시험의 기준 점수(이하 "합격 기준 점수"라 한다)는 해당 외국어시험에서 듣기부분을 제외한 나머지 부분의 합계 점수(지텔프 시험은 나머지 부분의 평균 점수를 말한다)를 말한다. 다만, 토플(TOEFL, IBT) 시험은 듣기부분을 포함한 합계 점수를 말한다.

3. 청각장애인의 합격 기준 점수를 적용받으려는 사람은 원서접수 마감일까지 청각장애인으로 유효하게 등록되어 있어야 하며, 원서접수 마감일부터 4일 이내에 「장애인복지법」 제32조제1항에 따른 장애인등록증의 사본을 원서접수 기관에 제출해야 한다.

[별표 16]

시험의 면제기준 (제51조 관련)

구 분	면제대상 및 면제과목
1. 관광통역 안내사	가. 「고등교육법」에 따른 전문대학 이상의 학교 또는 다른 법령에서 이와 동등 이상의 학력이 인정되는 교육기관에서 해당 외국어를 3년 이상 강의한 자에 대하여 해당 외국어시험을 면제 나. 4년 이상 해당 언어권의 외국에서 근무하거나 유학(해당 언어권의 언어를 사용하는 학교에서 공부한 것을 말한다)을 한 경력이 있는 자 및 「초·중등교육법」에 따른 중·고등학교 또는 고등기술학교에서 해당 외국어를 5년 이상 강의한 자에 대하여 해당 외국어 시험을 면제 다. 「고등교육법」에 따른 전문대학 이상의 학교에서 관광분야를 전공(전공과목이 관광법규 및 관광학개론 또는 이에 준하는 과목으로 구성되는 전공과목을 30학점 이상 이수한 경우를 말한다)하고 졸업한 자(졸업예정자 및 관광분야 과목을 이수하여 다른 법령에서 이와 동등한 학력을 취득한 자를 포함한다)에 대하여 필기시험 중 관광법규 및 관광학개론 과목을 면제 라. 관광통역안내사 자격증을 소지한 자가 다른 외국어를 사용하여 관광안내를 하기 위하여 시험에 응시하는 경우 필기시험을 면제 마. 문화체육관광부장관이 정하여 고시하는 교육기관에서 실시하는 60시간 이상의 실무교육과정을 이수한 사람에 대하여 필기시험 중 관광법규 및 관광학개론 과목을 면제. 이 경우 실무교육과정의 교육과목 및 그 비중은 다음과 같음 　1) 관광법규 및 관광학개론 : 30% 　2) 관광안내실무 : 20% 　3) 관광자원안내실습 : 50%
2. 국내여행 안내사	가. 「고등교육법」에 따른 전문대학 이상의 학교에서 관광분야를 전공(전공과목이 관광법규 및 관광학개론 또는 이에 준하는 과목으로 구성되는 전공과목을 30학점 이상 이수한 경우를 말한다)하고 졸업한 자(졸업예정자 및 관광분야 과목을 이수하여 다른 법령에서 이와 동등한 학력을 취득한 자를 포함한다)에 대하여 필기시험을 면제 나. 여행안내와 관련된 업무에 2년 이상 종사한 경력이 있는 자에 대하여 필기시험을 면제 다. 「초·중등교육법」에 따른 고등학교나 고등기술학교를 졸업한 자 또는 다른 법령에서 이와 동등한 학력이 있다고 인정되는 교육기관에서 관광분야의 학과를 이수하고 졸업한 자(졸업예정자를 포함한다)에 대하여 필기시험을 면제
3. 호텔경영사	가. 호텔관리사 자격을 취득한 자로서 그 자격을 취득한 후 4성급 이상의 관광호텔에서 부장급 이상으로 3년 이상 종사한 경력이 있는 자에 대하여 필기시험을 면제 나. 호텔관리사 자격을 취득한 자로서 그 자격을 취득한 후 3성급 관광호텔의 총괄 관리 및 경영업무에 3년 이상 종사한 경력이 있는 자에 대하여 필기시험을 면제 다. 국내호텔과 체인호텔 관계에 있는 해외호텔에서 호텔경영 업무에 종사한 경력이 있는 자로서 해당 국내 체인호텔에 파견근무를 하려는 자에 대하여 필기시험 및 외국어시험을 면제
4. 호텔관리사	「고등교육법」에 따른 대학 이상의 학교 또는 다른 법령에서 이와 동등 이상의 학력이 인정되는 교육기관에서 호텔경영 분야를 전공하고 졸업한 자(졸업예정자를 포함한다)에 대하여 필기시험을 면제
5. 호텔 　서비스사	가. 「초·중등교육법」에 따른 고등학교 또는 고등기술학교 이상의 학교를 졸업한 자 또는 다른 법령에서 이와 동등한 학력이 있다고 인정되는 교육기관에서 관광분야의 학과를 이수하고 졸업한 자(졸업예정자를 포함한다)에 대하여 필기시험을 면제 나. 관광숙박업소의 접객업무에 2년 이상 종사한 경력이 있는 자에 대하여 필기시험을 면제

[별표 17]

관광종사원에 대한 행정처분기준 (제56조 관련)

1. 일반기준

가. 위반행위가 2 이상일 경우에는 그 중 중한 처분기준(중한 처분기준이 동일할 경우에는 그 중 하나의 처분기준을 말한다)에 따르며, 2 이상의 처분기준이 동일한 자격정지일 경우에는 중한 처분기준의 2분의 1까지 가중 처분할 수 있되, 각 처분기준을 합산한 기간을 초과할 수 없다.

나. 위반행위의 횟수에 따른 행정처분의 기준은 최근 1년간 같은 위반행위로 행정처분을 받은 경우에 적용한다. 이 경우 행정처분 기준의 적용은 같은 위반행위에 대하여 최초로 행정처분을 한 날을 기준으로 한다.

다. 처분권자는 그 처분기준이 자격정지인 경우에는 위반행위의 동기·내용·횟수 및 위반의 정도 등 다음 1)부터 3)까지의 규정에 해당하는 사유를 고려하여 처분기준의 2분의 1 범위에서 그 처분을 감경할 수 있다.

  1) 위반행위가 고의나 중대한 과실이 아닌 사소한 부주의나 오류로 인한 것으로 인정되는 경우

  2) 위반의 내용·정도가 경미하여 소비자에게 미치는 피해가 적다고 인정되는 경우

  3) 위반 행위자가 처음 해당 위반행위를 한 경우로서 3년 이상 관광종사원으로서 모범적으로 일해 온 사실이 인정되는 경우

2. 개별기준

위 반 행 위	근거법령	행 정 처 분 기 준			
		1차위반	2차위반	3차위반	4차위반
가. 거짓이나 그 밖의 부정한 방법으로 자격을 취득한 경우	법 제40조 제1호	자격취소			
나. 법 제7조제1항 각 호(제3호는 제외한다)의 어느 하나에 해당하게 된 경우	법 제40조 제2호	자격취소			
다. 관광종사원으로서 직무를 수행하는 데에 부정 또는 비위(非違)사실이 있는 경우	법 제40조 제3호	자격정지 1월	자격정지 3월	자격정지 5월	자격취소

[별표 17의2]

문화관광해설사 양성교육과정의 개설·운영 기준
(제57조의3제1항 관련)

구분	개설·운영 기준			
교육과목 및 교육시간	교육과목 (실습을 포함한다)			교육시간
	기본 소양	1) 문화관광해설사의 역할과 자세 2) 문화관광자원의 가치 인식 및 보호 3) 관광객의 특성 이해 및 관광약자 배려		20시간
	전문 지식	4) 관광정책 및 관광산업의 이해 5) 한국 주요 문화관광자원의 이해 6) 지역 특화 문화관광자원의 이해		40시간
	현장 실무	7) 해설 시나리오 작성 및 해설 기법 8) 해설 현장 실습 9) 관광 안전관리 및 응급처치		40시간
	합 계			100시간
교육시설	1) 강의실 2) 강사대기실 3) 회의실 4) 그 밖에 교육에 필요한 기자재 및 시스템			

비고
1)부터 9)까지의 모든 과목을 교육해야 하며, 이론교육은 정보통신망을 통한 온라인 교육을 포함하여 구성할 수 있다.

[별표 17의4]

문화관광해설사 평가 기준 (제57조의5제2항 관련)

평가항목	세부 평가내용		배점	비중
1. 이론	기본 소양	1) 문화관광해설사의 역할과 자세 2) 문화관광자원의 가치 인식 및 보호 3) 관광객의 특성 이해 및 관광약자 배려	30점	70%
	전문 지식	4) 관광정책 및 관광산업의 이해 5) 한국 주요 문화관광자원의 이해 6) 지역 특화 문화관광자원의 이해	70점	
	합 계		100점	
2. 실습	현장 실무	7) 해설 시나리오 작성	45점	30%
		8) 해설 기법 시연	45점	
		9) 관광 안전관리 및 응급처치	10점	
	합 계		100점	

비고
1)부터 9)까지의 모든 항목을 평가해야 하며, 이론 평가는 객관식 문제와 주관식 문제를 병행하여 평가한다.

[별표 17의5]

한국관광 품질인증의 세부 인증 기준 (제57조의6 관련)

1. 서류평가 통과 기준: 다음 각 목의 사항을 모두 갖추었을 것
 가. 제57조의7제1항제1호·제2호·제4호의 서류를 모두 제출하였을 것
 나. 가목에 따라 제출한 서류를 심사한 결과 위법·당한 사실이 없을 것
 다. 한국관광 품질인증 신청서를 제출한 날 이전 3개월간 관할 허가·등록·지정 또는 신고 기관의 장으로부터 허가·등록·지정의 취소, 사업의 전부 또는 일부의 정지, 영업의 정지 또는 일부 시설의 사용중지나 영업소 폐쇄 처분을 받지 않았을 것

2. 현장평가 통과 기준: 다음 각 목의 사항을 모두 갖추었을 것
 가. 해당 사업의 관련 법령에 따른 허가·등록·지정 또는 신고 요건을 계속하여 갖추고 있을 것
 나. 평가 분야별 득점의 합이 100점 만점을 기준으로 하여 70점 이상일 것. 다만, 일부 사업의 경우 득점하여야 하는 총점을 업무 규정으로 다르게 정할 수 있음.

평가 분야	평가 항목	배점 비중
가. 시설 및 서비스 분야	건물의 외관·내부시설의 유지·관리	60%
	장애인을 위한 편의시설의 설치·관리	
	매뉴얼에 따른 서비스 품질관리	
	업무 규정에 따른 서비스 이행 표준의 준수	
나. 인력의 전문성 분야	관광객 응대에 필요한 종사원의 전문성	20%
	외국인 관광객 응대를 위한 외국어 능력	
	종사원의 서비스 교육·훈련 이수 결과	
다. 안전관리 분야	정기적인 소방안전점검 및 관리	20%
	안전관리에 필요한 장비의 구비·관리	
	비상재해 대비시설의 설치·관리	
	화재 등으로 발생한 손해에 대한 배상체계 구비	
총 계		100%

(비고)
 1. 평가 분야별 배점 비중은 업무 규정이 정하는 바에 따라 총계의 10퍼센트 범위에서 조정될 수 있으나, 배점 비중의 총계는 항상 100퍼센트가 되어야 함.
 2. 평가 항목별 구체적인 평가지표는 한국관광 품질인증의 대상별 특성에 따라 업무 규정으로 정함.

다. 아래 표에 따른 한국관광 품질인증의 대상별 필수사항을 모두 갖추었을 것

구 분	필 수 사 항
외국인관광 도시민박업, 한옥체험업	- 객실, 침구, 욕실, 조리시설에 대한 청결 수준이 보통(5단계 평가 시 3단계) 이상일 것
관광면세업	- 내국인 출입이 가능할 것 - 품질보증서 등을 구비할 것 - 외국인관광객에게 부가가치세 등을 환급해 줄 수 있는 설비를 갖추고 관련 정보를 제공할 것
숙박업	- 관광객 응대를 위한 안내 데스크가 개방형 구조일 것 - 주차장에 가림막 등 폐쇄형 구조물이 없을 것 - 시간제로 운영하지 않을 것 - 청소년 보호를 위해 성인방송 제공을 제한할 것 - 요금표를 게시할 것 - 객실, 침구, 욕실, 조리시설에 대한 청결 수준이 보통(5단계 평가 시 3단계) 이상일 것
외국인관광객 면세판매장	- 내국인 출입이 가능할 것 - 품질보증서 등을 구비할 것 - 외국인관광객에게 부가가치세 등을 환급해 줄 수 있는 설비를 갖추고 관련 정보를 제공할 것

[별표 18]

관광지·관광단지의 구분기준 (제58조제2항 관련)

1. 관광단지: 가목의 시설을 갖추고, 나목의 시설 중 1종 이상의 필요한 시설과 다목 또는 라목의 시설 중 1종 이상의 필요한 시설을 갖춘 지역으로서 총면적이 50만제곱미터 이상인 지역(다만, 마목 및 바목의 시설은 임의로 갖출 수 있다)

시 설 구 분	시 설 종 류	구 비 기 준
가. 공공편익시설	화장실, 주차장, 전기시설, 통신시설, 상하수도시설 또는 관광안내소	각 시설이 관광객이 이용하기에 충분할 것
나. 숙박시설	관광호텔, 수상관광호텔, 한국전통호텔, 가족호텔 또는 휴양콘도미니엄	관광숙박업의 등록기준에 부합할 것
다. 운동·오락시설	골프장, 스키장, 요트장, 조정장, 카누장, 빙상장, 자동차경주장, 승마장, 종합체육시설, 경마장, 경륜장 또는 경정장	「체육시설의 설치·이용에 관한 법률」 제10조에 따른 등록체육시설업의 등록기준, 「한국마사회법 시행령」 제5조에 따른 시설·설비기준 또는 「경륜·경정법 시행령」 제5조에 따른 시설·설비기준에 부합할 것
라. 휴양·문화시설	민속촌, 해수욕장, 수렵장, 동물원, 식물원, 수족관, 온천장, 동굴자원, 수영장, 농어촌휴양시설, 산림휴양시설, 박물관, 미술관, 활공장, 자동차야영장, 관광유람선 또는 종합유원시설	관광객이용시설업의 등록기준 또는 유원시설업의 설비기준에 부합할 것
마. 접객시설	관광공연장, 관광유흥음식점, 관광극장유흥업점, 외국인전용유흥음식점, 관광식당 등	관광객이용시설업의 등록기준 또는 관광편의시설업의 지정기준에 적합할 것
바. 지원시설	관광종사자 전용숙소, 관광종사자 연수시설, 물류·유통 관련 시설	관광단지의 관리·운영 및 기능 활성화를 위해서 필요한 시설일 것

(비고) 관광단지의 총면적 기준은 시·도지사가 그 지역의 개발목적·개발·계획·설치시설 및 발전전망 등을 고려하여 일부 완화하여 적용할 수 있다.

2. 관광지: 제1호가목의 시설을 갖춘 지역(다만, 나목부터 바목까지의 시설은 임의로 갖출 수 있다)

[별표 19]

관광지등의 시설지구 안에 설치할 수 있는 시설
(제60조제2항 관련)

시 설 지 구	설 치 할 수 있 는 시 설
공공편익 시설지구	도로, 주차장, 관리사무소, 안내시설, 광장, 정류장, 공중화장실, 금융기관, 관공서, 폐기물처리시설, 오수처리시설, 상하수도시설, 그 밖에 공공의 편익시설과 관련되는 시설로서 관광지등의 기반이 되는 시설
숙박시설지구	「공중위생관리법」 및 이 법에 따른 숙박시설, 그 밖에 관광객의 숙박과 체재에 적합한 시설
상가시설지구	판매시설, 「식품위생법」에 따른 업소, 「공중위생관리법」에 따른 업소(숙박업은 제외한다), 사진관, 그 밖의 물품이나 음식 등을 판매하기에 적합한 시설
관광 휴양· 오락 시설지구	1. 휴양·문화시설: 공원, 정자, 전망대, 조경휴게소, 의료시설, 노인시설, 삼림욕장, 자연휴양림, 연수원, 야영장, 온천장, 보트장, 유람선터미널, 낚시터, 청소년수련시설, 공연장, 식물원, 동물원, 박물관, 미술관, 수족관, 문화원, 교양관, 도서관, 자연학습장, 과학관, 국제회의장, 농·어촌 휴양시설, 그 밖에 휴양과 교육·문화와 관련된 시설 2. 운동·오락시설: 「체육시설의 설치·이용에 관한 법률」에 따른 체육시설, 이 법에 따른 유원시설, 「게임산업진흥에 관한 법률」에 따른 게임제공업소, 케이블카(리프트카), 수렵장, 어린이놀이터, 무도장, 그 밖의 운동과 놀이에 직접 참여하거나 관람하기에 적합한 시설
기타시설지구	위의 지구에 포함되지 아니하는 시설

(비고) 개별시설에 각종 부대시설이 복합적으로 있는 경우에는 그 시설의 주된 기능을 중심으로 시설지구를 구분한다.

198

[별표 20]

용지매수 및 보상업무의 위탁수수료 산정기준표
(제63조 관련)

용지매수의 금 액 별	위탁수수료의 기준 (용지매수대금에 대한 백분율)	비　　　고
10억원 이하	2.0퍼센트 이내	1. "용지매수의 금액"이라 함은 용지매입비, 시설의 매수 및 인건비, 관리보상비 및 지장물 보상비와 이주위자료의 합계액을 말한다. 2. 감정수수료 및 등기수수료 등 법정수수료는 위탁수수료의 기준을 정할 때 고려하지 아니한다. 3. 개발사업의 완공 후 준공 및 관리처분을 위한 측량, 지목변경, 관리이전을 위한 소유권의 변경절차를 위한 관리비는 이 기준수수료의 100분의 30의 범위에서 가산할 수 있다. 4. 지역적인 특수조건이 있는 경우에는 이 위탁료율을 당사자가 상호 협의하여 증감 조정할 수 있다.
10억원 초과 30억원 이하	1.7퍼센트 이내	
30억원 초과 50억원 이하	1.3퍼센트 이내	
50억원 초과	1.0퍼센트 이내	

[별표 21]

관광특구 지정요건의 세부기준 (제64조제1항 관련)

시 설 구 분	시 설 종 류	구 비 기 준
가. 공공편익시설	화장실, 주차장, 전기시설, 통신시설, 상하수도시설	각 시설이 관광객이 이용하기에 충분할 것
나. 관광안내 시설	관광안내소, 외국인통역안내소, 관광지 표지판	각 시설이 관광객이 이용하기에 충분할 것
다. 숙박시설	관광호텔, 수상관광호텔, 한국전통호텔, 가족호텔 및 휴양콘도미니엄	영 별표 1의 등록기준에 부합되는 관광숙박시설이 1종류 이상일 것
라. 휴양·오락시설	민속촌, 해수욕장, 수렵장, 동물원, 식물원, 수족관, 온천장, 동굴자원, 수영장, 농어촌휴양시설, 산림휴양시설, 박물관, 미술관, 활공장, 자동차야영장, 관광유람선 및 종합유원시설	영 별표 1의 등록기준에 부합되는 관광객이용시설 또는 별표 1의2의 시설 및 설비기준에 부합되는 유원시설로서 1종류 이상일 것
마. 접객시설	관광공연장, 관광유흥음식점, 관광극장유흥업점, 외국인전용유흥음식점, 관광식당	영 별표 1의 등록기준에 부합되는 관광객이용시설 또는 별표 2의 지정기준에 부합되는 관광편의시설로서 관광객이 이용하기에 충분할 것
바. 상가시설	관광기념품전문판매점, 백화점, 재래시장, 면세점 등	1개소 이상일 것

[별표 22]

검사공무원 증표 (제68조 관련)

(앞 쪽)

제 호

직   명

성   명

생 년 월 일

위의 사람은 「관광진흥법」 제78조제4항에 따른 검사공무원임을 증명합니다.

유효기간   년   월   일부터
            년   월   일까지

문화체육관광부장관
시 · 도 지 사 ㊞
시장·군수·구청장

90mm×60mm (청색켄트지120g/㎡)

(뒤 쪽)

1. 이 증표는 본인만 사용할 수 있다.

2. 이 증표는 사업장에 출입·검사할 경우에 관계자에게 내보여야 한다.

3. 이 증표를 분실한 경우에는 지체 없이 그 사유를 발행처에 보고하고 재발급받아야 한다.

4. 사용기간을 경과하거나 사용하지 못하게 된 경우에는 지체 없이 발행처에 반납하여야 한다.

이 증표를 습득하신 분은 가까운 우체함에 넣어 주시기 바랍니다.

[별표 23]

수수료 (제69조제1항 관련)

납 부 자	금 액
1. 법 제4조제1항부터 제4항까지의 규정에 따른 관광사업을 등록하는 자	
가. 관광사업의 신규등록	1) 외국인관광 도시민박업의 경우: 20,000원 2) 그 밖의 관광사업의 경우: 30,000원(숙박시설이 있는 경우 매 실당 700원을 가산한 금액으로 한다)
나. 관광사업의 변경등록	1) 외국인관광 도시민박업의 경우: 15,000원 2) 그 밖의 관광사업의 경우: 15,000원(숙박시설 중 객실변경 등록을 하는 경우 매 실당 600원을 가산한 금액으로 한다)
2. 법 제5조제1항 및 제3항에 따른 카지노업의 허가를 신청하는 자	
가. 신규허가	100,000원 (온라인으로 신청하는 경우 90,000원)
나. 변경허가	50,000원 (온라인으로 신청하는 경우 45,000원)
3. 법 제6조에 따른 관광편의시설업의 지정을 신청하는 자	20,000원
4. 법 제8조제4항 및 제5항에 따른 관광사업의 지위승계를 신고하는 자	20,000원
5. 법 제15조에 따른 사업계획의 승인을 신청하는 자	
가. 신규사업계획의 승인	50,000원 (숙박시설이 있는 경우 매 실당 500원을 가산한 금액)
나. 사업계획 변경승인	50,000원 (숙박시설 중 객실변경이 있는 경우 매 실당 500원을 가산한 금액)
6. 법 제19조에 따라 관광숙박업의 등급결정을 신청하는 자	등급결정에 관한 평가요원의 수 및 지급수당 등을 고려하여 문화체육관광부장관이 정하여 고시하는 기준에 따른 금액
7. 법 제25조제3항에 따라 카지노기구(별표 8 제3호에 따른 머신게임만 해당한다)의 검사를 신청하는 자	
가. 신규로 반입·사용하거나 검사유효기간이 만료되어 신청하는 경우	대당 189,000원
나. 가목 외의 경우	기본료 100,000원 + 대당 25,000원
8. 법 제38조제2항에 따라 관광종사원 자격시험에 응시하려는 자	20,000원
9. 법 제38조제2항에 따라 관광종사원의 등록을 신청하는 자	5,000원
10. 법 제38조제4항에 따라 관광종사원 자격증의 재발급을 신청하는 자	3,000원
11. 삭제	
12. 법 제48조의10제1항에 따라 한국관광 품질인증을 신청하는 자	품질인증에 관한 평가·심사 인원의 수 및 지급 수당 등을 고려하여 문화체육관광부장관이 정하여 고시하는 기준에 따른 금액

[별표 24]

안전성검사기관의 지정 요건 (제70조 관련)

구 분	등록 요건
1. 인력 기준	다음 각 목의 자격기준에 해당하는 자 중 7명 이상을 채용하되, 기계분야 자격자 4명(가목 해당자 1명 이상을 포함하여야 한다), 전기 분야 자격자 2명 및 산업안전 분야 자격자 1명을 포함하여야 한다. 가. 「국가기술자격법」에 따른 기계·전기 또는 기계안전 분야의 기술사 또는 공학박사 나. 「국가기술자격법」에 따른 기계·전기·전자 또는 산업안전 분야의 기사 이상 자격자로서 해당 실무경력이 3년 이상인 자 다. 기계·전기·전자 또는 산업안전 분야의 석사 이상의 학위 소지자로서 해당 실무경력이 3년 이상인 자 라. 「국가기술자격법」에 따른 기계·전기·전자 또는 산업안전 분야의 산업기사 이상 자격자로서 해당 실무경력이 5년 이상인 자 마. 「고등교육법」에 따른 대학졸업자(이와 동등 이상의 학력이 인정되는 자를 포함한다)로서 기계·전기·전자 또는 산업안전 관련 분야를 전공하고 유원시설 관련 실무경력이 5년 이상인 자 바. 고등교육법에 따른 전문대학의 졸업자(이와 동등 이상의 학력이 인정되는 자를 포함한다)로서 기계·전기·전자 또는 산업안전 관련 분야를 전공하고 유원시설 관련 실무경력이 7년 이상인 자 사. 가목부터 바목까지의 규정에 해당하는 자와 동등 이상의 자격이 있다고 문화체육관광부장관이 인정하는 자
2. 장비 기준	다음 각 목의 검사·시험 등을 위한 장비를 각각 1대 이상 보유하여야 한다. 가. 검사기기: 회전속도계, 절연저항계, 전류계, 전압계, 소음계, 온도계, 와이어로프결합테스터, 초음파두께측정기, 조도계, 접지저항계, 광파거리측정기, 경도측정기, 오실로스코프(입력전압의 변화를 화면에 출력하는 장치), 베어링검사기, 가속도측정기, 토크렌치(볼트와 너트를 규정된 회전력에 맞춰 조이는데 사용하는 공구), 유압테스터, 레이저거리측정기 나. 시험기기: 자분탐상시험기(자기를 이용한 결함 조사기), 초음파탐상시험기(초음파를 이용한 결함 조사기), 진동계, 진동분석장비[FFT분석기·임팩트해머(충격 효과를 주는 망치) 및 모달(modal)프로그램(진동 분석 프로그램) 포함] 다. 컴퓨터프로그램: 구조해석용 프로그램
3. 그 밖의 기준	다음 각 목의 요건을 갖추어야 한다. 가. 비영리법인일 것 나. 자체 사무실을 보유하고 2명 이상의 상근 관리직원을 둘 것 다. 안전성 검사와 관련하여 유원시설업 관광객에게 피해를 준 경우 그 손해를 배상할 것을 내용으로 하는 보증보험에 가입할 것 라. 검사 신청 및 절차, 검사조직 운영, 검사결과 통지, 검사수수료 등이 포함된 안전성검사를 위한 세부규정을 마련하고 있을 것

[별지 제1호서식]

관광사업 등록신청서

※ 뒤쪽의 제출서류를 참고하시기 바라며, 색상이 어두운 란은 신청인이 적지 않습니다.
(앞 쪽)

접수번호	접수일	발급일	처리기간	○ 여행업, 관광숙박업 및 야영장업: 7일 ○ 종합휴양업: 12일 ○ 외국인관광 도시민박업: 14일 ○ 기타: 5일

신청인	성 명(대표자)		주민등록번호 (외국인등록번호)
	주 소		전화번호

상호(명칭)	업종
주사업장 소재지	전화번호
자본금	
영업개시 연월일	

「관광진흥법」 제4조제1항 및 같은 법 시행규칙 제2조에 따라 관광사업의 등록을 신청합니다.

년   월   일

특별자치시장
특별자치도지사   신청인 성명   (서명 또는 인)
시장·군수·구청장   귀하

제출서류	뒤쪽 참조	수수료 ○외국인관광 도시민박업의 경우: 20,000원 ○그 밖의 관광사업의 경우: 30,000원 (숙박시설이 있는 경우 매 실당 700원을 가산한 금액으로 합니다)

행정정보 공동이용 동의서
(호텔업, 국제회의시설업 및 야영장업 신청인만 해당합니다)

본인은 이 건 업무처리와 관련하여 담당 공무원이 「전자정부법」 제36조제1항에 따른 행정정보의 공동이용을 통하여 뒤쪽의 담당 공무원 확인사항 중 제3호 및 제4호를 확인하는 것에 동의합니다.   * 동의하지 아니하는 경우에는 신청인이 직접 관련 서류를 제출하여야 합니다.

신청인   (서명 또는 인)

처리절차

신청서 작성	→	접 수	→	심 의	→	등 록	→	등록증 발급
신청인		처 리 기 관 (특별자치시· 특별자치도· 시·군·구)		처 리 기 관 (특별자치시· 특별자치도· 시·군·구)		처 리 기 관 (특별자치시· 특별자치도· 시·군·구)		

210mm×297mm[백상지 80g/㎡]

신청인 (대표자) 제출서류	여행업 및 국제회의 기획업의 경우	1. 사업계획서 1부 2. 신청인(법인의 경우에는 대표자 및 임원)이 내국인인 경우에는 성명 및 주민등록번호를 기재한 서류 1부 3. 신청인(법인의 경우에는 대표자 및 임원)이 외국인인 경우에는 「관광진흥법」 제7조제1항 각 호에 해당하지 아니함을 증명하는 다음 각 목의 어느 하나에 해당하는 서류. 다만, 「관광진흥법」 또는 다른 법령에 따라 인ㆍ허가 등을 받아 사업자등록을 하고 해당 영업 또는 사업을 영위하고 있는 자(법인의 경우에는 최근 1년 이내에 법인세를 납부한 시점부터 등록 신청 시점까지의 기간 동안 대표자 및 임원의 변경이 없는 경우로 한정합니다)는 해당 영업 또는 사업의 인ㆍ허가증 등 인ㆍ허가 등을 받았음을 증명하는 서류와 최근 1년 이내에 소득세(법인의 경우에는 법인세를 말합니다)를 납부한 사실을 증명하는 서류를 제출하는 경우에는 그 영위하고 있는 영업 또는 사업의 결격사유 규정과 중복되는 「관광진흥법」 제7조제1항의 결격사유에 한하여 다음 각 목의 서류를 제출하지 아니할 수 있습니다. 　가. 해당 국가의 정부나 그 밖의 권한 있는 기관이 발행한 서류 또는 공증인이 공증한 신청인의 진술서로서 「재외공관 공증법」에 따라 해당 국가에 주재하는 대한민국공관의 영사관이 확인한 서류 1부 　나. 「외국공문서에 대한 인증의 요구를 폐지하는 협약」을 체결한 국가의 경우에는 해당 국가의 정부나 그 밖의 권한 있는 기관이 발행한 서류 또는 공증인이 공증한 신청인의 진술서로서 해당 국가의 아포스티유(Apostille) 확인서 발급 권한이 있는 기관이 그 확인서를 발급한 서류 1부 4. 부동산의 소유권 또는 사용권을 증명하는 서류(담당 공무원이 부동산의 등기사항증명서를 통하여 부동산의 소유권 또는 사용권을 확인할 수 없는 경우만 해당합니다) 5. 「외국인투자 촉진법」에 따른 외국인투자를 증명하는 서류(외국인투자기업의 경우에만 해당합니다) 1부 6. 공인회계사 또는 세무사가 확인한 등록신청 당시의 대차대조표(개인의 경우에는 영업용 자산명세서 및 그 증명서류) 1부
	관광숙박업ㆍ관광객이용시설업 및 국제회의시설업의 경우	1. 사업계획서 1부 2. 신청인(법인의 경우에는 대표자 및 임원)이 내국인인 경우에는 성명 및 주민등록번호를 기재한 서류 1부 3. 신청인(법인의 경우에는 대표자 및 임원)이 외국인인 경우에는 「관광진흥법」 제7조제1항 각 호에 해당하지 아니함을 증명하는 다음 각 목의 어느 하나에 해당하는 서류. 다만, 「관광진흥법」 또는 다른 법령에 따라 인ㆍ허가 등을 받아 사업자등록을 하고 해당 영업 또는 사업을 영위하고 있는 자(법인의 경우에는 최근 1년 이내에 법인세를 납부한 시점부터 등록 신청 시점까지의 기간 동안 대표자 및 임원의 변경이 없는 경우로 한정합니다)는 해당 영업 또는 사업의 인ㆍ허가증 등 인ㆍ허가 등을 받았음을 증명하는 서류와 최근 1년 이내에 소득세(법인의 경우에는 법인세를 말합니다)를 납부한 사실을 증명하는 서류를 제출하는 경우에는 그 영위하고 있는 영업 또는 사업의 결격사유 규정과 중복되는 법 제7조제1항의 결격사유에 한하여 다음 각 목의 서류를 제출하지 아니할 수 있습니다. 　가. 해당 국가의 정부나 그 밖의 권한 있는 기관이 발행한 서류 또는 공증인이 공증한 신청인의 진술서로서 「재외공관 공증법」에 따라 해당 국가에 주재하는 대한민국공관의 영사관이 확인한 서류 1부 　나. 「외국공문서에 대한 인증의 요구를 폐지하는 협약」을 체결한 국가의 경우에는 해당 국가의 정부나 그 밖의 권한 있는 기관이 발행한 서류 또는 공증인이 공증한 신청인의 진술서로서 해당 국가의 아포스티유(Apostille) 확인서 발급 권한이 있는 기관이 그 확인서를 발급한 서류 1부 4. 부동산의 소유권 또는 사용권을 증명하는 서류(담당 공무원이 부동산의 등기사항증명서를 통하여 부동산의 소유권 또는 사용권을 확인할 수 없는 경우만 해당합니다) 5. 회원을 모집할 계획인 호텔업ㆍ휴양콘도미니엄업의 경우로서 각 부동산에 저당권이 설정되어 있는 경우에는 「관광진흥법 시행령」 제24조제1항제2호 단서에 따른 보증보험가입 증명서류 6. 「외국인투자 촉진법」에 따른 외국인투자를 증명하는 서류(외국인투자기업의 경우에만 해당합니다) 1부 7. 「관광진흥법」 제15조에 따라 승인을 받은 사업계획에 포함된 부대영업을 하기 위하여 다른 법령에 따라 소관관청에 신고를 하였거나 인ㆍ허가 등을 받은 경우에는 각각 이를 증명하는 서류(제8호 또는 제9호의 서류에 따라 증명되는 경우에는 제외합니다) 1부 8. 「관광진흥법」 제18조제1항에 따라 신고를 하였거나 인ㆍ허가 등을 받은 것으로 의제되는 경우에는 각각 그 신고서 또는 신청서와 그 첨부서류 1부 9. 「관광진흥법」 제18조제1항 각 호에서 규정된 신고를 하였거나 인ㆍ허가 등을 받은 경우에는 각각 이를 증명하는 서류 10. 야영장업을 경영하기 위하여 다른 법령에 따른 인ㆍ허가 등을 받은 경우 이를 증명하는 서류 각 1부(야영장업 등록의 경우에만 해당합니다) 11. 「전기사업법 시행규칙」 제38조제3항에 따른 사용전점검확인증(야영장업 등록의 경우에만 해당합니다) 1부 12. 「먹는물 관리법」에 따른 먹는물 수질검사기관이 「먹는물 수질기준 및 검사 등에 관한 규칙」 제3조제2항에 따라 발행한 수질검사성적서(야영장에서 수돗물이 아닌 지하수 등을 먹는 물로 사용하는 경우에만 해당합니다) 1부 13. 시설의 평면도 및 배치도 각 1부 14. 시설별 일람표 각 1부 　가. 관광숙박업: 별지 제2호서식의 시설별 일람표 　나. 전문휴양업 및 종합휴양업: 별지 제3호서식의 시설별 일람표 　다. 야영장업: 별지 제3호의2서식의 시설별 일람표 　라. 국제회의시설업: 별지 제4호서식의 시설별 일람표
담당 공무원 확인사항	여행업 및 국제회의 기획업의 경우	1. 법인 등기사항증명서(법인인 경우에만 해당합니다) 2. 부동산의 등기사항증명서
	관광숙박업ㆍ관광객이용시설업 및 국제회의시설업의 경우	1. 법인 등기사항증명서(법인인 경우에만 해당합니다) 2. 부동산의 등기사항증명서 3. 전기안전점검확인서(호텔업 또는 국제회의시설업 등록의 경우에만 해당합니다) 4. 액화석유가스 사용시설완성검사증명서(야영장업 등록의 경우에만 해당합니다)

[별지 제2호서식]

관광숙박업 시설별 일람표

법인명	※법인의 경우	상호(명칭)		대 표 자	
사업계획 승인일	. . .	소 재 지		입 지	지역
최초 등록일	. . .	등 급		등급결정일	. . .

시설규모	대지면적	m²	건축면적	m²	연건축면적	m²
	층 수	지하 층, 지상 층		객실 수		실

객실형태	싱글(m²)	더블(m²)	투윈(m²)	한실(m²)	스위트(m²)
	m² (실)	m² (실)	m² (실)	m² (실)	m² (실)

운영형태	※호텔업명	(호텔) 객실회원 수 명
	휴양콘도 미니엄	객실공유자 수 또는 회원 수 : 명 연간이용일수 : 일

부대시설	※부대시설의 종류만 기재합니다.

주차시설	o 법정대수 : 대 (m²) o 현 황 : 대 (m²)

※ 휴양콘도미니엄의 경우 객실형태에 면적 및 객실 수를 기재합니다.

210mm×297mm[일반용지 60g/㎡(재활용품)]

[별지 제3호서식]

전문휴양업 및 종합휴양업 시설별 일람표

1. 시설 총괄 및 공통 기준시설

착공 연월일	· · ·	준 공 연월일	· · ·	영업허가 연 월 일	· · ·	개 업 연월일	· · ·
건설자금	총 백만원(내자 : , 외자 : , 자기자금 : , 융자 :)						
총용지 면 적	제곱미터	총건물 면적	제곱미터 (건물동수 : 동)				
주영업 종 목		종업원수	총 명 (남 : , 여 :)				
숙 박 시 설	구조 : 조(지상 : 층, 지하 : 층)			건물면적 : 제곱미터			
	연 건물면적 : 제곱미터			객실 수 : 총 실 (한실 : , 양실 :)			
음식점 시 설	구조 : 조(지상 : 층, 지하 : 층)			건물면적 : 제곱미터			
	연 건물면적 : 제곱미터			부대시설 :			
기타시설 (주차시설, 급수시설, 공중화장실, 휴게시설 등)	시 설 종 류	규 격	규모 (면적 : 제곱미터, 개수, 개소 등)				

2. 개별 기준시설

구 분	시 설 설 치 내 역	
민 속 촌	○ 한국고유의 건축물(초가 및 기와집) :	동
	○ 전래 생활도구 :	종
	○ 축소 건축물 모형 :	종
해수욕장	○ 간이목욕시설 :	개소
	○ 담수욕장 :	개소
	○ 탈의장 :	개소
	○ 구명보트 :	대
	○ 감시탑 :	개
	○ 응급처리설비(설비내용 기재) :	개소
수 렵 장	○ 수렵장 면적	제곱미터
	○ 수렵대상 조수 :	종
	○ 클럽하우스(지상 층, 지하 층) :	제곱미터
	○ 엽총 :	정
	○ 엽견 :	수
	○ 사격연습장 :	제곱미터
동 물 원	○ 동물원 면적 :	제곱미터
	○ 동물 보유 수 :	종
	○ 사파리공원의 동물 종류 :	종
식 물 원	○ 전시실 또는 야외전시장 면적 :	제곱미터
	○ 식물 보유 수 :	종
수 족 관	○ 수족관 면적 :	제곱미터
	○ 어종 보유 수 :	종
	○ 해양 동물쇼장	
	- 객석 수 : 석, 공연동물 :	종
온 천 장	○ 대중목욕시설 면적(남, 여 구분) :	제곱미터
	○ 실내수영장 면적 :	제곱미터
	○ 레크리에이션 시설 및 유원시설업의 종류	
	- 레크리에이션 시설 :	종
	- 유원시설업종명(유기기구 수 : 종) :	
동굴자원	○ 천연동굴 면적 :	제곱미터
	○ 관람이용 시설 :	종
수 영 장	○ 수영장 면적 :	제곱미터
	○ 샤워실, 탈의실 :	개소
	○ 사우나시설의 종류 :	종

208

농 어 촌 휴양시설	○ 재배지 또는 양육장 면적 : ○ 특용작물·나무·어류·희귀동물 보유 수 :	제곱미터 종
활 공 장	○ 활공장 면적 : ○ 활공장비의 종류 :	제곱미터 종
등 록 체육시설업	○ 체육시설 면적 : ○ 체육시설업종별 시설규모 　- 골프장업 　　·코스 :　　, 길이 :　　m, 파수 :　　, 면적 : 　- 스키장업 　　·슬로프 :　　개, 길이 :　　m, 면적 : 　　·리조트 :　　기, 길이 :　　m 　- 요트장업 　　·요트 종류 및 보유 수 :　　종, 　　·계류장 면적 :　　제곱미터, 계류능력 : 　　·보관창고 면적 :　　제곱미터, 보관능력 : 　- 조정(카누)장업 　　·조정(카누) 종류 및 보유수 :　　종, 　　·계류장 면적 :　　제곱미터, 계류능력 : 　　·보관창고 면적 :　　제곱미터, 보관능력 : 　- 빙상장업 　　·빙상장 면적 :　　제곱미터, 제빙시설 : 　- 자동차 경주장업 　　·경주장 트랙 :　　미터, 평균 폭 : 　- 승마장업 　　·마장면적(실내, 실외) : 총　제곱미터(실내: , 실외:　) 　　·마필보유 수 : 　- 종합체육시설업 　　·면적 :　　제곱미터, 운동시설 종류 :	제곱미터 제곱미터 제곱미터 종, 척 척 척 대 척 척 종 미터 두 종
산림휴양시설	○ 휴양림 또는 수목원 면적 : ○ 수목원의 식물 보유 수 :	제곱미터 종
박 물 관	○ 전시장 면적 : ○ 진시자료 보유 수 :	제곱미터 점
미 술 관	○ 전시장 면적 : ○ 전시자료 보유 수 :	제곱미터 점

[별지 제4호서식]

국제회의시설업 시설별 일람표

위 치			
착공연월일	. . .	준공연월일	. . .
건 설 자 금	내자 : 외자 : 자기자금 : 융자금 : 계 :		
건 축 규 모	구조 : 조, 지상 : 층, 지하 : 층		
면 적	대지면적 : 제곱미터, 건축면적 : 제곱미터 연 면 적 : 제곱미터		
종 업 원 수	남 : 여 : 계 : 명		
회의시설내용	5천명 이상을 수용할 수 있는 대회의실 : 개 2천명~5천명 미만을 수용할 수 있는 대회의실 : 개 1천명~2천명 미만을 수용할 수 있는 대회의실 : 개 300명 이상을 수용할 수 있는 중회의실 : 개 200명~300명 미만을 수용할 수 있는 중회의실 : 개 50명 이하를 수용할 수 있는 소회의실 : 개		
전시시설내용	2,500제곱미터 이상의 옥내전시장 : 개 2,500제곱미터 미만의 옥내전시장 : 개		
지원시설 및 부대시설을 명기하시기 바랍니다.			

210mm×297mm[일반용지 60g/㎡(재활용품)]

210

[별지 제5호서식]

제　　호	No.
관광사업 등록증	**TOURISM BUSINESS** **CERTIFICATE OF REGISTRATION**
상호(명칭)	COMPANY :
성명(법인인 경우에는 그 대표자 성명)	REPRESENTATIVE :
주소	ADDRESS :
업종	TYPE OF BUSINESS :
위의　업체는　「관광진흥법」제4조 제1항 에 따라 위와 같이 등록하였음을 증명합니다.	This is to certify that the above company is registered as a tourism business in accordance with Paragraph 1, Article 4 of the Tourism Promotion Law.
년　　　월　　　일	Date
	Signature
특 별 자 치 시 장 특 별 자 치 도 지 사 시장·군수·구청장　　　㊞	Governor of (province name) Mayor of (city.country.district name)

297mm×210mm[보존용지(1종) 120g/㎡]

[별지 제6호서식]

관광사업 변경등록신청서

※ 색상이 어두운 란은 신청인이 적지 않습니다.

접수번호		접수일자	처리기간 : 4일
신청인	성 명(대표자)		주민등록번호 (외국인등록번호)
	주 소		전화번호

상호(명칭)	
주사업장 소재지	전화번호
등록번호	등록연월일
업 종	
변경등록 내용	

「관광진흥법」제4조제4항 및 같은 법 시행규칙 제3조제1항에 따라 위와 같이 관광사업의 변경등록을 신청합니다.

년   월   일

신청인   (서명 또는 인)

특별자치시장
특별자치도지사   신청인
시장·군수·구청장   귀하

신청인 제출서류	변경사실을 증명하는 서류 각 1부	수수료
담당 공무원 확인사항	1. 전기안전점검확인서(영업소의 소재지 또는 면적의 변경 등으로 「전기사업법」 제66조의2제1항에 따른 전기안전점검을 받아야 하는 경우로서 호텔업 또는 국제회의시설업 변경등록을 신청한 경우만 해당합니다) 2. 액화석유가스 사용시설완성검사증명서(야영장시설의 설치 또는 폐지 등으로 「액화석유가스의 안전관리 및 사업법」 제36조에 따른 액화석유가스 사용시설완성검사를 받아야 하는 경우로서 야영장업 변경등록을 신청한 경우만 해당합니다)	ㅇ외국인관광 도시민박업의 경우: 15,000원 ㅇ그 밖의 관광사업의 경우: 15,000원 (숙박시설 중 객실 변경등록을 하는 경우 매 실당 600원을 가산한 금액으로 합니다)

행정정보 공동이용 동의서

본인은 이 건 업무처리와 관련하여 담당 공무원이 「전자정부법」 제36조제1항에 따른 행정정보의 공동이용을 통하여 위의 담당 공무원 확인사항을 확인하는 것에 동의합니다.   *동의하지 아니하는 경우에는 신청인이 직접 관련 서류를 제출하여야 합니다.

신청인   (서명 또는 인)

처리절차

신청서 작성	→	접 수	→	검 토	→	결 정	→	등록증 발급
신청인		처 리 기 관 (특별자치시· 특별자치도· 시·군·구)		처 리 기 관 (특별자치시· 특별자치도· 시·군·구)		처 리 기 관 (특별자치시· 특별자치도· 시·군·구)		처 리 기 관 (특별자치시· 특별자치도· 시·군·구)

210mm×297mm[백상지 80g/㎡]

[별지 제7호서식]

등록증등 재발급신청서	처리기간
	3 일

신청인	① 성 명		② 생년월일	
	③ 주 소		(전화 :)	
④ 상 호(명칭)				
⑤ 업 종				
⑥ 영 업 소 소 재 지		(전화 :)		
⑦ 등 록(허가) 번 호				
⑧ 등 록(허가) 연월일		. . .		
⑨ 재 교 부 사 유				

「관광진흥법 시행규칙」 제5조에 따라
┌ □ 관 광 사 업 등 록 증 ┐
│ □ 카 지 노 업 허 가 증 │ 의
│ □ 관광편의시설업 지정증 │
└ □ 유원시설업 허가·신고증 ┘

재발급을 신청합니다.

년   월   일

신청인   (서명 또는 인)

┌ 문화체육관광부장관
│ 특 별 자 치 시 장
│ 특 별 자 치 도 지 사   귀하
│ 시 장·군 수·구 청 장
└ 지역별 관광협회장

※ 구비서류 등록증·허가증·신고증 또는 지정증(등록증 등이 헐어 못쓰게 된 경우에 한합니다)	수수료
	3,000원

210mm×297mm[일반용지 60g/㎡(재활용품)]

[별지 제8호서식]

카지노업 허가신청서

※ 뒤쪽의 신청 안내를 참고하시기 바라며, 색상이 어두운 란은 신청인이 적지 않습니다.

(앞 쪽)

접수번호		접수일자	처리기간 60일
신청인	성 명(대표자)		주민등록번호 (외국인등록번호)
	주 소		전화번호
상호(명칭)			면 적
소재지			전화번호
시설 및 기구규모	시 설 명		
	영업종류		
	카지노 기구 명		
	시설 및 기구설치 완료(예정)일		

「관광진흥법」제5조제1항 및 같은 법 시행규칙 제6조에 따라 카지노업의 허가를 신청합니다.

년   월   일

신청인 성명   (서명 또는 인)

문화체육관광부장관 귀하

제출서류	뒤쪽 참조	수수료 100,000원 (온라인으로 신청하는 경우 90,000원)

처리절차

신청서 작성	→	접 수	→	검 토	→	결 정	→	허가증 발급
신청인		처 리 기 관 (문화체육관광부)		처 리 기 관 (문화체육관광부)		처 리 기 관 (문화체육관광부)		

210mm×297mm[백상지 80g/㎡]

(뒤 쪽)

신청인 (대표자) 제출서류	1. 신청인(법인의 경우에는 대표자 및 임원)이 내국인인 경우에는 성명 및 주민등록번호를 기재한 서류 1부 2. 신청인(법인의 경우에는 대표자 및 임원)이 외국인인 경우에는 「관광진흥법」 제7조제1항 각 호 및 같은 법 제22조제1항 각 호에 해당하지 아니함을 증명하는 다음 각 목의 어느 하나에 해당하는 서류. 다만, 「관광진흥법」 또는 다른 법령에 따라 인·허가 등을 받아 사업자등록을 하고 해당 영업 또는 사업을 영위하고 있는 자(법인의 경우에는 최근 1년 이내에 법인세를 납부한 시점부터 허가 신청 시점까지의 기간 동안 대표자 및 임원의 변경이 없는 경우로 한정합니다)는 해당 영업 또는 사업의 인·허가증 등 인·허가 등을 받았음을 증명하는 서류와 최근 1년 이내에 소득세(법인의 경우에는 법인세를 말합니다)를 납부한 사실을 증명하는 서류를 제출하는 경우에는 그 영위하고 있는 영업 또는 사업의 결격사유 규정과 중복되는 「관광진흥법」 제7조제1항 및 같은 법 제22조제1항의 결격사유에 한하여 다음 각 목의 서류를 제출하지 아니할 수 있습니다. 가. 해당 국가의 정부나 그 밖의 권한 있는 기관이 발행한 서류 또는 공증인이 공증한 신청인의 진술서로서 「재외공관 공증법」에 따라 해당 국가에 주재하는 대한민국공관의 영사관이 확인한 서류 1부 나. 「외국공문서에 대한 인증의 요구를 폐지하는 협약」을 체결한 국가의 경우에는 해당 국가의 정부나 그 밖의권한 있는 기관이 발행한 서류 또는 공증인이 공증한 신청인의 진술서로서 해당 국가의 아포스티유(Apostille) 확인서 발급 권한이 있는 기관이 그 확인서를 발급한 서류 1부 3. 정관(법인만 해당합니다) 1부 4. 사업계획서 1부 5. 타인 소유의 부동산을 사용하는 경우에는 그 사용권을 증명하는 서류 1부 6. 「관광진흥법」 제21조제1항 및 「관광진흥법 시행령」 제27조제2항에 따른 허가요건에 적합함을 증명하는 서류 1부
담당 공무원 확인사항	1. 법인 등기사항증명서(법인인 경우만 해당합니다) 2. 건축물대장 3. 전기안전점검확인서

행정정보 공동이용 동의서

본인은 이 건 업무처리와 관련하여 담당 공무원이 「전자정부법」 제36조제1항에 따른 행정정보의 공동이용을 통하여 위의 담당 공무원 확인사항 중 제3호를 확인하는 것에 동의합니다.   * 동의하지 아니하는 경우에는 신청인이 직접 관련 서류를 제출하여야 합니다.

신청인   (서명 또는 인)

215

[별지 제9호서식]

제 호

카지노업 허가증

1. 대표자   2. 생년월일

3. 주 소

4. 상호(명칭)

5. 영업소 소재지

6. 영업의 종류

7. 시설명(개수)

8. 기구명(대수)

9. 허가의 조건

「관광진흥법」 제5조제1항 및 같은 법 제24조에 따라 위와 같이 카지노업을 허가합니다.

년   월   일

문화체육관광부장관 [인]

210mm×297mm [보존용지(1종) 120g/㎡]

[별지 제13호서식]

제 호	
유원시설업 [ ]**허가증** [ ]**조건부 영업허가증**	
※ [ ]에는 ∨ 표시를 합니다.	
1. 영업소 명칭	
2. 소 재 지	
3. 영업의 종류	
4. 대표자 성명	
5. 대 표 자 의 생 년 월 일	

6. 안전성검사 대상
   유기시설 또는
   유 기 기 구 수
   (종 수)	

7. 안전성검사 대
   상이 아닌 유기
   시설 또는 유기
   기구 수(종수)	

8. 허 가 조 건	

9. 영 업 기 간
   (6개월 미만의 경우
   에만 해당합니다)	

「관광진흥법」 제5조제2항·제31조 및 같은 법 시행규칙 제7조·제37조에
따라 위와 같이 허가합니다.

년   월   일

**특별자치시장·
특별자치도지사·
시장·군수·구청장**

직인

[별지 제15호서식]

[ ] 카지노업 변경허가신청서
[ ] 카지노업 변경신고서

※ 색상이 어두운 란은 신청인(신고인)이 적지 않습니다.

접수번호		접수일자	처리기간 : 10일
신청인(신고인)	성 명(대표자)		주민등록번호 (외국인등록번호)
	주 소		전화번호
상호(명칭)			
소재지			전화번호
허가번호			허가연월일
변경내용			

「관광진흥법」제5조제3항 및 같은 법 시행규칙 제9조에 따라 위와 같이 신청(신고)합니다.

년   월   일
(서명 또는 인)

신청(신고)인

문화체육관광부장관 귀하

신청(신고)인 제출서류	1. 변경계획서 2. 변경내역을 증명할 수 있는 서류(변경허가를 받거나 변경신고를 한 후 문화체육관광부장관이 요구하는 경우에만 제출합니다) 1부	수수료 (변경허가의 경우만 수수료 있고, 변경신고의 경우 수수료 없음)
담당 공무원 확인사항	전기안전점검확인서(영업소의 소재지 또는 면적의 변경 등으로 「전기사업법」제66조의2제1항에 따른 전기안전점검을 받아야 하는 경우로서 카지노업 변경허가를 신청한 경우만 해당합니다)	50,000원 (온라인으로 신청하는 경우 45,000원)

행정정보 공동이용 동의서

 본인은 이 건 업무처리와 관련하여 담당 공무원이 「전자정부법」제36조제1항에 따른 행정정보의 공동이용을 통하여 위의 담당 공무원 확인사항을 확인하는 것에 동의합니다.   *동의하지 아니하는 경우에는 신청인이 직접 관련 서류를 제출하여야 합니다.

신청인 (서명 또는 인)

처리절차

210mm×297mm[백상지 80g/㎡]

218

[별지 제16호서식]

유원시설업 [ ] 허가사항 변경허가신청서
[ ] 허가사항 변경신고서

※[ ]에는 ∨ 표시를 하며,색상이 어두운 란은 신청인이 적지 않습니다. (앞쪽)

접수번호		접수일	발급일	처리기간	3일

신청인	성 명(대표자)		생년월일(외국인등록번호)	
	주 소		전화번호	

영업소	명칭(상호)		대표자	
	소재지		전화번호	
	영업의 종류		허가번호	

변경내용	변경전	
	변경후	
	변경일자	년 월 일

「관광진흥법」 제5조제3항 및 같은 법 시행규칙 제10조에 따라 위와 같이 신청합니다.

년   월   일

신청·신고인 (서명 또는 인)

특별자치시장·특별자치도지사·시장·군수·구청장   귀하

대장 및 공부확인	일 자	결 과	서 명
건축물대장등본/토지이용계획확인원			

제출서류	허가사항 변경허가의 경우(다만, 「관광진흥법」 제31조에 따라 조건부 영업허가를 받은 자가 유기시설 또는 유기기구를 갖추기 전에 그 설치계획을 변경하려는 경우에는 사업계획서의 변경계획서 1부와 제1호의 서류를 첨부하여야 합니다.)	1. 허가증 2. 영업소의 소재지 또는 영업장의 면적을 변경하는 경우에는 그 변경내용을 증명하는 서류 1부 3. 안전성검사 대상 유기시설 또는 유기기구를 신설·이전하는 경우에는 유기시설 또는 유기기구 검사결과서 1부 4. 안전성검사 대상 유기시설 또는 유기기구를 폐기하는 경우에는 폐기내용을 증명하는 서류 1부	수수료 지방자치단체의 조례
	허가사항 변경신고의 경우	1. 대표자 또는 상호를 변경하는 경우에는 그 변경내용을 증명하는 서류 1부(대표자가 변경된 경우에는 그 대표자의 성명·주민등록번호를 기재한 서류 포함) 2. 안전성검사 대상이 아닌 유기시설 또는 유기기구의 신설·폐기를 증명하는 서류 1부 3. 안전관리자를 변경하는 경우에는 그 안전관리자의 별지 제12호서식에 따른 인적사항 1부 4. 안전성검사 대상 유기시설 또는 유기기구의 3개월 이상의 운행정지 또는 그 재개를 증명하는 서류 5. 안전성검사 대상은 아니나 정기 확인검사가 필요한 유기시설 또는 유기기구의 3개월 이상의 운행 정지 또는 그 재개를 증명하는 서류	
담당공무원 확인사항		법인 등기사항 증명서(법인의 상호를 변경하는 경우만 해당합니다.)	

유의사항

1. 변경허가의 대상은 다음과 같습니다.
  가. 영업소의 소재지(영업장 밖으로의 이전을 수반하는 경우 제외) 또는 영업장 면적의 변경
  나. 안전성검사 대상 유기시설 또는 유기기구의 영업장 내에서의 신설·이전·폐기
2. 변경신고의 대상은 다음과 같습니다.
  가. 대표자 또는 상호 또는 안전관리자의 변경
  나. 안전성검사 대상이 아닌 유기시설 또는 유기기구의 신설·폐기
  다. 안전성검사 대상 유기시설 또는 유기기구의 3개월 이상의 운행정지 또는 그 운행의 재개
  라. 안전성검사 대상은 아니나 정기 확인검사가 필요한 유기시설 또는 유기기구의 3개월 이상의 운행정지 또는 그 운행의 재개
3. 신청(신고)을 하지 아니한 경우에는 다음과 같은 불이익처분을 받습니다.
  가. 「관광진흥법 시행령」 제33조에 따른 행정처분(영업정지·허가취소 등)
  나. 「관광진흥법」 제84조에 따른 1년 이하의 징역 또는 1천만원 이하의 벌금

처리절차

신청서 작성	→	접 수	→	검 토	→	결 정	→	허가증 발급
신청·신고인		처 리 기 관 (특별자치시장·특별자치도지사·시장·군수·구청장)		처 리 기 관 (특별자치시장·특별자치도지사·시장·군수·구청장)		처 리 기 관 (특별자치시장·특별자치도지사·시장·군수·구청장)		

210mm×297mm[백상지(80g/㎡) 또는 중질지(80g/㎡)]

[별지 제17호서식]

기타유원시설업 신고서

※ 색상이 어두운 란은 신청인이 적지 않습니다.

접수번호		접수일		발급일	처리기간 3일
신 고 인	성 명			생년월일(외국인등록번호)	
	주 소			전화번호	
영 업 소	대표자			생년월일(외국인등록번호)	
	소재지			전화번호	
	명칭(상호)			영업의 종류	
유 기 시 설 또는 유 기 기 구 종 수	안전성검사 비대상 유기시설 또는 유기기구				종
	시 설 및 설 비 설 치 완 료(예 정)일			년 월	일
단 기 영 업	영업기간(6개월 미만의 경우에만 표시)				

「관광진흥법」 제5조제4항 및 같은 법 시행규칙 제11조에 따라 위와 같이 신고합니다.

년 월 일

신고인
(서명 또는 인)

특별자치시장·특별자치도지사·시장·군수·구청장 귀하

대장 및 공부확인	일 자	결 과	서 명
건축물대장등본/토지이용계획확인원			

		수수료
신고인 제출서류	1. 영업시설 및 설비개요서 1부 2. 유기시설 또는 유기기구가 안전성검사 대상이 아님을 증명하는 서류 1부 3. 「관광진흥법」 제9조에 따른 보험가입 등을 증명하는 서류 1부 4. 임대차계약서 사본 1부(대지 또는 건물을 임차한 경우만 해당합니다) 5. 다음 각 목의 사항이 포함된 안전관리계획서 1부 　가. 안전점검 계획 　나. 비상연락체계 　다. 비상 시 조치계획 　라. 안전요원 배치계획(물놀이형 유기시설 또는 유기기구를 설치하는 경우만 해당합니다) 　마. 유기시설 또는 유기기구 주요 부품의 주기적 교체 계획	지방자치단체의 조례
담당공무원 확인사항	법인등기사항증명서(법인만 해당합니다)	

유의사항

1. 건축물의 용도 등 관계 법령에 적합하지 아니하거나 시설 및 설비기준에 적합하지 아니한 경우에는 신고수리가 제한됩니다.
2. 신고를 하지 아니하고 영업을 하는 경우에는 다음과 같은 불이익처분을 받습니다.
   가. 「관광진흥법」 제36조에 따른 폐쇄조치
   나. 「관광진흥법」 제84조에 따른 1년 이하의 징역 또는 1천만원 이하의 벌금

처리절차

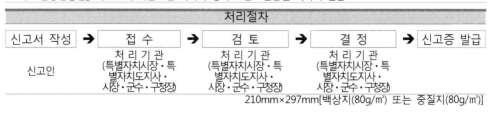

210mm×297mm[백상지(80g/㎡) 또는 중질지(80g/㎡)]

[별지 제18호서식]

제 호	유원시설업 신고증
1. 영업소 명칭	
2. 소 재 지	
3. 영업의 종류	
4. 대 표 자	
5. 대 표 자 의 생 년 월 일	
6. 안전성검사 대상 이 아닌 유기시설 또는 유기기구수 (종 수)	
7. 영 업 기 간 (6개월 미만의 경우 에만 해당합니다)	

「관광진흥법」 제5조제4항 및 같은 법 시행규칙 제11조에 따라 위와 같이 신고하였음을 증명합니다.

년   월   일

**특별자치시장 ·
특별자치도지사 ·
시장 · 군수 · 구청장**

직인

[별지 제19호서식]

기타유원시설업 신고사항 변경신고서

※ 색상이 어두운 란은 신청인이 적지 않습니다.

접수번호		접수일		발급일		처리기간	3일
신고인	성 명			생년월일(외국인등록번호)			
	주 소			전화번호			
영업소	대표자			생년월일(외국인등록번호)			
	소재지			전화번호			
	명칭(상호)		영업의 종류		신고번호		
변경 내용	변경전						
	변경후						
	변경일자						

「관광진흥법」 제5조제4항 및 같은 법 시행규칙 제13조에 따라 위와 같이 신고합니다.

년   월   일

신고인   (서명 또는 인)

특별자치시장 · 특별자치도지사 · 시장 · 군수 · 구청장 귀하

대장 및 공부확인	일 자	결 과	서 명
건축물대장등본/토지이용계획확인원			

신고인 제출서류	1. 신고증 2. 영업소의 소재지(영업장 밖으로의 이전을 수반하는 경우는 제외) 또는 영업장의 면적을 변경하는 경우에는 그 변경내용을 증명하는 서류 1부 3. 안전성검사 대상이 아닌 유기시설 또는 유기기구를 신설하는 경우에는 유기시설 또는 유기기구 검사결과서 1부 4. 안전성검사 대상이 아닌 유기시설 또는 유기기구를 폐기하는 경우에는 폐기내용을 증명하는 서류 1부 5. 상호 또는 대표자를 변경하는 경우에는 그 변경내용을 증명하는 서류 1부 6. 안전성검사 대상은 아니나 정기 확인검사가 필요한 유기시설 또는 유기기구의 3개월 이상의 운행정지 또는 그 재개를 증명하는 서류	수수료 지방자치단체의 조례

유의사항

1. 변경신고 대상은 다음과 같습니다.
　가. 영업소의 소재지 변경
　나. 안전성검사 대상이 아닌 유기시설 또는 유기기구의 신설·폐기 또는 영업장 면적의 변경
　다. 상호 또는 대표자의 변경
　라. 안전성 검사 대상은 아니나 정기 확인 검사가 필요한 유기시설 또는 유기기구의 3개월 이상의 운행정지 또는 그 운행의 재개
2. 변경신고를 하지 아니하는 경우에는 다음과 같은 불이익처분을 받습니다.
　○「관광진흥법 시행령」 제33조에 따른 행정처분(영업정지·영업장폐쇄명령 등)

처리절차

신고서 작성	→	접 수	→	검 토	→	결 정	→	신고증 발급
신고인		처 리 기 관 (특별자치시장· 특별자치도지사· 시장·군수·구청장)		처 리 기 관 (특별자치시장·특 별자치도지사· 시장·군수·구청장)		처 리 기 관 (특별자치시장· 특별자치도지사· 시장·군수·구청장)		

210mm×297mm[백상지(80g/㎡) 또는 중질지(80g/㎡)]

[별지 제21호서식]

관광 편의시설업   [ ] 지정 신청서
[ ] 지정사항 변경 신청서

※ [ ]에는 ∨ 표시를 하며, 색상이 어두운 란은 신청인이 적지 않습니다.

(앞쪽)

접수번호	접수일	발급일	처리기간	14일

신청인	성 명(대표자)		생년월일(외국인등록번호)	
	주 소		전화번호	

상호(명칭)	
업종	
영업소 소재지	
자본금	
영업개시 예정 연월일	
사업자등록번호	

변경사항	변 경 전	변 경 후

「관광진흥법」 제6조 및 같은 법 시행규칙 제14조에 따라 관광 편의시설업의 [ ]지정, [ ]지정사항 변경을 신청합니다.

년   월   일
(서명 또는 인)

특별자치시장
특별자치도지사   신청인 성명
시장 · 군수 · 구청장   귀하
지역별 관광협회장

제출서류	뒤쪽 참조	수수료 20,000원

처 리 절 차

신청서 작성	→	접 수	→	심 의	→	지 정 (지정변경)	→	지정증 발급
신청인		처 리 기 관 (특별자치시·특별 자치도·시·도, 시· 군·구 또는 시·도별 관광협회)		처 리 기 관 (특별자치시·특별 자치도·시·도, 시· 군·구 또는 시·도별 관광협회)		처 리 기 관 (특별자치시·특별 자치도·시·도, 시· 군·구 또는 시·도별 관광협회)		

210mm×297mm[백상지 80g/㎡(재활용품)]

(뒤 쪽)

신청인 (대표자) 제출서류	1. 신청인(법인의 경우에는 대표자 및 임원)이 내국인인 경우에는 성명 및 주민등록번호를 기재한 서류 1부 2. 신청인(법인의 경우에는 대표자 및 임원)이 외국인인 경우에는 「관광진흥법」 제7조제1항 각 호에 해당하지 아니함을 증명하는 다음 각 목의 어느 하나에 해당하는 서류. 다만, 「관광진흥법」 또는 다른 법령에 따라 인·허가 등을 받아 사업자등록을 하고 해당 영업 또는 사업을 영위하고 있는 자(법인의 경우에는 최근 1년 이내에 법인세를 납부한 시점부터 지정 신청 시점까지의 기간 동안 대표자 및 임원의 변경이 없는 경우로 한정합니다)는 해당 영업 또는 사업의 인·허가증 등 인·허가 등을 받았음을 증명하는 서류와 최근 1년 이내에 소득세(법인의 경우에는 법인세를 말합니다)를 납부한 사실을 증명하는 서류를 제출하는 경우에는 그 영위하고 있는 영업 또는 사업의 결격사유 규정과 중복되는 「관광진흥법」 제7조제1항의 결격사유에 한하여 다음 각 목의 서류를 제출하지 아니할 수 있습니다. 　가. 해당 국가의 정부나 그 밖의 권한 있는 기관이 발행한 서류 또는 공증인이 공증한 신청인의 진술서로서 「재외공관 공증법」에 따라 해당 국가에 주재하는 대한민국공관의 영사관이 확인한 서류 1부 　나. 「외국공문서에 대한 인증의 요구를 폐지하는 협약」을 체결한 국가의 경우에는 해당 국가의 정부나 그 밖의 권한 있는 기관이 발행한 서류 또는 공증인이 공증한 신청인의 진술서로서 해당 국가의 아포스티유(Apostille) 확인서 발급 권한이 있는 기관이 그 확인서를 발급한 서류 1부 3. 업종별 면허증·허가증·특허장·지정증·인가증·등록증·신고증명서 사본 1부(다른 법령에 따라 면허·허가·특허·지정·인가를 받거나 등록·신고를 해야 하는 사업만 해당합니다) 4. 시설의 배치도 또는 사진 및 평면도 1부 5. 다음 각 목의 어느 하나에 해당하는 서류(관광지원서비스업만 해당합니다) 　가. 평균매출액 검토의견서(공인회계사, 세무사 또는 「중소기업진흥에 관한 법률」 제46조에 따른 경영지도사가 작성한 것으로 한정합니다) 1부 　나. 사업장이 법 제52조에 따라 관광지 또는 관광단지로 지정받은 지역에 소재하고 있음을 증명하는 서류 1부 　다. 법 제48조의10제1항에 따라 한국관광 품질인증을 받았음을 증명하는 서류 1부 　라. 중앙행정기관의 장 또는 지방자치단체의 장이 공모 등의 방법을 통해 우수 관광사업으로 선정한 사업임을 증명하는 서류 1부 6. 지정변경의 경우에는 변경사항을 증명하는 서류 1부
담당 공무원 확인사항 (「관광진흥법 시행령」 제65조에 따라 관광협회에 위탁된 업종의 경우에는 해당 서류를 제출합니다)	1. 법인 등기사항증명서(법인만 해당합니다) 2. 사업자등록증

행정정보 공동이용 동의서

　본인은 이 건 업무처리와 관련하여 담당 공무원이 「전자정부법」 제36조제1항에 따른 행정정보의 공동이용을 통하여 위의 담당 공무원 확인사항을 확인하는 것에 동의합니다.　　*동의하지 아니하는 경우에는 신청인이 직접 관련 서류를 제출하여야 합니다.

신청인(대표자)　　　　　　　　　　　(서명 또는 인)

224

[별지 제22호서식]

제 호	No.
관광 편의시설업 지정증	TOURISM SERVICE FACILITIES BUSINESS CERTIFICATE OF REGISTRATION
상호(명칭)	COMPANY :
성명(법인인 경우에는 그 대표자 성명)	REPRESENTATIVE :
주 소	ADDRESS :
업 종	TYPE OF BUSINESS :
「관광진흥법」제6조에 따라 위와 같이 지정합니다.	This is to certify that the above company is registered as a tourist service facility in accordance with Article 6 of the Tourism Promotion Law.
년 월 일	Date Signature
특별자치시장　　인 **특별자치도지사**　　인 **시장 · 군수 · 구청장**　　인 **지역별 관광협회장**　　인	Governor of (province name) Mayor of (city · county · district name) President of Tourism Association

210mm×297mm[보존용지(1종) 120g/㎡]

[별지 제23호서식]

관광사업 양수(지위승계) 신고서

※ 색상이 어두운 란은 신청인이 적지 않습니다. (앞쪽)

접수번호	접수일시	발급일	처리기간	o 국내여행업: 2일 o 국외·일반여행업·관광숙박업·관광객이용시설업 ·국제회의업·유원시설업·관광편의 시설업: 5일 o 카지노업: 7일

양도인 (피합병인)	성 명(대표자)		생년월일(외국인등록번호)
	주 소		전화번호

양수인 (합병인)	성 명(대표자)		생년월일(외국인등록번호)
	주 소		전화번호

양도인(피합병인)의 상호·등록번호	
업종	
주영업장의 소재지	전화번호
양수인(합병인)이 사용할 상호(명칭)	
사업양도(지위승계)의 사유 및 대상	
사업양도(지위승계) 연월일	년 월 일

「관광진흥법」 제8조 및 같은 법 시행규칙 제16조에 따라 관광사업 양수(지위승계)를 신고합니다.

년   월   일

신고인   양도인(피합병인)   (서명 또는 인)
        양수인(합병인)   (서명 또는 인)

**문화체육관광부장관, 특별자치시장·특별자치도지사,
시장·군수·구청장, 지역별 관광협회장**   귀하

제출서류	뒤쪽 참조(행정처분 등의 내용 고지 및 가중처분 대상업소 확인서 포함)	수수료 20,000원

처 리 절 차

신청서 작성	→	접 수	→	검 토	→	수 리	→	등록·허가· 신고증 발급
신청인		처 리 기 관 (문화체육관광부, 특별자치시·특별 자치도·시·도, 시· 군·구 또는 지역별 관광협회)		처 리 기 관 (문화체육관광부, 특별자치시·특별 자치도·시·도, 시· 군·구 또는 지역별 관광협회)		처 리 기 관 (문화체육관광부, 특별자치시·특별 자치도·시·도, 시· 군·구 또는 지역별 관광협회)		

210mm×297mm[백상지 80g/㎡(재활용품)]

행정처분 등의 내용 고지 및 가중처분 대상업소 확인서

1. 양도인은 최근 1년 이내에 다음과 같이 「관광진흥법」 제35조, 같은 법 시행령 제33조 및 별표 2에 따라 행정처분을 받았다는 사실 및 행정제재처분의 절차가 진행 중인 사실(최근 1년 이내에 행정 처분을 받은 사실이 없는 경우에는 없다는 사실)을 양수인에게 알려주었습니다.

   가. 최근 1년 이내에 양도인이 받은 행정처분

처분받은 날	행정처분의 내용	행정처분의 사유

   나. 행정제재처분 절차 진행사항

적발일	관광진흥법령 위반내용	진행 중인 내용

   1) 최근 1년 이내에 행정처분을 받은 사실이 없는 경우에는 위 표의 처분받은 날 란에 "없음"이라고 적어야 합니다.
   2) 양도·양수허가 담당 공무원은 위 행정처분의 내용을 행정처분대장과 대조하여 일치하는지 여부를 확인해야 하며, 일치하지 아니하는 경우에는 양도인 및 양수인에게 그 사실을 알리고 위 란을 보완하도록 해야 합니다.

2. 양수인은 위 행정처분에서 지정된 기간 내에 처분 내용대로 이행하지 아니하거나, 행정처분을 받은 위반사항이 다시 적발된 때에는 「관광진흥법 시행령」 제33조 및 별표 2에 따라 양도인이 받은 행정처분의 효과가 양수인에게 승계되어 가중 처분된다는 사실을 알고 있음을 확인하였습니다.

신청인
(대표자)
제출서류
	1. 지위를 승계한 자(법인의 경우에는 대표자)가 내국인인 경우에는 성명 및 주민등록번호를 기재한 서류 1부
	2. 지위를 승계한 자(법인의 경우에는 대표자 및 임원)가 외국인인 경우에는 「관광진흥법」 제7조제1항 각 호(카지노업의 경우에는 「관광진흥법」 제22조제1항 각 호를 포함합니다)에 해당하지 아니함을 증명하는 다음 각 목의 어느 하나에 해당하는 서류. 다만, 「관광진흥법」 또는 다른 법령에 따라 인·허가 등을 받아 사업자등록을 하고 해당 영업 또는 사업을 영위하고 있는 자(법인의 경우에는 최근 1년 이내에 법인세를 납부한 시점부터 신고 시점까지의 기간 동안 대표자 및 임원의 변경이 없는 경우로 한정합니다)는 해당 영업 또는 사업의 인·허가증 등 인·허가 등을 받았음을 증명하는 서류와 최근 1년 이내에 소득세(법인의 경우에는 법인세를 말합니다)를 납부한 사실을 증명하는 서류를 제출하는 경우에는 그 영위하고 있는 영업 또는 사업의 결격사유 규정과 중복되는 「관광진흥법」 제7조제1항(카지노업의 경우에는 「관광진흥법」 제22조제1항을 포함합니다)의 결격사유에 한하여 다음 각 목의 서류를 제출하지 아니할 수 있습니다.
	  가. 해당 국가의 정부나 그 밖의 권한 있는 기관이 발행한 서류 또는 공증인이 공증한 신청인의 진술서로서 「재외공관 공증법」에 따라 해당 국가에 주재하는 대한민국공관의 영사관이 확인한 서류 1부
	  나. 「외국공문서에 대한 인증의 요구를 폐지하는 협약」을 체결한 국가의 경우에는 해당 국가의 정부나 그 밖의 권한 있는 기관이 발행한 서류 또는 공증인이 공증한 신청인의 진술서로서 해당 국가의 아포스티유(Apostille) 확인서 발급 권한이 있는 기관이 그 확인서를 발급한 서류 1부
	3. 양도·양수 등 지위승계(시설인수 명세를 포함합니다)를 증명하는 서류 1부

담당공무원 확인사항	지위를 승계한 자의 법인 등기사항증명서(법인만 해당하며, 「관광진흥법 시행령」 제65조에 따라 관광협회에 위탁된 업종의 경우에는 해당 서류를 제출하여야 합니다)

[별지 제24호서식]

관광사업 휴업 또는 폐업 [　] 통보서
[　] 신고서

※ 색상이 어두운 난은 신고인이 적지 않습니다.

접수번호	접수일		처리기간	1일
신고인	성 명(대표자)		생년월일 (외국인등록번호)	
	주 소		전화번호	

영업소와 소재지(명칭)	
상 호	전화번호
영업의 종류	등록(허가)번호
휴업 또는 폐업 사유	
휴업 또는 폐업 연월일	
휴업 또는 폐업 범위	
휴업기간	

「관광진흥법」 제8조제8항 및 같은 법 시행규칙 제17조에 따라 관광사업의 휴업 또는 폐업을 통보(신고)합니다.

년 월 일

신고인 (서명 또는 인)

**문화체육관광부장관 · 특별자치시장 · 특별자치도지사 ·
시장 · 군수 · 구청장 · 지역별 관광협회장** 귀하

첨부서류	휴업기간 또는 폐업 시 카지노기구의 관리계획에 관한 서류(카지노업의 경우만 해당합니다) 1부	수수료 없음

처리절차

신고서 작성	→	접 수	→	검 토	→	수 리
신고인		처 리 기 관 (문화체육관광부 · 특별자치시 · 특별자치도 · 시 · 군 · 구 · 지역별 관광협회)				

210mm×297mm[백상지 80g/㎡]

[별지 제24호의2서식]

□ 국외여행 인솔자 등록
□ 국외여행 인솔자 자격증 재발급 신청서

접수번호	접수일자		처리기간	3일
신청인	성명 (영문)		생년월일	
	주소		전화번호	
자격증 번호			발급일자	
교육기관				
신청사유				

「관광진흥법」제13조, 같은 법 시행규칙 제22조의2제1항 및 제22조의3에 따라 국외여행 인솔자 등록 또는 국외여행 인솔자 자격증 재발급을 신청합니다.

년   월   일

신청인   (서명 또는 인)

○ ○ 협 회 장 귀하

첨부서류	1. 다음 각 목의 어느 하나에 해당하는 서류 가. 관광통역안내사 자격증 나.「관광진흥법 시행규칙」제22조제1항제2호 또는 제3호에 따른 자격요건을 갖추었음을 증명하는 서류 2. 사진(최근 6개월 이내에 모자를 쓰지 않고 촬영한 상반신 반명함판) 2매 3. 국외여행 인솔자 자격증(자격증이 헐어 못 쓰게 된 경우만 제출합니다)	수수료 없음

처리절차

신청서 작성	→	접수	→	검토	→	결재	→	등록 자격증 발급
신청인		처리기관 (oo협회)		처리기관 (oo협회)		처리기관 (oo협회)		

210mm X 297mm[일반용지 60g/㎡(재활용품)]

[별지 제24호의3서식]

(앞쪽)

제 호

국외여행 인솔자 자격증
TOUR CONDUCTOR LICENSE

사진

3㎝ x 4㎝

(모자 벗은 상반신으로
뒤 그림 없이 6개월
이내 촬영한 것)

홍 길 동
Hong Gil Dong

○ ○ **협회장**

55㎝ X 85[PVC(폴리염화비닐)]

(색상 : 연하늘색)

(뒤쪽)

국외여행 인솔자 자격증
TOUR CONDUCTOR LICENSE

자격증번호 :
ID No.

생년월일 :
Date of Birth :

발급일 :
Date of Issue :

위 사람은 「관광진흥법」 제13조에 따라
국외여행 인솔자 자격이 있음을 증명합니다.

년 월 일

○ ○ **협회장**   직인

1. 이 자격증은 국외여행 인솔 시 항상 소지해야
   합니다.
2. 이 자격증을 습득한 경우에는 가까운 우체통에
   넣어 주십시오.

230

[별지 제25호서식]

사업계획 승인신청서

※ 색상이 어두운 란은 신청인이 적지 않습니다.   (앞쪽)

접수번호	접수일	승인일	처리기간	o 관광숙박업: 12일
				o 관광객 이용시설업: 15일
				o 국제회의시설업: 15일

신청인	성 명(대표자)	생년월일(외국인등록번호)
	주 소	전화번호

업종	
건설장소	
시설규모	
소요자금	
준공예정연월일	년 월 일

「관광진흥법」 제15조 및 같은 법 시행규칙 제23조에 따라 관광사업에 대한 사업계획 승인을 받고자 신청합니다.

년   월   일

신청인 성명   (서명 또는 인)

특별자치시장·특별자치도지사·
시장·군수·구청장   귀하

제출서류	뒤쪽 참조	수수료 50,000원(숙박시설이 있는 경우 매 실당 500원을 가산한 금액)

처 리 절 차

신청서 작성	→	접 수	→	검 토	→	수 리 (지정변경)	→	승인통보
신청인		처 리 기 관 (특별자치시· 특별자치도, 시·군·구)		처 리 기 관 (특별자치시· 특별자치도, 시·군·구)		처 리 기 관 (특별자치시· 특별자치도, 시·군·구)		

210mm×297mm[백상지 80g/㎡(재활용품)]

신청인 (대표자) 제출서류	1. 다음의 사항이 포함된 건설계획서 2부 　가. 건설장소, 총부지면적 및 토지이용계획 　나. 공사계획 　다. 공사자금 및 그 조달방법 　라. 시설별·층별 면적 및 시설내용 　마. 조감도 　바. 전문휴양업 및 종합휴양업의 경우 사업예정지역의 위치도(축척 2만 5천분의 1 이상이 　　　어야 합니다), 사업예정지역의 현황도(축척 3천분의 1 이상으로서 등고선이 표시되어야 　　　합니다), 시설배치계획도(지적도면상에 표시되어야 합니다), 토지명세서와 하수처리계획 　　　서, 녹지 및 환경조성계획서(「환경영향평가법」에 따른 환경영향평가를 받은 경우 하수 　　　처리계획서, 녹지 및 환경조성계획서를 생략합니다) 각 1부 2. 신청인(법인의 경우에는 대표자 및 임원)이 내국인인 경우에는 성명·주민등록번호를 기재한 　서류 3. 신청인(법인의 경우에는 대표자 및 임원)이 외국인인 경우에는 「관광진흥법」 제7조제1항 각 　호에 해당하지 아니함을 증명하는 다음 각 목의 어느 하나에 해당하는 서류. 다만, 「관광진흥 　법」 또는 다른 법령에 따라 인·허가 등을 받아 사업자등록을 하고 해당 영업 또는 사업을 영 　위하고 있는 자(법인의 경우에는 최근 1년 이내에 법인세를 납부한 시점부터 승인 신청 시점 　까지의 기간 동안 대표자 및 임원의 변경이 없는 경우로 한정합니다)는 해당 영업 또는 사업 　의 인·허가증 등 인·허가 등을 받았음을 증명하는 서류와 최근 1년 이내에 소득세(법인의 　경우에는 법인세를 말합니다)를 납부한 사실을 증명하는 서류를 제출하는 경우에는 그 영위하 　고 있는 영업 또는 사업의 결격사유 규정과 중복되는 「관광진흥법」 제7조제1항의 결격사유에 　한하여 다음 각 목의 서류를 제출하지 아니할 수 있다. 　가. 해당 국가의 정부나 그 밖의 권한 있는 기관이 발행한 서류 또는 공증인이 공증한 신청인 　　　의 진술서로서 「재외공관 공증법」에 따라 해당 국가에 주재하는 대한민국공관의 영사관 　　　이 확인한 서류 1부 　나. 「외국공문서에 대한 인증의 요구를 폐지하는 협약」을 체결한 국가의 경우에는 해당 국가 　　　의 정부나 그 밖의 권한 있는 기관이 발행한 서류 또는 공증인이 공증한 신청인의 진술서 　　　로서 해당 국가의 아포스티유(Apostille) 확인서 발급 권한이 있는 기관이 그 확인서를 발 　　　급한 서류 1부 4. 부동산의 소유권 또는 사용권을 증명하는 서류 1부 5. 분양 또는 회원모집계획 개요서(분양 및 회원을 모집하는 경우만 해당합니다) 2부 6. 「관광진흥법」 제16조제1항 각 호에 따른 인·허가 또는 해제를 받거나 신고를 하려는 경 　우에는 해당 법령에서 제출하도록 한 서류 1부 7. 「관광진흥법」 제16조제1항 각 호에 따른 신고를 이미 하였거나 인·허가 또는 해제를 받 　은 경우에는 이를 증명하는 서류 1부
담당 공무원 확인사항	법인 등기사항증명서(법인만 해당 합니다)

232

[별지 제26호서식]   (앞 쪽)

사업계획 변경승인 신청서	처 리 기 간
	○ 관광숙박업 : 12일
	○ 관광객이용시설업 : 15일
	○ 국제회의시설업 : 14일

신청인	① 성　　　명		② 주민등록번호	
	③ 주　　　소		(전화 :　　　　　)	

④ 상　호 (명 칭)	
⑤ 업　　　종	
⑥ 승 인 연 월 일	．　　　．　　　．
⑦ 건 설 장 소	

⑧ 용도 변경 내용		변　경　전			변　경　후	
	층　별	용　도	면적 (㎡)	용　도	면적 (㎡)	

　관광진흥법 제15조 및 같은 법 시행규칙 제24조에 따라 관광사업에 대한 사업계획 변경의 승인을 얻고자 신청합니다.

년　　　월　　　일

신청인　　　　　　(서명 또는 인)

특별자치시장ㆍ특별자치도지사ㆍ시장ㆍ군수ㆍ구청장　귀하

※ 구비서류	수 수 료
1. 변경사유서 2부	50,000원(숙박시설 중 객실
2. 변경하려는 층의 변경 전후의 평면도	변경이 있는 경우에는 매
(건축물의 용도변경이 필요한 경우만 해당합니다)	실당 500원을 가산한 금액)
각 2부	

3. 용도변경에 따라 변경되는 사항 중 내화ㆍ내장ㆍ방화ㆍ피난건축설비에 관한 사항을 표시한 도서(건축물의 용도변경이 필요한 경우만 해당합니다) 2부
4. 전문휴양업 및 종합휴양업이 「관광진흥법 시행규칙」 제23조제1항제1호바목에서 정한 사항이 변경되는 경우에는 각각 그 변경에 관계되는 서류

210mm×297mm[일반용지 60g/㎡(재활용품)]

[별지 제30호서식]

카지노기구 검사신청서

※ [　]에는 ∨표시를 하며, 색상이 어두운 난은 신청인이 적지 않습니다.

접수번호	접수일자	발급일	처리기간	15일

신청인	상 호		성 명(대표자)		생년월일	
	주 소					
	담당자		전화번호		이메일	

제품명 및 형식	[　]슬롯머신　　　　　　　　　　　[　]비디오게임
제품 수량	
제품의 소재지	
제조(수입)업소	
제조(수입)일자	
검사(수입)번호	
검사 사유	[　]신규 반입·사용　　　　[　]영업 방법 변경　[　]검사 유효기간 만료 [　]봉인 해제·영업장소 이전　[　]기구 철거　　　　[　]기타

「관광진흥법」 제25조제3항 및 같은 법 시행규칙 제33조제3항에 따라 위와 같이 카지노기구의 검사를 신청합니다.

년　　　월　　　일

신청인　　　　　　　　　　　(서명 또는 인)

카지노기구검사기관장 　귀하

첨부서류	1. 카지노기구 제조증명서(품명·제조업자·제조연월일·제조번호·규격·재질 및 형식이 기재된 것이어야 합니다) 1부 2. 카지노기구 수입증명서(수입한 경우만 해당합니다) 1부 3. 카지노기구 도면 1부 4. 카지노기구 작동설명서 1부 5. 카지노기구의 배당률표 1부 6. 카지노기구의 검사합격증명서(외국에서 제작된 카지노기구 중 해당국가에서 인정하는 검사기관의 검사에 합격한 카지노기구를 신규로 반입·사용하려는 경우에만 해당합니다) 1부	수수료 가. 신규로 반입·사용하려거나 검사유효기간이 만료되어 검사하는 경우: 대당 189,0000원 나. 가목 외의 경우: 기본료 100,000원 + 대당 25,000원 ※ 카지노기구 중 머신게임만 해당합니다.

처리절차

신청서 작성	→	접 수	→	검 사	→	검사결과	→	통 보
신청인		처 리 기 관 (카지노기구 검사기관)		처 리 기 관 (카지노기구 검사기관)		처 리 기 관 (카지노기구 검사기관)		처 리 기 관 (카지노기구 검사기관)

210mm×297mm[백상지 80g/㎡]

[별지 제32호서식]

카지노 영업종류별 영업방법 등 (변경)신고서

※ 색상이 어두운 란은 신고인이 적지 않습니다.

접수번호		접수일자	처리기간: 21일
신고인	성 명(대표자)		생년월일 (외국인 등록번호)
	주 소		전화번호
영업소와 소재지 (명칭)			
상 호			전화번호
영업의 종류			허가번호

「관광진흥법」제26조제2항 및 같은 법 시행규칙 제35조제2항에 따라 영업 종류별 영업 방법 및 배당금에 관하여 신고합니다.

년   월   일

신고인 성명   (서명 또는 인)

문화체육관광부장관   귀하

제출서류	1. 영업종류별 영업방법 설명서 1부 2. 영업종류별 배당금에 관한 설명서 1부	수수료 없음

처리절차				
신고서 작성 →	접 수 →	검 토 →	결 정 →	통지
신고인	처 리 기 관 (문화체육관광부)	처 리 기 관 (문화체육관광부)	처 리 기 관 (문화체육관광부)	처 리 기 관 (문화체육관광부)

210mm×297mm[백상지 80g/㎡]

[별지 제32호의2서식]

조건이행내역 신고서

접수번호		접수일자		처리기간	3일
신고인	성명(대표자)		생년월일		
	주소		전화번호		
영업소	상호(명칭)		허가번호 및 일자		
	사업장 소재지		전화번호		
조건이행 내역	시설 및 설비 설치 완료 일자				
	설치 완료된 유기시설 및 유기기구 내용				

「관광진흥법」제31조제3항 및 같은 법 시행규칙 제38조에 따라 위와 같이 시설 및 설비의 설치를 완료하였음을 신고합니다.

년   월   일

신고인   (서명 또는 인)

특별자치시장·특별자치도지사, 시장·군수·구청장   귀하

첨부서류	시설 및 설비 내역서 1부	수수료 지방자치단체조례

처리절차

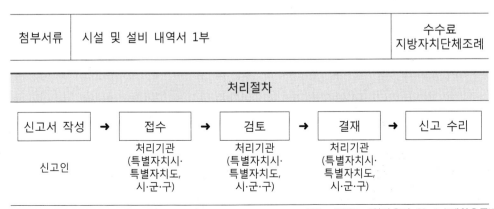

[별지 제36호서식]   (앞쪽)

응시번호	관광종사원 자격시험 응시원서	사 진 3cm×4cm (반명함판)

한국산업인력공단 이사장   귀하

제   회   자격시험에 응시하고자 원서를 제출합니다.

※ 아래 기재사항은 사실과 다름이 없으며 만일 시험합격 후에 허위 또는 부실 기재한 사실이 판명되었을 경우에는 합격취소 처분을 하여도 이의를 제기하지 아니할 것을 서약합니다.

　　　　　　　　년   월   일   응시자　　　　　　　(서명 또는 인)

※ 아래 각 항목은 뒤쪽의 응시자 참고사항을 참조하여 기입하시기 바랍니다.

① 성 명	한글	한자	영어	②주민등록 번호	- (만 세)
③ 연락처	우편번호	-	전화번호	휴대전화 자택전화	( )-( )-( )
	주소				
④ 선 택 외 국 어	1. 영어 2. 일본어 3. 중국어 4. 프랑스어 5. 독일어 6. 스페인어 7. 러시아어 8. 이탈리아어 9. 태국어 10. 베트남어 11.말레아·인도네시아어 12. 아랍어				
⑤ 시험면제 코 드	1. 일반응시 2. 필기일부면제 3. 필기전부면제 4. 외국어면제 5. 필기일부 및 외국어면제 6. 필기전부 및 외국어면제				
⑥ 시험지역					
⑦ 최종학력	년 월 일 교 과 년(졸업·수료·중퇴·재학)				
⑧ 자 격	취득 연월일	자격증 명칭	발행 기관	자격증 번호	
	년 월 일				
⑨ 경 력	년 년	월 월	일부터 일까지		근무
	년 년	월 월	일부터 일까지		근무
	년 년	월 월	일부터 일까지		근무

- -

응시번호	응 시 표	사 진 3cm×4cm (반명함판)

　　　　※ 제   회   자격시험
　　　　성 명(한글)   (한자)
　　　　주민등록번호   -   (만   세)
　　　　　　　　　　년   월   일

※응시자는 뒤쪽의 주의사
　항을 참조하여 수험에 착
　오 없으시기 바랍니다.

한국산업인력공단 이사장 ㊞

210mm×297mm[보존용지(1종) 120g/m²]

(뒤쪽)

행정정보 공동이용 동의서

본인은 「관광진흥법 시행규칙」 제48조에 따른 관광종사원 자격시험의 응시자격과 관련하여 한국산업인력공단이 「전자정부법」 제36조제1항에 따른 행정정보의 공동이용을 통하여 국민연금가입자가입증명 또는 건강보험자격득실확인서를 확인하는 것에 동의합니다.

* 동의하지 아니하는 경우에는 응시자가 직접 관련 서류를 제출해야 합니다.

응시자   (서명 또는 인)

응시자 참고사항

1. 응시원서의 제출기간, 응시자격, 시험일시·장소 및 시험방법 등은 해당 시험시행공고에 따릅니다.
2. 응시원서 기재요령(기재사항은 자필로 기입합니다)
    ① 란은 한글·한자 및 영어로 기입합니다.
    ② 란은 아라비아숫자로 기입합니다.
    ③ 란의 우편번호와 전화번호는 아라비아 숫자로 기입(자택 전화번호는 지역번호를 포함)하며, 주소는 주민등록표에 따른 주소로 작성하되, 세부주소(아파트인 경우 동·호수)까지 적어야 합니다.
    ④ 란은 해당란에 √표를 합니다.
    ⑤ 란은 해당란에 √표를 합니다.
    ⑥ 란은 시험 공고문의 시험장소 중 응시희망 장소를 한글로 기입합니다.
    ⑦ 란은 연월일·최종학교명 및 과를 기입하고, 해당란에 √표를 합니다.
    ⑧ 란은 획득한 자격의 취득연월일·자격명칭·발행기관 및 자격증 번호를 기입합니다.
    ⑨ 란은 경력이 응시자격 요건이 되는 경우에 근무기간·근무처 등을 기입하되 경력증명서와 일치하여야 합니다.
    ⑩ 란은 횟수·응시시험명칭·성명 및 주민등록번호를 한글·한자 및 아라비아 숫자로 기입합니다.
3. 각종 첨부서류는 시험공고를 참조하시기 바랍니다.
4. 사진은 최근 6개월 이내에 모자를 쓰지 아니하고 촬영한 가로 3cm, 세로4cm의 동일한 사진 2매를 응시원서 및 응시표의 사진란에 붙입니다.
5. 수수료는 시험시행공고에서 정하는 바에 따라 소정의 금액을 현금 등으로 납부하여야 합니다.
6. 우편으로 접수하는 자는 반드시 응시원서 도착과 접수 여부 및 응시시간을 확인하여야 하며, 응시표는 시험 당일 시험 시작 30분 전까지 시험장소에서 받아야 합니다.
7. 우편으로 접수하는 경우 응시원서와 응시표를 분리하지 말고 함께 보내야 합니다.
8. 기재사항이 미흡한 서류는 접수하지 아니하며, 제출된 응시원서 및 수수료는 반환하지 아니합니다.

주의사항

1. 응시표를 받은 후 해당란에 누락된 사항이 없는지 확인합니다.
2. 응시표를 가져오지 아니한 자는 응시하지 못하며, 응시표를 잃어버리거나 훼손하였을 경우에는 시험 전에 다시 받아야 합니다(응시원서에 부착된 것과 동일한 사진 1매와 신분증 지참).
3. 시험장에서는 답안지 작성에 필요한 필기구 외에는 휴대할 수 없습니다.
4. 수험시 응시자는 응시표, 신분증(주민등록증·여권·공무원증·운전면허증 중 하나) 및 필기구(컴퓨터용 흑색수성사인펜)를 지녀야 하며, 시험시작 30분전까지 시험장의 지정된 좌석에 앉아야 합니다.
5. 답안지에는 컴퓨터용 흑색수성사인펜만을 사용하여야 하며, 난 외에 기입하거나 점 또는 그 밖의 어떠한 표시를 하여서도 안 됩니다.
6. 시험지 및 시험문제를 시험장 밖으로 유출하여서는 안됩니다.
7. 응시 중에 퇴장하거나 좌석을 떠난 경우 다시 돌아올 수 없습니다.
8. 부정행위자나 주의사항 또는 감독관의 지시에 따르지 아니한 자는 즉시 퇴장을 명하며, 시험을 무효로 합니다.
9. 응시표는 필기 및 면접시험까지 계속 지녀야 합니다.
10. 그 밖의 자세한 것은 감독관의 지시에 따라야 합니다.

[별지 제37호서식]

관광종사원 자격시험 면제신청서

접수번호	접수일	발급일	처리기간	3일

신청인	성명(명칭)		생년월일	
	전화번호		휴대전화번호	
	주소			

자격구분	
면제구분	
면제사유	

「관광진흥법 시행규칙」 제51조제3항에 따라 관광종사원의 자격시험을 면제받고자 신청합니다.

년   월   일

신청인 성명

(서명 또는 인)

한국산업인력공단이사장   귀하

첨부서류	경력증명서・학력증명서 또는 그 밖에 자격을 증명할 수 있는 서류 1부
담당 직원 확인사항	국민연금가입자가입증명, 건강보험자격득실확인서

행정정보 공동이용 동의서

본인은 관광종사원 자격시험 면제를 위한 경력 증명과 관련하여 한국산업인력공단이 「전자정부법」 제36조제1항에 따른 행정정보의 공동이용을 통하여 국민연금가입자가입증명 또는 건강보험자격득실확인서를 확인하는 것에 동의합니다.

* 동의하지 않는 경우에는 응시자가 직접 관련 서류를 제출해야 합니다.

기재요령

자격구분란은 취득하고자 하는 자격명을 기입합니다.
면제구분란은 「관광진흥법 시행규칙」 별표 16의 구분 기준에 따라 기입합니다.
　예) 「고등교육법」에 따른 전문대학 이상의 학교 또는 다른 법령에서 이와 동등 이상의 학력이
　　　인정되는 교육기관에서 해당 외국어를 3년 이상 강의한 자가 해당 외국어시험을 면제받고
　　　자 하는 경우: "1-가"로 기입
면제사유란은 면제 사유가 되는 해당 학력, 경력 또는 자격을 기입합니다.

210mm×297mm[백상지(80g/㎡) 또는 중질지(80g/㎡)]

[별지 제38호서식]

관광종사원 [　]등록 [　]자격증재발급 신청서

※ 색상이 어두운 란은 신청인이 적지 않습니다.

접수번호	접수일	발급일	처리기간　3일

신청인	성명		생년월일	
	전화번호		휴대전화번호	
	주소			

자격구분		합격일	
자 격 증 번호		취 득 연월일	
신청사유			

「관광진흥법 시행규칙」 제53조제1항 및 제54조에 따라 [　]관광종사원 등록 [　]관광종사원 자격증재발급을 신청합니다.

년　　　월　　　일

신청인　성명　　　　　　　　　　　　　　　　　(서명 또는 인)

한국관광공사사장 또는 한국관광협회중앙회장 귀하

첨부서류	1. 사진(최근 6개월 이내에 촬영한 탈모 상반신 반명함판) 2매 2. 관광종사원 자격증(자격증이 헐어 못 쓰게 된 경우만 해당합니다) 1부	수수료 관광종사원 등록 시: 5,000원 관광종사원 자격증 재발급 시: 3,000원

210mm×297mm[백상지(80g/㎡) 또는 중질지(80g/㎡)]

[별지 제39호서식]

관광종사원 자격증
TOURISM EMPLOYEE LICENSE

사진 2.5cm×3cm	자격증번호 : LICENSE NO.
	자격구분 : QUAL.
	성명: NAME
	생년월일 : Date of birth

년   월   일

Date

한 국 관 광 공 사 사 장
PRESIDENT OF K.T.O.
한 국 관 광 협 회 중 앙 회 장   인
PRESIDENT OF K.T.A.

85mm×53mm[백상지(150g/㎡)]

[별지 제39호의5서식]

(앞쪽)

관광통역안내사 자격증

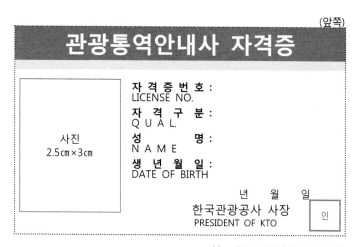

자 격 증 번 호 :
LICENSE NO.

자 격 구 분 :
Q U A L.

성   명 :
N A M E

생 년 월 일 :
DATE OF BIRTH

년   월   일
한국관광공사 사장   인
PRESIDENT OF KTO

86mm×54mm(PVC(비닐) 980.4g/㎡)

(뒤쪽)

◉ 주 의 사 항 ◉

1. 이 증을 타인에게 대여하거나, 기타 관광진흥법령 상의 위반행위를 한 경우에는 자격취소 및 자격정지 등의 행정처분을 받게 됩니다.

2. 관광통역안내사 자격이 취소된 자는 한국관광공사에 이 증을 반납하여야 합니다.

3. 이 증을 습득한 경우에는 가까운 우체통에 넣어주시기 바랍니다.

강원도 원주시 세계로 10 한국관광공사 우)26464

86mm×54mm(PVC(비닐) 980.4g/㎡)

[별지 제39호의6서식]

한국관광 품질인증 신청서

접수번호			접수일시	

신청인	상호(법인명)		대표자	
	주 소			
	사업자등록번호		연락처	
	팩스번호		전자메일	
	담당자	성명 / 직위		
		일반전화		
		휴대전화		
		전자메일		

인증신청 대상	시설·서비스명	최초등록일	
	소재지(또는 주소)		
	인증신청 업종	면적(㎡)	

「관광진흥법」 제48조의10제1항, 같은 법 시행령 제41조의11제1항 및 같은 법 시행규칙 제57조의7제1항에 따라 위와 같이 한국관광 품질인증을 신청합니다.

년　　월　　일

신청인(대표자):　　　　　　　　　　　(서명 또는 인)

한국관광공사 사장 귀하

첨부서류	1. 「부가가치세법」 제8조제5항에 따른 사업자등록증의 사본 1부 2. 해당 사업의 관련 법령을 준수하여 허가·등록 또는 지정을 받거나 신고를 하였음을 증명할 수 있는 서류 1부 3. 한국관광 품질인증의 인증 기준 전부 또는 일부와 인증 기준이 유사하다고 문화체육관광부장관이 인정하여 고시하는 인증이 유효함을 증명할 수 있는 서류 1부(해당 서류가 있는 경우에만 첨부합니다) 4. 그 밖에 한국관광공사가 한국관광 품질인증의 대상별 특성에 따라 한국관광 품질인증을 위한 평가·심사에 필요하다고 인정하여 영 제65조제7항에 따른 한국관광 품질인증 및 그 취소에 관한 업무 규정으로 정하는 서류 각 1부

처 리 절 차

제출	⇨	접수	⇨	평가·심사 (서류평가 - 현장평가 - 심의)	⇨	평가·심사 결과통보
신청인		한국관광공사		한국관광공사		한국관광공사

[별지 제39호의7서식]

한국관광 품질인증서

인증번호 :

인증 사업자
  1. 상호(법인명) :
  2. 대표자 :
  3. 주 소 :

인증 대상
  1. 시설·서비스명 :
  2. 소재지(또는 주소) :
  3. 면적 :
  4. 사업의 종류 :
  5. 유효기간 :
  6. 그 밖의 사항 :

「관광진흥법」 제48조의10제1항, 같은 법 시행령 제41조의11제2항 및 같은 법 시행규칙 제57조의7제2항에 따라 위와 같이 한국관광 품질인증서를 발급합니다.

년   월   일

한국관광공사 사장   직인

[별지 제41호서식]

조성사업 허가(협의) 신청서				처리기간
				13일

사업주	① 성명(대표자)		② 생년월일	
	③ 주　　　소		(전화:　　　　　）	
사　업 시행자	④ 성명(대표자)		⑤ 생년월일	
	⑥ 주　　　소		(전화:　　　　　）	
⑦ 사업장의 위치				
⑧ 목적 및 내용				
⑨ 착공 및 준공예정일		.　　.　～　.　　.　　.		

「관광진흥법」 제55조제3항에 따라 조성사업의 허가(협의)를 신청합니다.

년　　월　　일

신청인　　　　　(서명 또는 인)

특 별 자 치 시 장
특 별 자 치 도 지 사　귀하
시 장 · 군 수 · 구 청 장

구 비 서 류	신청인(대표자) 제출서류	담당공무원 확인사항	수수료
	1. 사업계획서 1부 2. 시설물의 배치도 및 설계도서 1부 3. 부동산이 타인소유인 경우에는 토지소 　유자의 사용승낙서, 신분증 사본 및 자 　필서명본 1부	1. 건물등기부 등본 2. 토지등기부 등본	없음

210mm×297mm[일반용지 60g/㎡(재활용품)]

[별지 제41호의2서식]

(앞쪽)

준공검사신청서				처리기간
				30 일

신청인	성명		생년월일	
	업체명		전화번호	
	주소 또는 소재지			

신청내용				
조성사업 명칭		조성사업 위치		
조성사업 완료면적		m²	조성기간	

「관광진흥법」 제58조의2제1항, 같은 법 시행령 제50조의2제1항 및 같은 법 시행규칙 제63조의2제1항에 따라 위와 같이 신청합니다.

년   월   일

신청인   (서명 또는 인)

특별시장 · 광역시장 · 특별자치시장 · 도지사 · 특별자치도지사 귀하

<구비서류>	수수료
1. 준공설계도서(착공 전의 사진 및 준공사진을 포함합니다)	없음

2. 「지적법」에 따라 소관청이 발행하는 지적측량성과도

3 법 제58조의3에 따른 공공시설 및 토지 등의 귀속조사문서와 도면(민간개발자인 사업시행자의 경우에는 용도폐지된 공공시설 및 토지 등에 대한 「부동산 가격공시 및 감정평가에 관한 법률」에 따른 감정평가업자의 평가조서와 새로 설치된 공공시설의 공사비산출내역서를 포함합니다)

4. 「공유수면매립법」 제26조, 제38조제4항 및 같은 법 시행령 제20조에 따라 사업시행자가 취득할 대상 토지와 국가 또는 지방자치단체에 귀속될 토지 등의 내역서(공유수면을 매립하는 경우에만 해당합니다)

5. 환지계획서 및 신 · 구 지적대조도(환지를 하는 경우만 해당합니다)

6. 개발된 토지 또는 시설 등의 관리 · 처분 계획

210mm×297mm[일반용지 60g/㎡ (재활용품)]

246

제   호

준 공 검 사 증 명 서

○ 사업시행자

○ 주   소

○ 상 호 명

○ 대표자 성명

 귀하가 시행한 관광(단)지 조성사업에 대하여 「관광진흥법 시행령」 제50조의2제4항에 따라 아래와 같이 준공검사하고 본 증명서를 발급합니다.

 1. 조성사업 명칭

 2. 조성위치

 3. 조성사업 완료 면적

 4. 준공연월일

 5. 준공검사사항(확정측량조서 및 지적도 별첨)

년   월   일

특별시장·광역시장·특별자치시장·

도지사·특별자치도지사

직인

210mm×297mm[보존용지(2종) 70g/㎡]

제3편

- 한국관광공사법
- 한국관광공사법 시행령

한국관광공사법

한국관광공사법 시행령

1962. 5. 12
각령 제747호

개정 64. 1. 31 제1623호
70. 2. 17 제4636호
75. 9. 29 제7835호
86. 9. 23 제11970호
94. 12. 23 제14442호
08. 2. 29 제20676호
11. 12. 28 제23405호
18. 5. 8 제28871호
19. 7. 2 제29950호

제1조(목적) 이 영은 「한국관광공사법」에서 위임된 사항과 그 시행에 필요한 사항을 규정함을 목적으로 한다.

한국관광공사법

1962. 4. 24
법률 제1060호

개정 63. 9. 11 법률 제1398호
67. 1. 16 법률 제1882호
75. 4. 4 법률 제2757호
82. 11. 29 법률 제3572호
97. 12. 13 법률 제5454호
08. 2. 29 법률 제8852호
09. 3. 5 법률 제9474호
16. 12. 20 법률 제14433호
18. 3. 13 법률 제15171호

제1조(목적) 이 법은 한국관광공사를 설립하여 관광진흥, 관광자원개발, 관광산업의 연구개발 및 관광관련 전문인력의 양성·훈련에 관한 사업을 수행하게 함으로써 국가경제발전과 국민복지증진에 이바지함을 목적으로 한다.

제2조(법인격) 한국관광공사(이하 "공사"라 한다)는 법인으로 한다.

제3조(사무소) ① 공사의 주된 사무소의 소재지는 정관으로 정한다.

② 공사는 그 업무수행을 위하여 필요한 때에는 이사회의 의결을 거쳐 필요한 곳에 지사 또는 사무소를 둘 수 있다.

제4조(자본금) 공사의 자본금은 500억원으로 하고 그 2분의 1 이상을 정부가 출자한다.

② 정부는 국유재산중 관광사업발전에 필요한 토지, 시설 및 물품 등을 공사에 현물로 출자할 수 있다.

제5조(등기) ① 공사는 주된 사무소의 소재지에서 설립등기를 함으로써 성립한다.

② 제1항에 따른 설립등기, 지사 또는 사무소의 설치등기, 이전등기, 변경등기, 그 밖에 공사의 등기에 필요한 사항은 대통령령으로 정한다.

③ 공사는 등기를 필요로 하는 사항에 관하여는 등기후가 아니면 제3자에 대항하지 못한다.

제6조(유사명칭의 사용금지) 이 법에 따른 공사가 아니면 한국관광공사 또는 이와 유사한 명칭을 사용하지 못한다.

제7조(주식) ① 공사의 자본금은 주식으로 분할한다.

② 주식은 기명으로 하고 그 종류 외 1주당 금액은 정관으로 정한다.

제2조(설립등기) ① 한국관광공사(이하 "공사"라 한다)는 「한국관광공사법」(이하 "법"이라 한다) 제3조에 따른 설립등기를 정관의 인가를 받은 날부터 2주일 내에 주된 사무소의 소재지에서 하여야 한다.

② 제1항에 따른 설립등기의 사항은 다음 각 호와 같다.

1. 목적
2. 명칭
3. 주된 사무소, 지사 또는 사무소의 소재지
4. 자본금
5. 임원의 성명과 주소
6. 공고의 방법

제3조(지사 등의 설치등기) ① 공사는 공사의 설립 후에 지사 또는 사무소를 설치하였을 때에는 다음 각 호의 구분에 따라 등기하여야 한다.

1. 주된 사무소의 소재지인 경우: 2주일 내에 새로 설치된 지사 또는 사무소의 명칭과 소재지
2. 새로 설치된 지사 또는 사무소의 소재지의 경우: 3주일 내에 제2조제2항 각 호의 사항
3. 이미 설치된 다른 지사 또는 사무소의 소재지의 경우: 3주일 내에 새로 설치된 지사 또는 사무소의 명칭과 소재지

② 공사의 설립과 동시에 지사 또는 사무소를 설치하는 경우에는 제2조제1항에 따른 설립등기

를 한 후 3주일 내에 그 지사 또는 사무소의 소재지에서 같은 조 제2항 각 호의 사항을 등기하여야 한다.

③ 주된 사무소 지사 또는 사무소의 소재지를 관할하는 등기소의 관할구역에서 다른 지사 또는 사무소를 새로 설치하였을 때에는 그 지사 또는 사무소의 명칭과 소재지만을 등기하면 된다.

제4조(이전등기) ① 공사가 주된 사무소를 다른 등기소의 관할구역으로 이전하였을 때에는 종전 소재지에서는 2주일 내에 새로운 소재지와 이전 연월일을 등기하고, 새로운 소재지에서는 3주일 내에 제2조제2항 각 호의 사항을 등기하여야 한다.

② 지사 또는 사무소를 다른 등기소의 관할구역으로 이전하였을 때에는 주된 사무소의 종전 소재지와 이전 소재지에서는 2주일 내에 새로운 소재지와 이전 연월일을 등기하고, 새로운 소재지에서는 3주일 내에 제2항 각 호의 사항을 등기하여야 한다.

③ 동일한 등기소의 관할구역에서 주된 사무소, 지사 또는 사무소를 이전하였을 때에는 2주일 내에 새로운 소재지와 이전 연월일을 등기하여야 한다.

제5조(변경등기) 제2조제2항 각 호의 등기사항 중 변경된 사항이 있는 경우에는 주된 사무소

제8조(정부주 매도의 제한) 정부소유의 주식을 다른 자에게 매도할 경우에는 다른 자가 소유하는 주식의 총액이 정부소유주식의 총액을 초과하게 하여서는 아니 된다.

제9조(사장의 대표권제한) 공사의 이익과 사장의 이익이 상반되는 사항에 대하여는 사장이 공사를 대표하지 못하며, 감사가 공사를 대표한다.

제10조(대리인의 선임) 사장은 정관이 정하는 바에 따라 직원 중에서 공사의 업무에 관하여 재판상 또는 재판외의 모든 행위를 할 수 있는 권한을 가진 대리인을 선임할 수 있다.

제11조(비밀누설금지 등) 공사의 임직원이나 그 직에 있었던 자는 그 직무상 알게 된 비밀을 누설하거나 도용하여서는 아니된다.

제12조(사업) ① 공사는 제1조의 목적을 달성하기 위하여 다음 각호의 사업을 수행한다.

1. 국제관광진흥사업
   가. 외국인관광객의 유치를 위한 홍보
   나. 국제관광시장의 조사 및 개척
   다. 관광에 관한 국제협력의 증진
   라. 국제관광에 관한 지도 및 교육
2. 국민관광진흥사업
   가. 국민관광의 홍보
   나. 국민관광의 실태조사
   다. 국민관광에 관한 지도 및 교육

의 소재지에서는 2주일 내에, 지사 또는 사무소의 소재지에서는 3주일 내에 각각 변경된 사항을 등기하여야 한다.

제6조(대리인 선임등기) 법 제10조에 따라 사장이 대리인을 선임하였을 때에는 대리인을 둔 주된 사무소, 지사 또는 사무소의 소재지에서 각각 2주일 내에 다음 각 호의 사항을 등기하여야 한다.

1. 대리인의 성명과 주소
2. 대리인을 둔 주된 사무소, 지사 또는 사무소의 명칭과 소재지
3. 대리인의 권한을 제한한 경우에는 그 제한의 내용

제7조(등기신청서의 첨부서류) 이 영에 따른 등기신청서에는 다음 각 호의 구분에 따른 서류를 첨부하여야 한다.

1. 제2조에 따른 설립등기: 공사의 정관, 임원의 자격을 증명하는 서류 및 설립위원회의 회의록
2. 제3조에 따른 지사 또는 사무소의 설치등기: 지사 또는 사무소의 설치를 증명하는 서류
3. 제4조에 따른 사무소 이전등기: 주된 사무소 또는 사무소의 이전을 증명하는 서류
4. 제5조에 따른 사무소 변경등기: 그 변경사항을 증명하는 서류
5. 제6조에 따른 대리인 선임등기: 대리인의 선

라. 장애인 노약자 등 관광취약계층에 대한 관광 지원

3. 관광자원개발사업
가. 관광단지의 조성과 관리·운영 및 처분
나. 관광자원 및 관광시설 개발을 위한 시범사업
다. 관광지의 개발
라. 관광자원의 조사

4. 관광산업의 연구·개발사업
가. 관광산업에 관한 정보의 수집·분석 및 연구
나. 관광산업의 연구에 관한 용역사업

5. 관광관련 전문인력의 양성과 훈련사업

6. 관광사업의 발전을 위하여 필요한 물품의 수출입업을 비롯한 부대사업으로서 이사회가 의결한 사업

② 공사는 제1항에 따른 사업 중 필요하다고 인정하는 사업은 이사회의 의결을 거쳐 타인에게 위탁하여 경영하게 할 수 있다.

③ 공사는 국가, 지방자치단체, 「공공기관의 운영에 관한 법률」에 따른 공공기관 및 그 밖의 공공단체 등 대통령령으로 정하는 기관으로부터 제1항 각 호의 어느 하나에 해당하는 사업을 위탁받아 시행할 수 있다.

제13조(손익금의 처리) ① 공사는 매사업연도의 손

결산결과 이익이 생기면 다음 각호의 순서로 처리한다.

1. 이월손실금의 보전
2. 자본금의 2분의 1에 이를 때까지 이익금의 10분의 1 이상의 이익준비금으로 적립
3. 주주에 대한 배당
4. 제2호에 따른 이익준비금 외의 준비금으로 적립
5. 다음 연도로 이월

② 공사는 매사업연도의 결산결과 손실이 생기면 제1항제4호에 따른 적립금으로 보전하고 그 적립금으로도 부족하면 같은 항 제2호에 따른 적립금으로 이를 보전하되, 그 미달액은 다음 사업연도로 이월한다.

③ 제1항제2호 및 제4호에 따른 적립금은 대통령령이 정하는 바에 따라 자본금으로 전입할 수 있다.

제14조(보조금) 정부는 예산의 범위에서 공사의 사업과 운영에 필요한 비용을 보조할 수 있다.

제15조(사채의 발행 등) ① 공사는 이사회의 의결을 거쳐 자본금과 적립금 합계액의 2배를 초과하지 아니하는 범위에서 사채를 발행할 수 있다.

② 정부는 제1항의 규정에 의하여 공사가 발행하는 사채의 원리금의 상환을 보증할 수 있다.

제16조(감독) 문화체육관광부장관은 공사의 경영

음을 증명하는 서류

6. 제11조에 따른 사채(社債)발행의 등기 : 법 제15조제1항에 따른 이사회의 의결을 거쳤음을 증명하는 서류

제8조(등기기간의 기산) 이 영에 따른 등기사항으로서 문화체육관광부장관의 인가 또는 승인을 받아야 할 사항이 있을 때에는 그 인가서 또는 승인서가 도달한 날부터 제2조부터 제5조까지의 등기기간을 기산(起算)한다.

제9조(위탁경영) ① 법 제12조제2항에 따른 "타인"이란 공공단체, 공익법인 또는 문화체육관광부장관이 인정하는 단체를 말한다.

② 법 제12조제2항에 따라 공사가 그 업무를 제1항의 법인이나 단체에 위탁하려는 경우에는 위탁하려는 업무의 종류 및 범위, 위탁경영의 조건 및 기간과 위탁방법 등에 관하여 이사회의 의결을 거쳐야 한다.

제9조의2(공공단체의 범위) 법 제12조제3항에서 "대통령령으로 정하는 기관"이란 다음 각 호의 기관을 말한다.

1. 「지방공기업법」제5조에 따른 지방직영기업, 같은 법 제49조에 따른 지방공사 및 같은 법 제76조에 따른 지방공단
2. 「지방자치단체 출자・출연 기관의 운영에 관한 법률」제5조에 따라 행정안전부장관이 지정

목표를 달성하기 위하여 필요한 범위에서 다음 각호의 사항과 관련되는 공사의 업무에 관하여 지도·감독한다.

1. 국제관광 및 국민관광진흥사업
2. 관광자원 개발사업
3. 관광산업의 연구·개발사업
4. 관광관련 전문인력의 양성과 훈련사업
5. 법령에 따라 문화체육관광부장관이 위탁 또는 대행토록 한 사업
6. 그 밖에 관계 법령에서 정하는 사업

제17조(다른 법률과의 관계) 이 법에 규정하지 아니한 공사의 조직 및 경영 등에 관한 사항은 「공공기관의 운영에 관한 법률」에 따른다.

제18조(벌칙) 제11조를 위반하여 비밀을 누설하거나 도용한 자는 2년 이하의 징역 또는 2천만원 이하의 벌금에 처한다.

제19조(과태료) ① 제6조를 위반하여 한국관광공사 또는 이와 유사한 명칭을 사용한 자에게는 300만원 이하의 과태료를 부과한다.
② 제1항에 따른 과태료는 대통령령으로 정하는 바에 따라 문화체육관광부장관이 부과·징수한다.

부 칙

이 법은 공포한 날부터 시행한다.

한 출자·출연 기관

제10조(적립금의 자본전입) 공사가 법 제13조제3항에 따라 적립금의 전부 또는 일부를 자본금으로 전입하려는 경우에는 주주총회의 의결을 거쳐야 한다.

제11조(사채 발행의 등기) 공사는 법 제15조제1항에 따라 사채를 발행할 때에는 다음 각 호의 사항을 등기하여야 한다.

1. 사채 발행의 목적
2. 사채 발행의 시기
3. 사채의 총액
4. 사채의 권종(券種)별 액면금액
5. 사채의 이율
6. 사채의 모집 및 인수 방법
7. 사채 상환의 방법 및 기간
8. 사채 이자 지급의 방법 및 기한제

제12조(과태료의 부과기준) 법 제19조제1항에 따른 과태료의 부과기준은 별표와 같다.

[별표]

과태료의 부과기준(제12조 관련)

1. 일반기준

    가. 위반행위의 횟수에 따른 과태료의 가중된 부과기준은 최근 1년간 같은 위반행위로 과태료 부과처분을 받은 경우에 적용한다. 이 경우 기간의 계산은 위반행위에 대하여 과태료 부과처분을 받은 날과 그 처분 후 다시 같은 위반행위를 하여 적발된 날을 기준으로 한다.

    나. 가목에 따라 가중된 부과처분을 하는 경우 가중처분의 적용 차수는 그 위반행위 전 부과처분 차수(가목에 따른 기간 내에 과태료 부과처분이 둘 이상 있었던 경우에는 높은 차수를 말한다)의 다음 차수로 한다.

    다. 부과권자는 위반행위의 동기, 내용 및 결과 등을 고려하여 제2호의 개별기준에 따른 과태료 금액의 2분의 1 범위에서 그 금액을 줄일 수 있다.

2. 개별기준

위반행위	근거 법조문	과태료 금액(단위: 만원)		
		1차 위반	2차 위반	3차 이상 위반
가. 법 제6조를 위반하여 공사가 아닌 자가 한국관광공사라는 명칭을 사용한 경우	법 제19조 제1항	100	200	300
나. 법 제6조를 위반하여 공사가 아닌 자가 한국관광공사와 유사한 명칭을 사용한 경우	법 제19조 제1항	50	100	200

제4편

- 관광진흥개발 기금법
- 관광진흥개발 기금법 시행령
- 관광진흥개발 기금법 시행규칙

관광진흥개발기금법

관광진흥개발기금법 시행규칙

1973. 7. 5
교통부령 제449호

일부개정 1977. 9. 30 교통부령 제581호
2002. 1. 29 문관부령 제58호
2004. 6. 05 문관부령 제96호
2006. 12. 29 문관부령 제152호
2008. 3. 6 문화체육관광부령 제 1호
2008. 8. 7 문화체육관광부령 제 8호
2010. 9. 3 문화체육관광부령 제64호

제1조(목적) 이 규칙은 「관광진흥개발기금법」 및 같은 법 시행령에서 위임된 사항과 그 시행에 필요한 사항을 규정함을 목적으로 한다.

관광진흥개발기금법 시행령

1973. 7. 2
대통령령 제6749호

개정 1977. 9. 24 대통령령 제8703호
2002. 1. 26 대통령령 제17500호
2004. 6. 05 대통령령 제18411호
2012. 5. 14 대통령령 제23789호
2014. 12. 31 대통령령 제25945호
2015. 1. 6 대통령령 제25976호
2015. 1. 6 대통령령 제25985호
2016. 4. 29 대통령령 제27113호
2016. 5. 10 대통령령 제27129호
2017. 3. 28 대통령령 제27970호
2017. 9. 4 대통령령 제28261호

제1조(목적) 이 영은 「관광진흥개발기금법」의 시행에 관하여 필요한 사항을 규정함을 목적으로 한다.

관광진흥개발기금법

1972. 12. 29
법률 제2402호

개정 1996. 8. 14 법률 제5159호
1997. 1. 13 법률 제5277호
1998. 9. 17 법률 제5565호
2004. 1. 29 법률 제7132호
2007. 12. 21 법률 제8742호
2008. 2. 29 법률 제8852호
2009. 3. 5 법률 제9469호
2011. 4. 5 법률 제10555호
2017. 11. 28 법률 제15057호
2018. 12. 24 법률 제16050호

제1조(목적) 이 법은 관광사업을 효율적으로 발전시키고 관광을 통한 외화 수입의 증대에 이바지하기 위하여 관광진흥개발기금을 설치하는 것을 목적으로 한다.

제2조(기금의 설치 및 재원) ① 정부는 이 법의 목적을 달성하는 데에 필요한 자금을 확보하기 위하여 관광진흥개발기금(이하 "기금"이라 한다)을 설치한다.

② 기금은 다음 각 호의 재원(財源)으로 조성한다.

1. 정부로부터 받은 출연금
2. 「관광진흥법」 제30조에 따른 납부금
3. 제3항에 따른 출국납부금
4. 「관세법」 제176조의2제4항에 따른 보세판매장 특허수수료의 100분의 50
5. 기금의 운용에 따라 생기는 수익금과 그 밖의 재원

③ 국내 공항과 항만을 통하여 출국하는 자로서 대통령령으로 정하는 자는 1만원의 범위에서 대통령령으로 정하는 금액을 기금에 납부하여야 한다.

④ 제3항에 따른 납부금을 부과받은 자가 부과된 납부금에 대하여 이의가 있는 경우에는 부과받은 날부터 60일 이내에 문화체육관광부장관에게 이의를 신청할 수 있다.

⑤ 문화체육관광부장관은 제4항에 따른 이의신청을 받았을 때에는 그 신청을 받은 날부터 15일 이내에 이를 검토하여 그 결과를 신청인에게 서면으로 알려야 한다.

⑥ 제3항에 따른 납부금의 부과·징수의 절차 등에 필요한 사항은 대통령령으로 정한다.

제3조의 2 (납부금의 납부대상 및 금액)

① 「관광진흥개발기금법」(이하 "법"이라 한다) 제2조제3항에서 "대통령령으로 정하는 자"란 다음 각 호의 하나에 해당하는 자를 제외한 자를 말한다.

1. 외교관여권이 있는 자
2. 2세(선박을 이용하는 경우에는 6세)미만인 어린이
3. 국외로 입양되는 어린이 및 그 호송인
4. 대한민국에 주둔하는 외국의 군인 및 군무원
5. 입국이 허용되지 아니하거나 거부되어 출국하는 자
6. 「출입국관리법」 제46조에 따른 강제퇴거 대상자 중 국비로 강제 출국되는 외국인
7. 공항통과 여객으로서 다음 각 목의 어느 하나에 해당되어 보세구역을 벗어난 후 출국하는 여객

가. 항공기 탑승이 불가능하여 어쩔 수 없이 당일이나 그 다음 날 출국하는 경우

나. 공항이 폐쇄되거나 기상이 악화되어 항공기의 출발이 지연되는 경우

다. 항공기의 고장·납치, 긴급환자 발생 등 부득이한 사유로 항공기가 불시착한 경우

라. 관광을 목적으로 보세구역을 벗어난 후 24시간 이내에 다시 보세구역으로 들어오는 경우

8. 국제선 항공기 및 국제선 선박을 운항하는 승무원과 승무교대를 위하여 출국하는 승무원

제3조(기금의 관리) ① 기금은 문화체육관광부장관이 관리한다.

② 문화체육관광부장관은 기금의 집행·평가·결산 및 여유자금 관리 등을 효율적으로 수행하기 위하여 10명 이내의 민간 전문가를 고용할 수 있다. 이 경우 필요한 경비는 기금에서 사용할 수 있다.

③ 제2항에 따른 민간 전문가의 고용과 운영에 필요한 사항은 대통령령으로 정한다.

② 법 제2조제3항에 따른 납부금은 1만원으로 한다. 다만, 선박을 이용하는 경우에는 1천원으로 한다.

제1조의 3 (납부금의 부과제외) ① 제1조의2제1항 각 호의 어느 하나에 해당하는 자는 법 제2조제1항에 따른 관광진흥개발기금(이하 "기금"이라 한다)의 납부금 부과·징수권자(이하 "부과권자"라 한다)로부터 출국 전에 납부금 제외 대상 확인서를 받아 출국 시 제출하여야 한다. 다만, 선박을 이용하여 출국하는 자와 승무원은 출국 시 부과권자의 확인으로 갈음할 수 있다.

② 제1조의2제1항제7호에 따른 공항통과 여객이 납부금 제외 대상 확인서를 받으려는 경우에는 항공운송사업자가 항공기가 출발 1시간 전까지 그 여객에 대한 납부금이 부과 제외 사유를 서면으로 부과권자에게 제출하여야 한다.

제1조의 4 (민간전문가) ① 법 제3조제2항에 따른 민간전문가는 계약직으로 하며, 그 계약기간은 2년을 원칙으로 하되, 1년 단위로 연장할 수 있다.

② 제1항에 따른 민간전문가의 업무분장·채용·복무·보수 및 그 밖의 인사관리에 필요한 사항은 문화체육관광부장관이 정한다.

제2조(대여 또는 보조사업) 법 제5조제3항제9호에서 "대통령령으로 정하는 사업"이란 다음 각 호의 사업을 말한다.

제4조(기금의 회계연도) 기금의 회계연도는 정부의 회계연도에 따른다.

제5조(기금의 용도) ① 기금은 다음 각 호의 어느 하나에 해당하는 용도로 대여(貸與)할 수 있다.

1. 호텔을 비롯한 각종 관광시설의 건설 또는 개수(改修)
2. 관광을 위한 교통수단의 확보 또는 개수
3. 관광사업의 발전을 위한 기반시설의 건설 또는 개수
4. 관광지·관광단지 및 관광특구에서의 관광 편의시설의 건설 또는 개수

② 문화체육관광부장관은 기금에서 관광정책에 관하여 조사·연구하는 법인의 기본재산 형성 및 조사연구사업, 그 밖의 운영에 필요한 경비를 보조할 수 있다.

③ 기금은 다음 각 호의 어느 하나에 해당하는 사업에 대여하거나 보조할 수 있다.

1. 국외 여행자의 건전한 관광을 위한 교육 및 관광홍보사업
2. 국내외 관광안내체계의 개선 및 관광홍보사업
3. 관광사업 종사자 및 관계자에 대한 교육훈련사업
4. 국민관광 진흥사업 및 외래관광객 유치 지원사업
5. 관광상품 개발 및 지원사업

1. 「관광진흥법」제4조에 따라 여행업을 등록한 자나 같은 법 제5조에 따라 카지노업을 허가받은 자나 「관광진흥법 시행령」제2조제1항제3호 가목에 따른 일반여행업을 등록한 자나 「관광진흥법」제5조에 따라 카지노업을 허가받은 자가 「관광진흥법」제45조에 따라 설립한 관광협회를 포함한다)의 해외지사 설치
2. 관광사업체 운영의 활성화
3. 관광진흥에 기여하는 문화예술사업
4. 지방자치단체나 「관광진흥법」제54조제1항에 따른 관광단지개발자 등의 관광지 및 관광단지 조성사업
5. 관광지·관광단지 및 관광특구의 문화·체육시설, 숙박시설, 상가시설로서 관광객 유치를 위하여 특히 필요하다고 문화체육관광부장관이 인정하는 시설의 조성
6. 관광 관련 국제기구의 설치

제3조(기금대여업무의 취급) 문화체육관광부장관은 「한국산업은행법」제20조에 따라 한국산업은행이 기금의 대여업무를 함 수 있도록 한국산업은행에 기금을 대여할 수 있다.

제3조의 2 (여유자금의 운용) 문화체육관광부장관은 기금의 여유자금을 다음 각 호의 방법으로 운용할 수 있다.

6. 관광지·관광단지 및 관광특구에서의 공공 편익시설 설치사업

7. 국제회의의 유치 및 개최사업

8. 장애인 등 소외계층에 대한 국민관광 복지사업

9. 전통관광자원 개발 및 지원사업

10. 그 밖에 관광사업의 발전을 위하여 필요한 것으로서 대통령령으로 정하는 사업

④ 기금은 민간자본의 유치를 위하여 필요한 경우 다음 각 호의 어느 하나의 사업이나 투자조합에 출자(出資)할 수 있다.

1. 「관광진흥법」제2조제6호 및 제7호에 따른 관광지 및 관광단지의 조성사업

2. 「국제회의산업 육성에 관한 별률」제2조제3호에 따른 국제회의시설의 건립 및 확충 사업

3. 관광사업에 투자하는 것을 목적으로 하는 투자조합

4. 그 밖에 관광사업의 발전을 위하여 필요한 것으로서 대통령령으로 정하는 사업

⑤ 기금은 신용보증을 통한 대여를 활성화하기 위하여 예산의 범위에서 다음 각 호의 기관에 출연할 수 있다.

1. 「신용보증기금법」에 따른 신용보증기금

2. 「지역신용보증재단법」에 따른 신용보증재단중앙회

제6조(기금운용위원회의 설치) ① 기금의 운용에 관한 종합적인 사항을 심의하기 위하여 문화

---

1. 「은행법」과 그 밖의 별법에 따른 금융기관 「우체국예금·보험에 관한 별률」에 따른 체신관서에 예치

2. 국·공채 등 유가증권의 매입

3. 그 밖의 금융상품의 매입

제3조의 3(기금의 보조) 법 제5조제2항 및 제3항에 따른 기금의 보조는 「보조금 관리에 관한 별률」에서 정하는 바에 따른다.

제3조의 4(출자대상 등) ① 법 제5조제4항제4호에서 "관광사업의 발전을 위하여 필요한 것으로서 대통령령으로 정하는 사업"이란 「자본시장과 금융투자업에 관한 별률」제9조제18항 및 제19항에 따른 집합투자기구 또는 사모집합투자기구나 「부동산투자회사법」제2조제1호에 따른 부동산투자회사에 의하여 투자되는 다음 각 호의 어느 하나의 사업을 말한다.

1. 법 제5조제4항제1호 또는 제2호에 따른 사업

2. 「관광진흥법」제2조제3호에 따른 관광사업

② 법 제5조제4항에 따라 기금을 출자할 때에는 출자로 인한 민간자본 유치의 기여도 등 출자의 타당성을 검토하여야 한다.

③ 제2항에 따른 기금 출자 및 관리에 관한 세부 기준, 절차, 그 밖에 필요한 사항은 문화체육관광부장관이 정하여 고시한다.

264

제4조(기금운용위원회의 구성) ① 법 제6조에 따른 기금운용위원회(이하 "위원회"라 한다)는 위원장 1명을 포함한 10명 이내의 위원으로 구성한다.

② 위원장은 문화체육관광부 제1차관이 되고, 위원은 다음 각 호의 사람 중에서 문화체육관광부장관이 임명하거나 위촉한다.

1. 기획재정부 및 문화체육관광부의 고위공무원단에 속하는 공무원
2. 관광 관련 단체 또는 연구기관의 임원
3. 공인회계사의 자격이 있는 사람
4. 그 밖에 기금의 관리·운용에 관한 전문 지식과 경험이 풍부하다고 인정되는 사람

제4조의2(위원의 해임 및 해촉) 문화체육관광부장관은 제4조제2항에 따른 위원이 다음 각 호의 어느 하나에 해당하는 경우에는 해당 위원을 해임하거나 해촉(解囑)할 수 있다.

1. 심신장애로 인하여 직무를 수행할 수 없게 된 경우
2. 직무와 관련된 비위사실이 있는 경우
3. 직무태만, 품위손상이나 그 밖의 사유로 인하여 위원으로 적합하지 아니하다고 인정되는 경우
4. 위원 스스로 직무를 수행하는 것이 곤란하다고 의사를 밝히는 경우

제5조(위원장의 직무) ① 위원장은 위원회를 대표하고, 위원회의 사무를 총괄한다. ② 위원장이 부득이한 사유로 직무를 수행할 수 없을 때에는

체육관광부장관 소속으로 기금운용위원회(이하 "위원회"라 한다)를 둔다.

② 위원회의 조직과 운영에 필요한 사항은 대통령령으로 정한다.

제7조(기금운용계획안의 수립 등) ① 문화체육관광부장관은 매년 「국가재정법」에 따라 기금운용계획안을 수립하여야 한다. 기금운용계획을 변경하는 경우에도 또한 같다.

② 제1항에 따른 기금운용계획안을 수립하거나 기금운용계획을 변경하려면 위원회의 심의를 거쳐야 한다.

제8조(기금의 수입과 지출) ① 기금의 수입은 제2조제2항 각 호의 재원으로 한다.

② 기금의 지출은 제5조에 따른 기금의 용도를 위한 지출과 기금의 운용에 부수(附隨)되는 경비로 한다.

제9조(기금의 회계 기관) 문화체육관광부장관은 기금의 수입과 지출에 관한 사무를 하게 하기 위하여 소속 공무원 중에서 기금수입징수관, 기금재무관, 기금지출관 및 기금출납 공무원을 임명한다.

제3조(기금의 대하신청) 한국산업은행장은 영 제9조에 따른 대여업무계획에 따라 기금을 사용하려는 자로부터 대여신청을 받으면 대여에 필요한 기금을 대하(貸下)하여 줄 것을 문화체육관광부장관에게 신청하여야 한다.

위원장이 지정한 위원이 그 직무를 대행한다.

제6조(회의) ① 위원회의 회의는 위원장이 소집한다.

② 회의는 재적위원 과반수의 출석으로 개의하고, 출석위원 과반수의 찬성으로 의결한다.

제7조(간사) ① 위원회에는 문화체육관광부 소속 공무원 중에서 문화체육관광부장관이 지정하는 간사 1명을 둔다.

② 간사는 위원장의 명을 받아 위원회의 서무를 처리한다.

제8조(수당) 회의에 출석한 위원 중 공무원이 아닌 위원에게는 예산의 범위에서 수당을 지급할 수 있다.

제9조(대여업무계획의 승인) 한국산업은행이 제3조에 따라 기금이 대여업무를 할 경우에는 미리 기금대여업무계획을 작성하여 문화체육관광부장관의 승인을 받아야 한다.

제10조(기금의 대여이자 등) 기금의 대여이자율(貸下利子率), 대여이자율, 대여기간 및 연체이자율은 위원회의 심의를 거쳐 문화체육관광부장관이 기획재정부장관과 협의하여 정한다. 이를 변경하는 경우에도 또한 같다.

제11조(기금의 회계기관) 문화체육관광부장관은 법 제9조에 따라 기금수입징수관, 기금재무관, 기금지출관, 기금출납 공무원을 임명한 경우에는 감사원장, 기획재정부장관 및 한국은행총재에게 알려야 한다.

제10조(기금 계정의 설치) 문화체육관광부장관은 기금지출관으로 하여금 한국은행에 관광진흥기금의 계정(計定)을 설치하도록 하여야 한다.

제11조(목적 외의 사용 금지) ① 기금을 대여받거나 보조받은 자는 대여받거나 보조받을 때에 지정된 목적 외의 용도에 기금을 사용하지 못한다.

② 대여받거나 보조받은 기금을 목적 외의 용도에 사용하였을 때에는 대여 또는 보조를 취소하고 이를 회수한다.

③ 문화체육관광부장관은 기금의 대여를 신청한 자 또는 대여를 받은 자가 다음 각 호의 어느 하나에 해당하면 그 대여 신청을 거부하거나, 그 대여를 취소하고 지급된 기금의 전부 또는 일부를 회수한다.

1. 거짓이나 그 밖의 부정한 방법으로 대여를 신청한 경우 또는 대여를 받은 경우

2. 잘못 지급된 경우

3. 「관광진흥법」에 따른 등록·허가·지정 또는 사업계획 승인 등의 취소 또는 실효 등으로 기금의 대여자격을 상실하게 된 경우

4. 대여조건을 이행하지 아니한 경우

5. 그 밖에 대통령령으로 정하는 경우

④ 다음 각 호의 어느 하나에 해당하는 자는 해당 기금을 대여받거나 보조받은 날부터 3년 이내에 기금을 대여받거나 보조받을 수 없다.

1. 제2항에 따라 기금을 목적 외의 용도에 사용

한 자
2. 거짓이나 그 밖의 부정한 방법으로 기금을 대여받거나 보조받은 자

제12조(기금계정) 문화체육관광부장관은 법 제10조에 따라 한국은행에 관광진흥개발기금계정(이하 "기금계정"이라 한다)을 설치할 경우에는 수입계정과 지출계정으로 구분하여야 한다.

제12조의 2 (납부금의 기금납입) 부과권자는 납부금을 부과·징수한 경우에는 지체 없이 납부금을 기금계정에 납입하여야 한다.

제13조(대여기금의 납입) ① 한국산업은행 은행장이나 기금을 전대(轉貸)받은 금융기관의 장은 대여 기금전대분은 기금을 포함한다)과 그 이자를 수납한 경우에는 즉시 기금계정에 납입하여야 한다.
② 제1항에 위반한 경우에는 납입기일의 다음 날부터 제10조에 따른 연체이자를 납입하여야 한다.

제14조(기금의 수납) 법 제2조제3항의 재원이나 기금계정에 납입된 경우 이를 수납한 자는 지체 없이 그 납입서를 기금수입징수관에게 송부하여야 한다.

제15조(기금의 지출 한도액) ① 문화체육관광부장관은 기금재무관으로 하여금 지출원인행위를 하게 할 경우에는 기금운용계획에 따라 지출 한도액을 배정하여야 한다.
② 문화체육관광부장관은 제3항에 따라 지출 한도액을 배정한 경우에는 기획재정부장관과 한국은행총재에게 이를 알려야 한다.
③ 기획재정부장관은 기금의 운용 상황 등을 고려하여 필요한 경우에는 기금의 지출을 제한

제2조(기금지출 한도액의 통지) 문화체육관광부장관은 「관광진흥개발기금법 시행령」(이하 "영"이라 한다) 제15조제1항에 따라 배정한 기금 지출 한도액을 한국산업은행이 은행장에게 알린다.

제12조(납부금 부과·징수업무의 위탁)
① 문화관광부장관은 제2조제3항에 따른 납부금의 부과·징수의 업무를 대통령령으로 정하는 바에 따라 관계 중앙행정기관의 장과 협의하여 지정하는 자에게 위탁할 수 있다.
② 문화관광부장관은 제1항에 따라 납부금의 부과·징수의 업무를 위탁한 경우에는 기금에서 납부금의 부과·징수의 업무를 위탁받은 자에게 그 업무에 필요한 경비를 보조할 수 있다.

제13조(벌칙 적용 시의 공무원 의제) 제3조제2항에 따라 고용된 자는 「형법」 제129조부터 제132조까지의 규정을 적용할 때에는 공무원으로 본다.

하게 할 수 있다.

제16조(기금지출원인행위보고서 등의 작성·제출) 기금재무관은 기금지출원인행위보고서를 기금지출관은 기금출납부보고서를 그 행위를 한 달의 말일을 기준으로 작성하여 다음 달 15일까지 기획재정부장관에게 제출하여야 한다.

제17조(기금의 지출원인행위) 기금재무관이 지출원인행위를 할 경우에는 제15조에 따라 배정받은 지출 한도액을 초과하여서는 아니 된다.

제18조(기금대여상황 보고) 제3조에 따라 기금의 대여업무를 취급하는 한국산업은행은 문화관광부령으로 정하는 바에 따라 기금의 대여 상황을 문화체육관광부장관에게 보고하여야 한다.

제18조의2(기금 대여의 취소 등) ① 법 제11조 제3항제5호에서 "대통령령으로 정하는 경우"란 기금을 대여받은 후 「관광진흥법」 제4조에 따른 등록 또는 변경등록이나 같은 법 제15조에 따른 사업계획 변경승인을 받지 못하여 기금을 대여받을 때에 지정된 목적 사업을 계속하여 수행하는 것이 현저히 곤란하거나 불가능한 경우를 말한다.
② 문화체육관광부장관은 법 제11조에 따라 취소된 기금의 대여금 또는 보조금을 회수하려는 경우에는 그 기금을 대여받거나 보조받은 자에게 해당 대여금 또는 보조금을 반환하도록

제4조(보고) 한국산업은행은 영 제18조에 따라 매월의 기금대여업체별 대여금액 대여잔액 등 기금대여 상황을 다음 달 10일 이전까지 보고하여야 하고, 반기(半期)별 대여사업 추진상황을 그 반기의 다음달 10일 이전까지 보고하여야 한다.

268

통지하여야 한다.

③ 제2항에 따라 대여금 또는 보조금의 반환 통지를 받은 자는 그 통지를 받은 날부터 2개월 이내에 해당 대여금 또는 보조금을 반환하여야 하며, 그 기한까지 반환하지 아니하는 경우에는 그 다음 날부터 제10조에 따른 연체이자율을 적용한 연체이자를 내야 한다.

제19조(감독) 문화체육관광부장관은 한국산업은행 은행장과 기금을 대여받은 자에게 기금 운용에 필요한 사항을 명령하거나 감독할 수 있다.

제20조(장부의 비치) ① 기금수입징수관과 기금재무관은 기금총괄부, 기금지출원인행위부 및 기금지수부를 작성·비치하고, 기금의 수입·지출에 관한 총괄 사항과 기금지출 원인행위 사항을 기록하여야 한다.

② 기금출납공무원은 기금출납부를 작성·비치하고, 기금의 출납 상황을 기록하여야 한다.

제21조(결산보고) 문화체육관광부장관은 회계연도마다 기금의 결산보고서를 작성하여 다음 연도 2월 말일까지 기획재정부장관에게 제출하여야 한다.

제22조(납부금 부과·징수업무의 위탁) 문화체육관광부장관은 법 제12조제1항에 따라 납부금의 부과·징수 업무를 지방해양수산청장, 「항만공사법」에 따른 항만공사 및 「항공사업법」 제2조제34호에 따른 공항운영자에게 각각 위탁한다.

부 칙

이 영은 공포한 날로부터 시행한다.

부 칙 (06.12.29)

이 규칙은 2007년 1월 1일부터 시행한다.

부 칙

이 영은 공포한 날로부터 시행한다.

부 칙 <제17538호, 2002.3.2>

제1조 (시행일) 이 영은 공포한 날부터 시행한다.

제2조 생략

제3조 (다른 법령의 개정) ① 내지 ⑪ 생략

⑫ 관광진흥개발기금법시행령 중 다음과 같이 개정한다.

제22조 중 "한국공항공단법에 의한 한국공항공단"을 각각 "한국공항공사법에 의한 한국공항공사"로 한다.

⑬ 생략

제4조 생략

부 칙 <제19797호, 2006.12.29>

이 영은 2007년 1월 1일부터 시행한다.

부 칙

이 법은 공포한 날로부터 시행한다.

부 칙 (98.9.17)

① (시행일) 이 법은 공포후 2월이 경과한 날부터 시행한다.

② (기금사용의 한시적 특례) 문화체육관광부장관은 관광관련산업에 종사하는 근로자의 실업대책사업 실시에 필요한 경비를 지원하기 위하여 제2조제3항의 규정에 의한 납부금 징수액의 100분의 300에 해당하는 금액의 범위안에서 노동부장관과 협의하여 정한 금액을 이 법 시행후 2년이 되는 날까지 대통령령이 정하는 바에 의하여 중소기업근로자복지진흥법 제8조의 규정에 의한 근로복지진흥기금에 출연할 수 있다.

③ (다른 법률의 개정) 中小企業勤勞者福祉振興法중 다음과 같이 改正한다.

第13條의2① 第2項을 다음과 같이 新設한다.

② 별표 제15565호 관광진흥개발기금법중개정법률 부칙 제2항의 規定에 의하여 出捐받은 資金은 觀光關聯事業에 종사하는 勤勞者의 雇傭安定 등 失業對策事業의 실시에 필요한 經費에 사용하여야 한다.

제5편

- 국제회의산업 육성에 관한 법률
- 국제회의산업 육성에 관한 법률 시행령
- 국제회의산업 육성에 관한 법률 시행규칙

국제회의산업 육성에 관한 법률

국제회의산업 육성에 관한 법률

1996. 12. 30
법률 제5210호

개정 2007. 12. 21 법률 제8743호
개정 2009. 6. 9 법률 제9770호
개정 2012. 2. 5 법률 제11037호
개정 2015. 3. 27 법률 제13247호
개정 2016. 12. 20 법률 제14427호
개정 2017. 11. 26 법률 제15059호

제1조(목적) 이 법은 국제회의의 유치를 촉진하고 그 원활한 개최를 지원하여 국제회의산업을 육성·진흥함으로써 관광산업의 발전과 국민경제의 향상 등에 이바지함을 목적으로 한다.

제2조(정의)
이 법에서 사용하는 용어의 뜻은 다음과 같다.
1. "국제회의"란 상당수의 외국인이 참가하는 회의(세미나·토론회·전시회 등을 포함한다)로서 대통령령으로 정하는 종류와 규모에 해당하는 것을 말한다.

국제회의산업 육성에 관한 법률 시행령

1997. 4. 4
대통령령 제15337호

개정 2004. 2. 7 대통령령 제18271호
개정 2006. 6. 12 대통령령 제19513호
개정 2008. 2. 29 대통령령 제20676호
개정 2011. 11. 16 대통령령 제23295호
개정 2015. 9. 28 대통령령 제26540호
개정 2018. 5. 29 대통령령 제28906호

제1조(목적) 이 영은 「국제회의산업 육성에 관한 법률」에서 위임된 사항과 그 시행에 필요한 사항을 규정함을 목적으로 한다.

제2조(국제회의의 종류·규모) 「국제회의산업 육성에 관한 법률」(이하 "법"이라 한다) 제2조제1호에 따른 국제회의는 다음 각 호의 어느 하나에 해당하는 회의를 말한다.
1. 국제기구나 국제기구에 가입한 기관 또는 법인·단체가 개최하는 회의로서 다음 각 목의 요건

국제회의산업 육성에 관한 법률 시행규칙

1997. 5. 12
문화관광부령 제37호

개정 2004. 2. 21 문화관광부령 제87호
개정 2008. 3. 6 문화체육관광부령 제1호
개정 2011. 11. 24 문화체육관광부령 제93호
개정 2014. 6. 19 문화체육관광부령 제173호
개정 2015. 9. 28 문화체육관광부령 제221호

제1조(목적) 이 규칙은 「국제회의산업 육성에 관한 법률」 및 같은 법 시행령에서 위임된 사항과 그 시행에 필요한 사항을 규정함을 목적으로 한다.

을 모두 갖출 것인 회의

가. 해당 회의에 5개국 이상의 외국인이 참가할 것

나. 회의 참가자가 300명 이상이고 그 중 외국인이 100명 이상일 것

다. 3일 이상 진행되는 회의일 것

2. 국제기구에 가입하지 아니한 기관 또는 법인단체가 개최하는 회의로서 다음 각 목의 요건을 모두 갖춘 회의

가. 회의 참가자 중 외국인이 150명 이상일 것

나. 2일 이상 진행되는 회의일 것

제3조(국제회의 시설의 종류·규모) ① 법 제2조제3호에 따른 국제회의시설은 전문회의시설·준회의시설·전시시설 및 부대시설로 구분한다.

② 전문회의시설은 다음 각 호의 요건을 모두 갖추어야 한다.

1. 2천명 이상의 인원을 수용할 수 있는 대회의실이 있을 것

2. 30명 이상의 인원을 수용할 수 있는 중소회의실이 10실 이상 있을 것

3. 옥내와 옥외의 전시면적을 합쳐서 2천제곱미터 이상을 확보하고 있을 것

③ 준회의시설은 국제회의 개최에 필요한 회의실로 활용할 수 있는 호텔연회장·공연장·체육관 등의 시설로서 다음 각 호의 요건을 모두 갖추어야 한다.

2. "국제회의산업"이란 국제회의의 유치와 개최에 필요한 국제회의시설, 서비스 등과 관련된 산업을 말한다.

3. "국제회의시설"이란 국제회의의 개최에 필요한 회의시설, 전시시설 및 이와 관련된 부대시설 등으로서 대통령령으로 정하는 종류와 규모에 해당하는 것을 말한다.

4. "국제회의도시"란 국제회의산업의 육성·진흥을 위하여 제14조에 따라 지정된 특별시·광역시 또는 시를 말한다.

5. "국제회의 전담조직"이란 국제회의산업의 진흥을 위하여 각종 사업을 수행하는 조직을 말한다.

6. "국제회의산업 육성기반"이란 국제회의시설, 국제회의 전문인력, 전자국제회의체제, 국제회의의 정보 등 국제회의의 유치·개최를 지원하고 촉진하는 시설, 인력, 체제, 정보 등을 말한다.

7. "국제회의복합지구"란 국제회의시설 및 국제회의집적시설이 집적되어 있는 지역으로서 제15조의2에 따라 지정된 지역을 말한다.

8. "국제회의집적시설"이란 국제회의복합지구 안에서 국제회의시설의 집적화 및 운영 활성화에 기여하는 숙박시설, 판매시설, 공연장 등 대통령령으로 정하는 종류와 규모에 해당하는 시설로서 제15조의3에 따라 지정된 시설을 말한다.

제3조(국가의 책무) ① 국가는 국제회의산업의 육성·진흥을 위하여 필요한 계획의 수립 등 행정

상·재정상의 지원조치를 강구하여야 한다.

② 제1항에 따른 지원조치에는 국제회의 참가자가 이용할 숙박시설, 교통시설 및 관광 편의시설 등의 설치·확충 또는 개선을 위하여 필요한 사항이 포함되어야 한다.

제5조(국제회의 전담조직의 지정 및 설치) ① 문화체육관광부장관은 국제회의산업의 육성을 위하여 필요하면 국제회의 전담조직(이하 "전담조직"이라 한다)을 지정할 수 있다.

② 국제회의시설을 보유·관할하는 지방자치단체의 장은 국제회의 관련 업무를 효율적으로 추진하기 위하여 필요하다고 인정하면 전담조직을 설치·운영할 수 있으며, 그에 필요한 비용의 전부 또는 일부를 지원할 수 있다.

③ 전담조직의 지정·설치 및 운영 등에 필요한 사항은 대통령령으로 정한다.

제6조(국제회의산업육성기본계획의 수립 등)

① 문화체육관광부장관은 국제회의산업의 육성·진흥을 위하여 다음 각 호의 사항이 포함되는 국제회의산업육성기본계획(이하 "기본계획"이라 한다)을 5년마다 수립·시행하여야 한다.

1. 국제회의의 유치와 촉진에 관한 사항
2. 국제회의의 원활한 개최에 관한 사항
3. 국제회의에 필요한 인력의 양성에 관한 사항
4. 국제회의시설의 설치와 확충에 관한 사항
5. 그 밖에 국제회의산업의 육성·진흥에 관한 중

1. 200명 이상의 인원을 수용할 수 있는 대회의실이 있을 것
2. 30명 이상의 인원을 수용할 수 있는 중·소회의실이 3실 이상 있을 것

④ 전시시설은 다음 각 호의 요건을 모두 갖추어야 한다.

1. 옥내와 옥외 전시면적을 합쳐서 2천제곱미터 이상 확보하고 있을 것
2. 30인 이상의 인원을 수용할 수 있는 중·소회의실이 5실 이상 있을 것

⑤ 부대시설은 국제회의의 개최와 전시의 편의를 위하여 제2항 및 제4항의 시설에 부속된 숙박시설·주차시설·음식점시설·휴식시설·판매시설 등으로 한다.

제4조(국제회의집적시설의 종류와 규모) 법 제2조제8호에서 "숙박시설, 판매시설, 공연장 등 대통령령으로 정하는 종류와 규모에 해당하는 시설"이란 다음 각 호의 시설을 말한다.

1. 「관광진흥법」 제3조제1항제2호에 따른 관광숙박업의 시설로서 100실 이상의 객실을 보유한 시설
2. 「유통산업발전법」 제2조제3호에 따른 대규모점포
3. 「공연법」 제2조제4호에 따른 공연장으로서 500석 이상의 객석을 보유한 공연장

제9조(국제회의 전담조직의 업무) 법 제5조제1항에 따른 국제회의 전담조직은 다음 각 호의 업무를 담당한다.

1. 국제회의의 유치 및 개최 지원
2. 국제회의산업의 국외 홍보
3. 국제회의 관련 정보의 수집 및 배포
4. 국제회의 전문인력의 교육 및 수급(需給)
5. 법 제5조제2항에 따라 지방자치단체의 장이 설치한 전담조직에 대한 지원 및 상호 협력
6. 그 밖에 국제회의산업의 육성과 관련된 업무

제10조(국제회의 전담조직의 지정) 문화체육관광부장관은 법 제5조제1항에 따라 국제회의 전담조직을 지정할 때에는 제9조 각 호의 업무를 효율적으로 수행할 수 있는 전문인력 및 조직 등을 적절하게 갖추었는지를 고려하여야 한다.

제11조(국제회의산업육성기본계획의 수립 등) ① 문화체육관광부장관은 법 제6조에 따른 국제회의산업육성기본계획과 국제회의산업육성시행계획을 수립하거나 변경하는 경우에는 국제회의산업과 관련이 있는 기관 또는 단체 등의 의견을 들어야 한다.

② 문화체육관광부장관은 법 제6조제4항에 따라 국제회의산업육성기본계획의 추진실적을 평가하는 경우에는 연도별 국제회의산업육성시행계획의 추진실적을 종합하여 평가하여야 한다.

③ 문화체육관광부장관은 제2항에 따른 국제회의산

제2조(국제회의 유치·개최지원 신청) 「국제회의산업 육성에 관한 법률」(이하 "법"이라 한다) 제7조제1항에 따라 국제회의의 유치·개최에 관한 지원을 받으려는 자는 별지 서식의 국제회의 지원신청서에 다음 각 호의 서류를 첨부하여 법 제5조제1항에 따른 국제회의 전담조직의 장에게 제출하여야 한다.

1. 국제회의 유치·개최 계획서(국제회의의 명칭, 목적, 기간, 장소, 참가자 수, 필요한 비용 등이 포함되어야 한다) 1부
2. 국제회의 유치·개최 실적에 관한 서류(국제회의 유치·개최 실적이 있는 경우만 해당한다) 1부
3. 지원을 받으려는 세부 내용을 적은 서류 1부

제3조(지원 결과 보고) 법 제7조에 따라 지원을 받은 국제회의 유치·개최자는 해당 사업이 완료된 후 1개월 이내에 법 제5조제1항에 따른 국제회의 전담조직의 장에게 사업 결과 보고서를 제출하여야 한다.

요 사항

② 문화체육관광부장관은 기본계획에 따라 연도별 국제회의산업육성시행계획(이하 "시행계획"이라 한다)을 수립·시행하여야 한다.

③ 문화체육관광부장관은 기본계획 및 시행계획의 효율적인 달성을 위하여 관계 중앙행정기관의 장, 지방자치단체의 장 및 국제회의산업 육성과 관련된 기관의 장에게 필요한 자료 또는 정보의 제공, 의견의 제출 등을 요청할 수 있다. 이 경우 요청을 받은 자는 정당한 사유가 없으면 이에 따라야 한다.

④ 문화체육관광부장관은 기본계획의 추진실적을 평가하고, 그 결과를 기본계획의 수립에 반영하여야 한다.

⑤ 기본계획·시행계획의 수립 및 추진실적 평가의 방법·내용 등에 필요한 사항은 대통령령으로 정한다.

제7조(국제회의 유치·개최 지원)

① 문화체육관광부장관은 국제회의의 유치를 촉진하고 그 원활한 개최를 위하여 필요하다고 인정하면 국제회의를 유치하거나 개최하는 자에게 지원을 할 수 있다.

② 제1항에 따른 지원을 받으려는 자는 문화체육관광부령으로 정하는 바에 따라 문화체육관광부장관에게 그 지원을 신청하여야 한다.

제8조(국제회의산업 육성기반의 조성)

① 문화체육관광부장관은 국제회의산업 육성기반을 조성하기 위하여 관계 중앙행정기관의 장과 협의하여 다음 각 호의 사업을 추진하여야 한다.

1. 국제회의시설의 건립

2. 국제회의 전문인력의 양성

3. 국제회의산업 육성기반의 조성을 위한 국제협력

4. 인터넷 등 정보통신망을 통하여 수행하는 전자국제회의 기반의 구축

5. 국제회의산업에 관한 정보와 통계의 수집·분석 및 유통

6. 그 밖에 국제회의산업 육성기반의 조성을 위하여 필요하다고 인정되는 사업으로서 대통령령으로 정하는 사업

② 문화체육관광부장관은 다음 각 호의 기관·법인 또는 단체(이하 "사업시행기관"이라 한다) 등으로 하여금 국제회의산업 육성기반의 조성을 위한 사업을 실시하게 할 수 있다.

1. 제5조제1항 및 제2항에 따라 지정·설치된 전담조직

2. 제14조제1항에 따라 지정된 국제회의도시

3. 「한국관광공사법」에 따라 설립된 한국관광공사

4. 「고등교육법」에 따른 대학·산업대학 및 전문대학

5. 그 밖에 대통령령으로 정하는 법인·단체

업육성기본계획의 추진실적 평가에 필요한 조사·분석 등을 전문기관에 의뢰할 수 있다.

제12조(국제회의산업 육성기반 조성사업 및 사업시행기관) ① 법 제8조제1항제6호에서 "대통령령으로 정하는 사업"이란 다음 각 호의 사업을 말한다.

1. 법 제5조에 따른 국제회의 전담조직의 육성

2. 국제회의산업에 관한 국외 홍보사업

② 법 제8조제2항제5호에서 "대통령령으로 정하는 법인·단체"란 국제회의산업의 육성과 관련된 업무를 수행하는 법인·단체로서 문화체육관광부장관이 지정하는 법인·단체를 말한다.

제9조(국제회의시설의 건립 및 운영 촉진 등) 문화체육관광부장관은 국제회의시설의 건립 및 운영 촉진 등을 위하여 사업시행기관이 추진하는 다음 각 호의 사업을 지원할 수 있다.
1. 국제회의시설의 건립
2. 국제회의시설의 운영
3. 그 밖에 국제회의시설의 건립 및 운영 촉진을 위하여 필요하다고 인정하는 사업으로서 문화체육관광부령으로 정하는 사업

제10조(국제회의 전문인력의 교육·훈련 등) 문화체육관광부장관은 국제회의 전문인력의 양성 등을 위하여 사업시행기관이 추진하는 다음 각 호의 사업을 지원할 수 있다.
1. 국제회의 전문인력의 교육·훈련
2. 국제회의 전문인력 교육과정의 개발·운영
3. 그 밖에 국제회의 전문인력의 교육·훈련과 관련하여 필요한 사업으로서 문화체육관광부령으로 정하는 사업

제11조(국제협력의 촉진) 문화체육관광부장관은 국제회의산업 육성기반의 조성과 관련된 국제협력을 촉진하기 위하여 사업시행기관이 추진하는 다음 각 호의 사업을 지원할 수 있다.
1. 국제회의 관련 국제협력을 위한 조사·연구
2. 국제회의 전문인력 및 정보의 교류
3. 외국의 국제회의 관련 기관·단체의 국내 유치
4. 그 밖에 국제회의의 육성기반의 조성에 관한 국

제4조(국제회의시설의 지원) 법 제9조제3호에서 "문화체육관광부령으로 정하는 사업"이란 국제회의시설의 국외 홍보활동을 말한다.

제5조(전문인력의 교육·훈련) 법 제10조제3호에서 "문화체육관광부령으로 정하는 사업"이란 국제회의 전문인력 양성을 위한 인턴사원제도 등 현장실습의 기회를 제공하는 사업을 말한다.

제6조(국제협력의 촉진) 법 제11조제4호에서 "문화체육관광부령으로 정하는 사업"이란 다음 각 호의 사업을 말한다.
1. 국제회의 관련 국제행사에의 참가
2. 외국의 국제회의 관련 기관·단체에의 인력 파견

279

제7조(전자국제회의 기반 구축) 법 제12조제2항제3호에서 "문화체육관광부령으로 정하는 사업"이란 전자국제회의 개최를 위한 국내외 기관 간의 협력사업을 말한다.

제8조(국제회의 정보의 유통 촉진) ① 법 제13조제2항제4호에서 "문화체육관광부령으로 정하는 사업"이란 국제회의 정보의 활용을 위한 자료의 발간 및 배포를 말한다.
② 문화체육관광부장관은 법 제13조제3항에 따라 국제회의 정보의 제출을 요청하거나, 국제회의 정보를 제공할 때에는 요청하려는 정보의 구체적인 내용 등을 적은 문서로서 하여야 한다.

체협력을 촉진하기 위하여 필요한 사업으로서 문화체육관광부령으로 정하는 사업

제12조(전자국제회의 기반의 확충) ① 정부는 전자국제회의 기반을 확충하기 위하여 필요한 시책을 강구하여야 한다.
② 문화체육관광부장관은 전자국제회의 기반의 구축을 촉진하기 위하여 사업시행기관이 추진하는 다음 각 호의 사업을 지원할 수 있다.
1. 인터넷 등 정보통신망을 통한 사이버 공간에서의 국제회의의 개최
2. 전자국제회의 개최를 위한 관리체제의 개발 및 운영
3. 그 밖에 전자국제회의 기반의 구축을 위하여 필요하다고 인정하는 사업으로서 문화체육관광부령으로 정하는 사업

제13조(국제회의 정보의 유통 촉진) ① 정부는 국제회의 정보의 원활한 공급·활용 및 유통을 촉진하기 위하여 필요한 시책을 강구하여야 한다.
② 문화체육관광부장관은 국제회의 정보의 공급·활용 및 유통을 촉진하기 위하여 사업시행기관이 추진하는 다음 각 호의 사업을 지원할 수 있다.
1. 국제회의 정보 및 통계의 수집·분석
2. 국제회의 정보의 가공 및 유통
3. 국제회의 정보망의 구축 및 운영
4. 그 밖에 국제회의 정보의 유통 촉진을 위하여 필요한 사업으로 문화체육관광부령으로 정하는 사업

280

제9조(국제회의도시의 지정신청) 법 제14조제1항에 따라 국제회의도시의 지정을 신청하려는 특별시장·광역시장 또는 시장은 다음 각 호의 내용을 적은 서류를 문화체육관광부장관에게 제출하여야 한다.

1. 국제회의시설의 보유 현황 및 이를 활용한 국제회의산업 육성에 관한 계획
2. 숙박시설·교통시설·교통안내체계 등 국제회의 참가자를 위한 편의시설의 현황 및 확충계획
3. 지정대상 도시 또는 그 주변의 관광자원의 현황 및 개발계획
4. 국제회의 유치·개최 실적 및 계획

제13조(국제회의도시의 지정기준) 법 제14조제1항에 따른 국제회의도시의 지정기준은 다음 각 호와 같다.

1. 지정대상 도시에 국제회의시설이 있고, 해당 특별시·광역시 또는 시에서 이를 활용한 국제회의산업 육성에 관한 계획을 수립하고 있을 것
2. 지정대상 도시에 숙박시설·교통시설·교통안내체계 등 국제회의 참가자를 위한 편의시설이 갖추어져 있을 것
3. 지정대상 도시 또는 그 주변에 풍부한 관광자원이 있을 것

제13조의2(국제회의복합지구의 지정 등) ① 법 제15조의2제1항에 따른 국제회의복합지구 지정 요건은 다음 각 호와 같다.

1. 국제회의복합지구 지정 대상 지역 내에 제3조에 따른 국제회의시설이 있을 것
2. 국제회의복합지구 지정 대상 지역 내에서 개최된 회의에 참가한 외국인이 국제회의복합지구 지정일이 속한 연도의 전년도 기준 5천명 이상이거나 국제회의복합지구 지정일이 속한 연도의 직전 3년간 평균 5천명 이상일 것
3. 국제회의복합지구 지정 대상 지역에 제4조 각 호의 어느 하나에 해당하는 시설이 1개 이상 있을 것
4. 국제회의복합지구 지정 대상 지역이나 그 인

③ 문화체육관광부장관은 국제회의 정보의 공급·활용 및 유통을 촉진하기 위하여 필요하면 문화체육관광부령으로 정하는 바에 따라 관계 행정기관과 국제회의 관련 기관·단체에 대하여 국제회의 정보의 제출을 요청하거나 국제회의 정보를 제공할 수 있다.

제14조(국제회의도시의 지정 등) ① 문화체육관광부장관은 대통령령으로 정하는 국제회의도시 지정기준에 맞는 특별시·광역시 및 시를 국제회의도시로 지정할 수 있다.

② 문화체육관광부장관은 국제회의도시를 지정하는 경우 지역 간의 균형적 발전을 고려하여야한다.

③ 문화체육관광부장관은 국제회의도시가 제1항에 따른 지정기준에 맞지 아니하게 된 경우에는 그 지정을 취소할 수 있다.

④ 문화체육관광부장관은 제1항과 제3항에 따른 국제회의도시의 지정 또는 지정취소를 한 경우에는 그 내용을 고시하여야 한다.

⑤ 제1항과 제3항에 따른 국제회의도시의 지정 및 지정취소 등에 필요한 사항은 대통령령으로 정한다.

제15조(국제회의도시의 지원) 문화체육관광부장관은 제14조제1항에 따라 지정된 국제회의도시에 대하여는 다음 각 호의 사업에 우선 지원할 수 있다.

1. 국제회의도시에서의 「관광진흥개발기금법」 제5조의 용도에 해당하는 사업

제15조의2(국제회의복합지구의 지정 등) ① 특별시장·광역시장·특별자치시장·도지사·특별자치도지사(이하 "시·도지사"라 한다)는 국제회의산업의 진흥을 위하여 필요한 경우에는 관할구역의 일정 지역을 국제회의복합지구로 지정할 수 있다.

② 시·도지사는 국제회의복합지구를 지정할 때에는 국제회의복합지구 육성·진흥계획을 수립하여 문화체육관광부장관의 승인을 받아야 한다. 대통령령으로 정하는 중요한 사항을 변경할 때에도 또한 같다.

③ 시·도지사는 제2항에 따른 국제회의복합지구 육성·진흥계획을 시행하여야 한다.

④ 시·도지사는 사업의 지연, 관리 부실 등의 사유로 지정목적을 달성할 수 없는 경우 국제회의복합지구 지정을 해제할 수 있다. 이 경우 문화체육관광부장관의 승인을 받아야 한다.

⑤ 시·도지사는 제3항 및 제2항에 따라 국제회의복합지구를 지정하거나 지정을 변경한 경우 또는 제4항에 따라 지정을 해제한 경우 대통령령으로 정하는 바에 따라 그 내용을 공고하여야 한다.

⑥ 제1항에 따라 지정된 국제회의복합지구는 「관광진흥법」 제70조에 따른 관광특구로 본다.

⑦ 제2항에 따른 국제회의복합지구 육성·진흥계획의 수립·시행, 국제회의복합지구 지정의 요

2. 제16조제2항 각 호의 어느 하나에 해당하는 사업

근 지역에 교통시설·교통안내체계 등 편의시설이 갖추어져 있을 것

② 국제회의복합지구의 지정 면적은 400만 제곱미터 이내로 한다.

③ 특별시장·광역시장·특별자치시장·도지사·특별자치도지사(이하 "시·도지사"라 한다)는 국제회의복합지구의 지정을 변경하려는 경우에는 다음 각 호의 사항을 고려하여야 한다.

1. 국제회의복합지구의 운영 실태
2. 국제회의복합지구의 토지이용 현황
3. 국제회의복합지구의 시설 설치 현황
4. 국제회의복합지구 및 인근 지역의 개발계획 현황

④ 시·도지사는 별 제15조의2제4항에 따라 국제회의복합지구의 지정을 해제하려면 미리 해당 국제회의복합지구의 명칭, 위치, 지정 해제 예정일 등을 20일 이상 해당 지방자치단체의 인터넷 홈페이지에 공고하여야 한다.

⑤ 시·도지사는 국제회의복합지구를 지정하거나 지정을 변경한 경우에 또는 국제회의복합지구의 지정을 해제한 경우에는 다음 각 호의 사항을 「신문 등의 진흥에 관한 법률」 제2조 제1호가목에 따른 일반일간신문 또는 해당 지방자치단체의 인터넷 홈페이지에 공고하고, 문화체육관광부장관에게 국제회의복합지구의 지정, 지정 변경 또는 지정 해제의 사실을 통보하여야 한다.

제9조의2(국제회의집적시설의 지정신청) 국제회의집적시설의 지정을 받으려는 자는 별 제15조의3제2항에 따라 별지 제2호서식의 지정신청서에 다음 각 호의 서류를 첨부하여 문화체육관광부장관에게 지정을 신청하여야 한다.

1. 지정 신청 당시 설치가 완료된 시설인 경우: 「국제회의산업 육성에 관한 법률 시행령」(이하 "영"이라 한다) 제4조 각 호의 어느 하나에 해당하는 시설에 해당하고 영 제13조의4제1항 각 호의 지정 요건을 갖추고 있음을 증명할 수 있는 서류

2. 지정 신청 당시 설치가 완료되지 아니한 시설이 경우: 설치가 완료되는 시점에는 영 제4조 각 호의 어느 하나에 해당하는 시설에 해당하고 영 제13조의4제1항 각 호의 지정 요건을 충족할 수 있음을 확인할 수 있는 서류

282

건 및 절차 등에 필요한 사항은 대통령령으로 정한다.

제15조의3(국제회의집적시설의 지정 등)
① 문화체육관광부장관은 국제회의복합지구에서 국제회의시설의 집적화 및 운영 활성화를 위하여 필요한 경우 시·도지사와 협의를 거쳐 국제회의집적시설을 지정할 수 있다.

② 제1항에 따른 국제회의집적시설로 지정을 받으려는 자(지방자치단체를 포함한다)는 문화체육관광부장관에게 지정을 신청하여야 한다.

③ 문화체육관광부장관은 국제회의집적시설이 지정요건에 미달하는 때에는 대통령령으로 정하는 바에 따라 그 지정을 해제할 수 있다.

④ 그 밖에 국제회의집적시설의 지정요건 및 지정신청 등에 필요한 사항은 대통령령으로 정한다.

제15조의4(부담금의 감면 등)
① 국가 및 지방자치단체는 국제회의복합지구 육성·진흥을 원활하게 시행하기 위하여 필요한 경우에는 국제회의복합지구의 국제회의시설 및 국제회의집적시설에 대하여 관련 법률에서 정하는 바에 따라 다음 각 호의 부담금을 감면할 수 있다.

1. 「개발이익 환수에 관한 법률」 제3조에 따른 개발부담금
2. 「산지관리법」 제19조에 따른 대체산림자원조성비
3. 「농지법」 제38조에 따른 농지보전부담금

---

1. 국제회의복합지구의 명칭
2. 국제회의복합지구를 표시한 행정구역도와 지적도면
3. 국제회의복합지구 육성·진흥계획의 개요(지정의 경우만 해당한다)
4. 국제회의복합지구 지정 변경 내용의 개요(지정 변경의 경우만 해당한다)
5. 국제회의복합지구 지정 해제 내용의 개요(지정 해제의 경우만 해당한다)

제13조의3(국제회의복합지구 육성·진흥계획의 수립 등)
① 법 제15조의2제2항 전단에 따른 국제회의복합지구 육성·진흥계획(이하 "국제회의복합지구 육성·진흥계획"이라 한다)에는 다음 각 호의 사항이 포함되어야 한다.

1. 국제회의복합지구의 명칭, 위치 및 면적
2. 국제회의복합지구의 지정 목적
3. 국제회의시설 설치 및 개선 계획
4. 국제회의집적시설의 조성 계획
5. 회의 참가자를 위한 편의시설의 설치·확충 계획
6. 해당 지역의 관광자원 조성·개발 계획
7. 국제회의복합지구 내 국제회의의 유치·개최 계획
8. 관할 지역 내의 국제회의업 및 전시사업자 육성 계획
9. 그 밖에 국제회의복합지구의 육성과 진흥을 위하여 필요한 사항

② 법 제15조의2제2항 후단에서 "대통령령으로 정하는 중요한 사항"이란 국제회의복합지구의 위치, 면적 또는 지정 목적을 말한다.

③ 시·도지사는 수립된 국제회의복합지구 육성·진흥계획에 대하여 5년마다 그 타당성을 검토하고 국제회의복합지구 육성·진흥계획의 변경 등 필요한 조치를 하여야 한다.

제13조의4(국제회의집적시설의 지정 등)

① 법 제15조의3제1항에 따른 국제회의집적시설의 지정요건은 다음 각 호와 같다.

1. 해당 시설(설치 예정인 시설을 포함한다. 이하 이 항에서 같다)이 국제회의복합지구 내에 있을 것
2. 해당 시설 내에 외국인 이용자를 위한 안내체계와 편의시설을 갖출 것
3. 해당 시설과 국제회의복합지구 내 전문회의시설 간의 업무제휴 협약이 체결되어 있을 것

② 국제회의집적시설의 지정을 받으려는 자는 법 제15조의3제2항에 따라 문화체육관광부령으로 정하는 지정신청서를 문화체육관광부장관에게 제출하여야 한다.

③ 국제회의집적시설 지정 신청 당시 설치가 완료되지 아니한 시설을 국제회의집적시설로 지정받은 자는 그 설치가 완료된 후 해당 시설이 제1항 각 호의 요건을 갖추었음을 증명할 수 있는 서류를 문화체육관광부장관에게 제출하여야 한다.

④ 문화체육관광부장관은 법 제15조의3제3항에

4. 「초지법」 제23조에 따른 대체초지조성비
5. 「도시교통정비 촉진법」 제36조에 따른 교통유발부담금

② 지방자치단체의 장은 국제회의복합지구의 육성·진흥을 위하여 필요한 경우 국제회의복합지구를 「국토의 계획 및 이용에 관한 법률」 제51조에 따른 지구단위계획구역으로 지정하고 같은 법 제52조제3항에 따라 용적률을 완화하여 적용할 수 있다.

제16조(재정 지원)

① 문화체육관광부장관은 이 법의 목적을 달성하기 위하여 「관광진흥개발기금법」 제2조제2항제3호에 따른 국외 여행자의 출국납부금 총액의 100분의 10에 해당하는 금액의 범위에서 국제의산업의 육성재원을 지원할 수 있다.

② 문화체육관광부장관은 제1항에 따른 금액의 범위에서 다음 각 호에 해당되는 사업에 필요한 비용의 전부 또는 일부를 지원할 수 있다.

1. 제5조제1항 및 제2항에 따라 지정·설치된 전담조직의 운영
2. 제7조제1항에 따른 국제회의 유치 또는 그 개최자에 대한 지원
3. 제8조제2항제2호부터 제5호까지의 규정에 따른 사업시행기관에서 실시하는 국제회의선업 육성기반 조성사업
4. 제10조부터 제13조까지의 각 호에 해당하는 사업

따라 국제회의집적시설의 지정을 해제하려면 미리 관할 시·도지사의 의견을 들어야 한다.

⑤ 문화체육관광부장관은 법 제15조의3제3항에 따라 국제회의집적시설을 지정하거나 같은 조 제3항에 따라 지정을 해제하려는 경우에는 관보, 「신문 등의 진흥에 관한 법률」 제2조제1호가목에 따른 일반일간신문 또는 문화체육관광부의 인터넷 홈페이지에 그 사실을 공고하여야 한다.

⑥ 제3항부터 제5항까지에서 규정한 사항 외에 설치 예정인 국제회의집적시설의 인정 범위 등 국제회의집적시설의 지정 및 해제에 필요한 사항은 문화체육관광부장관이 정하여 고시한다.

제14조(재정 지원 등) 법 제16조제2항에 따른 지원금은 해당 사업의 추진 상황 등을 고려하여 나누어 지급한다. 다만, 사업의 규모·착수시기 등을 고려하여 필요하다고 인정할 때에는 한꺼번에 지급할 수 있다.

제15조(지원금의 관리 및 회수) ① 법 제16조제2항에 따라 지원금을 받은 자는 그 지원금에 대하여 별도의 계정(計定)을 설치하여 관리하여야 하고, 그 사용실적을 사업이 끝난 후 1개월 이내에 문화체육관광부장관에게 보고하여야 한다.

② 법 제16조제2항에 따라 지원금을 받은 자가 법 제16조제2항 각 호에 따른 용도 외에 지원금을 사용하였을 때에는 그 지원금을 회수할 수 있다.

4의2. 제15조의2에 따라 지정된 국제회의복합지구 육성·진흥을 위한 사업

4의3. 제15조의3에 따라 지정된 국제회의집적시설에 대한 지원 사업

5. 그 밖에 국제회의산업의 육성을 위하여 필요한 사항으로서 대통령령으로 정하는 사업

③ 제2항에 따른 지원금의 교부에 필요한 사항은 대통령령으로 정한다.

④ 제2항에 따른 지원을 받으려는 자는 대통령령으로 정하는 바에 따라 문화체육관광부장관 또는 제18조에 따라 사업을 위탁받은 기관의 장에게 지원을 신청하여야 한다.

제17조(다른 법률과의 관계) ① 국제회의시설의 설치자가 국제회의시설에 대하여 「건축법」 제11조에 따른 건축허가를 받으면 같은 법 제11조제5항 각 호의 사항 외에 다음 각 호의 허가·인가 등을 받거나 신고를 한 것으로 본다.

1. 「하수도법」 제24조에 따른 시설이나 공작물 설치의 허가

2. 「수도법」 제52조에 따른 전용상수도 설치의 인가

3. 「화재예방, 소방시설 설치·유지 및 안전관리에 관한 법률」 제7조제1항에 따른 건축허가의 동의

4. 「폐기물관리법」 제29조제2항에 따른 폐기물 처리시설 설치의 승인 또는 신고

5. 「대기환경보전법」 제23조 「물환경보전법」 제33

제10조(인가·허가 등의 의제를 위한 서류 제출) 법 제17조제3항에서 "문화체육관광부령으로 정하는 관계 서류"란 법 제17조제1항 및 제2항에 따라 의제(擬制)되는 허가·인가·검사 등에 필요한 서류를 말한다.

조 및 「소음·진동관리법」 제8조에 따른 배출시설 설치의 허가 또는 신고

② 국제회의시설의 설치자가 국제회의시설에 대하여 「건축법」 제22조에 따른 사용승인을 받으면 같은 법 제22조제4항 후의 사항 외에 다음 각 호의 검사를 받거나 신고를 한 것으로 본다.

1. 「수도법」 제53조에 따른 전용상수도의 준공검사
2. 「소방시설공사업법」 제14조제1항에 따른 소방시설의 완공검사
3. 「폐기물관리법」 제29조제4항에 따른 폐기물 처리시설의 사용개시 신고
4. 「대기환경보전법」 제30조 및 「물환경보전법」 제37조에 따른 배출시설등의 가동개시(稼動開始) 신고

③ 제1항과 제2항에 따른 허가·인가·검사 등의 의제(擬制)를 받으려는 자는 해당 국제회의시설의 건축허가 및 사용승인을 신청할 때 문화체육관광부령으로 정하는 관계 서류를 함께 제출하여야 한다.

④ 특별자치도지사·시장·군수 또는 구청장(자치구의 구청장을 말한다)이 건축허가 및 사용승인 신청을 받은 경우 제1항과 제2항에 해당하는 사항이 다른 행정기관의 권한에 속하면 미리 그 행정기관의 장과 협의하여야 하며, 협의를 요청받은 행정기관의 장은 그 요청을 받은 날부터 15일 이내에 의견을 제출하여야 한다.

부 칙 <제87호, 2004.2.21>

이 규칙은 공포한 날부터 시행한다.

제16조(권한의 위탁) 문화체육관광부장관은 법 제18조제1항에 따라 법 제7조에 따른 국제회의의 유치·개최의 지원에 관한 업무를 법 제5조제1항에 따른 국제회의 전담조직에 위탁한다.

부 칙 <제19513호, 2006.6.12>

이 영은 공포한 날부터 시행한다.

제1조 (시행일) 이 영은 2006년 7월 1일부터 시행한다.

제2조 및 제3조 생략

제4조 (다른 법령의 개정) ① 내지 <56> 생략

<57> 국제회의산업 육성에 관한 법률시행령 일부를 다음과 같이 개정한다.

제4조제2항제1호중 "1급 공무원"을 "고위공무원단에 속하는 일반직공무원"으로 한다.

<58> 내지 <241> 생략

제18조(권한의 위탁)

① 문화체육관광부장관은 제7조에 따른 국제회의의 유치·개최의 지원에 관한 업무를 대통령령으로 정하는 바에 따라 법인이나 단체에 위탁할 수 있다.

② 문화체육관광부장관은 제1항에 따른 위탁을 한 경우에는 해당 법인이나 단체의 예산의 범위에서 필요한 경비(經費)를 보조할 수 있다.

부 칙 <제8743호, 2007.12.21>

이 법은 공포한 날부터 시행한다.

■ 국제회의산업 육성에 관한 법률 시행규칙 [별지 제1호서식]

국제회의 지원신청서

접수번호	접수일자		처리기간	30일

신청인	대표자 성명		생년월일	
	주소(대표자)		전화번호	
	단체명·상호		자본금	
	주소(단체)		전화번호	
	설립목적		설립연도	
	지원 요망사항			

「국제회의산업 육성에 관한 법률」 제7조제2항 및 같은 법 시행규칙 제2조에 따라 위와 같이 신청합니다.

년   월   일

신청인   (서명 또는 인)

국제회의 전담조직의 장   귀하

첨부서류	1. 국제회의 유치·개최 계획서(국제회의의 명칭, 목적, 기간, 장소, 참가자 수, 필요한 비용 등이 포함되어야 합니다) 1부 2. 국제회의 유치·개최 실적에 관한 서류(국제회의를 유치·개최한 실적이 있는 경우만 제출합니다) 1부 3. 지원을 받으려는 세부 내용을 적은 서류 1부	수수료 없음

처리절차

신청서 작성	→	접 수	→	검 토	→	결 정	→	통 보
신청인		국제회의 전담조직		국제회의 전담조직		국제회의 전담조직		신청인

210mm×297mm[백상지 80g/㎡(재활용품)]

288

■ 국제회의산업 육성에 관한 법률 시행규칙 [별지 제2호서식]

국제회의집적시설 지정신청서

※ [ ]에는 해당되는 곳에 √표를 합니다.

접수번호		접수일자	처리기간
신청인	기관 명칭		사업자등록번호
	주소		전화번호
	대표자 성명		생년월일
집적시설 위치	(주소) (해당 국제회의복합지구의 명칭 및 위치) (인근 전문회의시설의 명칭 및 해당 시설로부터의 거리)		
집적시설 종류	[ ] 숙박시설　　　　[ ] 판매시설　　　　[ ] 공연장		
집적시설 규모	(숙박시설)「관광진흥법」및 같은 법 시행령에 따른 세부 업종, 객실 수, 면적 표기		
	(판매시설)「유통산업발전법」별표에 따른 대규모점포 종류 및 면적 표기		
	(공 연 장)「공연법」에 따른 공연장 여부, 객석 수, 면적 표기		
전문회의시설과의 관계 및 편의시설 등	복합지구 내 전문회의시설과의 업무제휴 협약 내용		
	외국인 이용자를 위한 안내체계 및 편의시설 현황		

　「국제회의산업 육성에 관한 법률」제15조의3제2항 및 같은 법 시행령 제13조의4제2항에 따라 위와 같이 국제회의집적시설의 지정을 신청합니다.

년　　　월　　　일

신청인　　　　　　　　　　　　　(서명 또는 인)

문화체육관광부장관 귀하

첨부서류	1. 지정 신청 당시 설치가 완료된 시설인 경우:「국제회의산업 육성에 관한 법률 시행령」(이하 "영"이라 함) 제4조 각 호의 어느 하나에 해당하는 시설에 해당하고 영 제13조의4제1항 각 호의 지정 요건을 갖추고 있음을 증명할 수 있는 서류 2. 지정 신청 당시 설치가 완료되지 아니한 시설의 경우: 설치가 완료되는 시점에는 영 제4조 각 호의 어느 하나에 해당하는 시설에 해당하고 영 제13조의4제1항 각 호의 요건을 충족할 수 있음을 확인할 수 있는 서류	수수료 없음

처리절차

신 청	→	접 수	→	검 토	→	집적시설의 지정 및 공고	→	통 보
신청인		처 리 기 관 (문화체육관광부)		처 리 기 관 (문화체육관광부)		처 리 기 관 (문화체육관광부)		신청인

210mm×297mm[백상지(80g/㎡) 또는 중질지(80g/㎡)]

부 록

- 관광법규 예상문제
- 관광법규 기출문제
  (2016 ~ 2019)

관광법규 예상문제

1. 관광기본법은 언제 법률 몇 호로 제정 공포되었는가?
   ① 1975년 12월 31일 법률 제2878호
   ② 1976년 9월 4일 대통령령 제8238호
   ③ 1962년 4월 24일 법률 제1060호
   ④ 1975년 12월 31일 법률 제2877호
   ※참고 : ①항은 폐지된 관광사업법의 제정공포일

2. 관광기본법 제1조의 목적과 관계가 없는 것은?
   ① 국제친선의 증진　　　② 국민경제 및 국민복지의 향상
   ③ 관광진흥에 기여　　　④ 건전한 국민관광발전
   ※참고 : ③ 관광진흥법의 목적

3. 관광기본법 상 관광진흥 기본계획에 포함되어야 하는 사항이 아닌 것은?
   ① 관광진흥을 위한 기반 조성에 관한 사항
   ② 관광진흥에 관한 제도 개선에 관한 사항
   ③ 관광진흥개발기금 확보에 관한 사항
   ④ 국내외 관광 여건과 관광동향에 관한 사항

4. 어느 법에서 국민관광이라는 용어가 처음 생겼는가?
   ① 관광기본법　　　② 관광사업법
   ③ 관광진흥법　　　④ 관광사업진흥법

5. 관광기본법에 의해 관광진흥에 관한 기본적이고 종합적인 시책을 강구해야 하는 곳은 어디인가?
   ① 한국관광공사　　　② 정부
   ③ 한국관광협회　　　④ 지방자치단체

6. 관광진흥에 관한 기본계획은 매 5년마다 수립·시행하여야 한다. 어디에서 수립하는가?
   ① 문화체육관광부　　　② 국무회의
   ③ 정부　　　④ 한국관광공사

7. 매년 관광진흥에 관한 연차보고서를 정기국회 개시 전에 국회에 제출하는 부서는?
   ① 정부   ② 관광정책심의위원회
   ③ 문화체육관광부   ④ 한국관광공사

8. 정부가 외국관광객의 유치를 촉진하기 위하여 강구해야 할 사항과 거리가 먼 것은?
   ① 출입국절차의 개선   ② 필요한 시책
   ③ 관광단지 지정   ④ 해외선전의 강화

9. 정부가 강구할 시책이 아닌 것은?
   ① 관광객이 이용할 숙박, 교통, 휴식시설 등의 개선 및 확충
   ② 관광자원의 보호와 개발
   ③ 관광종사자의 자질향상을 위한 교육훈련
   ④ 관광사업의 자율화

10. 관광진흥에 관한 기본적이고 종합적인 시책을 실시하기 위하여 법제상, 재정상, 기타 필요한 행정상의 조치를 강구하여야 하는 곳은?
    ① 정부   ② 국가   ③ 문화체육관광부   ④ 관광정책심의위원회

11. 관광편의 시설업의 종류에 해당하는 것은?
    ① 종합휴양업   ② 외국인관광 도시민박업
    ③ 관광유람선업   ④ 관광궤도업

12. 관광객 이용시설업의 설명 중 틀린 사항은?
    ① 전문휴양업 : 숙박업 시설이나 휴게음식점업·일반음식점 등 영업의 신고에 필요한 시설을 갖추고 전문휴양시설 중 1종류의 시설을 갖추어 이를 관광객에게 이용하게 하는 업
    ② 전문휴양업 : 숙박 또는 음식 시설을 갖추고 전문휴양시설 중 2종류의 시설을 갖추고 이를 관광객에게 이용하게 하는 업
    ③ 제1종종합휴양업 : 숙박업시설 또는 음식점시설을 갖추고 전문휴양시설 중 2종류 이상의 시설을 갖추거나 또는 전문휴양시설 중 1종류 이상의 시설과 종합유원시설업의 시설을 갖추어 관광객에게 이용하게 하는 업
    ④ 제2종종합휴양업 : 관광숙박업 등록에 필요한 시설과 전문휴양시설 중 2종류 이상의 시설 또는 전문휴양시설 중 1종류 이상의 시설과 종합유원시설업의 시설을 함께 갖추어 이를 관광객에게 이용하게 하는 업

13. 관광사업자가 아닌 자가 상호를 사용할 수 없는 범위와 거리가 먼 것은?
    ① 관광극장유흥업과 유사한 영업의 경우 관광극장
    ② 관광유람선업과 유사한 영업의 경우 관광유람
    ③ 외국인전용관광기념품 판매업과 유사한 영업의 경우 관광기념품
    ④ 관광유흥음식점업·외국인전용 유흥음식점 또는 관광식당업과 유사한 영업의 경우 관광식당

14. 관광진흥법 상 직전사업년도 매출액이 100억원 이상 1,000억원 미만의 일반여행업에 등록된 여행사가 기획여행을 실시할 경우 보증보험 등에 가입하거나 영업보증금을 예치해야 하는 금액은 모두 얼마인가?
    ① 5억원   ② 10억원
    ③ 15억 1천만원   ④ 15억원

15. 여행업자가 여행자에게 여행계약서를 교부하지 아니한 때 행정처분내용과 다른 것은?
    ① 1차 : 시정명령   ② 2차 : 사업정지 10일
    ③ 3차 : 사업정지 20일   ④ 4차 : 사업정지 30일

16. 유원시설업자가 안전관리자를 상시배치하지 아니한 때의 행정처분기준과 다른 내용은?
    ① 1차 : 시정명령   ② 2차 : 사업정지 10일
    ③ 3차 : 사업정지 20일   ④ 4차 : 취소

17. 여행업자가 고의로 여행계약을 위반한 때의 과징금 금액은 얼마인가?
    ① 일반여행업자 : 800만원, 국외여행업자 : 400만원, 국내여행업자 : 200만원
    ② 일반여행업자 : 400만원, 국외여행업자 : 200만원
    ③ 일반여행업자 : 1,200만원, 국외여행업자 : 1,000만원, 국내여행업자 : 800만원
    ④ 일반여행업자 : 1,000만원, 국외여행업자 : 800만원, 국내여행업자 : 600만원

18. 관광진흥법은 언제 제정 공포되었나?
    ① 1961년 8월 22일   ② 1975년 12월 31일
    ③ 1986년 12월 31일   ④ 1962년 4월 24일

19. 관광진흥법의 목적과 거리가 먼 것은?
    ① 관광사업의 지도 및 육성을 도모함
    ② 관광여건을 조성하여 관광진흥에 기여함

③ 관광자원을 개발하기 위함

④ 관광사업자에게 사업자금을 대여하기 위함

20. 다음 중 관광진흥법상 용어의 정의가 틀리게 된 것은 어느 것인가?

① "관광단지"란 관광객의 다양한 관광 및 휴양을 위하여 각종 관광시설을 종합적으로 개발하는 관광거점 지역으로서 이 법에 의하여 지정된 곳을 말한다.

② "관광지"란 자연적 또는 문화적 관광자원을 갖추고 관광객을 위한 기본적인 편의시설을 설치하는 지역으로서 관광객이 많이 오는 곳을 말한다.

③ "공유자"란 단독 소유 또는 공유의 형식으로 관광사업의 일부 시설을 관광사업자로부터 분양 받은 자를 말한다.

④ "지원시설"이란 관광지 또는 관광단지의 관리·운영 및 기능 활성화에 필요한 관광지 및 관광단지 안팎의 시설을 말한다.

21. 다음 중 관광진흥법상 용어의 정의를 규정하고 있지 않은 내용은?

① 기획여행   ② 문화관광해설사

③ 조성계획   ④ 관광종사원

※참고 : 그밖에 관광사업자, 지원시설, 관광지, 관광단지, 관광특구, 관광사업, 민간개발자, 회원, 공유자 등 용어의 정의가 규정되어 있다.

22. 관광진흥법상 관광사업자의 정의와 관계가 깊은 것은?

① 이 법의 규정에 의하여 관광사업의 등록·지정 또는 허가를 받거나 신고를 한 자

② 관광사업법상 등록을 한 자는 관광사업자가 될 수 없다.

③ 관광사업을 경영하는 조건이 구비된 자

④ 관광객을 위하여 사업을 하는 모든 자

23. 다음 중 관광사업의 종류에 해당되지 않는 것은?

① 유원시설업   ② 관광교통업

③ 관광숙박업   ④ 관광객 이용시설업

※ 참고 : 여행업, 국제회의업, 카지노업, 관광편의시설업 등이 추가됨

24. 관광진흥법은 전문 몇 장 몇 조로 구성되었나?

① 전문 8장 66조 부칙   ② 전문 7장 66조 부칙

③ 전문 7장 81조 부칙   ④ 전문 7장 86조 부칙

※참고 : ①은 관광사업법의 구성내용임

25. 여행업의 업무로 볼 수 없는 것은?
    ① 여행자를 위한 숙박시설과 운송시설을 알선한다.
    ② 자기가 경영하는 숙박시설이나 운송시설을 관광객에게 알선한다.
    ③ 여행의 편의를 제공한다.
    ④ 사증을 받는 절차를 대행한다.

26. 관광사업을 경영하고자 하는 자는?
    ① 신고, 승인 받는다   ② 인가, 허가를 받으면 된다
    ③ 면허, 인가를 받는다   ④ 등록, 허가, 지정, 신고한다

27. 여행업의 종류에 해당되지 않는 것은?
    ① 여행대리점업   ② 일반여행업
    ③ 국외여행업   ④ 국내여행업
    ※참고 : 여행대리점업은 관광사업법에서의 여행알선업의 종류임

28. 일반여행업의 업무내용을 맞게 설명한 것은?
    ① 국내를 여행하는 내국인을 대상으로 하는 여행업
    ② 국외를 여행하는 내국인을 대상으로 하는 여행업
    ③ 국내 또는 국외를 여행하는 내국인 및 외국인을 대상으로 하는 여행업
    ④ 위의 여행업의 업무를 대리하는 행위만 하는 업

29. 호텔업의 종류가 아닌 것은?
    ① 한국전통호텔업   ② 호스텔업
    ③ 수상관광호텔업   ④ 휴양콘도미니엄업

30. 관광객 이용시설업의 종류에 해당되지 않는 것은?
    ① 전문휴양업   ② 관광지원서비스업
    ③ 관광유람선업   ④ 자동차 야영장업

31. 관광편의시설업으로 지정을 받을 수 있는 사업이 아닌 것은?
    ① 관광공연장업   ② 외국인 전용 유흥음식점업
    ③ 관광면세업   ④ 관광펜션업

32. 다음 중 특별자치시장 · 특별자치도지사 · 시장 · 군수 · 구청장에게 등록할 수 없는 사업은?
    ① 일반여행업   ② 종합유원시설업
    ③ 특급관광호텔   ④ 국제회의업

33. 다음 중 유원시설업의 종류가 아닌 것은?
   ① 종합유원시설업
   ② 전문유원시실업
   ③ 일반유원시설업
   ④ 기타유원시설업

34. 관광사업을 경영하고자 하는 자의 등록사항 중 변경 등록을 하지 않아도 되는 사항은 다음 중 어느 것인가?
   ① 사업계획 변경 승인을 얻은 사항
   ② 부대시설의 위치·면적 및 종류의 변경
   ③ 임원의 변경
   ④ 호텔업의 객실수 및 형태의 변경

35. 관광사업의 등록을 한 자가 등록사항을 변경하고자 할 때에 그 변경 사유가 발생한 날로부터 며칠 내에 변경등록 신청을 하여야 하는가?
   ① 30일   ② 15일   ③ 10일   ④ 45일

36. 관광숙박업의 사업계획 변경에 관한 승인을 얻지 않아도 되는 경우는?
   ① 부지 및 대지면적의 변경으로서 그 변경 하고자 하는 연면적이 당초 승인 얻은 계획면적이 100분의 10 이상이 되는 경우
   ② 객실수 또는 객실 면적을 변경하고자 하는 경우(휴양콘도에 한한다)
   ③ 변경하고자 하는 업종의 등록기준에 적합한 경우로서 호텔업과 휴양 콘도 미니업간 또는 호텔업의 종류간의 업종 변경
   ④ 부대시설의 위치, 면적 및 일반 음식점업 종류의 변경

37. 유원시설업에 관한 내용 중 거리가 먼 것은?
   ① 유원시설업을 경영코자하면 허가를 받아야 한다.
   ② 유원시설업은 신고를 해야한다.
   ③ 유원시설업은 지정을 받아야 한다.
   ④ 유원시설업자는 유기시설 또는 유기기구의 안정성 검사를 받아야 한다.

38. 다음 중 등록 등 또는 사업계획 승인 취소하거나 6월 이내의 기간을 정하여 그 사업의 전부 또는 일부의 정지를 명하거나 시설 운영의 개선을 명할 수 있는 경우와 거리가 먼 것은?
   ① 사업계획 승인 얻은 자가 정당한 사유 없이 기간 내에 착공 또는 준공을 하지 아니한 때
   ② 유원시설 등의 관리를 소홀히 한 경우
   ③ 고의로 여행계약을 위반한 때
   ④ 관광사업의 부대시설을 타인으로 하여금 경영하게 한 때

39. 관할 등록기관 등의 장과 관계없는 내용은?
　① 관할 등록기관 등의 장은 허가 또는 신고 없이 영업을 하거나 허가의 취소 또는 사업의 정지명령을 받고 계속하여 영업을 하는 때에는 관계기관에 고발을 해야한다.
　② 관할 등록기관 등의 장은 관광사업에 사용할 것을 조건으로 관세의 감면을 받은 물품을 보유하고 있는 관광사업자로부터 그 물품의 수입 면허를 받은 날부터 5년 이내에 당해 사업의 양도, 폐업의 신고 또는 통보를 받거나 등록 등의 취소를 할 때에는 관할세관장에게 그 사실을 즉시 통보하여야한다.
　③ 관할 등록기관의 장은 관광사업자에 대하여 등록 등을 취소하거나 사업의 전부 또는 일부의 정지를 명할 때 소관행정기관의 장에게 그 사실을 통보할 수 있다.
　④ 소관행정기관의 장이 관광사업자에 대하여 그 사업의 정지, 취소, 또는 시설의 이용을 금지, 제한하고자 하는 때에는 미리 관할 등록기관의 장과 협의해야 한다.

40. 다음 중 조건부 영업허가 기간이 잘못된 것은?
　① 종합 유원시설업 5년　　　② 카지노업 1년
　③ 일반 유원시설업 3년　　　④ 기타 유원시설업 1년

41. 등록 전 당해사업에 대한 사업계획을 작성하고 승인을 얻지 않아도 되는 관광사업은 다음 중 어느 것인가?
　① 국제회의 기획업　　　　② 관광객 이용시설업 중 종합휴양업
　③ 국제회의 시설업　　　　④ 전문휴양업

42. 등록기관의장은 사업계획의 승인을 얻은 자가 결격사유에 해당하게 된 때에는 어떠한 조치를 할 수 있나?
　① 재승인을 요구할 수 있다.　　② 승인을 취소할 수 있다.
　③ 등록을 거부할 수 있다.　　　④ 시정명령을 내릴 수 있다.

43. 다음 중 관광사업의 사업계획 승인기준에 적합하지 않은 것은?
　① 사업계획의 시행에 필요한 자금의 조달능력 및 방안이 있을 것
　② 사업계획 내용이 관계법령의 규정에 적합할 것
　③ 일반주거지역 및 준주거지역 안에서는 주거환경보호를 위해 일정한 제한이 있다.
　④ 등록기준에 맞아야 한다.

44. 다음 중 관광사업자가 될 수 없는 경우가 아닌 것은?
    ① 피성년후견인, 피한정후견인
    ② 파산자로서 복권되지 아니한 자
    ③ 이 법에 의하여 등록, 지정 또는 사업계획의 승인이 취소된 후 2년이 경과된 자
    ④ 이 법을 위반하여 징역 이상의 형을 선고받고 그 집행이 종료되거나 집행을 받지 아니하기로 확정된 후 1년이 경과된 자
    ※참고 : 2년이 경과되지 아니한 자는 관광사업자가 될 수 없다.

45. 관광숙박업 및 관광객이용시설업 등록심의위원회의 위원장과 부위원장의 연결이 맞는 것은?
    ① 문화체육관광부장관 … 문화체육관광부차관
    ② 특별시장, 광역시장, 도지사 … 특별시 및 광역시의 부시장, 부지사
    ③ 부시장, 부군수, 부구청장 … 위원 중에서 위원장이 지정
    ④ 시장, 군수, 구청장 … 부시장, 부군수, 부구청장

46. 관광숙박업 및 관광객 이용시설업 등록심의위원회의 구성은 몇 명인가?
    ① 위원장, 부위원장 각 1인 및 10인 이내의 위원
    ② 위원장, 부위원장 및 10인 이상의 위원
    ③ 위원장, 부위원장 각 1인 포함 10인 이상의 위원
    ④ 위원장, 부위원장 각 1인 포함 10인 이내의 위원

47. 관광사업자 중 등록 전에 등록심의위원회의 심의를 거치지 않아도 되는 사업자는 누구인가?
    ① 국제회의 시설업   ② 관광공연장업
    ③ 관광유람선업   ④ 전문휴양업

48. 관광숙박업 및 관광객 이용시설업자가 심의위원회 심의를 거쳐 등록을 한 경우 소관관청의 허가, 면허, 인가, 승인, 지정 및 신고한 것으로 볼 수 없는 사업은 어느 것인가?
    ① 식품위생법에 의한 사업   ② 주세법에 의한 사업
    ③ 유통산업발전법   ④ 공중위생관리법에 의한 사업
    ※참고 : 외국환거래법, 담배전매법, 학교보건법, 체육시설 설치 이용에 관한 법률, 해사안전법, 의료법 등에 의한 관계사업에 관하여는 소관 관청의 허가, 면허, 인가, 승인, 지정 및 신고한 것으로 본다.

49. 관광숙박업 등록 후 호텔 내에 식당을 경영코자 할 경우?
    ① 소관 관청에 허가 또는 신고한 것으로 본다.
    ② 소관 관청에 허가 또는 신고를 하여야 한다.
    ③ 관광진흥법에 의해 문화체육관광부장관의 허가 또는 신고를 받아야 한다.
    ④ 문화체육관광부장관에게 별도의 승인을 얻어야 한다.

50. 일반야영장업의 등록기준과 거리가 먼 것은?
    ① 야영장 천막을 칠 수 있는 공간은 천막 1개당 15㎡ 이상 확보할 것
    ② 야영에 불편이 없도록 하수도시설 및 화장실을 갖출 것
    ③ 차량 1대당 50㎡ 이상의 야영 공간을 확보할 것
    ④ 긴급상황 발생 시 이용객을 이송할 수 있는 차로를 확보할 것

51. 호텔업 종류 중 등급 결정을 하지 않아도 되는 호텔은?
    ① 호스텔업   ② 관광호텔업
    ③ 한국전통호텔업   ④ 수상관광호텔업

52. 관광사업자의 표식의 부착, 타인 경영금지에 관한 사항 중 틀린 것은?
    ① 관광사업자는 관광사업의 시설 중 문화체육관광부령이 정하는 시설을 제외한 부대시설에 대하여는 타인으로 하여금 경영하게 할 수 있다.
    ② 관광사업자는 사업장마다 보기 쉬운 곳에 문화체육관광부령이 정하는 관광 표식을 붙일 수 있다.
    ③ 관광사업자가 아닌 자는 관광이라는 유사상호를 사용치 못한다.
    ④ 관광사업자는 부대시설을 타인에게 처분할 수 없다.

53. 관광사업의 양수 또는 합병에 관한 규정 중 틀린 사항은 어느 것인가?
    ① 관광사업을 양수하고자 하는 자는 등록기관의 장에게 신고해야 한다.
    ② 관광사업을 경영하는 법인을 합병코자 할 때는 등록기관 장에게 신고해야 한다.
    ③ 관광사업자가 그 사업의 전부 또는 일부를 휴업 또는 폐업할 때에는 관할 등록기관의 장에게 신고해야 한다.
    ④ 경매, 파산법 등에 의한 사업을 인수한 자는 지위를 승계하며 1월 이내에 등록기관의 장에게 신고하여야 한다.

54. 관광사업자가 휴업 또는 폐업하고자 하는 경우 언제 알려야 하나?
    ① 휴업 또는 폐업일 30일 전에

② 휴업 또는 폐업일부터 30일 이내에

③ 휴업 또는 폐업일부터 10일 이내에

④ 휴업 또는 폐업일부터 7일 이내에

55. 관광사업 중 그 손해를 변상할 것을 내용으로 하는 영업보증보험 또는 공제에 가입하여야 하는 사업은?

① 관광숙박업　　　　　　　　② 관광객이용시설업

③ 여행업　　　　　　　　　　④ 국제회의업

56. 관세의 감면을 받은 물품을 보유하고 있는 관광사업자가 5년 이내에 사업을 양도·폐업·등록취소 등을 할 때 관할등록기관의 장은 누구에게 통보하여야 하나?

① 기획재정부장관　　　　　　② 관할세관장

③ 관세청장　　　　　　　　　④ 국무총리

57. 관할등록기관의 장이 사업정지에 갈음하여 과징금을 부과할 수 있는 최고금액은 얼마까지인가?

① 200만원　　　　　　　　　② 300만원

③ 2,000만원　　　　　　　　④ 1,000만원

※참고 : 2,000만원을 초과할 수 없다.

58. 과징금 징수에 관한 내용 중 잘못된 사항은?

① 사업자의 사업규모, 사업지역의 특수성과 위반행위의 정도 및 회수 등을 참작하여 과징금의 금액의 2분의 1 범위 안에서 가중 또는 경감할 수 있다.

② 과징금을 부과할 때에는 위반행위의 종별과 해당 과징금의 금액을 서면으로 명시하여 통지하여야 한다.

③ 과징금 납부는 등록관청이 정하는 수납기관에 납부통지일부터 20일 이내에 납부하여야 한다.

④ 과징금은 이를 2회 분할하여 납부할 수 있다.

59. 관광진흥법령상 여행이용권 업무의 전담기관이 수행하는 업무가 아닌 것은?

① 여행이용권의 발급 및 판매에 관한 사항

② 여행이용권 관련 통계의 작성 및 관리

③ 여행이용권 이용 활성화를 위한 조사·연구·교육 및 홍보

④ 여행이용권 이용자의 편의제고를 위한 사업

60. 과징금의 체납자에 대한 징수는 어느 법의 예에 따라 징수하나?
    ① 관광진흥법
    ② 관광기본법
    ③ 민사소송법
    ④ 국세징수법

61. 다음 중 관광과 관련된 국제기구와 협력관계를 증진키 위해 문화체육관광부장관이 필요한 사항을 권고, 조정할 수 있는 것과 무관한 사항은?
    ① 관광사업자
    ② 관광종사원
    ③ 관광사업자단체
    ④ 한국관광공사

62. 다음 중 관광홍보에 관한 내용 중 틀린 사항은?
    ① 문화체육관광부장관은 국내외 관광홍보 활동을 조정하거나 관광선전물의 심사 기타 필요한 사항을 지원할 수 있다.
    ② 문화체육관광부장관은 관광사업자, 관광사업자단체 또는 한국관광공사 등에 필요한 사항을 권고·조정할 수 있다.
    ③ 한국관광공사에 관광홍보 협의회를 둔다.
    ④ 문화체육관광부장관은 관광사업자 등에게 관광홍보물 제작, 관광안내소의 운영 등을 권고·지도할 수 있다.

63. 문화체육관광부장관 및 지방자치단체의 장이 관광객의 유치, 관광복지의 증진 및 관광진흥을 위하여 사업을 추진할 수 있는 내용이 아닌 것은?
    ① 문화, 체육, 레저 및 산업시설 등의 관광자원화 사업
    ② 관광상품의 생산에 관한 사업
    ③ 해양관광의 개발사업 및 자연생태의 관광자원화사업
    ④ 국민의 관광복지 증진에 관한 사업

64. 관광개발 기본계획에 포함되지 않는 사항은?
    ① 전국의 관광여건 및 동향에 관한 사항
    ② 전국의 관광수요 및 공급에 관한 사항
    ③ 관광권역의 설정에 관한 사항
    ④ 관광자원의 보호·개발·이용·관리 등에 관한 종합적인 사항

65. 관광지 및 관광단지는 누가 지정하나?
    ① 시·도지사
    ② 문화체육관광부장관
    ③ 한국관광공사사장
    ④ 국토교통부장관

66. 관광지, 관광단지, 관광특구, 관광시설 등 관광자원을 안내, 홍보하는 내용의 옥외광고물을 설치할 수 있는 내용이 아닌 것은?
   ① 관광사업자 단체
   ② 관광사업자
   ③ 관광지, 관광단지 조성계획 승인을 얻은 자
   ④ 지방자치단체의 장

67. 종사원의 자격을 취소하거나 6월 이내의 기간을 정하여 자격을 정지할 수 있는 경우가 아닌 것은?
   ① 거짓이나 기타 부정한 방법으로 자격을 취득한 때
   ② 결격사유에 해당됐을 때
   ③ 관광종사원으로서 직무를 수행함에 있어서 부정 또는 비위사실이 있는 때
   ④ 여행계약을 위반했을 때

68. 분양 또는 회원모집을 한자가 공유자, 회원의 권익보호를 위하여 지켜야 할 사항과 거리가 먼 것은?
   ① 공유자, 회원의 대표기구 구성
   ② 회원증의 발급 및 확인
   ③ 시설의 유지, 관리에 필요한 비용의 징수
   ④ 공유지분 또는 회원자격의 양도, 양수금지

69. 카지노의 허가를 받을 수 있는 경우는?
   ① 19세 미만의 자
   ② 금고 이상의 형을 받고 그 집행이 종료되거나 집행을 받지 아니하기로 확정된 후 2년이 경과된 자
   ③ 금고 이상의 형의 선고 유예를 받고 그 유예기간 중에 있는 자
   ④ 금고 이상의 형의 집행유예 선고를 받고 그 유예기간 중에 있는 자

70. 다음 중 카지노 사업자의 준수사항과 거리가 먼 것은?
   ① 법령에 위반되는 카지노기구를 설치하거나 사용하는 행위
   ② 허가받은 전용영업장 외에서 영업을 하는 행위
   ③ 내국인을 입장하게 하는 행위
   ④ 미성년자를 입장하게 하는 행위

71. 카지노업에 관한 설명 중 잘못된 것은?
    ① 사업자는 영업종류별 영업방법 및 배당금 등에 관하여 문화체육관광부장
       관에게 미리 신고하여야 한다.
    ② 카지노영업소에 입장할 수 있는 자는 외국인만 가능하다.
    ③ 카지노사업자는 총매출액의 100분의 10의 범위 안에서 일정비율에 상당하는
       금액을 관광진흥개발 기금법에 의한 관광진흥 개발기금에 납부해야 한다.
    ④ 문화체육관광부장관은 과도한 사행심 유발의 방지 기타 공익상 필요하다고 인
       정하는 경우에는 카지노 사업자에 대하여 필요한 지도와 명령을 할 수 있다.

72. 분양 및 회원모집을 할 수 있는 관광사업의 종류가 아닌 것은?
    ① 휴양콘도미니엄   ② 2종종합휴양업
    ③ 전문휴양업   ④ 관광호텔

73. 다음 중 분양 또는 회원모집 요건 및 시기와 거리가 먼 내용은?
    ① 부동산의 소유권 또는 사용권을 확보할 것
    ② 분양 인원은 한 개의 객실당 5인 이상으로 한다.
    ③ 분양 받은 자 또는 회원에게 피해를 주는 경우 그 손해를 배상할 것을 내용으
       로 하는 저당권 설정 금액에 해당하는 보증보험에 가입해도 된다.
    ④ 호텔업인 경우 사업계획 승인 받은 후부터 회원모집을 할 수 있다.

74. 다음 중 카지노업을 허가할 수 없는 경우는?
    ① 국제회의시설업의 부대시설
    ② 외국간 왕래하는 5,000톤급 이상 여객선
    ③ 관광특구 안의 최상등급 호텔
    ④ 국제여객선 터미널이 있는 시ㆍ도 안의 최상등급 호텔

75. 카지노 사업자에 대한 신규허가제한 내용과 거리가 먼 것은?
    ① 외래 관광객이 60만명 이상 증가한 경우에 한한다.
    ② 60만명당 3개사업자 이하의 범위 안에서 허가 할 수 있다.
    ③ 카지노 이용객의 증가추세나 외래관광객이 증가추세를 고려해야 한다.
    ④ 미리 세부허가기준이나 허가 가능업체수 등 공고해야 한다.

76. 카지노사업자의 관광진흥개발기금 징수비율과 관계없는 것은?
    ① 연간 총매출액이 10억원 이하인 경우 : 총매출액이 100분의 1

② 연간 총매출액이 10억원 초과 100억원 이하인 경우 : 1천만원 + 총매출액 중 10억원을 초과하는 금액의 100분의 5

③ 연간 총매출액이 100억원을 초과하는 경우 : 4억 6천만원 + 총매출액 중 100억원을 초과하는 금액의 100분의 10

④ 연간 총매출액이 50억원 초과 75억원 이하인 경우 : 1억원 + 50억원을 초과하는 금액의 100분의 5

77. 이용자 분담금 및 원인자 부담금에 관한 규정과 거리가 먼 내용은?

① 사업시행자는 지원시설의 건설비용의 전부 또는 일부를 그 이용자에게 분담하게 할 수 있다.

② 지원시설 건설의 원인이 되는 공사 또는 행위가 있는 경우에는 비용을 부담하여야 할 자에게 그 비용의 전부 또는 일부를 부담하게 할 수 있다.

③ 관광지 등 안에 있는 공동시설의 유지 관리 및 보수에 소요되는 비용의 전부 또는 일부를 관광지 등에서 사업을 경영하는 자에게 분담하게 할 수 있다.

④ 이용자 분담금 및 원인자 부담금은 시도지사가 징수한다.

78. 관광특구진흥계획은 몇 년마다 타당성 여부를 검토해야 하나?

① 매 5년   ② 매 3년
③ 매 10년   ④ 매 2년

79. 관광사업자에 대한 등록등의 취소나 6개월 이내의 사업정지를 명할 수 있는 내용과 거리가 먼 것은?

① 등록을 하지 않은 자에게 국외여행을 인솔하게 한 경우

② 고의로 여행계약을 위반한 경우

③ 보험, 공제 등에 가입하지 아니한 경우

④ 여행 계약서를 여행자에게 내주지 아니한 경우

80. 보조금의 지급과 관계없는 내용은?

① 지방자치단체도 관광사업자단체 또는 관광사업자에게 보조금을 지급할 수 있다.

② 보조금은 사업개시 전에 지급함을 원칙으로 한다.

③ 보조사업자가 사업계획을 변경 또는 폐지하거나 그 사업을 중지하고자 할 때에는 문화체육관광부장관의 승인을 얻어야 한다.

④ 보조사업자는 보조금의 지급조건에 위반했을 때 보조금의 지급정지 또는 이미 지급한 보조금의 전부 또는 일부를 반환해야 한다.

81. 카지노 사업자에게 2년 이하의 징역이나 2천만원 이하의 벌금에 처할 수 없는 내용은?
   ① 지위승계 신고를 하지 아니하고 영업을 한 자
   ② 부대시설을 제외한 시설을 타인으로 하여금 경영하게 한 자
   ③ 관광사업의 경영 또는 사업계획을 추진함에 있어서 뇌물을 주고받은 경우
   ④ 정당한 사유 없이 그 년도 안에 60일 이상 휴업하는 경우

82. 관광사업자가 관광사업체를 양도·양수 시에 양도 전에 발생한 행정적 처분의 책임은 누가 지는가?
   ① 양도인   ② 양수인
   ③ 양도인·양수인 합의하여   ④ 누구에게도 책임이 없다.

83. 과태료는 누가 부과, 징수하는가?
   ① 문화체육관광부장관   ② 관할법원
   ③ 등록기관등의장   ④ 시·도지사

84. 관광협회의 공제사업과 관련된 내용 중 거리가 먼 것은?
   ① 공제사업의 허가를 받고자 할 때에는 공제규정을 첨부하여 문화체육관광부장관에게 신청해야 한다.
   ② 공제규정에는 사업의 실시방법·공제계약·공제분담금 및 책임 준비금의 산출방법에 관한 사항이 포함되어야 한다.
   ③ 공제규정을 변경하고자 할 때에는 승인을 안 받아도 된다.
   ④ 공제사업에 관한 회계는 다른 사업에 관한 회계와 구분하여 경리하여야 한다.

85. 카지노 사업자의 관광진흥개발기금에의 납부금과 관련된 내용으로 거리가 먼 것은?
   ① 총매출액은 카지노영업과 관련하여 고객으로부터 수입한 총금액에서 고객에게 지불한 총금액을 공제한 금액이다.
   ② 연간 총매출액이 10억 이하인 경우는 총매출액의 100분의 1을 납부하면 된다.
   ③ 납부금은 4회 분할하여 납부할 수 있다.
   ④ 매년 3월말까지 공인회계사의 감사보고서가 첨부된 전년도의 재무제표를 문화체육관광부장관에게 제출하여야 한다.

86. 조성계획을 승인한 후 그 내용에 변경 승인을 받거나 관계 행정기관의 장과 협의해야 되는 경우는?
    ① 관광시설 계획 면적의 100분의 30 이내의 변경
    ② 관광시설 계획 중 시설지구별 토지 이용 계획 면적의 100분의 30 이내의 변경
    ③ 시설지구별 토지이용계획 면적이 2,200㎡ 미만인 경우는 660㎡ 이내 변경
    ④ 관광시설 계획 중 시설지구별 건축 연면적의 100분의 30 이내의 변경

87. 수수료를 납부해야 하는 경우가 아닌 것은?
    ① 관광사업자의 지위 승계를 신고하는 자
    ② 관광숙박업의 등급 결정을 신청하는 자
    ③ 유원시설업의 허가 또는 신고하는 자
    ④ 관광편의시설업의 변경지정을 받고자 하는 자

88. 다음 편의시설업 중 지정 및 지정취소 권한을 특별자치도지사·시장·군수· 구청장이 가지고 있는 사업은?
    ① 관광순환버스업   ② 관광식당업
    ③ 관광사진업   ④ 여객자동차 터미널 시설업

89. 다음 사항 중 시·도지사의 권한과 거리가 먼 사업은?
    ① 지역별 관광협회의 설립 허가
    ② 호텔서비스사·국내여행안내사 자격 취소 시 청문
    ③ 관광지의 지정·지정취소·변경지정 및 고시
    ④ 카지노기구의 검사

90. 다음 사항 중 위탁할 수 있는 내용과 거리가 먼 것은?
    ① 유기기구의 안전성검사
    ② 한국관광 품질인증 및 그 취소
    ③ 관광지 조성계획 승인 및 변경승인
    ④ 관광종사원 자격시험·등록·자격증의 교부

91. 관광숙박업의 등급 결정권한을 위탁할 수 있는 단체 내용과 거리가 먼 것은?
    ① 평가요원을 50명 이상 확보할 것
    ② 문화체육관광부장관이 정하여 고시하는 법인
    ③ 영리법인일 것
    ④ 관광숙박업의 육성과 서비스 개선 등에 관한 연구 및 계몽활동 등을 하는 법인일 것

92. 다음 위탁사항과 관계가 먼 내용을 고르시오.
   ① 한국관광공사 및 한국관광협회 중앙회 업무 중 관광종사원의 자격시험에 관한 업무를 행한 때에는 분기별로 종합 다음분기 10일까지 문화체육관광부장관에게 보고해야 한다.
   ② 카지노 검사기관은 검사에 관한 업무규정을 정하여 문화체육관광부장관의 승인을 얻어야 한다.
   ③ 시·도지사는 지역별 관광협회로부터 보고 받은 사항을 매분기 종합하여 다음달 10일까지 문화체육관광부장관에게 보고해야 한다.
   ④ 안전성 검사 및 안전교육을 위탁받은 업무를 행한 업종별 관광협회 및 전문연구·검사기관은 그 업무를 수행함에 있어 법령위반 사항을 발견할 때에는 지체 없이 관할시장·군수·구청장에게 보고해야 한다.

93. 시·도지사가 관광지를 지정하고자 할 때 누가 신청해야 하나?
   ① 국토교통부장관   ② 한국관광공사
   ③ 관광정책심의위원회   ④ 시장·군수·구청장

94. 관광지, 관광단지의 조성계획은 누가 고시하여야 하나?
   ① 시·도지사   ② 국토교통부장관
   ③ 문화체육관광부장관   ④ 시장·군수·구청장

95. 다음 중 관광지 조성계획 승인과 관계없는 법률은?
   ① 국토의 계획 및 이용에 관한 법률 ② 관광단지 개발촉진법
   ③ 수도법   ④ 산지관리법
   ※참고 : 그밖에 하수도법, 공유수면 매립법, 하천법, 도로법, 항만법, 사도법, 공유수면관리법, 농지법, 공익사업을 위한 토지 등의 취득 및 보상에 관한 법률, 초지법, 사방사업법, 장사에 관한 법률, 폐기물관리법, 자연공원법, 온천법 등도 조성계획을 승인한 때에는 허가, 인가, 면허, 승인, 동의한 것으로 본다.

96. 관광지 등 조성계획의 시행에 관계없는 내용은 어느 것인가?
   ① 원칙적으로 조성계획의 승인을 얻은 자가 한다.
   ② 조성계획 승인 전에 시·도지사의 승인을 얻어 당해 조성사업에 필요한 토지를 매입할 경우 사업시행자로서 토지를 매입한 것으로 본다.
   ③ 사업시행자가 아닌 자는 조성사업을 할 수 없다.
   ④ 공공법인 또는 민간개발자가 조성계획의 승인을 얻은 경우에는 사업시행자와 협의하여 조성사업을 할 수 있다.

※참고 : 사업시행자가 아닌 자로서 조성사업을 행하고자 하는 자는 대통령령이 정하는 바에 의하여 시장·군수·구청장의 허가 또는 관광단지 개발자와 협의하여 조성 사업을 행할 수 있다.

97. 다음 중 사업시행자가 조성사업의 시행에 필요한 것 중 수용 및 사용할 수 없는 것은?
① 토지에 관한 소유권 외의 권리
② 물의 사용에 관한 권리
③ 토지에 속한 토석 또는 모래와 조약돌
④ 농업용수권 기타 농지개량 시설

98. 농업용수권 기타 농지개량시설을 수용 또는 사용하고자 할 때는 누구의 승인을 얻어야 하는가?
① 농림축산식품부장관　　② 문화체육관광부장관
③ 국토교통부장관　　　　④ 시·도지사

99. 사업시행자가 조성계획과 관련된 개발사업의 시행에 따른 이주대책의 내용과 거리가 먼 것은?
① 택지 및 농경지의 매입　② 이주 보상금
③ 선수금 지급　　　　　　④ 택지조성 및 주택의 건설
※ 참고 : 그밖에 이주방법 및 이주시기, 이주대책에 따른 비용 등의 대책을 수립하여야 한다.

100. 관람료 또는 이용료의 징수대상 시설의 범위나 그 금액은 누가 정하는가?
① 문화체육관광부장관　　② 시장·군수·구청장
③ 시·도지사　　　　　　④ 관광협회

101. 사업계획 승인을 얻은 자의 착공 및 준공기간의 연결이 맞는 것은?
① 착공 2년, 준공 5년　　② 착공 2년, 준공 4년
③ 착공 7년, 준공 4년　　④ 착공 4년, 준공 7년

102. 다음 중 관광종사원이 아닌 자는?
① 관광통역안내사　　　　② 국내여행안내사
③ 호텔경영사　　　　　　④ 국외여행안내사
※참고 : 관광진흥법에서 관광통역안내사로 삭제 통합되었음

103. 관광종사원 시험 중 면접시험의 평가사항이 아닌 것은?
① 응시목적　　　　　　　　　② 국가관, 사명감 등 정신자세
③ 전문지식과 응용능력　　　　④ 의사발표의 정확성과 논리성

104. 한국관광 품질인증의 인증기준과 거리가 먼 것은?
① 관광객의 편의를 위한 시설 및 서비스를 갖출 것
② 관광객 응대를 위한 전문인력을 확보할 것
③ 사업계획서와 재정능력을 갖출 것
④ 재난 및 안전관리의 위협으로부터 관광객을 보호할 수 있는 사업장 안전
　 관리 방안을 수립할 것

105. 관광진흥법령상 안전성 검사대상 유기기구 1종 이상 10종 이하를 운영하는 사
업자가 배치해야 하는 안전관리자는 몇 명 이상인가?
① 3명 이상　　　　　　　　　② 2명 이상
③ 4명 이상　　　　　　　　　④ 1명 이상

106. 관광협회중앙회를 설립코자 하는 자는 어떤 절차를 거쳐야 하나?
① 문화체육관광부장관에게 신고를 하면 된다.
② 시도지사에게 신고를 하면 된다.
③ 문화체육관광부장관의 허가를 받아야 한다.
④ 시도지사의 허가를 받아야 한다.

107. 관광협회중앙회를 설립할 때 얼마 이상의 지역별, 업종별 관광협회 대표가 발
기를 해야 하는가?
① 1/3　　　　② 1/2　　　　　③ 과반수　　　　　④ 전원

108. 다음 중 한국관광협회중앙회에 관하여 진흥법에 규정된 것 외에는 민법 중 어
느 규정을 준용하는가?
① 재단법인　　　　　　　　　② 특수법인
③ 사단법인　　　　　　　　　④ 조합

109. 다음 중 관광협회중앙회의 정관에 기재할 사항이 아닌 것은?
① 명칭　　　　　　　　　　　② 회계에 관한 사항
③ 영업에 관한 사항　　　　　④ 사무소의 소재지

110. 한국관광협회중앙회의 업무내용이 아닌 것은?
    ① 관광자원 개발사업
    ② 회원의 공제사업
    ③ 관광사업진흥에 필요한 조사, 연구 및 홍보
    ④ 관광사업의 발전을 위한 업무

111. 다음 중 한국관광협회중앙회의 공제사업의 내용 중 거리가 먼 것은?
    ① 관광사업자의 관광사업행위와 관련된 사고로 인한 대물 및 대인배상에 대
      비하는 공제 및 배상업무
    ② 회원 상호간의 경제적 이익을 도모하기 위한 업무
    ③ 관광사업행위에 따른 사고로 인하여 재해를 입은 종사원에 대한 보상업무
    ④ 관광사업자의 주택건설에 관한 공제사업

112. 한국관광협회중앙회가 공제사업을 하려고 하면 어떻게 하나?
    ① 관광사업자의 희망에 따라 희망자만 공제사업을 할 수 있다.
    ② 모든 회원이 의무적으로 가입해서 사업을 할 수 있다.
    ③ 문화체육관광부장관의 허가를 받아야 한다.
    ④ 기획재정부장관의 허가를 받아야 한다.

113. 업종별 관광협회는 누구에게 설립허가를 받을 수 있는가?
    ① 시·도지사   ② 기획재정부장관
    ③ 외교부장관   ④ 문화체육관광부장관

114. 등록기관의장이 관광사업자 또는 관광종사원의 의견을 들어야 하는 경우가 아
    닌 것은 어떤 경우인가?
    ① 등록취소   ② 자격의 취소
    ③ 과징금 부과   ④ 조성계획 승인 취소

115. 관광진흥법령상 호텔업 등급결정 수탁기관이 등급결정 기준에 따라 등급을 결
    정하여 신청일로부터 며칠 이내에 통지해야 하나?
    ① 30일   ② 60일   ③ 150일   ④ 90일

116. 다음 중 내용이 틀린 사항은 어느 것인가?
    ① 소관관청이 관광사업자에 대하여 그 사업의 정지, 취소 또는 시설의 이용을
      금지, 제한하고자 할 때에는 미리 관할등록기관의 장과 협의하여야 한다.

② 소속공무원은 명을 받고 즉시 사무소나 사업장에 출입하여 장부, 서류 등을 조사 또는 검사할 수 있다.

③ 관할등록기관의 장은 관광사업자에 대하여 등록 등을 취소하거나 사업의 전부 또는 일부의 정지를 명할 때에는 소관행정기관의 장에게 그 사실을 통보할 수 있다.

④ 관할등록기관의 장은 허가 없이 또는 신고 없이 영업을 하거나 허가의 취소, 또는 사업의 정지명령을 받고 계속 영업을 하는 때에는 공무원으로 하여금 영업소를 폐쇄하게 할 수 있다.

117. 문화체육관광부장관이 관광에 관한 사업을 위해 보조금을 지급할 수 없는 곳은?
① 지방자치단체　　② 한국관광공사
③ 관광사업자단체　　④ 관광사업자

118. 여행업자가 여행지에 대한 안전정보나 변경된 안전정보를 제공하지 아니할 경우 3차 행정처분 기준은?
① 시정명령　　② 사업정지 5일
③ 사업정지 10일　　④ 사업정지 20일

119. 관광특구 지정권자와 관광특구 진흥계획 수립자의 연결이 맞는 것은?
① 문화체육관광부장관 – 시·도지사
② 시장·군수 – 부시장·부군수
③ 시·도지사 – 시장·군수·구청장
④ 문화체육관광부장관 – 시장·군수·구청장

120. 관광종사원 자격시험 중 등록업무를 문화체육관광부장관이 한국관광공사에 위탁할 수 없는 사항은?
① 관광통역안내사　　② 호텔관리사
③ 호텔경영사　　④ 국내여행안내사
※ 참고 : 국내여행안내사와 호텔서비스사의 등록에 관한 사항은 한국관광협회에 위탁하며, 자격시험의 출제, 시행, 채점 등 자격시험의 관리에 관한 업무는 한국산업인력공단에 위탁한다.

121. 다음 중 5년 이하의 징역 또는 5천만원 이하의 벌금에 처하는 경우가 아닌 것은?
① 카지노업의 허가를 받지 아니하고 카지노업을 경영한 자
② 법령에 위반되는 카지노기구를 설치하거나 사용하는 행위
③ 법령에 위반되는 카지노기구 또는 시설을 변조하거나 변조된 카지노기구 또는 시설을 사용하는 행위

④ 등록을 하지 아니하고 여행업·관광숙박업·국제회의업 등을 경영한 자

122. 3년 이하의 징역 또는 3천만원 이하의 벌금형에 처할 수 없는 것은?
① 허가를 받지 아니하고 유원시설업을 경영한 자
② 휴양콘도미니엄 또는 이와 유사한 명칭을 사용하여 휴양콘도미니엄이 아닌 숙박시설의 분양 또는 회원모집을 하는 행위
③ 변경허가나 변경신고를 하지 아니하고 영업을 한 자
④ 휴양콘도미니엄의 시설과 휴양콘도미니엄이 아닌 숙박시설을 혼합 또는 연계하여 이를 이용할 수 있는 회원을 모집하는 행위

123. 1년 이하의 징역 또는 1천만원 이하의 벌금에 처하는 사항이 아닌 것은?
① 유원시설업의 변경허가를 받지 아니하거나 변경신고를 하지 아니하고 영업을 한 자
② 안전성검사를 받지 아니하고 유기시설 또는 유기기구를 설치한 자
③ 시장·군수·구청장의 허가를 받지 아니하고 조성사업을 한 자
④ 부대시설을 제외한 시설을 타인으로 하여금 경영하게 한 자

124. 100만원 이하의 과태료에 처하는 경우가 아닌 것은?
① 한국관광 품질인증 표지 또는 이와 유사한 표지를 하거나 한국관광 품질인증을 받은 것으로 홍보한 경우
② 관광사업자가 아닌 자가 관광을 포함한 상호를 사용하는 경우
③ 유원시설업의 신고를 하지 아니하고 영업을 한 자
④ 영업준칙을 준수하지 아니한 자

125. 다음 중 출국납부금 납부제외 대상자가 아닌 것은?
① 외교관 여권 소지자
② 6세 미만의 어린이
③ 국제선 항공기 및 국제선 선박을 운항하는 승무원과 승무 교대를 위해 출국하는 승무원
④ 국외로 입양되는 어린이 및 그 호송인

126. 관광진흥개발기금법은 언제 제정 공포되었나?
① 1973. 7. 2   ② 1961. 8. 22
③ 1975. 12. 31   ④ 1972. 12. 29
※참고 : ①은 관광진흥개발기금법 시행령이 제정·공포된 날짜이다.

127. 관광진홍개발기금법의 설치 목적은 어디에 있는가?
    ① 관광진흥에 이바지한다.
    ② 관광외화 수입의 증대에 기여하기 위함이다.
    ③ 개발기금의 대여로 인한 수익사업을 한다.
    ④ 관광개발을 지원하기 위함이다.

128. 기금법의 목적을 달성함에 필요한 기금의 재원은 어떻게 조성하는가, 틀린 점은?
    ① 정부로부터 출연금
    ② 기금의 운용에 의하여 생기는 수익금 및 기타의 재원
    ③ 관광사업자로부터 찬조금
    ④ 출국납부금

129. 개발기금은 누가 관리 · 운영하는가?
    ① 문화체육관광부장관   ② 국토교통부장관
    ③ 기획재정부장관   ④ 한국관광협회장

130. 다음 중 개발기금을 대여할 수 없는 경우는 어느 것인가?
    ① 호텔을 비롯한 각종 관광시설의 건설 또는 개수
    ② 관광교통수단의 확보 또는 개수
    ③ 관광사업의 발전을 위한 기반시설의 건설 또는 개수
    ④ 한국관광공사에 출자

131. 대통령령이 정하는 기금의 용도가 아닌 것은?
    ① 관광종사원의 복지, 후생을 지원
    ② 여행알선업자, 카지노업자, 관광협회의 해외지사의 설치
    ③ 관광사업체 운영의 활성화
    ④ 관광관련 국제기구의 설치

132. 관광진흥개발기금 운영위원회 구성 중 거리가 먼 것은?
    ① 위원장 1인을 포함한 10인 이내의 위원으로 구성한다.
    ② 위원장은 문화체육관광부장관이 되고 위원은 기획재정부 및 문체부의 고
       위공무원단에 속하는 공무원 중에서 문화체육관광부장관이 임명 또는 위
       촉한다.
    ③ 위원회에 간사 1인을 두며 간사는 문화체육관광부 소속 공무원 중 문화체
       육관광부장관이 임명한다.

④ 회의는 위원 과반수의 출석으로 개의하고 출석위원 과반수의 찬성으로 의결한다.

※참고 : 위원장은 문화체육관광부 제1차관이 된다.

133. 출국납부금은 누가 부과·징수 할 수 있나?
① 은행
② 여행사
③ 공항법에 따른 공항운영자
④ 출입국관리

134. 기금법에 의해 출국납부금은 얼마 범위 안에서 납부해야 하나?
① 20,000원
② 10,000원
③ 1,000원
④ 9,000원

135. 문화체육관광부장관은 매년 기금운용계획을 수립할 때 어떻게 해야 하나?
① 한국은행총재와 협의 한다.
② 국토교통부장관과 협의 한다.
③ 국가재정법에 따라야 한다.
④ 예산청장과 협의해야 한다.

136. 기금의 수입항목이 아닌 것은?
① 정부로부터의 출연금
② 관광사업자의 찬조금
③ 기금운영으로 인하여 생긴 수입 및 기타의 재원
④ 카지노 사업자의 납부금

137. 관광진흥개발기금법은 몇 조로 구성되어 있는가?
① 21조
② 15조
③ 13조
④ 18조

138. 문화체육관광부장관은 기금수입징수관, 기금재무관, 기금지출관과 기금출납공무원을 임명한 때에는 누구에게 통지하지 않아도 되는가?
① 행정안전부장관
② 한국은행총재
③ 감사원장
④ 기획재정부장관

139. 문화체육관광부장관은 기금지출한도액을 배정할 때에는 누구에게 통지하지 않아도 되나?
① 한국산업은행의 은행장
② 감사원장
③ 기획재정부장관
④ 한국은행총재

140. 문화체육관광부장관은 누구에게 회계년도마다 결산보고서를 제출하여야 하나?
　① 국토교통부장관　　　　　② 한국은행총재
　③ 기획재정부장관　　　　　④ 관광정책심의위원회 위원장

141. 회계년도마다 기금의 결산보고서는 언제까지 제출해야 하나?
　① 정기국회 개시 전까지　　② 당해 년도 말
　③ 다음 년도 2월 20일까지　④ 다음 년도 2월 말까지

142. 크루즈업의 등록기준과 거리가 먼 것은?
　① 욕실이나 샤워시설을 갖춘 객실을 30실 이상 갖추고 있을 것
　② 체육시설·미용시설·오락시설·쇼핑시설 중 두 종류 이상의 시설을 갖추고 있을 것
　③ 이용객의 숙박 또는 휴식에 적합한 시설을 갖추고 있을 것
　④ 수세식 화장실과 냉·난방 설비를 갖추고 있을 것

143. 관광특구 지정요건과 거리가 먼 것은?
　① 외국인 관광객 수가 최근 1년간 50만 명 이상 온 지역
　② 관광안내시설·공공편익시설 및 숙박시설 등이 갖추어져 외국인 관광객의 관광수요를 충족시킬 수 있는 지역
　③ 임야·농지·공업용지 또는 택지 등 관광활동과 직접적인 관련성이 없는 토지의 비율이 10%를 초과하지 아니할 것
　④ 상기 요건을 갖춘 지역이 서로 분리되어 있지 아니할 것

144. 문화체육관광부장관 또는 시·도지사 및 시장·군수·구청장이 한국관광공사·한국관광협회중앙회, 지역별·업종별 관광협회나 대통령령이 정하는 전문연구, 검사기관에 위탁할 수 있는 사항이 아닌 것은?
　① 관광편의시설업의 지정
　② 한국관광 품질인증 및 취소
　③ 관광숙박업의 등급결정
　④ 관광개발 기본계획 수립

145. 문화체육관광부장관이 한국관광협회중앙회에 위탁하는 사항으로 맞는 것은?
　① 관광통역안내사 및 호텔관리사의 자격시험 등록 및 자격증 발급
　② 국내여행안내사의 자격시험 등록 및 자격증 발급
　③ 관광식당업의 지정·지정취소
　④ 관광사진업의 지정·지정취소

146. 다음 사항 중 벌칙이 다른 하나는?
① 검사를 받지 아니한 카지노기구를 이용하여 영업을 한 자
② 사업정지 처분에 위반하여 사업정지 기간 중에 카지노영업을 한 자
③ 규정에 위반하여 조성사업을 한 자
④ 개선명령을 위반한 자

147. 다음 중 징역형과 벌금형의 병과를 받지 아니하는 자는?
① 법령에 위반된 카지노기구를 사용한 자
② 규정에 위반하여 시설을 분양하거나 회원을 모집한 자
③ 유원시설업의 변경허가를 받지 아니하고 영업을 한 자
④ 검사합격필증을 훼손·제거한 자

148. 카지노 전산시설에 포함되어야 할 사항으로 거리가 먼 것은?
① 시스템의 인증에 관한 사항
② 하드웨어의 성능 및 설치방법에 관한 사항
③ 네트워크의 구성에 관한 사항
④ 시스템의 가동 및 장애방지에 관한 사항

149. 카지노업의 영업준칙으로 틀린 내용은?
① 카지노 사업자는 카지노업의 건전한 발전과 원활한 영업활동, 효율적인 내부
통제를 위하여 이사회, 카지노총지배인·영업부서·안전관리부서·환전·전산
전문요원 등 필요한 조직과 인력을 갖추어 1일 6시간 이상 영업하여야 한다.
② 카지노사업자는 전산시설·출납창구·환전소·카운트룸·폐쇄회로·고객편의시
설·통제구역 등 영업시설을 갖추어 영업을 하고, 관리기록을 유지하여야 한다.
③ 카지노영업장에는 게임기구와 칩스·카드 등의 기구를 갖추어 게임진행의
원활을 기하고, 게임테이블에는 드롭박스를 부착하여야 하며, 베팅금액 한
도표를 설치하여야 한다.
④ 카지노사업자는 고객출입관리, 환전, 재환전, 드롭박스의 보관, 관리와 계산
요원의 복장 및 근무요령을 마련하여 영업의 투명성을 제고하여야 한다.

150. 카지노업의 조직부서로 관련이 없는 것은?
① 총지배인   ② 영업부서
③ 안전관리부서   ④ 홍보부서

151. 연간 총매출액이 10억원 이하인 카지노업인 경우 관광진흥개발기금으로 납부해야 할 징수비율은?
① 100분의 1
② 100분의 5
③ 100분의 10
④ 1,000분의 20

152. 다음 중 용어의 정의가 잘못 설명된 것은?
① "국제회의"라 함은 상당수의 외국인이 참가하는 회의로서 대통령령이 정하는 종류와 규모에 해당하는 것을 말한다.
② "국제회의산업"이라 함은 국제회의의 유치 및 개최에 필요한 국제회의시설·서비스 등과 관련된 산업으로서 대통령령에 의해서 정해진 산업을 말한다.
③ "국제회의시설"이라 함은 국제회의의 개최에 필요한 회의시설·전시시설 및 이와 관련된 부대시설 등으로 대통령령이 정하는 종류와 규모에 해당하는 것을 말한다.
④ "국제회의도시"라 함은 국제회의 산업의 육성·진흥을 위하여 지정된 특별시·광역시 또는 시를 말한다.

153. 국제기구 또는 국제기구에 가입한 기관 또는 법인 단체가 개최하는 회의의 내용과 다른 사항은?
① 5개국 이상의 외국인이 참가할 것
② 국제회의 참가자가 300명 이상이고 그중 외국인이 100명 이상일 것
③ 회의참가자 중 외국인이 150명 이상일 것
④ 3일 이상 진행되는 회의일 것

154. 다음 시설 중 국제회의시설과 관계없는 시설은?
① 일반회의시설
② 전문회의시설
③ 부대시설
④ 전시시설

155. 국제회의 산업의 육성·진흥을 위하여 국제회의 산업 육성기본계획을 수립 시행하는데 관계없는 내용은?
① 국제회의의 유치촉진에 관한 사항
② 국제회의의 원활한 개최에 관한 사항
③ 국제회의시설의 설치 및 확충에 관한 사항
④ 국제회의에 필요한 인력의 교육 훈련에 관한 사항

156. 다음 중 국제회의 산업 육성과 관련해 문화체육관광부장관이 할 수 있는 내용과 거리가 먼 것은?

① 국제회의 전문인력의 교육훈련 사업을 지원할 수 있다.

② 국제회의의 유치를 촉진하고 그 원활한 개최를 위하여 필요하다고 인정하면 국제회의를 유치하거나 개최하는 자에게 지원을 할 수 있다.

③ 전자국제회의 기반을 확충하기 위하여 필요한 시책을 강구할 수 있다.

④ 국제회의도시를 지정·지정취소·고시 등 할 수 있다.

157. 국제회의도시 지정기준과 거리가 먼 내용은?

① 국제회의도시는 도·특별시·광역시를 기준으로 지정할 수 있다.

② 지정대상도시 안에 국제회의시설이 있고 당해 특별시·광역시 또는 시에서 이를 활용한 국제회의산업육성에 관한 계획을 수립하고 있을 것

③ 지정대상도시 안에 숙박시설·교통시설·교통안내체계 등 국제회의 참가자를 위한 편의시설이 갖추어져 있을 것

④ 지정대상도시 또는 그 주변에 풍부한 관광자원이 있을 것

158. 국제회의 시설의 설치자가 국제회의 시설에 대하여 건축법에 의한 사용 승인을 얻은 경우에 검사나 신고를 한 것으로 볼 수 없는 내용은?

① 수도법에 의한 전용상수도의 준공검사

② 대기환경 보전법에 의한 배출시설 등의 가동개시 신고

③ 소방법의 규정에 의한 소방시설의 완공검사

④ 폐기물 관리법 규정에 의한 폐기물처리 시설 설치 신고

159. 국제회의 산업육성에 관한 법률 설명 중 거리가 먼 것은?

① 문화체육관광부장관은 국제회의 유치 등의 지원에 관한 업무를 한국관광공사·한국관광협회중앙회 등에게 위탁한다.

② 지방자치 단체는 국제회의 관련 업무의 효율적인 추진을 위하여 국제회의 전담조직을 설치할 수 있다.

③ 문화체육관광부장관은 국제회의와 관련된 사업에 대해 관광진흥 개발기금을 다른 사업에 우선하여 지원할 수 있다.

④ 국가는 국제회의 산업의 육성·진흥을 위하여 필요한 계획의 수립 등 행정·재정상의 지원 조치를 강구하여 한다.

160. 전문회의시설의 요건과 거리가 먼 것은?

① 2천명 이상 수용 가능한 대회의실

② 30명 이상 수용가능한 중소회의실 10실 이상

③ 2천㎡ 이상 옥내 및 옥외 전시면적

④ 2,500㎡ 이상 옥외 전시면적

161. 국제회의 전담조직의 업무와 관련이 먼 것은?
　① 국제회의 시설의 운영
　② 국제회의 산업의 국외홍보
　③ 국제회의 관련정보의 수집 및 배포
　④ 국제회의 전문인력의 교육 및 수급

162. 다음 중 관광통계의 작성범위와 관계없는 사항은?
　① 국민의 관광행태에 관한 사항
　② 외국인 방한관광객의 관광행태에 관한 사항
　③ 관광지와 관광단지의 지정에 관한 사항
　④ 관광사업자의 경영에 관한 사항

163. 국제회의 산업육성기반조성사업과 거리가 먼 것은?
　① 국제회의 전문인력 교육
　② 국제회의시설의 건립
　③ 국제회의 산업육성기반 조성을 위한 국제협력
　④ 인터넷 등 정보통신망을 통하여 수행하는 전자국제회의 기반의 구축

164. 다음 내용 중 양벌규정을 적용할 수 없는 경우는?
　① 유기시설·유기기구 또는 유기기구의 부분품을 설치 또는 사용한 자
　② 카지노기구 검사 합격증을 훼손하거나 제거한 자
　③ 관광사업의 시설 중 부대시설을 제외한 시설을 타인으로 하여금 경영하게 한 자
　④ 유원시설업의 신고를 하지 아니하고 영업을 한 자

165. 문화체육관광부장관이 국제회의 산업의 육성재원을 관광진흥개발기금법에 따른 국외여행자의 출국납부금 총액의 얼마까지 지원할 수 있나?
　① 20 / 100　② 10 / 100　③ 30 / 100　④ 50 / 100

166. 기타유원시설업의 시설 및 설비기준 중 대지면적의 기준은?
　① 30㎡ 이상　② 40㎡ 이상　③ 50㎡ 이상　④ 70㎡ 이상

167. 다음 중 행정처벌을 할 수 있는 내용 가운데 가장 중한 처분은 어느 것인가?
　① 관광사업자 또는 사업계획 승인을 얻은 자의 지위를 승계한 후 승계 신고를 하지 아니한 때

② 기획여행의 실시요건 또는 실시 방법에 위반하여 기획여행을 실시한 때
③ 등록을 하지 않은 자에게 국외여행을 인솔하게 한 경우
④ 타인경영이 금지된 시설을 타인으로 하여금 경영하게 한 때

168. 다음 중 과징금 부과 최고금액인 2,000만원에 해당하지 않는 내용은?
① 유원시설업자가 안전관리자를 상시 배치하지 아니할 때
② 유원시설업자가 영업질서를 유지하지 않았을 때
③ 카지노 사업자가 준수사항을 준수치 않았을 때
④ 유원시설 또는 유기기구의 안전성 검사를 받지 아니한 때

169. 사업계획승인 또는 변경승인을 얻은 경우 사업계획에 의한 관광숙박시설 및 그 시설안의 위락시설로서「국토의 계획 및 이용에 관한 법률」의 적용 안되는 용도지역과 거리가 먼 것은?
① 상업지역   ② 일반주거지역
③ 공업지역   ④ 자연녹지지역

170. 관광사업의 등록을 하고자 하는 자의 등록 신청서 첨부서류가 아닌 것은?
① 사업계획서
② 자본금예치 증명
③ 부동산 소유권 또는 사용권 증명서류
④ 외국인 투자촉진법에 의한 외국인 투자를 증명하는 서류

171. 카지노업의 허가를 받고자 하는 자의 제출서류와 관계가 없는 것은?
① 정관 및 법인등기부등본
② 사업계획서
③ 신청인의 성명·주민등록번호를 기재한 서류
④ 부동산 소유권 또는 사용권 증명서류

172. 유원시설업의 경우 변경허가를 받아야 하는 경우가 아닌 것은?
① 안전관리자의 변경
② 영업소의 소재지 변경
③ 안전성 검사 대상 유기기구의 신설·이전·폐기
④ 영업장면적의 변경

173. 기타유원시설업의 신고 내용 중 변경신고 해야 하는 사항이 아닌 것은?
    ① 대표자 또는 상호의 변경　　② 영업종류 변경
    ③ 영업장면적 변경　　　　　　④ 영업소의 소재지 변경

174. 관광편의시설업자 지정대장에 기재 사항이 아닌 것은?
    ① 대표자 및 임원의 성명·주소　② 상호 또는 명칭
    ③ 사업장의 소재지　　　　　　④ 지정권자

175. 관광사업자의 지위를 승계한자는 그 사유가 발생한 날부터 며칠 이내에 신고
    서를 문화체육관광부장관·시·도지사 등에게 제출해야하나?
    ① 1개월　　　　② 30일　　　　③ 15일　　　　④ 10일

176. 일반여행업의 경우 매출액이 1억원 미만의 경우 영업보증금 또는 보증보험에
    가입해야 하는 금액은 얼마인가?
    ① 5억원　　　　② 1억원　　　　③ 5천만원　　　④ 3천만원

177. 관광편의시설업의 지정권자 연결이 잘못된 것은?
    ① 관광펜션업 …… 시·도지사
    ② 한옥체험업 …… 특별자치도지사·시장·군수·구청장
    ③ 관광유흥음식점 …… 시장·군수·구청장
    ④ 관광사진업 …… 지역별 관광협회장

178. 다음 중 타인경영 금지 관광시설의 연결이 잘못된 것은?
    ① 관광숙박업 : 객실
    ② 카지노업 : 카지노업운영에 필요한 시설 및 기구
    ③ 유원시설업 : 안전성 검사대상 유기기구
    ④ 종합휴양업 및 전문휴양업 : 부대시설

179. 국외여행 인솔자의 자격 요건과 거리가 먼 내용은?
    ① 국외여행안내사 자격증 소지자
    ② 여행업체에서 6개월 이상 근무하고 국외여행 경험이 있는 자로서 소정의
    　교육을 이수한 자
    ③ 관광통역안내사 자격증 소지자
    ④ 문화체육관광부장관이 지정하는 교육기관에서 국외여행 인솔에 필요한 교
    　육을 이수한 자

180. 기획여행을 실시하는 자가 광고에 표시할 수 있는 내용이 아닌 것은?
    ① 여행경비
    ② 안내원 동반 여부
    ③ 기획여행명 · 여행일정 및 주요 여행지
    ④ 교통 · 숙박 및 식사 등 여행자가 제공받을 구체적인 서비스 내용

181. 관광호텔업의 등급 결정 기준과 거리가 먼 것은?
    ① 관광호텔을 신규 등록한 경우
    ② 등급 결정을 받은 날부터 3년이 경과한 경우
    ③ 시설의 증 · 개축 또는 서비스 및 운영실태 등 변경에 따른 등급 조정 사유
       가 발생한 경우
    ④ 등록 갱신 할 때마다

182. 분양 및 회원모집을 하는 관광사업자가 회원증을 발급해야 하는데 회원증에
    포함 안 되는 사항은?
    ① 공유자 또는 회원번호   ② 사업장의 상호 · 명칭 및 소재지
    ③ 발행일자   ④ 회원 및 가족의 성명과 주민등록번호

183. 카지노업의 허가를 받고자 하는 자가 갖추어야 할 시설기준과 거리가 먼 내용은?
    ① 330제곱미터 이상의 전용영업장
    ② 1개소 이상의 외국환 환전소
    ③ 1개소 이상의 출납창구
    ④ 카지노의 영업종류 중 4종류 이상의 영업을 할 수 있는 게임기구 및 시설

184. 카지노 전산시설의 검사에 관한 내용 중 틀린 사항은?
    ① 신규허가를 받은 경우는 15일 이내
    ② 유효기간이 만료된 경우 만료일부터 3월
    ③ 검사의 유효기간은 허가받은 날부터 3년
    ④ 전산시설을 교체할 때에는 교체일부터 15일

185. 유기기구의 안전성 검사와 거리가 먼 것은?
    ① 안정성검사 대상 기구는 검사항목별로 안전성 검사를 받아야 한다.
    ② 허가를 받은 후에는 연1회 이상 실시하는 안전성 검사를 받아야 한다.
    ③ 안정성 검사를 받은 유기기구 중 부적합판정을 받은 유기기구나 사고가
       발생한 유기기구에 대하여는 폐기 처분해야 한다.

④ 기타유원시설업의 신고를 하고자 하는 자는 안전성검사 대상 유기기구가 아님을 확인하는 검사를 받아야 한다.

186. 관광펜션업의 지정기준과 거리가 먼 것은?
   ① 객실이 30실 이하일 것
   ② 자연 및 주변환경과 조화를 이루는 4층 이하의 건축물일 것
   ③ 취사 및 숙박에 필요한 설비를 갖출 것
   ④ 숙박시설 및 이용시설에 대하여 외국어 안내표기를 할 것

187. 관광종사원이 자격시험과 자격증 교부에 관한 것은 어느 것에 근거를 두는가?
   ① 대통령령　② 시행규칙　③ 관광공사법　④ 관광사업법

188. 우리나라 최초의 관광에 관한 법은?
   ① 관광사업법　　　　　② 관광기본법
   ③ 한국관광공사법　　　④ 관광사업진흥법
   ※ 참고 : 1961. 8. 22 제정 공포되었음

189. 관광종사원 자격시험 중 면제기준과 거리가 먼 것은?
   ① 관광통역안내사 시험 응시자로서 4년 이상 해당 언어권의 외국에서 근무 또는 유학한 경력이 있는 자로서 해당 외국어 면제자
   ② 4성급 이상 관광호텔의 임원으로 3년 이상 종사한 호텔경영사 시험응시자
   ③ 고등학교 또는 고등기술학교 이상의 학교에서 관광분야의 학과를 졸업한 자로 호텔서비스사 시험의 응시자 필기시험 면제
   ④ 대학 이상의 학교에서 호텔경영분야를 전공하고 졸업한 자 필기시험 면제

190. 문화관광해설사 평가 기준 중 기본소양 세부평가 내용이 아닌 것은?
   ① 문화관광해설사의 역할과 자세
   ② 문화관광자원의 가치 인식 및 보호
   ③ 관광객의 특성 이해 및 관광 약자 배려
   ④ 관광정책 및 관광산업의 이해

191. 관광종사원 자격시험의 면제를 받고자 할 때 필요한 서류가 아닌 것은?
   ① 자격시험신청서　　　　② 경력증명서
   ③ 신원증명서　　　　　　④ 학력증명서 또는 자격증명 서류

192. 관광진흥법상 관광체험교육 프로그램을 개발·보급 할 수 있는 자는?
   ① 한국관광협회중앙회의 회장   ② 한국일반여행업협회의 회장
   ③ 한국관광공사 사장   ④ 지방자치단체의 장

193. 관광단지를 개발할 수 있는 공공법인과 거리가 먼 것은?
   ① 한국관광공사   ② 한국관광공사 자회사
   ③ 제주국제자유도시 개발센터   ④ 지방공사 및 지방공단

194. 시장·군수·구청장이 관광특구 진흥계획 수립 시에 하지 않아도 되는 사항은?
   ① 외국인 관광객을 위한 관광 편의 시설의 개선에 관한 사항
   ② 특색있고 다양한 축제, 행사 그 밖에 홍보에 관한 사항
   ③ 관광객 유치를 위한 제도 개선에 관한 사항
   ④ 관광특구 지역의 외래관광객 방문 실적

195. 관광진흥법령상 호텔업의 등급결정에 있어서 평가요원의 자격과 거리가 먼 내용은?
   ① 호텔업에서 5년 이상 근무한 사람으로서 평가 당시 호텔업에 종사하고 있지 아니한 사람 1명 이상
   ②「고등교육법」에 따른 전문대학 이상 또는 이와 같은 수준 이상의 학력이 인정되는 교육기관에서 관광분야에 관하여 5년 이상 강의한 경력이 있는 교수·부교수·조교수 또는 겸임교원 1명 이상
   ③ 소비자 단체 등에서 소비자 보호업무를 5년 이상 수행한 경력이 있는 자
   ④ 호텔분야에 전문성이 인정되는 사람으로서 등급결정 수탁기관이 공모를 통하여 선정한 사람

196. 다음 중 폐광지역 카지노사업자의 영업준칙으로 옳지 않은 것은?
   ① 사망·폭력행위 등의 사고가 발생하면 즉시 시·도지사에게 보고해야 한다.
   ② 매일 오전 6시부터 오전 10시까지는 영업을 하여서는 아니 된다.
   ③ 카지노가 있는 호텔이나 영업소의 내부 또는 출입구 등 주요지점에 폐쇄회로 텔레비전을 설치하여 운영하여야 한다.
   ④ 카지노 이용자에게 자금을 대여하여서는 아니 된다.

197. 다음 중 카지노업의 영업 종류가 아닌 것은?
   ① 포커(Poker)   ② 세븐카드(Seven Card)
   ③ 슬롯머신(Slot Machine)   ④ 마작(MahJong)

198. 카지노업의 영업준칙과 거리가 먼 것은?
　　① 필요한 조직과 인력을 갖추어 1일 8시간 이상 영업하여야 한다.
　　② 카지노 영업장에는 게임기구와 칩스·카드 등의 기구를 갖추어 게임진행의
　　　원활을 기하고 게임테이블에는 드롭박스를 부착하여야 하며, 베팅금액한도
　　　표도 설치하여야 한다.
　　③ 머신게임의 이론적배당률은 75% 이상으로 한다.
　　④ 카지노종사원도 게임에 참여할 수 있다.

199. 유원시설업의 시설 기준과 거리가 먼 사항은?
　　① 종합유원시설업 … 안정성 검사대상 유기기구 6종 이상
　　② 일반유원시설업 … 안전성 검사대상 유기기구 1종 이상
　　③ 기타유원시설업 … 대지면적 40제곱미터 이상
　　④ 기타유원시설업 … 안전성 검사대상 유기기구 1종 이상

200. 다음 중 안전성 검사 대상이 아닌 유기기구는?
　　① 슈퍼스포츠카　　　　　　② 모노레일
　　③ 미니스포츠카　　　　　　④ 회전목마

201. 관광종사원으로서 직무를 수행함에 있어 부정 또는 비위사실이 있는 때에 1차
　　위반 시 행정처분 기준은?
　　① 자격취소　　　　　　　② 자격정지 1월
　　③ 자격정지 3월　　　　　④ 자격정지 5월

202. 관광단지의 총 면적은 얼마 이상인가?
　　① 500,000㎡　　② 100,000㎡　　③ 1,000,000㎡　　④ 800,000㎡

203. 일반여행업의 자본금은 얼마 이상인가?
　　① 1억원　　　② 3억 5천만원　　③ 2억원　　　④ 5천만원

204. 카지노 사업자가 정당한 사유 없이 당해 연도 안에 60일 이상 휴업한 때의 3차
　　행정처분은?
　　① 사업정지 10일　② 사업정지 1월　③ 사업정지 3월　　④ 취소

205. 서울지역관광호텔은 객실을 몇 개 이상 확보해야 하나?
　　① 30실　　　　② 40실　　　　③ 50실　　　④ 10실

206. 2종 종합휴양업 면적은?
    ① 50,000㎡   ② 20,000㎡
    ③ 500,000㎡   ④ 165,000㎡

207. 국제회의 기획업의 등록기준 중 자본금은 얼마인가?
    ① 3천만원   ② 5천만원   ③ 1억원   ④ 1억 5천만원

208. 가족호텔업의 객실별 면적은 얼마 이상인가?
    ① 13㎡   ② 19㎡   ③ 26㎡   ④ 16㎡

209. 휴양콘도미니엄업의 경우 객실은 동일단지 안에 몇 실 이상 있어야 하나?
    ① 40실   ② 50실   ③ 30실   ④ 20실

210. 전문휴양업에서 민속촌은 한국고유의 건축물 몇 동 이상 있어야 하나?
    ① 20동   ② 15동   ③ 30동   ④ 25동

211. 관광종사원의 자격시험 중 합격결정기준과 거리가 먼 것은?
    ① 전과목의 점수가 배점비율로 환산하여 6할 이상이어야 한다.
    ② 필기시험에서의 과락은 매 과목 4할 이상이다.
    ③ 영어·일어·중국어 등 외국어 시험은 타 시험 점수로 대체한다.
    ④ 면접시험의 합격기준은 그 점수가 면접 시험총점의 6할 이상이어야 한다.

212. 한국관광 품질인증의 대상 관광사업자가 아닌 것은?
    ① 야영장업   ② 관광면세업
    ③ 숙박업   ④ 관광펜션업

213. 관광진흥법령상 소형호텔업의 등록기준과 거리가 먼 것은?
    ① 욕실이나 샤워시설을 갖춘 객실을 20실 이상 30실 미만으로 갖추고 있을 것
    ② 부대시설의 면적 합계가 건축 연면적의 50퍼센트 이하일 것
    ③ 조식 제공, 외국어 구사인력 고용 등 외국인에게 서비스를 제공할 수 있는
       체제를 갖추고 있을 것
    ④ 객실별 면적이 19㎡ 이상일 것

214. 식물원의 등록기준 중 식물종류 수는 몇 종 이상인가?
    ① 100종   ② 1,000종   ③ 500종   ④ 2,000종

215. 수족관의 건축연면적은 얼마 이상인가?
  ① 1,000㎡
  ② 10,000㎡
  ③ 2,000㎡
  ④ 3,000㎡

216. 여행업의 신규등록인 경우에 수수료는 얼마인가?
  ① 10,000원
  ② 20,000원
  ③ 30,000원
  ④ 15,000원

217. 국제회의업의 등록변경은 수수료가 얼마인가?
  ① 15,000원
  ② 5,000원
  ③ 20,000원
  ④ 10,000원

218. 카지노사업자의 납부금은 총매출액이 200억원인 경우에 얼마를 납부해야 하나?
  ① 10억 4천만원
  ② 14억 6천만원
  ③ 20억원
  ④ 15억 5천만원

219. 관광사업자가 사업계획 승인을 신청할 때의 수수료는?
  ① 30,000원
  ② 10,000원
  ③ 20,000원
  ④ 50,000원

220. 관광공연장업에서 실내관광공연장인 경우 무대의 면적은?
  ① 100㎡
  ② 200㎡
  ③ 70㎡
  ④ 150㎡

221. 휴양콘도미니엄 및 2종종합휴양업의 분양 또는 회원모집을 할 수 있는 공정률은 몇% 이상인가?
  ① 20% 이상
  ② 30% 이상
  ③ 10% 이상
  ④ 50% 이상

222. 문화체육관광부장관이 개발기금의 여유자금을 운용할 수 있는 방법과 거리가 먼 것은?
  ① 금융기관에의 예치
  ② 회사채매입
  ③ 국채매입
  ④ 공채매입

328

223. 다음 관광사업의 양도·양수에 관한 설명으로 가장 알맞은 것은?
   ① 관광사업시설을 인수받은 자가 관광사업을 지속하고자 할 경우 법인등기부 등 소정의 서류를 갖추어 해당등록기관에 제출하여 신규등록 절차를 거쳐야 한다.
   ② 휴양콘도미니엄의 인수자는 본인의 의사에 관계없이 당연히 그 관광사업 자와 공유자 또는 회원 간에 약정한 사항을 계승한다.
   ③ 양수 전에 당해 사업자에 행하여진 행정처분은 양수되지 않는다.
   ④ 법인 합병은 관광사업의 양수에 속하지 않는다.

224. 다음 중 관광호텔업의 등급결정을 위한 평가요소가 아닌 것은?
   ① 서비스 상태
   ② 객실 및 부대시설의 상태
   ③ 소비자 만족도
   ④ 안전관리 등에 관한 법령 준수 여부

225. 다음 중 관광사업자의 지위승계 시 신고기관 및 휴·폐업 시 통보기관과 관련 하여 바르게 짝지어진 것이 아닌 것은?
   ① 관광극장유흥업 … 특별자치도지사·시장·군수·구청장
   ② 국제회의업 … 특별자치도지사·시장·군수·구청장
   ③ 관광식당업 … 지역별 관광협회
   ④ 일반여행업 … 시·도지사

226. 다음 중 관광진흥개발 기금관련 업무와 관계 기관이 잘못 연결된 것은?
   ① 기금의 회계기관 … 기획예산처
   ② 기금 개정이 설치되는 곳 … 한국은행
   ③ 기금의 운영계획수립 … 문화체육관광부장관
   ④ 기금 대여업무의 취급기관 … 한국산업은행

227. 다음 중 관광단지에 대한 설명으로 틀린 것은?
   ① 지정권자는 시·도지사다.
   ② 민간인도 관광단지 개발사업자가 될 수 있다.
   ③ 한국관광공사도 개발사업자가 될 수 있으며, 이 경우 공익사업을 위한 토 지 등의 취득 및 보상에 관한 법률이 허용되고 있다.
   ④ 토지수용권을 행사하려면 토지 소유자의 3분의 2 이상 동의를 얻어야 한다.

228. 아래 예문에서 "관광종사원에 대한 행정처분 대상"이 되는 것을 모두 고르면?

> 가. 부정한 방법으로 자격을 취득한 때
> 나. 피성년후견인
> 다. 관광종사원으로서 직무수행에 있어 부정 또는 비위사실이 있을 때
> 라. 법규에 적합하지 아니한 자가 국외 여행을 인솔한 경우

① 가, 나   ② 가, 나, 다   ③ 다, 라   ④ 가, 다, 라

229. 다음 중 카지노 사업계획서에 포함되어야 하는 사항이 아닌 것은?
① 카지노 영업소 이용객의 서비스 계획
② 인력수급 및 관리계획
③ 장기수지 전망
④ 영업시설의 개요

230. 관광진흥법에 의해 카지노사업자가 지켜야 할 영업 준칙과 거리가 먼 것은?
① 1일 최소 영업시간
② 게임 테이블에 드롭박스 부착 및 내기 금액 한도액의 표시 의무
③ 슬롯머신 및 비디오 게임의 최대 배당률
④ 카지노 종사원의 게임 참여 불가 등 행위

231. 다음 중 관광사업의 등록 등을 받은 자가 6개월 이내의 업무 정지만을 명할 수 있는 경우는?
① 관광사업자가 보험 또는 공제에 가입하지 아니하거나 영업 보증금을 예치하지 아니한 경우
② 카지노 사업자가 관광진흥개발기금을 납부하지 아니한 경우
③ 카지노업의 허가요건에 적합하지 아니하게 된 경우
④ 카지노사업자가 문화체육관광부장관의 지도와 명령을 이행하지 아니한 경우

232. 기획여행업자들이 보증보험 등에 가입해야하는 기준과 거리가 먼 것은?
① 매출액에 관계없이 5억원 이상
② 매출액이 50억원 미만인 경우 2억원 이상
③ 매출액이 50억원에서 100억원 미만인 경우 3억원 이상
④ 매출액이 1,000억원 이상인 경우 7억원 이상

233. 유기기구의 안전성검사는 연 몇 회 이상 실시해야 하는가?
① 1회 이상   ② 2회 이상   ③ 3회 이상   ④ 4회 이상

234. 유원시설업자의 준수사항으로 틀린 내용은?
① 이용자를 태우는 유기시설 및 유기기구의 경우 정원을 초과하여 손님을 태우지 아니하도록 하고, 운전개시 전에 안전상태를 확인하여야 한다.
② 이용자가 보기 쉬운 곳에 이용요금표, 준수사항 및 이용 시 주의하여야 할 사항을 게시하여야 한다.
③ 유원시설업자는 종사자에 대한 안전교육을 매주 1회 이상 실시하도록 하고, 그 교육일지를 기록·비치하여야 한다.
④ 조명은 80룩스 이상이 되도록 유지하여야 한다.

235. 관광호텔업의 등록기준으로 틀린 내용은?
① 부동산의 소유권 또는 사용권을 확보하고 있을 것
② 외국인에게 서비스 제공이 가능한 체제를 갖추고 있을 것
③ 욕실 또는 샤워시설을 갖춘 객실을 30실 이상 갖추고 있을 것
④ 객실별 면적이 19제곱미터 이상일 것

236. 휴양콘도미니엄업의 등록기준에 대한 설명으로 틀린 것은?
① 관광객의 취사·체재 및 숙박에 필요한 설비를 갖추고 있을 것
② 같은 단지 안에 30실 이상일 것
③ 매점 또는 간이 매장이 수 개의 동으로 단지를 구성할 경우에는 공동으로 설치할 수 있다.
④ 관광지 또는 관광단지 안에 소재할 경우에는 문화체육 공간을 1개소 이상 갖출 것

237. 전문휴양업의 등록기준 중 공통기준이 아닌 것은?
① 숙박시설이나 음식점 시설이 있을 것
② 급수시설이 있을 것
③ 주차시설이 있을 것
④ 유흥시설이 있을 것

238. 전문휴양업 중 해수욕장의 등록기준으로 틀린 것은?
① 수용인원에 상응한 간이목욕시설·탈의장 등이 있을 것
② 인명구조용 구명정·망루대 및 응급처리 시 설비 등의 시설이 있을 것
③ 담수욕장 시설을 갖추고 있을 것
④ 수영에 필요한 장비대여업체가 입주해 있을 것

239. 전문휴양업 중 민속촌의 등록기준으로 다음 괄호 안에 적당한 것은?

> 한국 고유의 건축물(초가집 및 기와집)이 (㉠)으로서 각 건물에는 전래되어
> 온 생활도구가 비치되어 있거나 한국 또는 외국의 고유문화를 소개할 수 있
> 는 (㉡)의 축소된 건축물 모형이 적정한 장소에 배치되어 있을 것

    ① ㉠ 10동 이상, ㉡ 30점 이상
    ② ㉠ 20동 이상, ㉡ 50점 이상
    ③ ㉠ 30동 이상, ㉡ 50점 이상
    ④ ㉠ 50동 이상, ㉡ 30점 이상

240. 전문휴양업 중 식물원의 온실면적은?
    ① 1,000㎡ 이상   ② 2,000㎡ 이상
    ③ 3,000㎡ 이상   ④ 5,000㎡ 이상

241. 전문휴양업 중 수족관의 어종 수는 얼마 이상이어야 하는가?
    ① 100종 이상   ② 200종 이상
    ③ 500종 이상   ④ 1,000종 이상

242. 전문휴양업 중 온천장의 등록기준으로 틀린 것은?
    ① 온천수를 이용한 대중목욕 시설이 있을 것
    ② 실내 수영장이 있을 것
    ③ 유원시설업 시설이 있을 것
    ④ 정구장 · 탁구장 · 볼링장 · 활터 · 미니골프장 · 배드민턴장 · 롤러스케이트장 ·
       보트장 등의 레크리에이션 시설 중 2종 이상의 시설을 갖출 것

243. 제1종 종합휴양업의 등록기준으로 맞는 것은?
    ① 전문휴양업 시설 중 2종류 이상 갖추고 있거나 종합유원시설업 시설을 갖
       출 것
    ② 전문휴양업 시설 중 2종류 이상 갖추고 관광숙박 시설을 갖추고 있을 것
    ③ 전문휴양업 시설 중 2종류 이상 갖추고 숙박시설 또는 음식점 시설을 갖추
       고 있을 것
    ④ 전문휴양업 시설 중 3종류 이상과 숙박 · 음식점 시설을 갖추고 있을 것

244. 자동차 야영장업은 차량 1대당 얼마의 야영공간을 확보해야 하는가?
    ① 80㎡ 이상   ② 70㎡ 이상   ③ 50㎡ 이상   ④ 90㎡ 이상

245. 다음 용어의 정의 중 틀린 것은?
   ① '관광사업'이라 함은 관광객을 위하여 운송·숙박·음식·운동·오락·휴양 또는 용역을 제공하거나 기타 관광에 부수되는 시설을 갖추어 이를 이용하게 하는 업을 말한다.
   ② '관광사업자'라 함은 관광사업을 경영하기 위하여 등록·허가 또는 지정을 받거나 신고를 한 자를 말한다.
   ③ '관광단지'라 함은 자연적 또는 문화적 관광자원을 갖추고 관광객을 위한 기본적인 편의시설을 설치하는 지역으로서 이 법에 의해 지정된 곳을 말한다.
   ④ '민간개발자'라 함은 관광단지를 개발하고자 하는 개인, 상법 또는 민법에 의하여 설립된 법인을 말한다.

246. 외국인 관광객의 유치촉진 등을 위하여 관광활동과 관련된 관계법령의 적용이 배제되거나 완화되는 지역으로서 관광진흥법에 지정된 곳을 무엇이라 하는가?
   ① 관광지   ② 관광단지   ③ 관광특구   ④ 관광권

247. 관광진흥법 상 용어의 정의로 틀린 내용은?
   ① 기획여행이란 여행업을 경영하는 자가 국외여행을 하고자 하는 여행자를 위하여 여행의 목적지·일정, 여행자가 제공받을 운송 또는 숙박 등의 서비스 내용과 그 요금에 관한 사항을 미리 정하고 이에 참가하는 여행자를 모집하여 실시하는 여행을 말한다.
   ② 공유자란 단독소유 또는 공유의 형식으로 관광사업의 일부시설을 관광사업자로부터 분양받은 자를 말한다.
   ③ 조성계획이란 관광지 또는 관광단지의 보호 및 이용을 증진하기 위하여 필요한 관광시설의 조성과 관리에 관한 계획을 말한다.
   ④ 지원시설이란 관광지 또는 관광단지의 운영 및 기능 유지에 필요한 관광지 또는 관광단지 안의 시설을 말한다.

248. 다음 중 여행업의 업무로 볼 수 없는 것은?
   ① 여행에 관한 안내업무
   ② 계약체결의 대리업무
   ③ 여행업을 경영하는 자를 위한 운송시설·숙박시설의 알선업무
   ④ 관광객을 위한 음식·운동·오락 시설 등을 갖추어 이를 이용하게 하는 업무

249. 관광객의 숙박과 취사에 적합한 시설을 갖추어 당해 시설의 회원·공유자 기타 관광객에게 이용하게 하는 업은?
① 휴양콘도미니엄업　② 관광호텔업
③ 한국전통호텔업　④ 가족호텔업

250. 가족호텔업이 갖추어야 할 부대시설에 해당되지 않는 것은?
① 음식시설　② 운동시설
③ 휴양시설　④ 공연시설

251. 다음은 사업계획 승인을 얻고자 하는 자가 시장·군수·구청장에게 제출해야 할 서류이다. 해당되지 않는 것은?
① 건설계획서
② 신청인의 성명·주민등록번호를 기재한 서류
③ 분양 및 회원모집계획 개요서
④ 사업계획서

252. 관광숙박업 등의 등록심의위원회가 심의하는 사항이 아닌 것은?
① 관광숙박업의 등록기준에 관한 사항
② 관계 법령상의 신고 또는 인·허가 등의 요건에 해당하는지 여부에 관한 사항
③ 국제회의기획업의 등록기준에 관한 사항
④ 관광객이용시설업의 등록기준에 관한 사항

253. 관광숙박업 등의 등록심의위원회의 회의운영으로 올바른 것은?
① 회의는 재적위원 과반수의 출석과 출석위원 과반수의 찬성으로 의결한다.
② 회의는 재적위원 3분의 2의 출석과 출석위원 과반수의 찬성으로 의결한다.
③ 회의는 재적위원 3분의 2의 출석과 출석위원 3분의 2의 찬성으로 의결한다.
④ 회의는 재적위원 과반수의 출석과 출석위원 3분의 2의 찬성으로 의결한다.

254. 식품위생법령에 의한 일반음식점 영업의 허가를 받은자로서 관광객의 이용에 적합한 음식제공 시설을 갖추고 이들에게 특정국가의 음식을 전문적으로 제공하는 업은?
① 관광유흥음식점업　② 관광식당업
③ 전문관광식당업　④ 관광극장유흥업

255. 휴양콘도미니엄 시설의 분양 및 회원모집 기준에 대한 설명으로 틀린 것은?
     ① 대지가 저당권의 목적물로 되어 있는 경우에는 그 저당권을 말소할 것
     ② 당해 휴양콘도미니엄이 건설되는 대지의 소유권을 확보할 것
     ③ 1개의 객실에 공유제 또는 회원제를 혼합하여 분양하지 아니할 것
     ④ 1개의 객실 당 분양 인원은 5인 이상일 것

256. 분양 또는 회원모집 공고 안에 포함되어야 할 사항이 아닌 것은?
     ① 대지면적 및 객실 당 전용면적·공유면적
     ② 분양가격 및 입금계좌번호
     ③ 분양 또는 회원모집의 총인원수와 객실별 인원수
     ④ 연간 이용일수 및 회원의 경우 입회기간

257. 관광사업의 변경등록 기간을 위반한 경우의 행정처분으로 잘못된 것은?
     ① 1차 : 시정명령   ② 2차 : 사업정지 15일
     ③ 3차 : 사업정지 2월   ④ 4차 : 취소

258. 관광호텔업 또는 국제회의시설업의 부대시설 안에서 카지노업을 하고자 하는
     경우 허가요건으로 부적당한 것은?
     ① 카지노업의 건전한 운영과 관광산업의 진흥을 위하여 문화체육관광부장관
        이 공고하는 기준에 맞을 것
     ② 외래관광객 유치계획 및 장기수지 전망 등을 포함한 사업계획서가 적정할 것
     ③ 사업계획의 수행에 필요한 재정능력이 있을 것
     ④ 현금 및 칩의 관리 등 영업거래에 관한 외부통제 방안이 수립되어 있을 것

259. 카지노업의 허가를 받을 수 없는 자에 해당되지 않는 자는?
     ① 19세 미만의 자
     ② 조세포탈 또는 외국환관리법의 위반행위로 금고 이상의 형의 선고를 받고 형
        이 확정된 자
     ③ 금고 이상의 실형의 선고를 받고 그 집행이 종료되거나 집행을 받지 아니
        하기로 확정된 후 2년이 경과되지 아니한 자
     ④ 금고 이상의 형의 집행유예의 선고를 받고 그 유예기간이 종료된 자

260. 제주특별자치도에서 발생되는 출국자 납부금은 어디에 귀속이 되는가?
     ① 관광진흥개발기금   ② 한국공항공사
     ③ 한국관광공사   ④ 제주관광진흥개발기금

261. 관광진흥개발기금이 대여 또는 보조할 수 있는 사업에 해당되지 않는 것은?
① 전통관광자원 개발 및 지원사업
② 국내외 관광안내체계 개선 및 관광홍보사업
③ 장애인 등 소외계층에 대한 국민관광복지사업
④ 국내여행자의 건전한 관광을 위한 교육 및 관광정보의 제공사업

262. 관할 등록기관 등의 장은 관광사업의 등록 등을 받거나 신고를 한 자 또는 사업계획의 승인을 얻은 자가 다음에 해당하는 때에는 그 등록 등 또는 사업계획의 승인을 취소하거나 6월 이내의 기간을 정하여 그 사업의 전부 또는 일부의 정지를 명하거나 시설·운영의 개선을 명할 수 있다. 해당되지 않는 사항은?
① 관광통역안내사를 자격이 없는 자로 종사하게 하는 경우
② 사업계획의 승인을 얻은 자가 정당한 사유 없이 2년 이내에 착공 또는 준공을 하지 아니한 때
③ 관광사업의 경영 또는 사업계획을 추진함에 있어서 사위, 기타 부정한 방법을 사용하거나 부당한 금품을 수수한 때
④ 여행자에게 안전정보를 제공하지 아니하거나 여행계약서를 내주지 아니한 경우

263. 관할 등록기관 등의 장이 관계공무원으로 하여금 허가 또는 신고 없이 영업을 한 사업장을 폐쇄하기 위한 조치로 해당되지 않는 사항은?
① 당해 영업소의 간판, 기타 영업 표지물의 제거·삭제
② 당해 영업소가 위법한 것임을 알리는 게시물 등의 부착
③ 당해 영업소가 작성한 장부의 압수·수색
④ 영업을 위하여 꼭 필요한 시설물 또는 기구 등을 사용할 수 없게 하는 봉인

264. 과징금 통보를 받은 자는 등록기관 등의 장이 정하는 수납기관에 과징금을 며칠 이내에 납부해야 하는가?
① 7일 이내   ② 10일 이내   ③ 20일 이내   ④ 30일 이내

265. 관광사업자 또는 사업계획의 승인을 받은 자가 지위승계 신고를 위반한 경우 3차 행정처분은?
① 시정명령   ② 사업정지 1월
③ 사업정지 2월   ④ 취소

266. 사위, 기타 부정한 방법으로 관광종사원 자격을 취득한 자에 대한 행정처분은?
① 자격정지 1월   ② 자격정지 3월
③ 자격정지 5월   ④ 자격취소

267. 국외여행 인솔자의 자격요건을 갖추지 못한 자에게 국외여행을 인솔하게 한 경우 행정처분 내용이 잘못된 것은?
① 1차 : 10일
② 2차 : 20일
③ 3차 : 1개월
④ 4차 : 취소

268. 기획여행의 실시요건 또는 실시방법을 위반한 경우 과징금 부과내용이 올바른 것은?
① 일반여행업 – 400만원, 국외여행업 – 200만원
② 일반여행업 – 400만원, 국외여행업 – 200만원, 국내여행업 – 100만원
③ 일반여행업 – 800만원, 국외여행업 – 400만원, 국내여행업 – 200만원
④ 일반여행업 – 800만원, 국외여행업 – 400만원

269. 업종별 관광협회를 설립할 수 있는 범위는?
① 특별시 단위
② 광역시 단위
③ 도 단위
④ 전국 단위

270. 관광개발 기본계획은 얼마마다 수립해야 하는가?
① 1년
② 3년
③ 5년
④ 10년

271. 권역별 관광개발 계획에 포함되는 사항이 아닌 것은?
① 관광자원의 보호·개발·이용·관리 등에 관한 사항
② 관광지 및 관광단지의 조성·정비·보완 등에 관한 사항
③ 관광사업의 추진에 관한 사항
④ 관광권역별 관광개발의 기본 방향에 관한 사항

272. 다음 중 문화체육관광부장관의 승인을 얻어야 하는 경미한 권역계획의 변경사항과 관련이 없는 것은?
① 관광자원의 보호·이용 및 관리 등에 관한 사항
② 관광지 또는 관광단지 면적(권역계획상의 면적)의 확대
③ 관광지 등의 면적의 100분의 30 이내의 확대
④ 지형여건 등에 따른 관광지 등의 구역조정(30/100 이내 조정)이나 명칭변경

273. 다음은 관광지 및 관광단지를 지정할 때 고시해야 할 사항이다. 해당되지 않는 것은?
① 고시연월일
② 관광지 등의 위치 및 면적

③ 관광시설계획

④ 관광지 등의 구역이 표시된 축척 2만 5천분의 1 이상의 지형도

274. 관광지 등의 조성계획을 작성할 수 있는 자는?
① 문화체육관광부장관
② 시·도지사
③ 시장·군수·구청장·특별자치도지사
④ 한국관광공사사장

275. 시·도지사가 관광지 등을 지정하고자 할 때 관계행정 기관의 장과 협의하지 않아도 되는 경미한 면적의 변경은?
① 관광지 등 지정면적의 100분의 10 이내의 면적의 변경
② 관광지 등 지정면적의 100분의 20 이내의 면적의 변경
③ 관광지 등 지정면적의 100분의 30 이내의 면적의 변경
④ 관광지 등 지정면적의 100분의 50 이내의 면적의 변경

276. 다음 중 관광사업자에 대한 행정처분 기준과 거리가 먼 것은?
① 위반행위가 2 이상일 때는 그중 가벼운 처분기준에 따른다.
② 처분기준이 모두 사업정지인 경우 중한 처분기준의 2분의 1까지 가중처분할 수 있다.
③ 위반행위의 횟수에 따른 행정처분의 기준은 최근 1년간 같은 위반행위로 행정처분을 받은 경우에 적용한다.
④ 2분의 1까지 가중처분 할 때 각 처분기준을 합산한 기간을 초과할 수 없다.

277. 국제회의 유치·개최에 관한 지원을 받고자 하는 자는 관계서류를 누구에게 제출하여야 하는가?
① 문화체육관광부장관   ② 한국관광공사사장
③ 지방자치단체의 장   ④ 국제회의전담조직의 장

278. 국고보조금을 교부받고자 하는 자가 문화체육관광부장관에게 제출하여야 할 서류가 아닌 것은?
① 사업개요 및 효과   ② 사업공정계획
③ 사업자의 재산현황   ④ 총사업비 및 보조금액의 산출내역

279. 관광통역안내사 자격이 없는 자를 종사하게 한 경우 일반여행업자의 과징금 금액은 얼마인가?
① 200만원　　② 400만원　　　③ 600만원　　　④ 800만원

280. 관할 등록기관 등의 장이 청문을 실시해야 하는 사항에 해당하지 않는 것은?
① 국고보조금의 지급결정　　② 관광사업의 등록 등 취소
③ 사업계획 승인의 취소　　　④ 관광종사원 자격의 취소

281. 다음 중 유원시설업의 허가를 받은 자의 변경신고 사항에 해당하는 것은?
① 대표자 또는 상호의 변경
② 영업소의 소재지 변경
③ 안전성검사 대상 유기기구의 영업장내에서의 신설·이전·폐기
④ 영업장 면적의 변경

282. 다음 중 사업장에 붙일 수 있는 관광표지가 아닌 것은?
① 관광사업장 표지　　　　　② 관광사업 등록증 및 지정증
③ 유원시설업 지정증　　　　④ 관광식당 표지(관광식당업에 한한다)

283. 관광사업장 표지에 대한 설명으로 틀린 것은?
① 소재는 놋쇠로 한다.　　　② 그림색은 녹색으로 한다.
③ 표지의 두께는 5㎜로 한다.　④ 가로×세로는 40㎝×30㎝이다.

284. 관광진흥법령 상 과태료 부과대상이 아닌 내용은?
① 안전관리자가 유기시설 및 유기기구의 안전관리에 관한 교육을 정기적으로 안 받은 경우
② 유원시설업자가 안전관리자에게 안전교육을 받도록 하지 아니한 자
③ 관광사업자가 관광사업 시설을 타인에게 처분하거나 타인에게 경영하도록 한 경우
④ 카지노 사업자가 영업준칙을 지키지 않은 경우

285. 관광식당 표지에 대한 설명으로 틀린 것은?
① 흰색바탕에 원은 오렌지색, 글씨는 검은색으로 한다.
② 크기와 제작방법은 문화체육관광부장관이 별도로 정한다.
③ 지정권자의 표기는 한글·영문 또는 한문 중 하나를 선택하여 사용한다.
④ 소재는 놋쇠로 한다.

286. 자동차 야영장업의 편의시설 중 갖추지 않아도 되는 시설은?
    ① 상·하수도 시설　　　　　② 전기시설
    ③ 취사시설　　　　　　　　④ 수질오염 방지시설

287. 실내 관광공연장의 시설기준으로 틀린 것은?
    ① 70㎡ 이상의 무대를 갖추고 있을 것
    ② 출연자가 연습하거나 대기 또는 분장할 수 있는 공간을 갖추고 있을 것
    ③ 비상시에 관람객이 공연장을 손쉽게 탈출할 수 있도록 5개 이상의 출입구
      를 갖추고 있을 것
    ④ 다중이용업소의 영업장에 설치하는 안전시설 등의 설치기준에 적합할 것

288. 국제회의시설업의 등록기준 중 갖추어야 할 부대시설이 아닌 것은?
    ① 주차시설　　　　　　　　② 음식시설
    ③ 쇼핑시설　　　　　　　　④ 휴식시설

289. 카지노업의 허가를 받은 자의 변경신고 사항인 것은?
    ① 대표자의 변경
    ② 영업소 소재지의 변경
    ③ 시설 또는 기구의 2분의 1 미만의 변경 또는 교체
    ④ 영업종류의 변경

290. 실외 관광공연장업의 시설기준에 맞는 것은?
    ① 70㎡ 이상의 무대를 갖출 것
    ② 우리나라의 전통가무 공연이 총 공연시간의 3분의 1 이상일 것
    ③ 남녀용으로 구분된 화장실이 있을 것
    ④ 비상시에 공연장을 손쉽게 탈출할 수 있도록 3개 이상의 출입구를 갖추고
      있을 것

291. 국제회의산업 육성에 관한 법률의 제정 목적과 거리가 먼 것은?
    ① 국제회의의 유치를 촉진
    ② 국제회의산업을 육성·진흥
    ③ 관광산업의 발전과 국민경제의 향상
    ④ 관광진흥과 관광시설의 서비스 개선

292. 국제기구에 가입하지 아니한 기관 또는 법인·단체가 개최하는 국제회의의 경우 참가자 중 외국인의 수는 얼마 이상이어야 하는가?
① 100인 이상   ② 150인 이상
③ 200인 이상   ④ 250인 이상

293. 국제회의시설의 부대시설과 거리가 먼 것은?
① 휴식시설   ② 주차시설
③ 판매시설   ④ 공연시설

294. 전시시설이 갖추어야 할 30명 이상의 인원을 수용할 수 있는 중·소회의실 수는?
① 10실 이상   ② 3실 이상
③ 5실 이상   ④ 2실 이상

295. 다음 관광 관련 법규 중 제주특별자치도에 이양되지 않는 관광 3법이 아닌 것은?
① 관광진흥법   ② 관광기본법
③ 관광진흥개발기금법   ④ 국제회의산업 육성에 관한 법률

296. 관광기본법의 성격이 아닌 것은?
① 급부법적인 성격   ② 조성법적인 성격
③ 책무법적인 성격   ④ 시행법적인 성격

297. 관광기본법의 지도원칙과 거리가 먼 것은?
① 과잉급부 금지의 원칙   ② 법률 불적합성의 원칙
③ 신뢰보호의 원칙   ④ 보충성의 원칙

298. 일정한 궤도·주로·지역을 가지고 있으며, 시속 5㎞ 이하 속도로 이용자 스스로 참여하여 운행되는 안전성검사 대상이 아닌 유기기구 또는 유기시설의 유형은?
① 주행형   ② 고정형
③ 관람형   ④ 놀이형

299. 시·도지사가 문화체육관광부장관으로부터 위임받은 사항을 시장·군수·구청장에게 재위임 시의 절차는?
① 문화체육관광부장관 인가   ② 문화체육관광부장관 허가
③ 문화체육관광부장관 승인   ④ 문화체육관광부장관 위임

300. 다음 중 국고보조금을 교부받은 자가 문화체육관광부장관에게 신고해야 할 사항과 관계없는 것은?
① 성명이나 주소를 변경한 경우
② 정관이나 규약을 변경한 경우
③ 해산이나 파산한 경우
④ 사업계획을 변경한 경우

301. 국외여행자의 출국납부금 중에 일정액을 국제회의와 관련된 업무에 비용의 전부 또는 일부를 지원할 수 있다. 관계가 먼 것은?
① 전담조직의 운영
② 국제회의 유치 또는 그 개최자에 대한 지원
③ 국제회의산업 육성기반 조성사업
④ 국제회의산업 육성위원회 지원

302. 국제회의산업 육성기반의 조성을 위한 사업시행 기관과 거리가 먼 것은?
① 고등교육법에 따른 대학·산업대학 및 전문대학
② 국제회의 도시
③ 한국관광협회 중앙회
④ 한국관광공사

303. 관광종사원에 대한 행정처분 기준과 거리가 먼 내용은?
① 위반행위가 2 이상일 경우에는 그 중 중한 처분기준에 따른다.
② 위반행위의 횟수에 따른 행정처분의 기준은 최근 1년간 같은 위반행위로 행정처분을 받은 경우에 적용한다.
③ 위반행위가 고의나 중대한 과실이 아닌 사소한 부주의나 오류로 인한 것으로 인정되는 경우 처분의 2분의 1 범위에서 그 처분을 감경할 수 있다.
④ 위반행위자가 처음 해당 위반행위를 한 경우로서 5년 이상 관광종사원으로서 모범적으로 일해 온 사실이 인정되는 경우에 처분의 2분의 1 범위에서 그 처분을 감경할 수 있다.

304. 외국인 의료관광 유치·지원 관련기관과 관계없는 것은?
① 「의료해외 진출 및 외국인환자 유치지원에 관한 법률」에 따라 등록한 외국인 환자 유치 의료기관
② 「의료해외 진출 및 외국인환자 유치지원에 관한 법률」에 따라 등록한 외국인 환자 유치업자
③ 한국관광공사
④ 의료관광 활성화를 위한 사업의 추진실적이 있는 보건·의료·관광 관련기관

305. 다음 중 외국인 의료관광 지원과 거리 먼 사항은 어느 것인가?
    ① 문화체육관광부장관은 외국인 의료관광 전문인력을 양성하는 전문교육기관 중에서 우수 전문교육기관이나 우수 교육과정을 선정하여 지원할 수 있다.
    ② 문화체육관광부장관은 외국인 의료관광 유치·지원 관련기관에 관광진흥개발기금을 관광진흥법에 따라 대여나 보조할 수 있다.
    ③ 문화체육관광부장관은 국내외에 외국인 의료관광 유치 안내센터를 설치·운영할 수 있다.
    ④ 문화체육관광부장관은 지방자치단체장이나 의료기관 또는 유치업자와 공동으로 해외마케팅 사업을 추진할 수 있다.

306. 관광진흥법령상 야영장업의 안전·위생기준으로 옳지 않은 것은?
    ① 매월 1회 이상 야영장 내 시설물에 대한 안전점검을 실시하여야 한다.
    ② 야영장 내에서 차량이 시간당 30㎞ 이하의 속도로 서행하도록 안내판을 설치하여야 한다.
    ③ 야영장 천막 2개소 또는 100㎡마다 1개 이상의 소화기를 눈에 띄기 쉬운 곳에 배치하여야 한다.
    ④ 문화체육관광부장관이 정하는 안전교육을 연 1회 이수하여야 한다.

307. 한국관광 품질인증을 할 수 있는 권한은 누구에게 있는가?
    ① 시·도지사   ② 문화체육관광부장관
    ③ 시장·군수·구청장   ④ 한국관광공사사장

308. 호스텔업의 등록기준과 관계없는 것은?
    ① 배낭여행객 등 개별관광객의 숙박에 적합한 객실을 30실 이상 갖추고 있을 것
    ② 이용자의 불편이 없도록 화장실·샤워장·취사장 등의 편의시설을 갖추고 있을 것
    ③ 외국인 및 내국인 관광객에게 서비스를 제공할 수 있는 문화·정보교류시설을 갖추고 있을 것
    ④ 대지 및 건물의 소유권 또는 사용권을 확보할 것

309. 다음 중 문화관광축제의 지정기준과 거리가 먼 것은?
    ① 축제의 운영능력
    ② 전년도 축제참가 관광객 수
    ③ 축제의 특성 및 콘텐츠
    ④ 관광객 유치효과 및 경제적 파급효과

310. 다음 중 지방자치단체의 장이 문화체육관광부장관에게 보고해야 하는 사항이 아닌 것은?
① 관광사업 등록현황　　　② 사업계획 승인현황
③ 관광지 등 지정현황　　　④ 분양 또는 회원모집 현황

311. 여행업자가 여행자와 국외여행계약을 체결할 때 여행지에 대한 안전정보를 제공해야 하는 내용과 관계없는 것은?
① 테러발생이나 전염병 발생국가에 대한 정보
② 여권의 사용을 제한하거나 방문·체류를 금지하는 국가목록
③ 외교부 해외안전여행 인터넷 홈페이지에 게재된 여행 목적지의 여행경보 단계 및 국가별 안전정보
④ 해외여행자 인터넷 등록제도에 관한 안내

312. 다음 중 관광진흥법령의 내용과 거리가 먼 것은?
① 문화체육관광부장관은 지역축제의 통폐합 등을 포함한 그 발전 방향에 대하여 지방자치단체의 장에게 의견을 제시하거나 권고할 수 있다.
② 문화체육관광부장관은 다양한 지역 관광자원을 개발·육성하기 위하여 우수한 지역축제를 문화관광축제로 지정하고 지원할 수 있는데, 등급별로 구분하여 지정하거나 등급별로 차등을 두어 지원할 수 있다.
③ 관광단지에 전기를 공급하는 전기 간선시설 및 배전시설의 설치비용은 전기를 공급하는 자가 부담한다.
④ 사업시행자가 관광지등 조성사업의 전부 또는 일부를 완료한 때에는 지체 없이 시·도지사에게 준공검사를 받아야 한다.

313. 국제회의산업 육성에 관한 법령상 국제회의 복합지구의 지정 등에 관한 설명으로 옳지 않은 것은?
① 문화체육관광부장관은 국제회의산업의 진흥을 위하여 필요한 경우에는 일정 지역을 국제회의 복합지구로 지정할 수 있다.
② 국제회의 복합지구 지정 대상 지역 내에 전문회의시설이 있어야 한다.
③ 국제회의 복합지구의 지정 면적은 400만 제곱미터 이내로 한다.
④ 국제회의 복합지구 지정 대상 지역이나 그 인근 지역에 교통시설·교통안내체계 등 편의시설이 갖추어져 있어야 한다.

314. 관광진흥법령상 관광숙박업 종사원 업무별 자격기준을 바르게 연결한 것이 아닌 것은?
    ① 호텔관리사 - 4성급 이상의 관광호텔업의 총괄관리 및 경영업무
    ② 호텔경영사 - 4성급 이상의 관광호텔업의 총괄관리 및 경영업무
    ③ 호텔경영사 - 4성급 이상의 관광호텔업의 객실관리 책임자 업무
    ④ 호텔관리사 - 4성급 이상의 관광호텔업의 객실관리 책임자 업무

315. 관광진흥법령상 지역관광협의회에 관한 설명으로 옳지 않은 것은?
    ① 관광사업자, 관광 관련 사업자, 관광 관련 단체, 주민 등은 공동으로 지역의 관광진흥을 위하여 광역 및 기초 지방자치단체 단위의 지역관광협의회를 설립할 수 있다.
    ② 지역 관광협의회를 설립하려는 자는 해당 지방자치단체의 장의 허가를 받아야 한다.
    ③ 지방자치단체의 장은 지역 관광협의회의 운영 등에 필요한 경비를 전액 지원하여야 한다.
    ④ 지역 관광협의회의 설립 및 지원 등에 필요한 사항은 해당 지방자치단체의 조례로 정한다.

316. 관광진흥법령상 관광의 진흥과 홍보에 관한 설명으로 옳지 않은 것은?
    ① 문화체육관광부장관은 관광에 관한 정보의 활용과 관광을 통한 국제 친선을 도모하기 위하여 관광과 관련된 국제기구를 설립하여야 한다.
    ② 문화체육관광부장관은 관광개발 기본계획을 효과적으로 수립·시행하고 관광산업에 활용하도록 하기 위하여 국내외의 관광통계를 작성할 수 있다.
    ③ 국가 및 지방자치단체는 장애인의 여행 및 관광 활동 권리를 증진하기 위하여 장애인의 관광 지원 사업과 장애인 관광 지원 단체에 대하여 경비를 보조하는 등 필요한 지원을 할 수 있다.
    ④ 문화체육관광부장관은 지역축제의 통폐합 등을 포함한 그 발전방향에 대하여 지방자치단체장에게 의견을 제시하거나 권고할 수 있다.

317. 관광진흥법상 공유자 또는 회원의 권익 보호를 위해서 분양 또는 회원모집을 하는 자가 지켜야 할 사항으로 옳지 않은 것은?
    ① 해당 시설을 선량한 관리자로서의 주의 의무를 다하여 관리하되, 시설의 유지·관리에 드는 비용 외의 비용을 징수하지 아니할 것
    ② 시설의 유지·관리에 드는 비용의 징수에 관한 사항을 변경하려는 경우에

는 공유자 및 회원과 협의하고, 그 협의 결과를 해당 관할기관으로부터 확인 받을 것

③ 회원의 입회기간 및 입회금의 반환은 관광사업자 또는 사업계획승인을 받은 자와 회원 간에 체결한 계약에 따르되, 회원의 입회 기간이 끝나 입회금을 반환하여야 하는 경우에는 입회금 반환을 요구받은 날부터 10일 이내에 반환할 것

④ 분양 또는 회원모집계약서에 사업계획의 승인번호 · 일자(관광사업으로 등록된 경우에는 등록번호 · 일자), 시설물의 현황 · 소재지, 연간 이용일수 및 회원의 입회기간을 명시할 것

318. 국제회의산업 육성에 관한 법률상 문화체육관광부장관이 국제회의 정보의 공급 · 활용 및 유통을 촉진하기 위하여 사업시행기관의 추진 사업 중 지원할 수 있는 사업이 아닌 것은?
① 국제회의 정보 및 통계의 수집 · 분석
② 국제회의 정보의 가공 및 유통
③ 국제회의 정보망의 구축 및 운영
④ 국제회의 사업시행기관의 인사정보 제공

319. 관광진흥법상 한국관광협회중앙회가 수행하는 업무로 명시된 것을 모두 고른 것은?

ㄱ. 관광통계	ㄴ. 관광종사원의 교육과 사후관리
ㄷ. 관광 수용태세 개선	ㄹ. 관광안내소의 운영
ㅁ. 관광 홍보 및 마케팅 지원	

① ㄱ, ㄴ, ㄷ
② ㄱ, ㄴ, ㄹ
③ ㄴ, ㄹ, ㅁ
④ ㄷ, ㄹ, ㅁ

320. 관광진흥법령상 관광지 등의 개발에 관한 내용으로 옳은 것은?
① 관광지 및 관광단지는 시 · 도지사의 신청에 의하여 문화체육관광부장관이 지정한다.
② 관광지로 지정 · 고시된 날부터 5년 이내에 조성계획의 승인신청이 없으면 그 고시일로부터 5년이 지난 다음 날에 그 지정의 효력이 상실된다.
③ 사업시행자는 그가 개발하는 토지를 분양받으려는 자와 그 금액 및 납부방법에 관한 협의를 거쳐 그 대금의 전부 또는 일부를 미리 받을 수 있다.
④ 관광단지 조성사업의 시행자의 요청에 따라 관광단지에 전기를 공급하는

자가 설치하는 전기간선시설의 설치비용은 관광단지 조성사업의 시행자가 부담한다.

321. 관광진흥개발기금법령상 기금 대여의 취소 및 회수에 관한 내용으로 옳은 것은?
① 기금을 목적 외의 용도에 사용한 자는 그 사실이 발각된 날부터 3년 이내에 기금을 대여 받을 수 없다.
② 대여금 또는 보조금의 반환 통지를 받은 자는 그 통지를 받은 날부터 2개월 이내에 해당 대여금 또는 보조금을 반환하여야 한다.
③ 대여조건을 이행하지 아니하였음을 이유로 그 대여를 취소하거나 지출된 기금을 회수할 수 없다.
④ 기금을 보조받은 자는 문화체육관광부장관의 승인을 얻은 경우에 한하여 지정된 목적 외의 용도에 기금을 사용할 수 있다.

322. 국제회의산업 육성에 관한 법령상 국제회의 복합지구에 관한 설명으로 옳지 않은 것은?
① 국제회의복합지구의 지정요건 중 하나로 지정대상 지역 내에 전문회의시설이 있을 것을 요한다.
② 국제회의복합지구의 지정면적은 400만 제곱미터 이내로 한다.
③ 시·도지사는 국제회의복합지구를 지정한 날로부터 1개월 내에 국제회의복합지구 육성·진흥계획을 수립하여 문화체육관광부장관의 승인을 받아야 한다.
④ 시·도지사는 수립된 국제회의복합지구 육성·진흥계획에 대하여 5년마다 그 타당성을 검토하여야 한다.

323. 국제회의산업 육성에 관한 법령상 국제회의복합지구의 국제회의시설에 대하여 감면할 수 있는 부담금을 모두 고른 것은?

ㄱ. 초지법에 따른 대체초지조성비
ㄴ. 농지법에 따른 농지보전부담금
ㄷ. 산지관리법에 따른 대체산림자원조성비
ㄹ. 도시교통정비 촉진법에 따른 교통유발부담금

① ㄷ, ㄹ ② ㄱ, ㄴ, ㄷ
③ ㄱ, ㄴ, ㄹ ④ ㄱ, ㄴ, ㄷ, ㄹ

324. 관광진흥법령상 관광숙박업에 대한 사업계획의 승인을 받은 경우, 그 사업계획에 따른 관광숙박시설을 학교환경위생 정화구역 내에 설치할 수 있는 요건에 해당하지 않는 것은?
① 관광숙박시설의 객실이 100실 이상일 것
② 특별시 또는 광역시 내에 위치할 것
③ 관광숙박시설 내 공용공간을 개방형 구조로 할 것
④ 학교보건법에 따른 학교 출입문 또는 학교설립예정지 출입문으로부터 직선거리로 75미터 이상에 위치할 것

325. 관광진흥법령상 관광숙박업의 등급에 관한 내용으로 옳지 않은 것은?
① 문화체육관광부장관은 관광숙박업에 대한 등급결정을 하는 경우 유효기간을 정하여 등급을 정할 수 있다.
② 관광숙박업 중 호텔업의 등급은 5성급·4성급·3성급·2성급 및 1성급으로 구분한다.
③ 문화체육관광부장관은 관광숙박업에 대한 등급결정 결과에 관한 사항을 공표할 수 있다.
④ 의료관광호텔업의 등록을 한 자는 등급결정을 받은 날로부터 2년이 지난 경우 희망하는 등급을 정하여 등급결정을 신청해야 한다.

326. 관광진흥법령상 관광종사원에 관한 내용으로 옳지 않은 것은?
① 외국인 관광객을 대상으로 하는 여행업자는 관광통역안내의 자격을 가진 사람을 관광안내에 종사하게 하여야 한다.
② 관광종사원 자격증을 가진 자는 그 자격증을 못 쓰게 되면 문화체육관광부장관에게 그 자격증의 재교부를 신청할 수 있다.
③ 관광종사원이 거짓이나 그 밖의 부정한 방법으로 자격을 취득한 경우에는 그 자격을 취소하여야 한다.
④ 관광종사원으로서 직무를 수행하는 데에 비위(非違) 사실이 있는 경우에는 1년 이내의 기간을 정하여 그 관광종사원의 자격의 정지를 명하여야 한다.

327. 관광진흥법령상 유기시설 등에 의한 중대한 사고로 볼 수 없는 것은?
① 사망자가 발생한 경우
② 의식불명 또는 신체기능 일부가 심각하게 손상된 중상자가 발생한 경우
③ 사고 발생일부터 3일 이내에 실시된 의사의 최초 진단결과 3주 이상의 입원치료가 필요한 부상자가 동시에 3명 이상 발생한 경우
④ 사고 발생일부터 3일 이내에 실시된 의사의 최초 진단결과 1주 이상의 입원치료가 필요한 부상자가 동시에 5명 이상 발생한 경우

328. 관광진흥법령상 여행이용권을 지급할 수 있는 관광취약 계층이 아닌 것은?
① 「국민 기초생활보장법」에 따른 수급자
② 「국민 기초생활보장법」에 따른 차상위 계층
③ 「한 부모 가족지원법」에 따른 지원대상자
④ 그밖에 경제적·사회적 제약 등으로 인하여 관광활동을 영위하기 위하여 지원이 필요한 사람으로서 문화체육관광부장관이 정하여 고시하는 기준에 해당하는 사람

329. 다음 중 관광진흥법령상 과태료 부과대상이 아닌 경우는?
① 유원시설업자가 유기시설 또는 유기기구에 대해 사용중지, 개선 또는 철거 명령을 위반한 경우
② 관광통역안내사 자격이 없는 자가 관광통역 안내를 한 경우
③ 관광통역안내사 자격이 있는 자가 안내 행위를 할 때 자격증을 패용하지 않은 경우
④ 유원시설업자가 안전관리자에게 안전교육을 받도록 하지 않은 경우

330. 국제회의산업 육성에 관한 법령에 따라 국제회의 집적시설의 종류와 규모에 해당하는 것이 아닌 것은?
① 「관광진흥법」에 따른 관광숙박업의 시설로서 100실 이상의 객실을 보유한 시설
② 「유통산업 발전법」에 따른 대규모 점포
③ 「공연법」에 따른 공연장으로서 500석 이상의 객석을 보유한 공연장
④ 「국제회의산업 육성에 관한 법률」에 따른 전시 시설

2016년도 관광법규 기출문제

1. 관광진흥법령상 특별자치도지사·시장·군수·구청장의 허가를 받아야 하는 관광사업은?
   ① 종합유원시설업
   ② 국제회의업
   ③ 카지노업
   ④ 휴양 콘도미니엄업

2. 관광진흥법령상 식품위생 법령에 따른 유흥주점 영업의 허가를 받은 자가 관광객이 이용하기 적합한 한국 전통 분위기의 시설을 갖추어 그 시설을 이용하는 자에게 음식을 제공하고 노래와 춤을 감상하게 하거나 춤을 추게 하는 관광사업은?
   ① 관광극장유흥업
   ② 관광유흥음식점업
   ③ 외국인전용 유흥음식점업
   ④ 관광공연장업

3. 관광진흥법령상 지역별 관광협회에 지정신청을 해야 하는 관광 편의시설업은?
   ① 관광순환버스업
   ② 여객자동차터미널시설업
   ③ 관광궤도업
   ④ 관광면세업

4. 관광진흥법령상 관광사업자가 아닌 자가 상호에 포함하여 사용할 수 없는 명칭을 모두 고른 것은?

   > ㄱ. 관광숙박업과 유사한 영업의 경우 관광호텔과 휴양 콘도미니엄
   > ㄴ. 관광공연장업과 유사한 영업의 경우 관광공연
   > ㄷ. 관광펜션업과 유사한 영업의 경우 관광펜션
   > ㄹ. 관광면세업과 유사한 영업의 경우 관광면세

   ① ㄱ, ㄷ
   ② ㄴ, ㄹ
   ③ ㄱ, ㄴ, ㄹ
   ④ ㄱ, ㄴ, ㄷ, ㄹ

5. 관광진흥법상 관광시설의 타인 경영 및 처분과 위탁 경영에 관한 설명으로 옳지 않은 것은?
   ① 관광진흥법에 따른 안전성검사를 받아야 하는 유기시설 및 유기기구는 타인에게 경영하도록 할 수 없다.
   ② 카지노업의 허가를 받는 데 필요한 시설과 기구는 그 용도로 계속하여 사용하는 것을 조건으로 타인에게 처분할 수 없다.
   ③ 관광사업자가 관광숙박업의 객실을 타인에게 위탁하여 경영하게 하는 경우, 해당 시설의 경영은 관광사업자의 명의로 하여야 한다.

④ 관광사업자가 관광숙박업의 객실을 타인에게 위탁하여 경영하게 하는 경우, 이용자 또는 제3자와의 거래행위에 따른 대외적 책임은 위탁받은 자가 부담하여야 한다.

6. 관광진흥법령상 관광숙박업 등의 등급결정에 관한 설명으로 옳지 않은 것은?
① 호텔업 등급결정의 유효기간은 등급결정을 받은 날부터 3년으로 한다.
② 관광호텔업 등급결정 보류의 통지를 받은 신청인은 그 보류의 통지를 받은 날부터 60일 이내에 신청한 등급과 동일한 등급 또는 낮은 등급으로 호텔업 등급결정의 재신청을 하여야 한다.
③ 관광펜션업을 신규 등록한 경우 희망하는 등급을 정하여 등급결정을 신청하여야 한다.
④ 등급결정 수탁기관은 평가의 공정성을 위하여 필요하다고 인정하는 경우에는 평가를 마칠 때까지 평가의 일정 등을 신청인에게 알리지 아니할 수 있다.

7. 관광진흥법령상 손익계산서에 표시된 직전사업연도의 매출액이 2천억원인 일반여행업자가 기획여행을 실시하려는 경우 추가로 가입하거나 예치하고 유지하여야 할 보증보험등의 가입금액 또는 영업보증금의 예치금액은?
① 2억원 ② 3억원 ③ 5억원 ④ 7억원

8. 관광진흥법령상 폐광지역 카지노사업자의 영업준칙에 관한 설명으로 옳지 않은 것은?
① 매일 오전 6시부터 오전 10시까지는 영업을 하여서는 아니 된다.
② 머신게임의 게임기 전체 수량 중 2분의 1 이상은 그 머신게임기에 거는 금액의 단위가 100원 이하인 기기를 설치하여 운영하여야 한다.
③ 카지노 이용자에게 자금을 대여하여서는 아니 된다.
④ 모든 카지노 영업장에서는 주류를 판매하거나 제공하여서는 아니 된다.

9. 관광진흥법령에 따른 행정처분 시 법령에 명시된 처분감경 사유가 아닌 것은?
① 위반행위가 고의나 중대한 과실이 아닌 사소한 부주의나 오류로 인한 것으로 인정되는 경우
② 위반행위를 즉시 시정하고 소비자 피해를 보상한 경우
③ 위반의 내용·정도가 경미하여 소비자에게 미치는 피해가 적다고 인정되는 경우
④ 위반 행위자가 처음 해당 위반행위를 한 경우로서, 5년 이상 관광사업을 모범적으로 해 온 사실이 인정되는 경우

10. 관광진흥법상 관할 등록기관등의 장이 관광사업의 등록등을 취소할 수 있는 사유가 아닌 것은?
    ① 등록기준에 적합하지 아니하게 된 경우
    ② 관광진흥법을 위반하여 관광사업의 시설을 타인에게 처분하거나 타인에게 경영하도록 한 경우
    ③ 지나친 사행심 유발을 방지하기 위한 문화체육관광부장관의 지도와 명령을 카지노사업자가 이행하지 아니한 경우
    ④ 관광진흥법에 따른 보험 또는 공제에 가입하지 아니하거나 영업보증금을 예치하지 아니한 경우

11. 관광진흥법상 관할 등록기관등의 장이 영업소를 폐쇄하기 위하여 취할 수 있는 조치로서 명시되지 않은 것은?
    ① 해당 영업소의 간판이나 그 밖의 영업표지물의 제거 또는 삭제
    ② 영업에 사용되는 시설물 또는 기구 등에 대한 압류
    ③ 해당 영업소가 적법한 영업소가 아니라는 것을 알리는 게시물 등의 부착
    ④ 영업을 위하여 꼭 필요한 시설물 또는 기구 등을 사용할 수 없게 하는 봉인

12. 관광진흥법상 (   )에 들어갈 내용이 순서대로 옳은 것은?

관할 등록기관등의 장은 관광사업자에게 사업 정지를 명하여야 하는 경우로서 그 사업의 정지가 그 이용자 등에게 심한 불편을 주거나 그 밖에 공익을 해칠 우려가 있으면 사업 정지 처분을 갈음하여 (   ) 이하의 (   )을(를) 부과할 수 있다.

    ① 1천만원, 벌금   ② 1천만원, 과태료
    ③ 2천만원, 과징금   ④ 3천만원, 이행강제금

13. 관광진흥법령상 관할 등록기관등의 장이 4성급 이상의 관광호텔업의 총괄관리 및 경영업무에 종사하도록 해당 관광사업자에게 권고할 수 있는 관광종사원의 자격은?
    ① 호텔경영사   ② 호텔관리사
    ③ 관광통역안내사   ④ 호텔서비스사

14. 관광진흥법령상 관광숙박업에 해당하는 것을 모두 고른 것은?

ㄱ. 한옥체험업	ㄴ. 호스텔업
ㄷ. 의료관광호텔업	ㄹ. 외국인관광 도시민박업

    ① ㄱ, ㄴ   ② ㄴ, ㄷ   ③ ㄱ, ㄷ, ㄹ   ④ ㄴ, ㄷ, ㄹ

15. 관광진흥법령상 여행계약 등에 관한 설명으로 옳지 않은 것은?
    ① 여행업자는 여행자와 계약을 체결할 때에는 여행자를 보호하기 위하여 해당 여행지에 대한 안전정보를 서면으로 제공하여야 한다.
    ② 여행업자는 해당 여행지에 대한 안전정보가 변경된 경우에는 여행자에게 이를 서면으로 제공하지 않아도 된다.
    ③ 여행업자는 여행자와 여행계약을 체결하였을 때에는 그 서비스에 관한 내용을 적은 여행계약서 및 보험 가입 등을 증명할 수 있는 서류를 여행자에게 내주어야 한다.
    ④ 여행업자는 천재지변, 사고, 납치 등 긴급한 사유가 발생하여 여행자로부터 사전에 일정변경 동의를 받기 어렵다고 인정되는 경우에는 사전에 일정변경 동의서를 받지 아니할 수 있다.

16. 관광진흥법령상 유기시설 또는 유기기구로 인하여 중대한 사고가 발생한 경우 특별자치도지사·시장·군수·구청장이 자료 및 현장조사 결과에 따라 유원시설업자에게 명할 수 있는 조치에 해당하지 않는 것은?
    ① 배상 명령   ② 개선 명령   ③ 철거 명령   ④ 사용중지 명령

17. 관광진흥법령상 관광특구에 관한 설명으로 옳은 것은?
    ① 국가나 지방자치단체는 관광특구를 방문하는 외국인 관광객의 관광 활동을 위한 편의 증진 등 관광특구 진흥을 위하여 필요한 지원을 할 수 있다.
    ② 문화체육관광부장관은 관광특구를 방문하는 외국인 관광객의 유치 촉진 등을 위하여 관광특구진흥계획을 수립하고 시행하여야 한다.
    ③ 문화체육관광부장관은 수립된 진흥계획에 대하여 5년마다 그 타당성을 검토하고 진흥계획의 변경 등 필요한 조치를 하여야 한다.
    ④ 관광특구는 시·도지사의 신청에 따라 문화체육관광부장관이 지정한다.

18. 관광진흥법령상 관광개발계획에 관한 설명으로 옳지 않은 것은?
    ① 문화체육관광부장관은 관광자원을 효율적으로 개발하고 관리하기 위하여 전국을 대상으로 관광개발기본계획을 수립하여야 한다.
    ② 시·도지사(특별자치도지사 제외)는 관광개발기본계획에 따라 구분된 권역을 대상으로 권역별 관광개발계획을 수립하여야 한다.
    ③ 관광개발기본계획은 10년마다, 권역별 관광개발계획은 5년마다 수립한다.
    ④ 둘 이상의 시·도에 걸치는 지역이 하나의 권역계획에 포함되는 경우에는 문화체육관광부장관이 권역별 관광개발계획을 수립하여야 한다.

19. 국제회의산업 육성에 관한 법령상 국제회의 전담조직의 업무로 옳지 않은 것은?
  ① 국제회의의 유치 및 개최 지원
  ② 국제회의 전문인력의 교육 및 수급
  ③ 국제회의산업육성기본계획의 수립
  ④ 지방자치단체의 장이 설치한 전담조직에 대한 지원 및 상호 협력

20. 국제회의산업 육성에 관한 법령상 (   )에 들어갈 내용이 순서대로 옳은 것은?

> 국제회의시설 중 준회의시설은 국제회의 개최에 필요한 회의실로 활용할 수 있는 호텔연회장·공연장·체육관 등의 시설로서 다음의 요건을 모두 갖추어야 한다.
> 1. (   )명 이상의 인원을 수용할 수 있는 대회의실이 있을 것
> 2. (   )명 이상의 인원을 수용할 수 있는 중·소회의실이 (   )실 이상 있을 것

  ① 2천, 30, 5   ② 2천, 10, 5   ③ 200, 30, 3   ④ 200, 10, 3

21. 국제회의산업 육성에 관한 법령상 국제회의집적시설의 종류와 규모에 대한 설명 중 (   )에 들어갈 내용이 순서대로 옳은 것은?

> · 관광진흥법에 따른 관광숙박업의 시설로서 (   )실 이상의 객실을 보유한 시설
> · 유통산업발전법에 따른 대규모점포
> · 공연법에 따른 공연장으로서 (   )석 이상의 객석을 보유한 공연장

  ① 30, 300   ② 30, 500   ③ 100, 300   ④ 100, 500

22. 관광진흥개발기금법상 민간자본의 유치를 위하여 관광진흥개발기금을 출자할 수 있는 경우가 아닌 것은?
  ① 장애인 등 소외계층에 대한 국민관광 복지사업
  ② 국제회의산업 육성에 관한 법률에 따른 국제회의시설의 건립 및 확충 사업
  ③ 관광사업에 투자하는 것을 목적으로 하는 투자조합
  ④ 관광진흥법에 따른 관광지 및 관광단지의 조성사업

23. 관광진흥개발기금법상 관광진흥개발기금의 재원으로 옳은 것은?
  ① 한국관광공사로부터 받은 출연금
  ② 카지노사업자의 과태료
  ③ 관광복권사업자의 납부금
  ④ 기금의 운용에 따라 생기는 수익금

24. 관광진흥개발기금법령상 국내 공항과 항만을 통하여 출국하는 자로서 출국납부금의 면제대상이 아닌 자는?
    ① 국제선 항공기의 승무교대를 위하여 출국하는 승무원
    ② 대한민국에 주둔하는 외국의 군인 및 군무원
    ③ 관용여권을 소지하고 있는 공무원
    ④ 입국이 거부되어 출국하는 자

25. 관광기본법의 목적으로 명시되지 않은 것은?
    ① 관광자원과 시설의 확충
    ② 국민경제와 국민복지의 향상
    ③ 건전한 국민관광의 발전 도모
    ④ 국제친선의 증진

< 정답 >

1	①	2	②	3	②	4	④	5	④
6	③	7	④	8	④	9	②	10	③
11	②	12	③	13	①	14	②	15	②
16	①	17	①	18	④	19	③	20	③
21	④	22	①	23	④	24	③	25	①

2017년도 관광법규 기출문제

1. 관광기본법의 내용으로 옳은 것은?
   ① 지방자치단체는 관광진흥에 관한 기본적이고 종합적인 시책을 강구하여야 한다.
   ② 국가는 10년마다 관광진흥장기계획과 5년마다 중기계획을 연동하여 수립하여야 한다.
   ③ 정부는 매년 관광진흥에 관한 보고서를 회계연도개시 전까지 국회에 제출하여야 한다.
   ④ 정부는 관광에 적합한 지역을 관광지로 지정하여 필요한 개발을 하여야 한다.

2. 관광진흥법령에 따른 수수료를 잘못 납부한 경우는?
   ① 관광종사원 자격시험에 응시하면서 30,000원을 납부한 경우
   ② 관광종사원의 등록을 신청하면서 5,000원을 납부한 경우
   ③ 관광종사원 자격증의 재발급을 신청하면서 3,000원을 납부한 경우
   ④ 문화관광해설사 양성을 위한 교육프로그램의 인증을 신청하면서 20,000원을 납부한 경우

3. 관광진흥법령상 관광사업자가 붙일 수 있는 관광사업장의 표지로서 옳지 않은 것은?
   ① 관광사업 허가증 또는 관광객 이용시설업 지정증
   ② 관광사업장 표지
   ③ 등급에 따라 별 모양의 개수를 달리하는 방식으로 문화체육관광부장관이 고시하는 호텔등급 표지(호텔업의 경우에만 해당)
   ④ 관광식당 표지(관광식당업만 해당)

4. 관광진흥법령상 관광사업자 단체에 관한 설명으로 옳은 것은?
   ① 문화체육관광부장관은 관광사업의 건전한 발전을 위하여 한국관광협회를 설립할 수 있다.
   ② 제주특별자치도에는 지역별 관광협회를 둘 수 없지만 협회의 지부를 둘 수 있다.
   ③ 한국관광협회중앙회는 업종별 관광협회를 설립하여야 한다.
   ④ 지역별 관광협회는 시·도지사의 설립허가를 받아야 한다.

5. 관광진흥법령상 관광지 및 관광단지의 개발에 관한 설명으로 옳지 않은 것은?
   ① 문화체육관광부장관은 관광지 및 관광단지를 지정할 수 있다.
   ② 국가는 관광지등의 조성사업과 그 운영에 관련되는 공공시설을 우선하여 설치하도록 노력하여야 한다.

③ 관광개발기본계획에는 관광권역의 설정에 관한 사항이 포함되어야 한다.
④ 권역별 관광개발계획에는 환경보전에 관한 사항이 포함되어야 한다.

6. 관광진흥법령상 관광사업자가 관광사업의 시설 중 타인에게 위탁하여 경영하게 할 수 있는 시설은?
① 카지노업의 허가를 받는데 필요한 시설
② 안전성검사를 받아야 하는 유기시설
③ 관광객 이용시설업의 등록에 필요한 시설 중 문화체육관광부령으로 정하는 시설
④ 관광사업의 효율적 경영을 위한 경우, 관광숙박업의 등록에 필요한 객실

7. 관광진흥법령상 관광객 이용시설업의 종류로 옳지 않은 것은?
① 전문휴양업   ② 일반휴양업   ③ 종합휴양업   ④ 관광유람선업

8. 관광진흥법령상 허가를 받아야 하는 업종을 모두 고른 것은?

| ㄱ. 카지노업 | ㄴ. 기타유원시설업 | ㄷ. 종합유원시설업 |
| ㄹ. 관광순환버스업 | ㅁ. 일반유원시설업 | |

① ㄱ, ㄴ, ㄹ   ② ㄱ, ㄷ, ㅁ   ③ ㄴ, ㄹ, ㅁ   ④ ㄷ, ㄹ, ㅁ

9. 관광진흥법령상 외국인 관광객을 대상으로 하는 여행업에 종사하지만 관광통역 안내의 자격이 없는 甲이 2017년 5월 5일 중국인 관광객을 대상으로 관광안내를 하다가 적발되어서 2017년 6월 5일 과태료처분을 받았다면 甲에게 부과된 과태료 는 얼마인가? (단, 다른 조건은 고려하지 않음)
① 30만원   ② 50만원   ③ 60만원   ④ 100만원

10. 관광진흥법령상 관광숙박업 등의 등록심의위원회 심의대상이 되는 관광객 이용 시설업이나 국제회의업이 아닌 것은?
① 크루즈업   ② 관광호텔업   ③ 전문휴양업   ④ 국제회의시설업

11. 관광진흥법령상 관광통계의 작성범위로 명시된 것을 모두 고른 것은?

| ㄱ. 해외관광지에서 발생한 내국민피해에 관한 사항 |
| ㄴ. 외국인 관광객 대상 범죄율에 관한 사항 |
| ㄷ. 관광지와 관광단지의 현황과 관리에 관한 사항 |
| ㄹ. 관광사업자의 경영에 관한 사항 |

① ㄱ, ㄴ   ② ㄴ, ㄷ   ③ ㄷ, ㄹ   ④ ㄱ, ㄷ, ㄹ

12. 관광진흥법령상 관광사업자가 아닌 자가 상호에 포함하여 사용할 수 없는 명칭으로 옳지 않은 것은?
   ① 관광공연장업과 유사한 영업의 경우 관광공연
   ② 관광면세업과 유사한 영업의 경우 관광면세
   ③ 관광유흥음식점업과 유사한 영업의 경우 전문식당
   ④ 관광숙박업과 유사한 영업의 경우 휴양 콘도미니엄

13. 관광진흥법령상 사업계획 변경승인을 받아야 하는 경우에 해당하는 것은?
   ① 호텔업의 경우 객실 수를 변경하려는 경우
   ② 국제회의업의 경우 전시시설의 옥외전시면적을 변경할 때에 그 변경하려는 옥외전시면적이 당초 승인받은 계획의 100분의 10 이상이 되는 경우
   ③ 관광숙박업의 경우 부지 및 대지 면적을 변경할 때에 그 변경하려는 면적이 당초 승인받은 계획면적의 100분의 10 이상이 되는 경우
   ④ 전문휴양업의 경우 부지, 대지 면적 또는 건축 연면적을 변경할 때에 그 변경하려는 면적이 당초 승인받은 계획면적의 100분의 5 이상이 되는 경우

14. 관광진흥법령상 관광특구에 관한 설명으로 옳은 것은?
   ① 관광특구내에서는 연간 180일 이상 공개 공지(空地: 공터)를 사용하여 외국인 관광객을 위한 공연 및 음식을 제공할 수 있다.
   ② 최근 2년 동안 외국인 총 관광객 수가 10만 명을 넘은 광역시의 경우 관광특구를 신청할 수 있다.
   ③ 제주특별자치도의 서귀포시장은 요건을 갖춘 경우 관광특구를 신청할 수 있다.
   ④ 군수는 관할 구역 내 관광특구를 방문하는 외국인 관광객의 유치 촉진 등을 위하여 관광특구진흥계획을 수립하여야 한다.

15. 관광진흥법령상 여행업자와 여행자간에 국외여행계약을 체결할 때 제공하여야 하는 안전정보에 관한 설명으로 옳지 않은 것은?
   ① 외교부 해외안전여행 인터넷홈페이지에 게재된 여행목적지(국가 및 지역)의 여행경보단계 및 국가별 안전정보
   ② 해외여행자 인터넷 등록 제도에 관한 안내
   ③ 여권의 사용을 제한하거나 방문·체류를 금지하는 국가 목록
   ④ 해당 여행지에 대한 안전정보를 서면 또는 구두 제공

16. 관광진흥법령상 야영장업의 등록을 한 자가 지켜야 하는 안전·위생기준으로 옳은 것은?

① 야영용 천막 2개소 또는 100제곱미터마다 1개 이상의 소화기를 눈에 띄기 쉬운 곳에 비치하여야 한다.
② 야영장 내에서 들을 수 있는 긴급방송시설을 갖추거나 엠프의 최대출력이 20와트 이상이면서 가청거리가 200미터 이상인 메가폰을 1대 이상 갖추어야 한다.
③ 야영장 내에서 차량이 시간당 30킬로미터 이하의 속도로 서행하도록 안내판을 설치하여야 한다.
④ 야영장 내에서 폭죽, 풍등의 사용과 판매를 금지하고, 흡연구역은 별도로 설치하지 않아도 된다.

17. 관광진흥법령상 안전성검사를 받아야 하는 관광사업은?
① 관광유람선업 ② 일반유원시설업 ③ 관광호텔업 ④ 카지노업

18. 관광진흥법령상 기획여행을 실시하는 자가 광고를 하려는 경우 표시하여야 하는 사항으로 옳은 것은?

ㄱ. 여행업의 상호 및 등록관청
ㄴ. 최대 여행인원
ㄷ. 여행일정 변경시 여행자의 사전 동의 규정
ㄹ. 보증보험 등의 가입 또는 영업보증금의 예치 내용
ㅁ. 국외여행인솔자 동행여부

① ㄱ, ㄴ, ㄹ ② ㄱ, ㄷ, ㄹ ③ ㄱ, ㄷ, ㅁ ④ ㄴ, ㄹ, ㅁ

19. 관광진흥법령상 카지노업의 신규허가 요건에 관한 조문의 일부이다. ( )에 들어갈 숫자는?

문화체육관광부장관은 최근 신규허가를 한 날 이후에 전국 단위의 외래관광객이 ( )만 명 이상 증가한 경우에만 신규 허가를 할 수 있다.

① 30 ② 50 ③ 60 ④ 80

20. 관광진흥개발기금법령상 관광진흥개발기금을 대여할 수 있는 경우에 해당하지 않는 것은?
① 관광시설의 건설 ② 카지노이용자에 대한 자금지원
③ 관광을 위한 교통수단의 확보 ④ 관광특구에서의 관광 편의시설의 개수

21. 관광진흥개발기금법령상 1천원의 납부금을 납부해야 하는 자는?
① 선박을 이용하여 입국하는 40세의 외국인

② 항공기를 이용하는 5세의 어린이

③ 선박으로 입항하였으나 입국이 거부되어 출국하는 외국인

④ 선박을 이용하여 출국하는 8세의 어린이

22. 관광진흥개발기금법령상 납부금을 부과받은 자가 부과된 납부금에 대하여 이의가 있는 경우에는 부과받은 날부터 몇 일 이내에 이의를 신청할 수 있는가?
① 60일　　　　② 90일　　　　③ 120일　　　　④ 180일

23. 국제회의산업 육성에 관한 법령상 부대시설에 해당하는 경우는?
① 전시시설에 부속된 판매시설　　② 전문회의시설에 부속된 소회의시설
③ 준회의시설에 부속된 주차시설　　④ 준회의시설에 부속된 숙박시설

24. 다음은 국제회의산업 육성에 관한 법령상 국제회의복합지구의 지정요건에 관한 조문의 일부이다. (　　)에 들어갈 숫자는?

> 국제회의복합지구 지정 대상 지역 내에서 개최된 회의에 참가한 외국인이 국제회의 복합지구 지정일이 속한 연도의 전년도 기준 5천명 이상이거나 국제회의복합지구 지정일이 속한 연도의 직전 3년간 평균 (　　)천명 이상일 것

① 2　　　　② 3　　　　③ 5　　　　④ 10

25. 국제회의산업 육성에 관한 법령상 국제회의에 해당하는 경우는?
① 국제기구가 개최하는 모든 회의
② 국제기구에 가입한 A단체가 개최한 회의로서 5일 동안 진행되었으며 외국인 참가인은 200명이고 총 참가인이 250명인 회의
③ 국제기구에 가입하지 아니한 B법인이 2일간 개최한 회의로서 160명의 외국인이 참가한 회의
④ 국제회의시설에서 개최된 국가기관의 회의로서 15개국의 정부대표가 각 5인씩 참가한 회의

< 정답 >

1	④	2	①	3	①	4	④	5	①
6	④	7	②	8	②	9	②	10	②
11	③	12	③	13	③	14	④	15	④
16	①	17	②	18	②	19	③	20	②
21	④	22	①	23	①	24	③	25	③

2018년도 관광법규 기출문제

1. 관광기본법상 국가관광전략회의에 관한 설명으로 옳지 않은 것을 모두 고른 것은?

   ㄱ. 대통령 소속으로 둔다.
   ㄴ. 관광진흥의 주요 시책을 수립한다.
   ㄷ. 구성과 운영에 필요한 사항은 대통령령으로 정한다.
   ㄹ. 관광진흥계획의 수립에 관한 사항을 심의할 수는 있으나 조정할 수는 없다.

   ① ㄱ, ㄴ   ② ㄱ, ㄹ   ③ ㄴ, ㄷ   ④ ㄴ, ㄹ

2. 관광진흥법령상 A광역시 B구(구청장 甲)에서 관광사업을 경영하려는 자에게 요구되는 등록과 허가에 관한 설명으로 옳지 않은 것은?
   ① 관광숙박업의 경우 甲에게 등록하여야 한다.
   ② 종합유원시설업의 경우 甲의 허가를 받아야 한다.
   ③ 국제회의업의 경우 甲의 허가를 받아야 한다.
   ④ 카지노업의 경우 문화체육관광부장관의 허가를 받아야 한다.

3. 관광진흥법령상 관광 편의시설업에 해당하지 않는 것은?
   ① 관광유람선업   ② 관광식당업
   ③ 관광순환버스업   ④ 관광궤도업

4. 관광진흥법령상 관광사업의 등록기준에 관한 설명으로 옳은 것은?
   ① 국외여행업의 경우 자본금(개인의 경우에는 자산평가액)은 5천만원 이상일 것
   ② 의료관광호텔업의 경우 욕실이나 샤워시설을 갖춘 객실은 30실 이상일 것
   ③ 전문휴양업 중 식물원의 경우 식물종류는 1,500종 이상일 것
   ④ 관광공연장업 중 실내관광공연장의 경우 무대는 100제곱미터 이상일 것

5. 관광진흥법령상 관광사업의 등록등을 받거나 신고를 할 수 있는 자는?
   ① 피한정후견인
   ② 파산선고를 받고 복권되지 아니한 자
   ③ 관광진흥법에 따라 등록등이 취소된 후 20개월이 된 자
   ④ 관광진흥법을 위반하여 징역의 실형을 선고받고 그 집행이 끝난 후 30개월이 된 자

6. 관광진흥법령상 (   )에 들어갈 내용이 순서대로 옳은 것은?

> 동일한 등급으로 호텔업 등급결정을 재신청하였으나 다시 등급결정이 보류된 경우에는 등급결정 보류의 (   )부터 (   ) 이내에 신청한 등급보다 낮은 등급으로 등급결정을 신청하거나 등급결정 수탁기관에 등급결정의 보류에 대한 이의를 신청하여야 한다.

① 결정을 한 날, 60일   ② 결정을 한 날, 90일
③ 통지를 받은 날, 60일   ④ 통지를 받은 날, 90일

7. 관광진흥법령상 기획여행을 실시하는 자가 광고를 하려는 경우 표시해야 할 사항을 모두 고른 것은?

> ㄱ. 여행경비   ㄴ. 최저 여행인원
> ㄷ. 여행업의 등록번호   ㄹ. 식사 등 여행자가 제공받을 서비스의 내용

① ㄱ, ㄴ   ② ㄱ, ㄷ   ③ ㄴ, ㄷ, ㄹ   ④ ㄱ, ㄴ, ㄷ, ㄹ

8. 관광진흥법령상 관광 사업별로 관광사업자 등록대장에 기재되어야 할 사항의 연결이 옳은 것은?
① 휴양 콘도미니엄업 - 등급
② 제1종 종합휴양업 - 부지면적 및 건축연면적
③ 외국인관광 도시민박업 - 대지면적
④ 국제회의시설업 - 회의실별 1일 최대수용인원

9. 관광진흥법령상 등록기관등의 장이 관광종사원의 자격을 가진 자가 종사하도록 해당 관광사업자에게 권고할 수 있는 관광업무와 그 자격의 연결이 옳지 않은 것은?
① 외국인 관광객의 국내여행을 위한 안내(여행업) - 국내여행안내사
② 4성급 이상의 관광호텔업의 객실관리 책임자 업무(관광숙박업) - 호텔경영사 또는 호텔관리사
③ 휴양 콘도미니엄업의 총괄관리(관광숙박업) - 호텔경영사 또는 호텔관리사
④ 현관의 접객업무(관광숙박업) - 호텔서비스사

10. 관광진흥법령상 카지노사업자가 관광진흥개발기금에 납부해야 할 납부금에 관한 설명으로 옳지 않은 것은?
① 납부금 산출의 기준이 되는 총매출액에는 카지노영업과 관련하여 고객에게 지불한 총금액이 포함된다.

② 카지노사업자는 총매출액의 100분의 10의 범위에서 일정 비율에 해당하는 금액을 관광진흥개발기금법에 따른 관광진흥개발기금에 내야 한다.

③ 카지노사업자가 납부금을 납부기한까지 내지 아니하면 문화체육관광부장관은 10일 이상의 기간을 정하여 이를 독촉하여야 한다.

④ 문화체육관광부장관으로부터 적법한 절차에 따라 납부독촉을 받은 자가 그 기간에 납부금을 내지 아니하면 국세 체납처분의 예에 따라 징수한다.

11. 관광진흥법령상 카지노업의 허가를 받으려는 자가 갖추어야 할 시설 및 기구의 기준으로 옳지 않은 것은?
① 330제곱미터 이상의 전용 영업장
② 1개 이상의 외국환 환전소
③ 카지노업의 영업종류 중 세 종류 이상의 영업을 할 수 있는 게임기구 및 시설
④ 문화체육관광부장관이 정하여 고시하는 기준에 적합한 카지노 전산시설

12. 관광진흥법령상 호텔업 등록을 한 자 중 의무적으로 등급결정을 신청하여야 하는 업종이 아닌 것은?
① 관광호텔업   ② 한국전통호텔업   ③ 소형호텔업   ④ 가족호텔업

13. 甲은 관광진흥법령에 따라 야영장업을 등록하였다. 동 법령 상 甲이 지켜야 할 야영장의 안전·위생기준으로 옳지 않은 것은?
① 매월 1회 이상 야영장 내 시설물에 대한 안전점검을 실시하여야 한다.
② 문화체육관광부장관이 정하는 안전교육을 연 1회 이수하여야 한다.
③ 야영용 천막 2개소 또는 100제곱미터마다 1개 이상의 소화기를 눈에 띄기 쉬운 곳에 비치하여야 한다.
④ 야영장 내에서 차량이 시간당 30킬로미터 이하의 속도로 서행하도록 안내판을 설치하여야 한다.

14. 관광진흥법령상 관광사업시설에 대한 회원모집 및 분양에 관한 설명으로 옳지 않은 것은?
① 가족호텔업을 등록한 자는 회원모집을 할 수 있다.
② 외국인관광 도시민박업을 등록한 자는 회원모집을 할 수 있다.
③ 호스텔업에 대한 사업계획의 승인을 받은 자는 회원모집을 할 수 있다.
④ 휴양 콘도미니엄업에 대한 사업계획의 승인을 받은 자는 그 시설에 대해 분양할 수 있다.

15. 관광진흥법상 관광지등에의 입장료 징수 대상의 범위와 그 금액을 정할 수 있는 권한을 가진 자는?

① 특별자치도지사   ② 문화체육관광부장관
③ 한국관광협회중앙회장   ④ 한국관광공사 사장

16. 관광진흥법령상 관광지등 조성계획의 승인을 받은 자인 사업시행자에 관한 설명으로 옳지 않은 것은?

① 사업시행자는 개발된 관광시설 및 지원시설의 전부를 타인에게 위탁하여 경영하게 할 수 없다.
② 사업시행자가 수립하는 이주대책에는 이주방법 및 이주시기가 포함되어야 한다.
③ 사업시행자는 관광지등의 조성사업과 그 운영에 관련되는 도로 등 공공시설을 우선하여 설치하도록 노력하여야 한다.
④ 사업시행자가 관광지등의 개발 촉진을 위하여 조성계획의 승인 전에 시·도지사의 승인을 받아 그 조성사업에 필요한 토지를 매입한 경우에는 사업시행자로서 토지를 매입한 것으로 본다.

17. 관광진흥법상 (   )에 공통적으로 들어갈 숫자는?

> 관광진흥법 제4조 제1항에 따른 등록을 하지 아니하고 여행업·관광숙박업(제15조 제1항에 따라 사업계획의 승인을 받은 관광숙박업만 해당한다)·국제회의업 및 제3조 제1항 제3호 나목의 관광객 이용시설업을 경영한 자는 (   )년 이하의 징역 또는 (   )천만원 이하의 벌금에 처한다.

① 1   ② 2   ③ 3   ④ 5

18. 관광진흥법상 관광지 및 관광단지를 지정할 수 없는 자는?

① 부산광역시장   ② 한국관광공사 사장
③ 세종특별자치시장   ④ 제주특별자치도지사

19. 관광진흥법령상 관광지등의 시설지구 중 휴양·문화 시설지구 안에 설치할 수 있는 시설은? (단, 개별시설에 부대시설은 없는 것으로 전제함)

① 관공서   ② 케이블카   ③ 무도장   ④ 전망대

20. 관광진흥법령상 한국관광 품질인증에 관한 설명으로 옳지 않은 것은?

① 문화체육관광부장관은 품질인증을 받은 시설 등에 대하여 국외에서의 홍보 지원을 할 수 있다.

② 문화체육관광부장관은 거짓으로 품질인증을 받은 자에 대해서는 품질인증을 취소하거나 3천만원 이하의 과징금을 부과할 수 있다.

③ 야영장업은 품질인증의 대상이 된다.

④ 품질인증의 유효기간은 인증서가 발급된 날부터 3년으로 한다.

21. 관광진흥개발기금법령상 관광개발진흥기금의 관리 및 회계연도에 관한 설명으로 옳은 것은?

① 기금관리는 국무총리가 한다.

② 기금관리자는 기금의 집행·평가 등을 효율적으로 수행하기 위하여 20명 이내의 민간전문가를 고용한다.

③ 기금관리를 위한 민간전문가는 계약직으로 하며, 그 계약기간은 2년을 원칙으로 한다.

④ 기금 운용의 특성상 기금의 회계연도는 정부의 회계연도와 달리한다.

22. 관광진흥개발기금법령상 문화체육관광부장관의 소관 업무에 해당하지 않는 것은?

① 한국산업은행에 기금 대여

② 기금운용위원회의 위원장으로서 위원회의 사무를 총괄

③ 기금운용계획안의 수립

④ 기금을 대여받은 자에 대한 기금 운용의 감독

23. 국제회의산업 육성에 관한 법령상 국제회의산업육성기본계획의 수립 등에 관한 설명으로 옳지 않은 것은?

① 국제회의산업육성기본계획은 5년마다 수립·시행하여야 한다.

② 국제회의산업육성기본계획에는 국제회의에 필요한 인력의 양성에 관한 사항도 포함되어야 한다.

③ 국제회의산업육성기본계획의 추진실적의 평가는 국무총리 직속의 전문평가기관에서 실시하여야 한다.

④ 문화체육관광부장관은 국제회의산업육성기본계획의 효율적인 달성을 위하여 관계 지방자치단체의 장에게 필요한 자료의 제출을 요청할 수 있다.

24. 국제회의산업 육성에 관한 법령상 문화체육관광부장관이 국제회의 유치·개최의 지원에 관한 업무를 위탁할 수 있는 대상은?

① 국제회의 전담조직

② 문화체육관광부 제2차관

③ 국회 문화체육관광위원회

④ 국제회의 시설이 있는 지역의 지방의회

25. A광역시장 甲은 관할 구역의 일정지역에 국제회의복합지구를 지정하려고 한다. 이에 관한 설명으로 옳지 않은 것은?

① 甲은 국제회의복합지구를 지정할 때에는 국제회의복합지구 육성·진흥계획을 수립하여 문화체육관광부장관의 승인을 받아야 한다.

② 甲은 사업 지연 등의 사유로 지정목적을 달성할 수 없는 경우 문화체육관광부장관의 승인을 받아 국제회의복합지구 지정을 해제할 수 있다.

③ 甲이 지정한 국제회의복합지구는 관광진흥법 제70조에 따른 관광특구로 본다.

④ 甲이 국제회의복합지구로 지정하고자 하는 지역이 의료관광특구라면 400만 제곱미터를 초과하여 지정할 수 있다.

< 정답 >

1	②	2	③	3	①	4	④	5	④
6	③	7	④	8	②	9	①	10	①
11	③	12	④	13	④	14	②	15	①
16	①	17	③	18	②	19	④	20	②
21	③	22	②	23	③	24	①	25	④

2019년도 관광법규 기출문제

1. 관광기본법의 내용으로 옳지 않은 것은?
① 지방자치단체는 관광에 관한 국가시책에 필요한 시책을 강구하여야 한다.
② 문화체육관광부장관은 매년 관광진흥에 관한 기본계획을 수립·시행하여야 한다.
③ 정부는 외국 관광객의 유치를 촉진하기 위하여 해외 홍보를 강화하고 출입국 절차를 개선하여야 하며 그 밖에 필요한 시책을 강구하여야 한다.
④ 정부는 매년 관광진흥에 관한 시책과 동향에 대한 보고서를 정기국회가 시작하기 전까지 국회에 제출하여야 한다.

2. 관광진흥법령상 기획여행을 실시하는 자가 광고를 하려는 경우에 표시하여야 하는 사항을 모두 고른 것은?

> ㄱ. 교통·숙박 및 식사 등 여행자가 제공받을 서비스의 내용
> ㄴ. 기획여행명·여행일정 및 주요 여행지
> ㄷ. 여행일정 변경 시 여행자의 사전 동의 규정
> ㄹ. 인솔자의 관광통역안내사 자격 취득여부
> ㅁ. 여행자보험 최저 보장요건

① ㄱ, ㄴ, ㄷ   ② ㄱ, ㄷ, ㅁ
③ ㄴ, ㄹ, ㅁ   ④ ㄱ, ㄷ, ㄹ, ㅁ

3. 관광진흥법령상 관광종사원으로서 직무를 수행하는 데에 부정 또는 비위(非違) 사실이 있는 경우에 시·도지사가 그 자격을 취소하거나 자격의 정지를 명할 수 있는 관광종사원에 해당하는 자를 모두 고른 것은?

> ㄱ. 국내여행안내사   ㄴ. 호텔서비스사   ㄷ. 호텔경영사
> ㄹ. 호텔관리사   ㅁ. 관광통역안내사

① ㄱ, ㄴ   ② ㄱ, ㅁ   ③ ㄷ, ㄹ   ④ ㄹ, ㅁ

4. 관광진흥법령상 관광 편의시설업의 종류에 해당하지 않는 것은?
① 외국인전용 유흥음식점업   ② 국제회의기획업
③ 관광순환버스업   ④ 관광극장유흥업

5. 관광진흥법령상 관광숙박업을 경영하려는 자가 등록을 하기 전에 그 사업에 대한 사업계획을 작성하여 특별자치시장·특별자치도지사·시장·군수·구청장의 승인을 받은 때에는 일정 경우에 대하여 그 허가 또는 해제를 받거나 신고한 것으로 본다. 그러한 경우로 명시되지 않은 것은?
① 「농지법」 제34조제1항에 따른 농지전용의 허가
② 「초지법」 제23조에 따른 초지전용(草地轉用)의 허가
③ 「하천법」 제10조에 따른 하천구역 결정의 허가
④ 「사방사업법」 제20조에 따른 사방지(砂防地) 지정의 해제

6. 관광진흥법령상 여객자동차터미널시설업의 지정을 받으려는 자가 지정신청을 하여야 하는 기관은?
① 국토교통부장관   ② 시장
③ 군수   ④ 지역별 관광협회

7. 관광진흥법상 전용영업장 등 문화체육관광부령으로 정하는 시설과 기구를 갖추어 문화체육관광부장관의 허가를 받아야 하는 관광사업에 해당하는 것은? (단, 다른 법령에 따른 위임은 고려하지 않음)
① 관광 편의시설업   ② 종합유원시설업
③ 카지노업   ④ 국제회의시설업

8. 관광진흥법령상 관광사업자 등록대장에 기재되어야 하는 사업별 기재사항으로 옳은 것은?
① 여행업: 자본금
② 야영장업: 운영의 형태
③ 관광공연장업: 대지면적 및 건축연면적
④ 외국인관광 도시민박업: 부지면적 및 시설의 종류

9. 관광진흥법령상 카지노업의 영업 종류 중 머신게임(Machine Game) 영업에 해당하는 것은?
① 빅 휠(Big Wheel)
② 비디오게임(Video Game)
③ 바카라(Baccarat)
④ 마작(Mahjong)

368

10. 관광진흥법상 문화체육관광부령으로 정하는 주요한 관광사업 시설의 전부를 인수한 자가 그 관광사업자의 지위를 승계하는 경우로 명시되지 않은 것은?
① 「민사집행법」에 따른 경매
② 「채무자 회생 및 파산에 관한 법률」에 따른 환가(換價)
③ 「지방세징수법」에 따른 압류 재산의 매각
④ 「민법」에 따른 한정승인

11. 관광진흥법령상 관광 업무별 종사하게 하여야 하는 자를 바르게 연결한 것은?
① 내국인의 국내여행을 위한 안내 - 관광통역안내사 자격을 취득한 자
② 외국인 관광객의 국내여행을 위한 안내 - 관광통역안내사 자격을 취득한 자
③ 현관·객실·식당의 접객업무 - 호텔관리사 자격을 취득한 자
④ 4성급 이상의 관광호텔업의 총괄관리 및 경영업무 - 호텔관리사 자격을 취득한 자

12. 관광진흥법령상 관광종사원인 甲이 파산선고를 받고 복권되지 않은 경우 받는 행정처분의 기준은?
① 자격정지 1개월　　　　　　　② 자격정지 3개월
③ 자격정지 5개월　　　　　　　④ 자격취소

13. 관광진흥법령상 유원시설업자는 그가 관리하는 유기기구로 인하여 중대한 사고가 발생한 경우 즉시 사용중지 등 필요한 조치를 취하고 특별자치시장·특별자치도지사·시장·군수·구청장에게 통보하여야 한다. 그 중대한 사고의 경우로 명시되지 않은 것은?
① 사망자가 발생한 경우
② 신체기능 일부가 심각하게 손상된 중상자가 발생한 경우
③ 유기기구의 운행이 30분 이상 중단되어 인명 구조가 이루어진 경우
④ 사고 발생일부터 5일 이내에 실시된 의사의 최초 진단결과 1주 이상의 입원 치료가 필요한 부상자가 동시에 2명 이상 발생한 경우

14. 관광진흥법령상 문화체육관광부장관이 문화관광축제의 지정 기준을 정할 때 고려하여야 할 사항으로 명시되지 않은 것은?
① 축제의 특성 및 콘텐츠　　　② 축제의 운영능력
③ 해외마케팅 및 홍보활동　　　④ 관광객 유치 효과 및 경제적 파급효과

15. 관광진흥법령상 관광숙박업이나 관광객 이용시설업으로서 관광사업의 등록 후부터 그 관광사업의 시설에 대하여 회원을 모집할 수 있는 관광사업에 해당하는 것은?
① 전문휴양업
② 호텔업(단, 제2종 종합휴양업에 포함된 호텔업의 경우는 제외)
③ 야영장업
④ 관광유람선업

16. 관광진흥법령상 한국관광협회중앙회에 관한 내용으로 옳은 것은?
① 한국관광협회중앙회가 수행하는 회원의 공제사업은 문화체육관광부장관의 허가를 받아야 한다.
② 한국관광협회중앙회는 문화체육관광부장관에게 신고함으로써 성립한다.
③ 한국관광협회중앙회의 설립 후 임원이 임명될 때까지 필요한 업무는 문화체육관광부장관이 지정한 자가 수행한다.
④ 한국관광협회중앙회는 조합으로 지역별·업종별로 설립한다.

17. 관광진흥법령상 관광취약계층에 해당하는 자는? (단, 다른 조건은 고려하지 않음)
① 10년 동안 해외여행을 한 번도 못 한 60세인 자
② 5년 동안 국내여행을 한 번도 못 한 70세인 자
③ 「한부모가족지원법」 제5조에 따른 지원대상자
④ 「국민기초생활 보장법」 제2조제11호에 따른 기준 중위소득의 100분의 90인 자

18. 관광진흥법령상 관광관련학과에 재학중이지만 관광통역안내의 자격이 없는 A는 외국인 관광객을 대상으로 하는 여행업에 종사하며 외국인을 대상으로 관광안내를 하다가 2017년 1월 1일 적발되어 2017년 2월 1일 과태료 부과처분을 받은 후, 재차 외국인을 대상으로 관광안내를 하다가 2019년 1월 10일 적발되어 2019년 2월 20일 과태료 부과처분을 받았다. 이 경우 2차 적발된 A에게 적용되는 과태료의 부과기준은? (단, 다른 감경사유는 고려하지 않음)
① 30만원   ② 50만원
③ 60만원   ④ 100만원

19. 관광진흥법령상 관광특구에 관한 내용으로 옳은 것은?
① 서울특별시장은 관광특구를 신청할 수 있다.
② 세종특별자치시장은 관광특구를 신청할 수 있다.
③ 최근 1년간 외국인 관광객 수가 5만 명 이상인 지역은 관광특구가 된다.

④ 문화체육관광부장관 및 시·도지사는 관광특구진흥계획의 집행 상황을 평가하고, 우수한 관광특구에 대하여는 필요한 지원을 할 수 있다.

20. 관광진흥개발기금법상 관광진흥개발기금(이하 '기금'이라 함)에 관한 내용으로 옳지 않은 것은?
① 기금의 회계연도는 정부의 회계연도에 따른다.
② 문화체육관광부장관은 한국산업은행에 기금의 계정(計定)을 설치하여야 한다.
③ 문화체육관광부장관은 매년 「국가재정법」에 따라 기금운용계획안을 수립하여야 한다.
④ 기금은 문화체육관광부장관이 관리한다.

21. 다음은 관광진흥개발기금법령상 기금운용위원회의 회의에 관한 조문의 일부이다. (   )에 들어갈 내용으로 옳은 것은?

회의는 재적위원 (ㄱ)의 출석으로 개의하고, 출석위원 (ㄴ)의 찬성으로 의결한다.

① ㄱ: 3분의 1 이상, ㄴ: 과반수
② ㄱ: 3분의 1 이상, ㄴ: 3분의 2 이상
③ ㄱ: 과반수, ㄴ: 과반수
④ ㄱ: 3분의 2 이상, ㄴ: 3분의 1 이상

22. 관광진흥개발기금법령상 해외에서 8세의 자녀 乙과 3세의 자녀 丙을 동반하고 선박을 이용하여 국내 항만을 통하여 입국하는 甲이 납부하여야 하는 관광진흥개발기금의 총합은? (단, 다른 면제사유는 고려하지 않음)
① 0원   ② 2천원   ③ 3천원   ④ 3만원

23. 국제회의산업 육성에 관한 법령상 국제회의도시의 지정을 신청하려는 자가 문화체육관광부장관에게 제출하여야 하는 서류에 기재하여야 할 내용으로 명시되지 않은 것은?
① 지정대상 도시 또는 그 주변의 관광자원의 현황 및 개발계획
② 국제회의시설의 보유 현황 및 이를 활용한 국제회의산업 육성에 관한 계획
③ 숙박시설·교통시설·교통안내체계 등 국제회의 참가자를 위한 편의시설의 현황 및 확충계획
④ 국제회의 전문인력의 교육 및 수급계획

24. 甲은 국제회의산업 육성에 관한 법령에 따른 국제회의시설 중 전문회의시설을 설치하고자 한다. 이 경우 전문회의시설이 갖추어야 하는 충족요건 중 하나에 해당하는 것은?
① 30명 이상의 인원을 수용할 수 있는 중·소회의실이 10실 이상 있을 것
② 「관광진흥법」 제3조제1항제2호에 따른 관광숙박업의 시설로서 150실 이상의 객실을 보유한 시설이 있을 것
③ 「유통산업발전법」 제2조제3호에 따른 대규모점포인근에 위치하고 있을 것
④ 「공연법」 제2조제4호에 따른 공연장으로서 1천석 이상의 객석을 보유한 공연장이 있을 것

25. 국제회의산업 육성에 관한 법령상 문화체육관광부장관이 전자국제회의 기반의 구축을 촉진하기 위하여 사업시행기관이 추진하는 사업을 지원할 수 있는 경우로 명시된 것은?
① 국제회의 정보망의 구축 및 운영
② 국제회의 정보의 가공 및 유통
③ 인터넷 등 정보통신망을 통한 사이버 공간에서의 국제회의 개최
④ 국제회의 정보의 활용을 위한 자료의 발간 및 배포

< 정답 >

1	②	2	①	3	①	4	②	5	③
6	④	7	③	8	④	9	②	10	④
11	②	12	④	13	④	14	③	15	②
16	①	17	③	18	④	19	④	20	②
21	③	22	①	23	④	24	①	25	③

예상문제 해답

1	④	31	①	61	②	91	③	121	④	151	①
2	③	32	②	62	③	92	③	122	③	152	②
3	③	33	②	63	②	93	④	123	④	153	③
4	①	34	③	64	④	94	①	124	③	154	①
5	②	35	①	65	①	95	②	125	②	155	④
6	③	36	④	66	①	96	③	126	④	156	③
7	①	37	③	67	④	97	④	127	②	157	①
8	③	38	④	68	④	98	①	128	③	158	④
9	④	39	①	69	②	99	③	129	①	159	①
10	②	40	④	70	④	100	②	130	④	160	④
11	④	41	①	71	②	101	①	131	①	161	①
12	②	42	②	72	③	102	④	132	②	162	③
13	③	43	④	73	④	103	①	133	③	163	①
14	④	44	③	74	②	104	③	134	②	164	③
15	④	45	③	75	②	105	④	135	③	165	②
16	①	46	④	76	④	106	③	136	②	166	②
17	①	47	②	77	④	107	①	137	③	167	④
18	③	48	③	78	①	108	③	138	①	168	②
19	④	49	①	79	①	109	③	139	②	169	③
20	②	50	③	80	②	110	①	140	③	170	②
21	④	51	①	81	④	111	④	141	④	171	④
22	①	52	④	82	②	112	③	142	①	172	①
23	②	53	③	83	③	113	④	143	①	173	②
24	④	54	②	84	③	114	④	144	④	174	④
25	②	55	③	85	③	115	④	145	②	175	①
26	④	56	②	86	①	116	②	146	③	176	③
27	①	57	③	87	④	117	②	147	③	177	①
28	③	58	④	88	①	118	③	148	①	178	④
29	④	59	①	89	④	119	③	149	①	179	①
30	②	60	④	90	③	120	④	150	④	180	②

181	④	211	②	241	①	271	④	301	④		
182	④	212	④	242	②	272	②	302	③		
183	③	213	④	243	③	273	③	303	④		
184	③	214	②	244	③	274	③	304	④		
185	③	215	③	245	③	275	③	305	②		
186	②	216	③	246	③	276	①	306	②		
187	②	217	①	247	④	277	④	307	②		
188	④	218	②	248	④	278	③	308	①		
189	②	219	④	249	①	279	④	309	②		
190	④	220	③	250	④	280	①	310	④		
191	③	221	①	251	④	281	①	311	①		
192	④	222	②	252	③	282	③	312	②		
193	②	223	②	253	③	283	②	313	①		
194	④	224	③	254	②	284	③	314	①		
195	③	225	④	255	③	285	④	315	③		
196	①	226	①	256	②	286	④	316	①		
197	②	227	④	257	③	287	③	317	②		
198	④	228	②	258	④	288	②	318	④		
199	④	229	①	259	④	289	③	319	②		
200	①	230	③	260	④	290	①	320	③		
201	②	231	④	261	④	291	④	321	②		
202	①	232	①	262	②	292	②	322	③		
203	①	233	①	263	③	293	④	323	④		
204	④	234	④	264	③	294	③	324	②		
205	①	235	④	265	③	295	②	325	④		
206	③	236	④	266	④	296	④	326	④		
207	②	237	④	267	④	297	②	327	③		
208	②	238	④	268	④	298	①	328	②		
209	③	239	②	269	④	299	③	329	①		
210	①	240	②	270	④	300	④	330	④		

강익준

. 제주 출생
. 중앙대학교 법과대학 법학과 졸업
. 경희대학교 경영대학원 관광경영학과 졸업
. 스위스 Hotel Management & Tourism 대학 졸업

(현)

. (주)동아아카데미 관광교육원장
. 한양여자대학 강사
. 한국산업인력공단 강사
. 한서전문학교 강사
. 신흥대학 사회교육원 강사
. 한국표준협회 관광통역안내원 과정 강사
. 한영신학대학교 강사
. 서울통역외국어아카데미 강사
. 세종외국어학원 강사
. 부산외국어대학교 동남아 창의인재사업단 강사
. 한국관광학회 정회원

(저서)

. 관광학개론 (삼영서관)
. 면접시험가이드 일본어·일반과목 (삼영서관)
. Interview English (삼영서관)
. 관광학개론·관광법규 요점 및 기출·예상문제집 (삼영서관)

관광법규

2020년 1월 10일   개정판 1쇄 인쇄
2020년 1월 15일   개정판 1쇄 발행

엮 은 이   강 익 준
펴 낸 이   이 장 희
펴 낸 곳   삼영서관

주   소   서울 동대문구 한천로 229, 3F
등 록 일   2018년 7월 5일
등록번호   제 2018 - 000032호
전   화   02) 2242 - 3668
팩   스   02) 6499 - 3658

Homepage : www.sysk.kr
E-mail : syskbooks@naver.com
ISBN   979-11-965243-0-2 13980

책값 : 19,000원